冶金工业建设工程预算定额

（2012 年版）

第三册　机械设备安装工程
（上册）

冶金工业出版社

2013

图书在版编目(CIP)数据

冶金工业建设工程预算定额:2012年版.第三册,机械设备安装工程.上册/冶金工业建设工程定额总站编.—北京:冶金工业出版社,2013.1

ISBN 978-7-5024-6116-4

Ⅰ.①冶…　Ⅱ.①冶…　Ⅲ.①冶金工业—机械设备—建筑安装—建筑预算定额—中国　Ⅳ.①TU723.3

中国版本图书馆 CIP 数据核字(2012)第 261430 号

出 版 人　谭学余
地　　址　北京北河沿大街嵩祝院北巷 39 号，邮编 100009
电　　话　(010)64027926　电子信箱　yjcbs@ cnmip. com. cn
责任编辑　李培禄　美术编辑　彭子赫　版式设计　孙跃红
责任校对　王永欣　刘　倩　责任印制　牛晓波
ISBN 978-7-5024-6116-4

冶金工业出版社出版发行；各地新华书店经销；三河市双峰印刷装订有限公司印刷
2013 年 1 月第 1 版，2013 年 1 月第 1 次印刷
850mm×1168mm　1/32；17.5 印张；469 千字；542 页
100. 00 元
冶金工业出版社投稿电话：(010)64027932　投稿信箱:tougao@cnmip. com. cn
冶金工业出版社发行部　电话:(010)64044283　传真:(010)64027893
冶金书店　地址:北京东四西大街 46 号(100010)　电话:(010)65289081(兼传真)
(本书如有印装质量问题，本社发行部负责退换)

冶金工业建设工程定额总站　文件

冶建定[2012]52 号

关于颁发《冶金工业建设工程预算定额》(2012 年版)的通知

　　为适应冶金工业建设工程的需要,规范冶金建筑安装工程造价计价行为,指导企业合理确定和有效控制工程造价,由总站组织冶金系统造价专业人员修编的《冶金工业建设工程预算定额》(2012 年版)已经完成。经审查,现予以颁发,自 2012 年 11 月 1 日起施行。原冶金工业建设工程定额总站颁发的《冶金工业建设工程预算定额》(2001 年版)(共十四册)同时停止执行。

　　本定额由冶金工业建设工程定额总站负责具体解释和日常管理。

冶金工业建设工程定额总站

二〇一二年九月十九日

综 合 组：张德清　林希琤　赵　波　陈　月　张连生　吴永钢　吴新刚　万　缨　乔锡凤　文　萃

孙旭东　陈国裕　郭绍君　付文东　郑　云　朱四宝　杨　明　徐战艰　张福山

主编单位：中国五冶集团有限公司

副主编单位：本溪钢铁（集团）有限公司　中冶南方工程技术有限公司　中国一冶集团有限公司

参编单位：中国二十冶集团有限公司　中国三冶集团有限公司

协编单位：鹏业软件股份有限公司

主　　编：严洪军

副主编：陈　非　姜久荣　左卫军　程鄂英

参编人员：段吉兵　杨桂芳　王艳枫　何俊华　何仕红　欧汝君　刘福利　闵　睿　邹玉琴　朱晓磊

蒲晓春　杨美霞　赵敏玲　袁　源　李　丽　张秀丽　杨永莉　刘　虹　刘乙夫　钟红艳

李　明　黄一鸣　徐凤君　赵　敏　朱　莉　杨立红　王文涛　王　芬　周志远　王丽达

姚瑞艳　许洪莲

编辑排版：赖勇军

总 说 明

一、《冶金工业建设工程预算定额》(2012年版)共分十四册,包括:

第一册《土建工程》(上、下册)

第二册《地基处理工程》

第三册《机械设备安装工程》(上、下册)

第四册《电气设备安装工程》

第五册《自动化控制仪表安装工程、消防及安全防范设备安装工程》

第六册《金属结构件制作与安装工程》

第七册《总图运输工程》

第八册《刷油、防腐、保温工程》

第九册《冶金炉窑砌筑工程》

第十册《工艺管道安装工程》

第十一册《给排水、采暖、通风、除尘管道安装工程》

第十二册《冶金施工机械台班费用定额》

第十三册《材料预算价格》

第十四册《冶金工厂建设建筑安装工程费用定额》

二、《冶金工业建设工程预算定额》(2012年版)(以下简称本定额)是完成规定计量单位分项工程计价所需的人工、材料、施工机械台班的指导性消耗量标准;是统一冶金建筑安装工程预算工程量计算规则、项目划分、计量单位的依据;是编制冶金建筑安装工程施工图预算、招标控制价、确定工程造价的依据;是编制概算定额(指标)、投资估算指标的基础;也可作为制定企业定额和投标报价的基础;其中建筑安装工程的工程量计算规则、项目划分、计量单位、工作内容等也可作为实行工程量清单计价、编制冶金建筑安装工程量清单的基础依据。

三、本定额适用于冶金工厂的生产车间和与之配套的辅助车间、附属生产车间的新建、扩建工程(包括技术改造工程)。

四、本定额是依据国家及冶金行业现行有关产品标准、设计规范、施工及验收规范、技术操作规程、质量评定标准和安全操作规程编制的,同时也参考了有代表性的工程设计、施工资料和其他资料。

五、本定额是按目前冶金施工企业普遍采用的施工方法、机械化装备程度、合理的工期、施工工艺和劳动组织条件,同时也参考了目前冶金建筑市场招投标工程的中标价格行情进行编制的,基本上反映了冶金建筑市场目前的投标价格水平。

六、本定额基价为2012年基期市场价格的水平,是建筑安装工程费用定额进行取费的基础。为维护冶金建筑市场正常秩序和参建各方的合法权益,本基价应根据冶金建筑安装工程市场要素(人工、材料、机械)价格的变化情况,进行动态管理。冶金行业各单位的工程造价管理部门,可根据社会发展和施工技术水平的进步,依据典型工程的测算,适时发布不同类型(别)工程的调整系数,对其进行调整,使之与冶金建筑市场的招投标价格行情基本上相适应。

七、本定额是按下列正常的施工条件进行编制的：

1. 设备、材料、成品、半成品、构件完整无损，符合质量标准和设计要求，附有合格证书、实验记录和技术说明书。

2. 安装工程和土建工程之间的交叉作业正常。如施工与生产同时进行时，其降效增加费按人工费的10%计取。

3. 正常的气候、地理条件和施工环境。如在特殊的自然地理条件下进行施工的工程，如高原、高寒、沙漠、沼泽地区以及洞库、水下工程，其增加费用应按省、自治区、直辖市的有关规定执行；如省、自治区、直辖市无规定时，可按有关部门的规定执行。

4. 如在有害身体健康的环境中施工时，其降效增加费按人工费的10%计取。

5. 水、电供应均满足建筑安装工程施工正常使用。

6. 安装地点、建筑物、设备基础、预留孔洞等均符合安装要求。

八、人工工日消耗量的确定：

1. 本定额的人工工日以综合工日表示，包括基本用工和其他用工。

2. 基价中的定额综合工日单价采用2011年市场调查综合取定。其中：建筑工程75元/工日，安装工程80元/工日，包括基本工资、辅助工资和工资性津贴等。

九、材料消耗量的确定：

1. 本定额中的材料消耗量包括直接消耗在建筑安装工作内容中的主要材料、辅助材料和零星材料等，并计入了相应损耗。其内容和范围包括：从工地仓库、现场集中堆放地点或现场加工地点到操作或安装地点的运输损耗、施工操作损耗、施工现场堆放损耗。

2. 凡定额中未注明单价的材料均为主材，本定额基价中不包括其价格，应按"（ ）"内所列的用量，向材料供应商询价、招标采购或按经建设单位批准认可的工程所在地的市场价格进行采购，计算工程招投标书中的材料价格。

3. 本定额基价的材料单价是采用《冶金工业建设工程预算定额》（2012 年版）第十三册《材料预算价格》取定的，不足部分予以补充。

4. 用量少、对定额基价影响很小的零星材料合并为其他材料费，按占定额基价中材料费的百分比计算，以"元"表示，其费用已计入材料费内。具体占材料费的百分数，详见各册说明。

5. 施工措施性消耗部分，周转性材料按不同施工方法、不同材质分别列出一次使用量和一次摊销量。

6. 主要材料损耗率见各册附录。

十、施工机械台班消耗量的确定：

1. 本定额的机械台班消耗量是按正常合理的机械配备和冶金施工企业的机械化装备程度综合取定的。

2. 凡单位价值在 2000 元以内、使用年限在两年以内的不构成固定资产的工具、用具等未进入定额，已在建筑安装工程费用定额中考虑。

3.本定额基价中的施工机械使用费是采用《冶金工业建设工程预算定额》(2012年版)第十二册《冶金施工机械台班费用定额》中的台班单价计算的。其中允许在公路上行走的机械,需要交纳车船使用税的机型,机械台班使用费单价中已包括车船使用税、保险费、年检费等其他费用。

4.零星小型机械对定额影响不大的,合并为其他机械费,按占机械使用费的百分比计算,以"元"表示,其费用已计入机械使用费内。具体占机械费的百分数,详见各册说明。

十一、施工仪器仪表台班消耗量的确定:

1.本定额的施工仪器仪表消耗量是按冶金施工企业的现场校验仪器仪表配备情况综合取定的,实际与定额不符时,除各章另有说明外,均不作调整。

2.凡单位价值在2000元以内、使用年限在两年以内的不构成固定资产的施工仪器仪表等未进入定额,已在建筑安装工程费用定额中考虑。

3.施工仪器仪表台班单价,是按2000年建设部颁发的《全国统一安装工程施工仪器仪表台班费用定额》计算的。

十二、关于水平和垂直运输:

1.设备:包括自安装现场指定堆放地点运至安装地点的水平和垂直运输。

2.材料、成品、半成品:包括自施工单位现场仓库或现场指定堆放地点运至建筑安装地点的水平和垂直运输。

3.垂直运输基准面:室内以室内地平面为基准面,室外以安装现场地平面为基准面。

十三、本定额适用于海拔高程2000m以下、地震烈度七度以下的地区,超过上述情况时,可结合具体情况,由建设单位与施工单位在合同中约定。

十四、本定额中注有"XXX以内"或"XXX以下"者均包括XXX本身,"XXX以外"或"XXX以上"者均不包括XXX本身。

十五、本说明未尽事宜,详见各册和各章、节的说明。

目　录

第九章　压缩机安装

第十三章　附属设备安装

册　说　明

一、第三册《机械设备安装工程》(上册)适用于新建、扩建及技术改造项目的通用机械设备安装工程。

二、本册定额若用于旧设备安装时,旧设备的拆除费用,保护性拆除按相应安装定额的50%计算。非保护性拆除按相应安装定额的30%计算。

三、本册定额主要依据的标准、规范有:

1.《机械设备安装工程施工及验收通用规范》GB 50231—2009。

2.《金属切屑机床安装工程施工及验收规范》GB 50271—2009。

3.《锻压设备安装工程施工及验收规范》GB 50272—2009。

4.《铸造设备安装工程施工及验收规范》GB 50277—2010。

5.《风机、压缩机、泵安装工程施工及验收规范》GB 50275—2010。

6.《制冷设备、空气分离设备安装工程施工及验收规范》GB 50274—2010。

7.《起重设备安装工程施工及验收规范》GB 50278—2010。

8.《输送设备安装工程施工及验收规范》GB 50270—2010。

9.《电力建设施工及验收技术规范》(汽轮机组篇)DL 5011—92。

10.《电力建设施工及验收技术规范》(汽轮机组篇)DL/T 5047—95。

11.《化工机器安装工程施工及验收通用规范》HG 20203—2000。

12.《化工机器安装工程施工及验收规范》(对置式压缩机)HGJ 204—83。

13.《化工机器安装工程施工及验收规范》(离心式压缩机)HGJ 205—92。

14.《化工机器安装工程施工及验收规范》(中小型活塞式压缩机)HGJ 206—92。

15.《化工机器安装工程施工及验收规范》(化工泵用)HGJ 207—83。

16.《机械产品目录》(1997 年)。

17.《全国统一施工机械台班费用编制规则》(2001 年)。

18.《全国统一安装工程基础定额》(2006 年)。

19.《全国建设工程劳动定额》(2009 年)。

四、本册定额除各章另有说明外,均包括下列内容:

1. 安装主要工序:施工准备,设备、材料及工、机具水平搬运,设备开箱、点件、外观检查、配合基础验收、铲麻面、划线、定位、起重机具装拆、清洗、吊装、组装、连接、安放垫铁及地脚螺栓,设备找正、调平、精平、焊接、固定、灌浆、单机试运转。

2. 人字架、三脚架、环链手拉葫芦、滑轮组、钢丝绳等起重机具及其附件的领用、搬运、搭拆、退库等。

3. 施工及验收规范中规定的调整、试验及无负荷试运转。

4. 与设备本体联体的平台、梯子、栏杆、支架、屏盘、电机、安全罩以及设备本体第一个法兰以内的管道等安装。

5. 工种间交叉配合的停歇时间,临时移动水、电源时间,以及配合质量检查、交工验收、首尾结束等工作。

五、本册定额除各章另有说明外,均不包括下列内容,发生时应另行计算:

1. 设备自设备仓库运至安装现场指定堆放地点的搬运工作。

2. 因场地狭小,有障碍物(沟、坑)等所引起的设备、材料、机具等增加的二次搬运、拆装工作。

3. 设备基础的铲磨,地脚螺栓孔的修整、预压,以及在木砖地层上安装设备所需增加的费用。

4. 设备构件、机件、零件、附件、管道及阀门、基础及基础盖板等的修理、修补、修改、加工、制作、焊接、煨弯、研磨、防振、防腐、保温、刷漆以及测量、透视、探伤、强度试验等工作。

5. 特殊技术措施及大型临时设施以及大型设备安装所需的专用机具等费用。

6. 设备本体无负荷试运转所用的水、电、气、油、燃料等。

7. 负荷试运转、联合试运转、生产准备试运转。

8. 专用垫铁、特殊垫铁(如螺栓调整垫铁、球形垫铁等)和地脚螺栓。

9. 脚手架搭拆(第四、五章除外)。

10. 设计变更或超规范要求所需增加的费用。

11. 设备的拆装检查(或解体拆装)。

12. 电气系统、仪表系统、通风系统、设备本体第一个法兰以外的管道系统等的安装、调试工作;不与设备本体联体的附属设备或附件(如平台、梯子、栏杆、支架、容器、屏盘等)的制作、安装、刷油、防腐、保温等工作。

六、关于下列各项费用的规定:

1. 金属桅杆及人字架等一般起重机具的摊销费,按所安装设备的净重量(包括设备底座、辅机)按每吨

18.00 元计取。

2. 超高费用：设备底座的安装标高，如超过地平面正或负 10m 时，则定额的人工和机械按下表乘以调整系数。

设备底座正或负标高（m）	调整系数
15 以内	1.25
20 以内	1.35
25 以内	1.45
30 以内	1.55
40 以内	1.70
超过 40	1.90

第一章　切削设备安装

说　　明

一、本章定额适用范围如下：

1. 台式及仪表机床。包括台式车床、台式刨床、台式铣床、台式磨床、台式砂轮机、台式抛光机、台式钻床、台式排钻、多轴可调台式钻床、钻孔攻丝两用台钻、钻铣机床、钻铣磨床、台式冲床、台式压力机、台式剪切机、台式攻丝机、台式刻线机、仪表车床、精密盘类半自动车床、仪表磨床、仪表抛光机、硬质合金轮修磨床、单轴纵切自动车床、仪表铣床、仪表齿轮加工机床、刨模机、宝石轴承加工机床、凸轮轴加工机床、透镜磨床、电表轴类加工机床。

2. 车床。包括单轴自动车床、多轴自动和半自动车床、八角车床、曲轴及凸轮轴车床、落地车床、普通车床、精密普通机床、仿型普通车床、马鞍车床、重型普通车床、仿型及多刀车床、联合车床、无心粗车床，以及轮齿、轴齿、锭齿、辊齿及铲齿车床。

3. 立式车床。包括单柱和双柱立式车床。

4. 钻床。包括深孔钻床、摇臂钻床、立式钻床、中心孔钻床、钢轨及梢轮钻床、卧式钻床。

5. 镗床。包括深孔镗床、坐标镗床、立式及卧式镗床、金刚镗床、落地镗床、镗铣床、钻镗床、镗缸机。

6. 磨床。包括外圆磨床、内圆磨床、砂轮机、珩磨机及研磨机、导轨磨床、2M 系列磨床、3M 系列磨床、专用磨床、抛光机、工具磨床、平面及端面磨床、刀具刃具磨床，以及曲轴、凸轮轴、花键轴、轧辊及轴承磨床。

7. 铣床、齿轮及螺纹加工机床。包括单臂及单柱铣床、龙门及双柱铣床、平面及单面铣床、仿型铣床、立式及卧式铣床、工具铣床、其他铣床、直（锥）齿轮加工机床、滚齿机、剃齿机、珩齿机、插齿机、单（双）轴花键轴铣床、齿轮磨齿机、齿轮倒角机、齿轮滚动检查机、套丝机、攻丝机、螺纹铣床、螺纹磨床、螺纹车床、丝杠加工机床。

8. 刨、插、拉床。包括单臂刨、龙门刨、牛头刨、龙门铣刨床、插床、拉床、刨边机、刨模机。

9. 超声波及电加工机床。包括电解加工机床、电火花加工机床、电脉冲加工机床、刻线机、超声波电加工机床、阳极机械加工机床。

10. 其他机床。包括车刀切断机、砂轮切断机、矫正切断机、带锯机、圆锯机、弓锯机、气割机、管子加工机床、金属材料试验机械。

二、本章定额包括下列内容：

1. 机体安装。底座、立柱、横梁等全套设备部件安装以及润滑装置与润滑管道安装。

2. 清洗组装时结合精度检查。

三、本章定额不包括下列内容：

1. 设备的润滑、液压系统的管道附件加工、煨弯和阀门研磨。

2. 润滑、液压的法兰及阀门连接所用的垫圈（包括紫铜垫）加工。

四、本章内所列设备重量均为设备净重。

一、台式及仪表机床

定 额 编 号			3-1-1	3-1-2	3-1-3
项 目			设备重量(t)		
			0.3 以内	0.7 以内	1.5 以内
基 价 (元)			**265.24**	**626.75**	**982.29**
其中	人 工 费 (元)		147.12	382.00	623.36
	材 料 费 (元)		20.48	141.35	206.71
	机 械 费 (元)		97.64	103.40	152.22
名 称	单位	单价(元)	数		量
人工 综合工日	工日	80.00	1.839	4.775	7.792
材料 钩头成对斜垫铁 0~3 号钢 1 号	kg	14.50	—	3.144	4.716
平垫铁 0~3 号钢 1 号	kg	5.22		2.540	3.556
热轧薄钢板 1.6~2.0	kg	4.67	0.200	0.200	0.450
镀锌铁丝 8~12 号	kg	5.36	—	0.560	0.560
电焊条 结 422 ϕ2.5	kg	5.04		0.210	0.210
黄铜皮 δ =0.08~0.3	kg	69.74	0.100	0.100	0.250
料 加固木板	m³	1980.00	0.001	0.009	0.014

定 额 编 号			3-1-1	3-1-2	3-1-3
项 目			设备重量(t)		
			0.3 以内	0.7 以内	1.5 以内
材料	煤油	kg	4.20	1.260	1.890	2.625
	汽轮机油（各种规格）	kg	8.80	0.101	0.152	0.253
	黄干油 钙基酯	kg	9.78	0.101	0.152	0.253
	香蕉水	kg	7.84	0.100	0.100	0.100
	聚酯乙烯泡沫塑料	kg	28.40	–	0.055	0.055
	普通硅酸盐水泥 42.5	kg	0.36	–	62.350	76.850
	河砂	m³	42.00	–	0.116	0.146
	碎石 20mm	m³	55.00	–	0.107	0.134
	棉纱头	kg	6.34	0.110	0.110	0.110
	白布 0.9m	m²	8.54	0.102	0.102	0.153
	破布	kg	4.50	0.105	0.158	0.263
	其他材料费	元	–	0.600	4.120	6.020
机械	叉式起重机 5t	台班	542.43	0.180	0.180	0.270
	交流弧焊机 21kV·A	台班	64.00	–	0.090	0.090

二、车床

定 额 编 号			3-1-4	3-1-5	3-1-6	3-1-7	3-1-8	3-1-9
项 目			设备重量(t)					
			2.0 以内	3.0 以内	5.0 以内	7.0 以内	10 以内	15 以内
基 价 (元)			**1154.68**	**1461.90**	**2012.41**	**3562.35**	**5254.78**	**6277.26**
其中	人 工 费 (元)		767.60	973.92	1360.24	1890.64	3135.92	3910.64
	材 料 费 (元)		234.86	286.95	402.32	638.22	1020.09	1072.66
	机 械 费 (元)		152.22	201.03	249.85	1033.49	1098.77	1293.96
名 称	单位	单价(元)	数			量		
人工 综合工日	工日	80.00	9.595	12.174	17.003	23.633	39.199	48.883
材料 钩头成对斜垫铁 0~3 号钢 1 号	kg	14.50	6.288	7.860	9.432	–	–	3.144
钩头成对斜垫铁 0~3 号钢 2 号	kg	13.20	–	–	–	15.888	–	–
钩头成对斜垫铁 0~3 号钢 3 号	kg	12.70	–	–	–	–	27.398	23.484
平垫铁 0~3 号钢 1 号	kg	5.22	4.572	6.350	7.620	–	–	2.540
平垫铁 0~3 号钢 2 号	kg	5.22	–	–	–	14.520	–	–
平垫铁 0~3 号钢 3 号	kg	5.22	–	–	–	–	32.032	30.030
热轧薄钢板 1.6~2.0	kg	4.67	0.450	0.450	0.650	1.000	1.000	1.600
镀锌铁丝 8~12 号	kg	5.36	0.560	0.560	0.560	0.840	2.670	2.670
电焊条 结 422 φ2.5	kg	5.04	0.210	0.210	0.210	0.420	0.420	0.420
黄铜皮 δ=0.08~0.3	kg	69.74	0.250	0.250	0.300	0.400	0.400	0.600
加固木板	m³	1980.00	0.015	0.018	0.031	0.049	0.075	0.083
道木	m³	1600.00	–	–	–	0.006	0.007	0.007

定　　额　　编　　号			3-1-4	3-1-5	3-1-6	3-1-7	3-1-8	3-1-9
项　　　　　目			设备重量(t)					
			2.0 以内	3.0 以内	5.0 以内	7.0 以内	10 以内	15 以内
材 料	汽油 93 号	kg	10.05	0.102	0.102	0.204	0.204	0.510	0.510
	煤油	kg	4.20	3.675	4.410	6.090	7.350	10.500	13.650
	汽轮机油（各种规格）	kg	8.80	0.202	0.303	0.303	0.505	1.010	1.212
	黄干油 钙基酯	kg	9.78	0.202	0.202	0.303	0.404	0.505	0.707
	香蕉水	kg	7.84	0.100	0.100	0.100	0.150	0.150	0.150
	聚酯乙烯泡沫塑料	kg	28.40	0.055	0.055	0.088	0.088	0.110	0.110
	普通硅酸盐水泥 42.5	kg	0.36	62.350	76.850	153.700	255.200	356.700	356.700
	河砂	m³	42.00	0.107	0.134	0.267	0.446	0.624	0.624
	碎石 20mm	m³	55.00	0.116	0.146	0.292	0.486	0.680	0.680
	棉纱头	kg	6.34	0.275	0.330	0.440	0.440	0.550	0.770
	白布 0.9m	m²	8.54	0.102	0.102	0.153	0.153	0.153	0.204
	破布	kg	4.50	0.263	0.315	0.315	0.420	0.525	0.735
	其他材料费	元	–	6.840	8.360	11.720	18.590	29.710	31.240
机 械	载货汽车 8t	台班	619.25	–	–	–	0.450	0.450	0.450
	叉式起重机 5t	台班	542.43	0.270	0.360	0.450	–	–	–
	汽车式起重机 16t	台班	1071.52	–	–	–	0.450	0.450	–
	汽车式起重机 32t	台班	1360.20	–	–	–	–	–	0.450
	电动卷扬机（单筒慢速）50kN	台班	145.07	–	–	–	1.800	2.250	2.700
	交流弧焊机 21kV·A	台班	64.00	0.090	0.090	0.090	0.180	0.180	0.180

定 额 编 号			3-1-10	3-1-11	3-1-12	3-1-13	3-1-14	3-1-15
项 目			设备重量(t)					
			20 以内	25 以内	35 以内	50 以内	70 以内	100 以内
基 价 (元)			**8691.99**	**11729.32**	**15665.34**	**20265.73**	**27947.42**	**34176.43**
其中	人 工 费 (元)		4513.92	5262.16	7302.08	9853.20	13931.60	18336.24
	材 料 费 (元)		2491.14	3723.19	4851.24	5584.44	6519.41	7154.44
	机 械 费 (元)		1686.93	2743.97	3512.02	4828.09	7496.41	8685.75
名 称	单位	单价(元)	数			量		
人工 综合工日	工日	80.00	56.424	65.777	91.276	123.165	174.145	229.203
材料 钩头成对斜垫铁0~3号钢1号	kg	14.50	3.144	6.288	6.288	6.288	6.288	6.288
钩头成对斜垫铁0~3号钢4号	kg	13.60	61.600	100.100	134.750	154.000	169.400	169.400
平垫铁0~3号钢1号	kg	5.22	2.540	5.080	5.080	5.080	5.080	5.080
平垫铁0~3号钢4号	kg	5.22	158.240	257.140	356.040	395.600	419.336	419.336
热轧薄钢板1.6~2.0	kg	4.67	1.600	2.500	2.500	2.500	3.000	3.000
钢轨38kg/m	kg	5.30	-	-	-	-	0.056	0.080
镀锌铁丝8~12号	kg	5.36	4.000	4.500	6.000	8.000	10.000	13.000
电焊条 结422 φ2.5	kg	5.04	0.420	0.525	0.525	0.525	0.525	0.525
黄铜皮 δ=0.08~0.3	kg	69.74	0.600	1.000	1.000	1.000	1.500	1.500
加固木板	m³	1980.00	0.109	0.121	0.125	0.128	0.148	0.156
道木	m³	1600.00	0.010	0.021	0.021	0.025	0.275	0.550
汽油93号	kg	10.05	0.510	0.714	1.020	1.224	1.530	2.040
煤油	kg	4.20	17.850	21.000	26.250	36.750	42.000	57.750

单位:台

定 额 编 号			3-1-10	3-1-11	3-1-12	3-1-13	3-1-14	3-1-15
项　　　目			设备重量(t)					
			20 以内	25 以内	35 以内	50 以内	70 以内	100 以内
材	汽轮机油（各种规格）	kg	8.80	1.515	1.515	1.818	2.222	2.222	3.333
	黄干油 钙基酯	kg	9.78	0.707	0.808	1.212	1.414	1.616	1.818
	香蕉水	kg	7.84	0.300	0.300	0.500	0.500	0.700	1.000
	聚酯乙烯泡沫塑料	kg	28.40	0.110	0.165	0.165	0.220	0.220	0.220
	普通硅酸盐水泥 42.5	kg	0.36	508.950	508.950	611.900	916.400	1017.900	1120.850
	河砂	m³	42.00	0.891	0.891	1.069	1.604	1.782	1.960
	碎石 20mm	m³	55.00	0.972	0.972	1.166	1.750	1.944	2.138
	棉纱头	kg	6.34	0.770	1.100	1.320	1.650	1.870	2.200
料	白布 0.9m	m²	8.54	0.204	0.306	0.408	0.408	0.510	0.612
	破布	kg	4.50	1.050	1.050	1.260	1.470	1.680	1.890
	其他材料费	元	–	72.560	108.440	141.300	162.650	189.890	208.380
机	载货汽车 8t	台班	619.25	0.450	0.450	0.450	0.900	0.900	1.350
	汽车式起重机 8t	台班	728.19	0.450	0.450	0.450	0.450	0.450	0.450
	汽车式起重机 16t	台班	1071.52	–	–	–	–	1.350	1.800
	汽车式起重机 32t	台班	1360.20	0.450	–	–	–	0.450	1.350
	汽车式起重机 50t	台班	3709.18	–	0.450	–	0.900	0.900	–
	汽车式起重机 75t	台班	5403.15	–	–	0.450	–	–	0.450
	电动卷扬机(单筒慢速) 50kN	台班	145.07	3.150	3.150	3.150	4.050	2.700	2.250
械	电动卷扬机(单筒慢速) 80kN	台班	196.05	–	–	–	–	4.050	4.950
	交流弧焊机 21kV·A	台班	64.00	0.180	0.180	0.270	0.270	0.450	0.450

定 额 编 号			3-1-16	3-1-17	3-1-18	3-1-19	3-1-20
项 目			设备重量(t)				
			150 以内	200 以内	250 以内	350 以内	450 以内
基 价 (元)			**44453.72**	**54596.71**	**63756.85**	**84295.86**	**105208.15**
其中	人 工 费 (元)		26264.56	33904.32	42026.08	57951.84	74552.48
	材 料 费 (元)		8175.85	8496.52	9001.30	9762.59	10608.67
	机 械 费 (元)		10013.31	12195.87	12729.47	16581.43	20047.00
名 称	单位	单价(元)	数		量		
人工 综合工日	工日	80.00	328.307	423.804	525.326	724.398	931.906
材料 钩头成对斜垫铁 0~3 号钢 1 号	kg	14.50	9.432	9.432	9.432	9.432	9.432
钩头成对斜垫铁 0~3 号钢 4 号	kg	13.60	177.100	177.100	184.800	184.800	192.500
平垫铁 0~3 号钢 1 号	kg	5.22	7.620	7.620	7.620	7.620	7.620
平垫铁 0~3 号钢 4 号	kg	5.22	435.160	435.160	450.984	450.984	466.808
热轧薄钢板 1.6~2.0	kg	4.67	4.000	4.000	6.000	6.000	8.000
钢轨 38kg/m	kg	5.30	0.120	0.160	0.200	0.280	0.360
镀锌铁丝 8~12 号	kg	5.36	19.000	19.000	25.000	35.000	35.000
电焊条 结 422 ϕ2.5	kg	5.04	1.050	1.050	1.050	1.050	1.050
黄铜皮 δ=0.08~0.3	kg	69.74	2.000	2.000	3.200	3.200	4.000
加固木板	m³	1980.00	0.225	0.263	0.275	0.313	0.338
道木	m³	1600.00	0.688	0.688	0.688	0.825	0.963
汽油 93 号	kg	10.05	2.550	3.060	3.570	4.080	4.590
煤油	kg	4.20	73.500	89.250	105.000	147.000	183.750

定额编号			3-1-16	3-1-17	3-1-18	3-1-19	3-1-20
项目			设备重量(t)				
			150 以内	200 以内	250 以内	350 以内	450 以内
材 料	汽轮机油（各种规格）	kg	8.80	4.040	5.252	6.060	8.080	11.110
	黄干油 钙基酯	kg	9.78	2.020	2.222	2.525	3.535	4.545
	香蕉水	kg	7.84	1.500	2.000	2.800	3.500	4.500
	聚酯乙烯泡沫塑料	kg	28.40	0.275	0.330	0.385	0.495	0.605
	普通硅酸盐水泥 42.5	kg	0.36	1526.850	1780.600	1882.100	2137.300	2289.550
	河砂	m³	42.00	2.673	3.119	3.294	3.740	4.010
	碎石 20mm	m³	55.00	2.916	3.402	3.591	4.320	4.374
	棉纱头	kg	6.34	3.300	4.400	5.500	7.700	9.900
	白布 0.9m	m²	8.54	0.816	1.020	1.224	1.632	2.040
	破布	kg	4.50	2.100	2.310	2.625	3.675	4.725
	其他材料费	元	–	238.130	247.470	262.170	284.350	308.990
机 械	载货汽车 8t	台班	619.25	1.350	1.350	1.350	1.800	2.250
	汽车式起重机 8t	台班	728.19	0.900	1.350	0.450	1.350	1.800
	汽车式起重机 16t	台班	1071.52	1.800	1.800	1.350	2.700	0.900
	汽车式起重机 32t	台班	1360.20	1.350	–	0.900	1.350	1.800
	汽车式起重机 50t	台班	3709.18	–	0.900	0.900	0.900	0.900
	汽车式起重机 100t	台班	6580.83	0.450	0.450	0.450	0.450	0.900
	电动卷扬机(单筒慢速) 50kN	台班	145.07	2.250	2.250	2.700	3.150	5.850
	电动卷扬机(单筒慢速) 80kN	台班	196.05	7.200	9.000	10.800	14.850	18.900
	交流弧焊机 21kV·A	台班	64.00	0.900	0.900	1.350	1.350	1.800

三、立式车床

定 额 编 号			3-1-21	3-1-22	3-1-23	3-1-24	3-1-25	3-1-26
项 目			设备重量(t)					
			7 以内	10 以内	15 以内	20 以内	25 以内	35 以内
基 价 (元)			**3924.63**	**4876.60**	**6855.92**	**9184.42**	**10086.62**	**14581.58**
其中	人 工 费 (元)		2464.08	3225.84	4593.84	5295.76	6086.16	7834.00
	材 料 费 (元)		427.06	551.99	968.12	1589.64	1701.44	1984.78
	机 械 费 (元)		1033.49	1098.77	1293.96	2299.02	2299.02	4762.80
名 称	单位	单价(元)	数			量		
人工 综合工日	工日	80.00	30.801	40.323	57.423	66.197	76.077	97.925
材料 钩头成对斜垫铁0~3号钢2号	kg	13.20	5.296	5.296	–	–	–	–
钩头成对斜垫铁0~3号钢3号	kg	12.70	–	–	15.656	–	–	–
钩头成对斜垫铁0~3号钢4号	kg	13.60	–	–	–	30.800	30.800	30.800
平垫铁0~3号钢2号	kg	5.22	4.840	4.840	–	–	–	–
平垫铁0~3号钢3号	kg	5.22	–	–	20.020	–	–	–
平垫铁0~3号钢4号	kg	5.22	–	–	–	79.120	79.120	79.120
热轧薄钢板1.6~2.0	kg	4.67	1.000	1.000	1.600	1.600	2.500	2.500
镀锌铁丝8~12号	kg	5.36	0.840	2.670	4.000	4.000	4.500	6.000
电焊条 结422 φ2.5	kg	5.04	0.420	0.420	0.420	0.420	0.420	0.525
黄铜皮 δ=0.08~0.3	kg	69.74	0.400	0.400	0.600	0.600	1.000	1.000
料 加固木板	m³	1980.00	0.036	0.056	0.083	0.109	0.128	0.203
道木	m³	1600.00	0.004	0.007	0.007	0.010	0.014	0.014
汽油93号	kg	10.05	0.306	0.510	1.020	1.020	1.224	1.836

定 额 编 号			3-1-21	3-1-22	3-1-23	3-1-24	3-1-25	3-1-26
项 目			设备重量(t)					
			7 以内	10 以内	15 以内	20 以内	25 以内	35 以内
材料	煤油	kg	4.20	11.550	12.600	18.900	21.000	26.250	36.750
	汽轮机油(各种规格)	kg	8.80	0.505	0.808	1.010	1.515	1.818	2.222
	黄干油 钙基酯	kg	9.78	0.202	0.404	0.404	0.505	0.606	0.808
	香蕉水	kg	7.84	0.100	0.100	0.100	0.300	0.300	0.500
	聚酯乙烯泡沫塑料	kg	28.40	0.110	0.110	0.110	0.110	0.110	0.165
	石棉橡胶板 低压 0.8~1.0	kg	13.20	–	–	–	–	0.150	0.200
	普通硅酸盐水泥 42.5	kg	0.36	255.200	356.700	508.950	508.950	508.950	611.900
	河砂	m³	42.00	0.446	0.624	0.891	0.891	0.891	1.069
	碎石 20mm	m³	55.00	0.486	0.680	0.972	0.972	0.972	1.166
	棉纱头	kg	6.34	0.165	0.220	0.330	0.550	0.550	0.770
	白布 0.9m	m²	8.54	0.102	0.102	0.102	0.153	0.153	0.204
	破布	kg	4.50	0.315	0.525	1.050	1.260	1.260	1.575
	其他材料费	元	–	12.440	16.080	28.200	46.300	49.560	57.810
机械	载货汽车 8t	台班	619.25	0.450	0.450	0.450	0.450	0.450	0.900
	汽车式起重机 8t	台班	728.19	–	–	–	0.450	0.450	0.450
	汽车式起重机 16t	台班	1071.52	0.450	0.450	–	–	–	–
	汽车式起重机 32t	台班	1360.20	–	–	0.450	0.900	0.900	–
	汽车式起重机 50t	台班	3709.18	–	–	–	–	–	0.900
	电动卷扬机(单筒慢速) 50kN	台班	145.07	1.800	2.250	2.700	3.150	3.150	3.600
	交流弧焊机 21kV·A	台班	64.00	0.180	0.180	0.180	0.180	0.180	0.270

定　额　编　号			3-1-27	3-1-28	3-1-29	3-1-30	3-1-31	3-1-32
项　　　　目			设备重量(t)					
			50 以内	70 以内	100 以内	150 以内	200 以内	250 以内
基　　价（元）			**19951.59**	**26409.24**	**32945.65**	**45013.11**	**54435.40**	**63607.49**
其中	人　工　费（元）		11250.56	15871.52	20231.20	29930.24	34852.48	42331.60
	材　料　费（元）		2217.81	2224.37	2858.86	3742.69	5799.04	6277.84
	机　械　费（元）		6483.22	8313.35	9855.59	11340.18	13783.88	14998.05
名　　　称	单位	单价（元）	数　　　量					
人工 综合工日	工日	80.00	140.632	198.394	252.890	374.128	435.656	529.145
材料 钩头成对斜垫铁 0~3 号钢 2 号	kg	13.20	－	10.592	10.592	10.592	－	－
钩头成对斜垫铁 0~3 号钢 3 号	kg	12.70	－	7.828	7.828	15.656	31.312	31.312
钩头成对斜垫铁 0~3 号钢 4 号	kg	13.60	30.800	－	－	－	61.600	61.600
平垫铁 0~3 号钢 2 号	kg	5.22	－	9.680	9.680	9.680	－	－
平垫铁 0~3 号钢 3 号	kg	5.22	－	10.010	10.010	20.020	40.040	40.040
平垫铁 0~3 号钢 4 号	kg	5.22	79.120	－	－	－	158.240	158.240
热轧薄钢板 1.6~2.0	kg	4.67	2.500	3.000	3.000	4.000	4.000	6.000
钢轨 38kg/m	kg	5.30	－	0.060	0.080	0.120	0.160	0.200
镀锌铁丝 8~12 号	kg	5.36	8.000	10.000	13.000	19.000	19.000	25.000
电焊条 结 422 φ2.5	kg	5.04	0.525	0.525	0.525	1.050	1.050	1.050
黄铜皮 δ=0.08~0.3	kg	69.74	1.000	1.500	1.500	2.000	2.000	3.200
加固木板	m³	1980.00	0.253	0.150	0.156	0.200	0.219	0.231
道木	m³	1600.00	0.028	0.275	0.550	0.688	0.688	0.688
汽油 93 号	kg	10.05	2.346	3.060	3.570	5.100	6.120	8.160
煤油	kg	4.20	47.250	57.750	73.500	105.000	126.000	157.500

单位:台

定 额 编 号			3-1-27	3-1-28	3-1-29	3-1-30	3-1-31	3-1-32
项 目			设备重量(t)					
			50 以内	70 以内	100 以内	150 以内	200 以内	250 以内
材料	汽轮机油（各种规格）	kg	8.80	2.828	3.535	4.545	7.070	8.080	10.100
	黄干油 钙基酯	kg	9.78	1.212	1.515	1.818	2.424	3.030	4.040
	香蕉水	kg	7.84	0.500	0.700	1.000	2.000	2.000	2.800
	聚酯乙烯泡沫塑料	kg	28.40	0.220	0.220	0.275	0.418	0.528	0.550
	石棉橡胶板 低压 0.8～1.0	kg	13.20	0.300	0.300	0.400	0.500	0.600	0.800
	普通硅酸盐水泥 42.5	kg	0.36	662.650	1017.900	1120.850	1323.850	1425.350	1629.800
	河砂	m³	42.00	1.158	1.782	1.960	2.330	2.495	2.851
	碎石 20mm	m³	55.00	1.264	1.944	2.138	2.527	2.722	3.110
	棉纱头	kg	6.34	1.100	1.320	1.650	3.300	3.850	4.950
	白布 0.9m	m²	8.54	0.306	0.408	0.510	0.816	1.020	1.224
	破布	kg	4.50	2.100	2.310	2.625	5.250	6.300	7.875
	其他材料费	元	－	64.600	64.790	83.270	109.010	168.900	182.850
机械	载货汽车 8t	台班	619.25	0.900	0.900	1.350	1.350	1.350	1.350
	汽车式起重机 8t	台班	728.19	0.450	0.450	0.450	0.900	1.350	0.900
	汽车式起重机 16t	台班	1071.52	－	1.350	1.800	1.800	1.800	1.350
	汽车式起重机 32t	台班	1360.20	－	0.450	1.350	1.350	－	0.900
	汽车式起重机 50t	台班	3709.18	－	0.900	－	－	0.900	0.900
	汽车式起重机 75t	台班	5403.15	0.900	－	0.450	－	－	－
	汽车式起重机 100t	台班	6580.83	－	－	－	0.450	0.450	0.450
	电动卷扬机（单筒慢速）50kN	台班	145.07	4.950	2.250	1.800	0.450	2.250	2.700
	电动卷扬机（单筒慢速）80kN	台班	196.05	－	8.550	11.250	15.300	17.100	20.700
	交流弧焊机 21kV·A	台班	64.00	0.270	0.450	0.450	0.900	0.900	1.350

定 额 编 号			3-1-33	3-1-34	3-1-35	3-1-36
项 目			设备重量(t)			
			300 以内	400 以内	500 以内	600 以内
基 价 （元）			**75393.04**	**99901.04**	**124051.75**	**147412.61**
其中	人 工 费 （元）		51224.56	66681.92	81952.96	98190.00
	材 料 费 （元）		6610.92	7646.51	9435.06	10006.60
	机 械 费 （元）		17557.56	25572.61	32663.73	39216.01
名 称	单位	单价(元)	数		量	
人工 综合工日	工日	80.00	640.307	833.524	1024.412	1227.375
材料 钩头成对斜垫铁 0～3 号钢 3 号	kg	12.70	31.312	31.312	46.968	46.968
钩头成对斜垫铁 0～3 号钢 4 号	kg	13.60	61.600	61.600	92.400	92.400
平垫铁 0～3 号钢 3 号	kg	5.22	40.040	40.040	56.056	56.056
平垫铁 0～3 号钢 4 号	kg	5.22	158.240	158.240	221.536	221.536
热轧薄钢板 1.6～2.0	kg	4.67	6.000	6.000	8.000	8.000
钢轨 38kg/m	kg	5.30	0.240	0.320	0.400	0.480
镀锌铁丝 8～12 号	kg	5.36	25.000	35.000	35.000	45.000
电焊条 结 422 φ2.5	kg	5.04	1.050	1.050	1.050	1.050
黄铜皮 δ=0.08～0.3	kg	69.74	3.200	3.200	4.000	4.000
加固木板	m³	1980.00	0.250	0.338	0.363	0.363
道木	m³	1600.00	0.688	0.825	0.963	1.100
汽油 93 号	kg	10.05	10.200	13.260	16.320	19.380
煤油	kg	4.20	189.000	231.000	273.000	315.000
汽轮机油（各种规格）	kg	8.80	12.120	15.150	18.180	21.210

定 额 编 号			3-1-33	3-1-34	3-1-35	3-1-36
项 目			设备重量(t)			
			300 以内	400 以内	500 以内	600 以内
材 料	黄干油 钙基酯	kg	9.78	5.050	7.070	9.090	11.110
	香蕉水	kg	7.84	2.800	3.500	4.500	4.500
	聚酯乙烯泡沫塑料	kg	28.40	0.550	0.715	0.715	0.880
	石棉橡胶板 低压 0.8~1.0	kg	13.20	1.000	1.200	1.400	1.600
	普通硅酸盐水泥 42.5	kg	0.36	1782.050	2289.550	2443.250	2443.250
	河砂	m³	42.00	3.123	4.010	4.280	4.280
	碎石 20mm	m³	55.00	3.402	4.374	4.658	4.658
	棉纱头	kg	6.34	6.600	7.700	9.350	10.450
	白布 0.9m	m²	8.54	1.530	1.734	2.040	2.550
	破布	kg	4.50	9.450	11.550	13.650	15.750
	其他材料费	元	–	192.550	222.710	274.810	291.450
机 械	载货汽车 8t	台班	619.25	1.350	1.350	1.800	1.800
	汽车式起重机 8t	台班	728.19	1.800	1.800	2.250	2.250
	汽车式起重机 16t	台班	1071.52	1.800	1.800	2.250	3.150
	汽车式起重机 32t	台班	1360.20	1.350	1.350	1.350	1.350
	汽车式起重机 50t	台班	3709.18	0.900	0.900	0.900	1.350
	汽车式起重机 100t	台班	6580.83	0.450	0.450	0.900	0.900
	电动卷扬机(单筒慢速) 50kN	台班	145.07	5.850	5.850	5.850	10.800
	电动卷扬机(单筒慢速) 80kN	台班	196.05	22.500	–	–	–
	电动卷扬机(单筒慢速) 200kN	台班	418.39	–	29.700	36.900	44.550
	交流弧焊机 21kV·A	台班	64.00	1.350	1.350	1.800	1.800

四、钻床

定 额 编 号			3-1-37	3-1-38	3-1-39	3-1-40	3-1-41	3-1-42
项 目			设备重量(t)					
			1 以内	2 以内	3 以内	5 以内	7 以内	10 以内
基 价 (元)			**716.81**	**1057.95**	**1425.11**	**1762.86**	**3310.56**	**4739.14**
其中	人 工 费 (元)		447.68	721.92	934.64	1171.68	1733.60	2904.56
	材 料 费 (元)		165.73	183.81	289.44	341.33	543.47	735.81
	机 械 费 (元)		103.40	152.22	201.03	249.85	1033.49	1098.77
名 称	单位	单价(元)	数			量		
人工 综合工日	工日	80.00	5.596	9.024	11.683	14.646	21.670	36.307
材料 钩头成对斜垫铁0~3号钢1号	kg	14.50	3.144	3.144	4.716	6.288	–	–
钩头成对斜垫铁0~3号钢2号	kg	13.20	–	–	–	–	10.592	13.240
平垫铁0~3号钢1号	kg	5.22	2.540	2.540	3.810	5.080	–	–
平垫铁0~3号钢2号	kg	5.22	–	–	–	–	9.680	12.100
热轧薄钢板1.6~2.0	kg	4.67	0.200	0.450	0.450	0.650	1.000	1.000
镀锌铁丝8~12号	kg	5.36	0.560	0.560	0.560	0.560	0.840	2.670
电焊条 结422 ϕ2.5	kg	5.04	0.210	0.210	0.210	0.210	0.420	0.420
黄铜皮 $\delta=0.08~0.3$	kg	69.74	0.100	0.250	0.250	0.300	0.400	0.400
加固木板	m³	1980.00	0.013	0.015	0.026	0.031	0.049	0.075
道木	m³	1600.00	–	–	–	–	0.006	0.006

定　额　编　号			3-1-37	3-1-38	3-1-39	3-1-40	3-1-41	3-1-42
项　　　　目			设备重量(t)					
			1 以内	2 以内	3 以内	5 以内	7 以内	10 以内
材料	汽油 93 号	kg	10.05	0.020	0.041	0.061	0.102	0.143	0.204
	煤油	kg	4.20	2.100	2.520	3.150	3.990	4.725	7.350
	汽轮机油（各种规格）	kg	8.80	0.152	0.152	0.152	0.202	0.202	0.253
	黄干油 钙基酯	kg	9.78	0.101	0.101	0.101	0.152	0.152	0.202
	香蕉水	kg	7.84	0.070	0.070	0.070	0.100	0.100	0.100
	聚酯乙烯泡沫塑料	kg	28.40	0.055	0.055	0.055	0.088	0.088	0.110
	白水泥	kg	0.65	53.000	53.000	106.000	106.000	176.000	246.000
	河砂	m³	42.00	0.134	0.134	0.267	0.267	0.446	0.624
	碎石 20mm	m³	55.00	0.146	0.146	0.292	0.292	0.486	0.680
	棉纱头	kg	6.34	0.220	0.220	0.220	0.275	0.275	0.330
	白布 0.9m	m²	8.54	0.051	0.051	0.102	0.102	0.102	0.153
	破布	kg	4.50	0.210	0.210	0.210	0.263	0.263	0.315
	其他材料费	元	–	4.830	5.350	8.430	9.940	15.830	21.430
机械	载货汽车 8t	台班	619.25	–	–	–	–	0.450	0.450
	叉式起重机 5t	台班	542.43	0.180	0.270	0.360	0.450	–	–
	汽车式起重机 16t	台班	1071.52	–	–	–	–	0.450	0.450
	电动卷扬机（单筒慢速）50kN	台班	145.07	–	–	–	–	1.800	2.250
	交流弧焊机 21kV·A	台班	64.00	0.090	0.090	0.090	0.090	0.180	0.180

定 额 编 号			3-1-43	3-1-44	3-1-45	3-1-46	3-1-47	3-1-48
项 目			设备重量(t)					
			15 以内	20 以内	25 以内	30 以内	35 以内	40 以内
基 价 (元)			**5995.28**	**8857.84**	**9740.54**	**13261.41**	**15120.30**	**17442.00**
其中	人 工 费 (元)		3682.16	4064.80	4787.44	5501.44	6481.68	7159.28
	材 料 费 (元)		1084.44	2837.97	2932.74	3068.21	3875.82	3930.06
	机 械 费 (元)		1228.68	1955.07	2020.36	4691.76	4762.80	6352.66
名 称	单位	单价(元)	数			量		
人工 综合工日	工日	80.00	46.027	50.810	59.843	68.768	81.021	89.491
材料 钩头成对斜垫铁0~3号钢3号	kg	12.70	27.398	—	—	—	—	—
钩头成对斜垫铁0~3号钢4号	kg	13.60	—	77.000	77.000	77.000	96.250	96.250
平垫铁0~3号钢3号	kg	5.22	35.035	—	—	—	—	—
平垫铁0~3号钢4号	kg	5.22	—	197.800	197.800	197.800	237.360	237.360
热轧薄钢板1.6~2.0	kg	4.67	1.600	1.600	2.500	2.500	2.500	2.500
镀锌铁丝8~12号	kg	5.36	2.670	4.000	4.500	6.000	6.000	8.000
电焊条 结422 φ2.5	kg	5.04	0.420	0.420	0.525	0.525	0.525	0.525
黄铜皮 δ=0.08~0.3	kg	69.74	0.600	0.600	1.000	1.000	1.000	1.000
加固木板	m³	1980.00	0.083	0.121	0.134	0.159	0.225	0.238
道木	m³	1600.00	0.007	0.010	0.021	0.021	0.025	0.025
汽油93号	kg	10.05	0.306	0.408	0.510	0.714	0.755	0.857
煤油	kg	4.20	9.450	12.600	14.700	17.850	19.950	23.100

定　额　编　号			3-1-43	3-1-44	3-1-45	3-1-46	3-1-47	3-1-48
项　　　　目			设备重量（t）					
			15 以内	20 以内	25 以内	30 以内	35 以内	40 以内
材料	汽轮机油（各种规格）	kg	8.80	0.303	0.303	0.354	0.505	0.556	0.606
	黄干油 钙基酯	kg	9.78	0.253	0.253	0.303	0.404	0.455	0.505
	香蕉水	kg	7.84	0.100	0.300	0.300	0.300	0.500	0.500
	聚酯乙烯泡沫塑料	kg	28.40	0.110	0.110	0.165	0.165	0.220	0.220
	白水泥	kg	0.65	246.000	—	—	—	—	—
	普通硅酸盐水泥 42.5	kg	0.36	—	508.950	508.950	611.900	916.400	916.400
	河砂	m³	42.00	0.624	0.891	0.891	1.069	1.607	1.607
	碎石 20mm	m³	55.00	0.680	0.972	0.972	1.166	1.755	1.755
	棉纱头	kg	6.34	0.385	0.385	0.440	0.550	0.605	0.660
	白布 0.9m	m²	8.54	0.153	0.153	0.204	0.204	0.255	0.306
	破布	kg	4.50	0.368	0.368	0.420	0.525	0.525	0.578
	其他材料费	元	—	31.590	82.660	85.420	89.370	112.890	114.470
机械	载货汽车 8t	台班	619.25	0.450	—	—	0.900	0.900	0.900
	汽车式起重机 8t	台班	728.19	—	0.450	0.450	0.450	0.450	0.450
	汽车式起重机 32t	台班	1360.20	0.450	0.900	0.900	—	—	—
	汽车式起重机 50t	台班	3709.18	—	—	—	0.900	0.900	—
	汽车式起重机 75t	台班	5403.15	—	—	—	—	—	0.900
	电动卷扬机（单筒慢速）50kN	台班	145.07	2.250	2.700	3.150	3.150	3.600	4.050
	交流弧焊机 21kV·A	台班	64.00	0.180	0.180	0.180	0.180	0.270	0.270

定 额 编 号				3-1-49	3-1-50
项 目				设备重量(t)	
				50 以内	60 以内
基 价 （元）				**20267.84**	**23781.45**
其中	人 工 费 （元）			9199.20	11562.48
	材 料 费 （元）			4585.42	5129.98
	机 械 费 （元）			6483.22	7088.99
	名 称	单位	单价(元)	数	量
人工	综合工日	工日	80.00	114.990	144.531
材料	钩头成对斜垫铁0～3号钢4号	kg	13.60	115.500	115.500
	平垫铁0～3号钢4号	kg	5.22	276.920	276.920
	热轧薄钢板1.6～2.0	kg	4.67	2.500	3.000
	镀锌铁丝8～12号	kg	5.36	8.000	10.000
	电焊条 结422 φ2.5	kg	5.04	0.525	0.525
	黄铜皮 $\delta=0.08～0.3$	kg	69.74	1.000	1.500
	加固木板	m³	1980.00	0.278	0.304
	道木	m³	1600.00	0.028	0.275
	汽油93号	kg	10.05	1.071	1.285
	煤油	kg	4.20	28.350	34.650
	汽轮机油（各种规格）	kg	8.80	0.707	0.808

单位:台

	定 额 编 号			3-1-49	3-1-50
	项 目			设备重量(t)	
				50 以内	60 以内
材	黄干油 钙基酯	kg	9.78	0.606	0.707
	香蕉水	kg	7.84	0.500	0.700
	聚酯乙烯泡沫塑料	kg	28.40	0.275	0.275
	普通硅酸盐水泥 42.5	kg	0.36	1017.900	1017.900
	河砂	m³	42.00	1.782	1.782
	碎石 20mm	m³	55.00	1.944	1.944
	棉纱头	kg	6.34	0.770	0.880
	白布 0.9m	m²	8.54	0.408	0.510
料	破布	kg	4.50	0.683	0.788
	其他材料费	元	—	133.560	149.420
机	载货汽车 8t	台班	619.25	0.900	0.900
	汽车式起重机 8t	台班	728.19	0.450	0.450
	汽车式起重机 16t	台班	1071.52	—	1.800
	汽车式起重机 50t	台班	3709.18	—	0.900
	汽车式起重机 75t	台班	5403.15	0.900	—
械	电动卷扬机(单筒慢速) 50kN	台班	145.07	4.950	6.300
	交流弧焊机 21kV·A	台班	64.00	0.270	0.360

五、镗床

单位:台

定　额　编　号				3-1-51	3-1-52	3-1-53	3-1-54	3-1-55	3-1-56
项　　　　目				设备重量(t)					
				3 以内	5 以内	7 以内	10 以内	15 以内	20 以内
基　　价　　(元)				**1656.96**	**2129.91**	**4459.87**	**5799.24**	**6994.70**	**9283.32**
其中	人　工　费　(元)			1178.88	1580.80	2862.48	3960.56	4694.56	5658.48
	材　料　费　(元)			277.05	299.26	498.62	674.62	1006.18	1588.23
	机　械　费　(元)			201.03	249.85	1098.77	1164.06	1293.96	2036.61
名　　　称	单位	单价(元)		数　　　　　　　量					
人工	综合工日	工日	80.00	14.736	19.760	35.781	49.507	58.682	70.731
材料	钩头成对斜垫铁 0～3 号钢 1 号	kg	14.50	4.716	4.716	–	–	–	–
	钩头成对斜垫铁 0～3 号钢 2 号	kg	13.20	–	–	10.592	13.240	–	–
	钩头成对斜垫铁 0～3 号钢 3 号	kg	12.70	–	–	–	–	27.398	–
	钩头成对斜垫铁 0～3 号钢 4 号	kg	13.60	–	–	–	–	–	30.800
	平垫铁 0～3 号钢 1 号	kg	5.22	3.556	3.556	–	–	–	–
	平垫铁 0～3 号钢 2 号	kg	5.22	–	–	9.680	12.100	–	–
	平垫铁 0～3 号钢 3 号	kg	5.22	–	–	–	–	31.031	–
	平垫铁 0～3 号钢 4 号	kg	5.22	–	–	–	–	–	79.120
	热轧薄钢板 1.6～2.0	kg	4.67	0.450	0.650	1.000	1.000	1.600	1.600
	镀锌铁丝 8～12 号	kg	5.36	0.560	0.560	0.840	2.670	2.670	4.000
	电焊条 结 422 ϕ2.5	kg	5.04	0.210	0.210	0.420	0.420	0.420	0.420
	黄铜皮 δ = 0.08～0.3	kg	69.74	0.250	0.300	0.400	0.400	0.600	0.600
	加固木板	m³	1980.00	0.026	0.031	0.049	0.075	0.083	0.121

定　额　编　号			3-1-51	3-1-52	3-1-53	3-1-54	3-1-55	3-1-56
项　　　　　目			设备重量(t)					
			3 以内	5 以内	7 以内	10 以内	15 以内	20 以内
材　　　　料	道木	m³	1600.00	–	–	0.006	0.007	0.007	0.010
	汽油 93 号	kg	10.05	0.102	0.204	0.204	0.306	0.408	0.408
	煤油	kg	4.20	3.675	4.410	5.775	12.600	15.750	19.950
	汽轮机油（各种规格）	kg	8.80	0.202	0.303	0.303	0.404	0.505	0.505
	黄干油 钙基酯	kg	9.78	0.152	0.202	0.202	0.303	0.404	0.404
	香蕉水	kg	7.84	0.070	0.070	0.100	0.100	0.100	0.300
	聚酯乙烯泡沫塑料	kg	28.40	0.055	0.088	0.088	0.110	0.110	0.110
	普通硅酸盐水泥 42.5	kg	0.36	153.700	153.700	204.450	255.200	255.200	508.950
	河砂	m³	42.00	0.267	0.267	0.356	0.446	0.446	0.891
	碎石 20mm	m³	55.00	0.292	0.292	0.389	0.486	0.486	0.972
	棉纱头	kg	6.34	0.110	0.165	0.165	0.220	0.330	0.330
	白布 0.9m	m²	8.54	0.102	0.102	0.153	0.153	0.153	0.153
	破布	kg	4.50	0.210	0.315	0.315	0.420	0.525	0.525
	其他材料费	元	–	8.070	8.720	14.520	19.650	29.310	46.260
机　　　　械	载货汽车 8t	台班	619.25	–	–	0.450	0.450	0.450	0.450
	叉式起重机 5t	台班	542.43	0.360	0.450	–	–	–	–
	汽车式起重机 16t	台班	1071.52	–	–	0.450	0.450	–	–
	汽车式起重机 32t	台班	1360.20	–	–	–	–	0.450	0.900
	电动卷扬机（单筒慢速）50kN	台班	145.07	–	–	2.250	2.700	2.700	3.600
	交流弧焊机 21kV·A	台班	64.00	0.090	0.090	0.180	0.180	0.180	0.180

定　额　编　号			3-1-57	3-1-58	3-1-59	3-1-60	3-1-61	3-1-62
项　　　　　目			设备重量(t)					
			25 以内	30 以内	35 以内	40 以内	50 以内	60 以内
基　　价　　(元)			**10310.28**	**13412.20**	**14825.59**	**18394.48**	**21221.76**	**24464.74**
其中	人　工　费　(元)		6518.16	7367.04	8388.80	9871.76	11983.12	13990.08
	材　料　费　(元)		1690.22	1823.42	1871.11	2296.14	2946.78	3572.17
	机　械　费　(元)		2101.90	4221.74	4565.68	6226.58	6291.86	6902.49
名　　　　称	单位	单价(元)	数			量		
人工 综合工日	工日	80.00	81.477	92.088	104.860	123.397	149.789	174.876
材料 钩头成对斜垫铁 0~3 号钢 4 号	kg	13.60	30.800	30.800	30.800	38.500	53.900	53.900
平垫铁 0~3 号钢 4 号	kg	5.22	79.120	79.120	79.120	98.900	134.504	134.504
热轧薄钢板 1.6~2.0	kg	4.67	2.500	2.500	2.500	2.500	2.500	3.000
镀锌铁丝 8~12 号	kg	5.36	4.500	6.000	6.000	8.000	8.000	10.000
电焊条 结 422 φ2.5	kg	5.04	0.525	0.525	0.525	0.525	0.525	0.525
黄铜皮 δ=0.08~0.3	kg	69.74	1.000	1.000	1.000	1.000	1.000	1.500
加固木板	m³	1980.00	0.134	0.159	0.171	0.215	0.238	0.300
道木	m³	1600.00	0.021	0.021	0.021	0.021	0.028	0.275
汽油 93 号	kg	10.05	0.510	0.510	0.714	0.714	1.020	1.020
煤油	kg	4.20	23.100	26.250	29.400	34.650	42.000	50.400
汽轮机油(各种规格)	kg	8.80	0.606	0.808	1.010	1.313	1.515	2.020
黄干油 钙基酯	kg	9.78	0.505	0.505	0.606	0.606	0.808	0.808

定 额 编 号			3-1-57	3-1-58	3-1-59	3-1-60	3-1-61	3-1-62
项 目			设备重量(t)					
			25 以内	30 以内	35 以内	40 以内	50 以内	60 以内
材 料	香蕉水	kg	7.84	0.300	0.300	0.500	0.500	0.500	0.700
	聚酯乙烯泡沫塑料	kg	28.40	0.110	0.165	0.165	0.165	0.220	0.220
	石棉橡胶板 低压 0.8~1.0	kg	13.20	0.200	0.200	0.300	0.300	0.400	0.400
	普通硅酸盐水泥 42.5	kg	0.36	508.950	611.900	611.900	764.150	1017.900	1017.900
	河砂	m³	42.00	0.891	1.069	1.069	1.337	1.782	1.782
	碎石 20mm	m³	55.00	0.972	1.166	1.166	1.458	1.944	1.944
	棉纱头	kg	6.34	0.440	0.440	0.550	0.550	0.770	0.770
	白布 0.9m	m²	8.54	0.204	0.204	0.255	0.255	0.306	0.306
	破布	kg	4.50	0.630	0.630	0.735	0.735	0.840	0.840
	其他材料费	元	–	49.230	53.110	54.500	66.880	85.830	104.040
机 械	载货汽车 8t	台班	619.25	0.450	0.450	0.900	0.900	0.900	0.900
	汽车式起重机 16t	台班	1071.52	–	–	–	–	–	1.800
	汽车式起重机 32t	台班	1360.20	0.900	–	–	–	–	–
	汽车式起重机 50t	台班	3709.18	–	0.900	0.900	–	–	0.900
	汽车式起重机 75t	台班	5403.15	–	–	–	0.900	0.900	–
	电动卷扬机(单筒慢速) 50kN	台班	145.07	4.050	4.050	4.500	5.400	5.850	1.800
	电动卷扬机(单筒慢速) 80kN	台班	196.05	–	–	–	–	–	4.050
	交流弧焊机 21kV·A	台班	64.00	0.180	0.270	0.270	0.360	0.360	0.360

定　额　编　号			3-1-63	3-1-64	3-1-65	3-1-66	3-1-67	3-1-68
项　　　　目			设备重量(t)					
			70 以内	100 以内	150 以内	200 以内	250 以内	300 以内
基　　价　(元)			27601.05	36672.71	48862.93	61700.55	73373.96	85439.13
其中	人　工　费　(元)		16656.16	23214.32	33345.20	43682.56	53664.24	63642.40
	材　料　费　(元)		3425.54	4442.69	5174.48	5557.45	6453.18	6588.89
	机　械　费　(元)		7519.35	9015.70	10343.25	12460.54	13256.54	15207.84
名　　称	单位	单价(元)	数			量		
人工 综合工日	工日	80.00	208.202	290.179	416.815	546.032	670.803	795.530
材料 钩头成对斜垫铁0～3号钢4号	kg	13.60	53.900	69.300	69.300	69.300	84.700	84.700
平垫铁0～3号钢4号	kg	5.22	134.504	166.152	166.152	166.152	205.712	205.712
热轧薄钢板1.6～2.0	kg	4.67	3.000	3.000	4.000	4.000	6.000	6.000
钢轨38kg/m	kg	5.30	0.056	0.080	0.120	0.160	0.200	0.240
镀锌铁丝8～12号	kg	5.36	10.000	13.000	19.000	19.000	25.000	25.000
电焊条 结422 φ2.5	kg	5.04	0.525	0.525	1.050	1.050	1.050	1.050
黄铜皮δ=0.08～0.3	kg	69.74	1.500	1.500	2.000	2.000	3.200	3.200
加固木板	m³	1980.00	0.150	0.156	0.194	0.219	0.250	0.250
道木	m³	1600.00	0.275	0.550	0.688	0.688	0.688	0.688
汽油93号	kg	10.05	1.530	1.530	2.040	2.040	2.550	2.550
料 煤油	kg	4.20	58.800	84.000	126.000	168.000	210.000	220.500
汽轮机油(各种规格)	kg	8.80	2.020	2.525	2.525	3.030	3.535	4.040
黄干油 钙基酯	kg	9.78	1.010	1.010	1.515	1.515	2.020	2.020

定 额 编 号			3-1-63	3-1-64	3-1-65	3-1-66	3-1-67	3-1-68
项 目			设备重量(t)					
			70 以内	100 以内	150 以内	200 以内	250 以内	300 以内
材 料	香蕉水	kg	7.84	0.700	1.000	1.500	2.000	2.800	2.800
	聚酯乙烯泡沫塑料	kg	28.40	0.220	0.275	0.440	0.440	0.550	0.550
	石棉橡胶板 低压 0.8~1.0	kg	13.20	0.500	0.500	0.600	0.600	0.800	0.800
	普通硅酸盐水泥 42.5	kg	0.36	1220.900	1273.100	1526.850	1782.050	1882.100	2035.800
	河砂	m³	42.00	2.336	2.228	2.673	3.119	3.294	3.564
	碎石 20mm	m³	55.00	2.133	2.430	2.916	3.402	3.591	3.888
	棉纱头	kg	6.34	1.100	1.100	1.650	1.650	2.200	2.200
	白布 0.9m	m²	8.54	0.408	0.408	0.510	0.510	1.020	1.020
	破布	kg	4.50	1.050	1.050	1.575	1.575	2.100	2.100
	其他材料费	元	–	99.770	129.400	150.710	161.870	187.960	191.910
机 械	载货汽车 8t	台班	619.25	0.900	1.350	1.350	1.350	1.350	1.350
	汽车式起重机 8t	台班	728.19	0.450	0.450	0.900	1.350	0.900	1.350
	汽车式起重机 16t	台班	1071.52	1.350	1.800	1.800	1.800	1.350	1.800
	汽车式起重机 32t	台班	1360.20	0.450	1.350	1.350	–	0.900	1.350
	汽车式起重机 50t	台班	3709.18	0.900	–	–	0.900	0.900	0.900
	汽车式起重机 75t	台班	5403.15	–	0.450	–	–	–	–
	汽车式起重机 100t	台班	6580.83	–	–	0.450	0.450	0.450	0.450
	电动卷扬机(单筒慢速) 50kN	台班	145.07	2.250	2.700	2.700	2.250	2.250	2.250
	电动卷扬机(单筒慢速) 80kN	台班	196.05	4.500	6.300	8.550	10.350	12.150	14.850
	交流弧焊机 21kV·A	台班	64.00	0.450	0.450	0.900	0.900	1.350	1.350

六、磨床

定　额　编　号			3-1-69	3-1-70	3-1-71	3-1-72	3-1-73	3-1-74
项　　　　　目			设备重量(t)					
			1 以内	2 以内	3 以内	5 以内	7 以内	10 以内
基　　价　　(元)			**795.31**	**1126.37**	**1489.46**	**2097.81**	**3825.00**	**5820.03**
其中	人　工　费　(元)		561.20	809.68	1071.04	1483.68	2196.24	3617.12
	材　料　费　(元)		130.71	164.47	217.39	364.28	529.99	1104.14
	机　械　费　(元)		103.40	152.22	201.03	249.85	1098.77	1098.77
名　　　称	单位	单价(元)	数			量		
人工 综合工日	工日	80.00	7.015	10.121	13.388	18.546	27.453	45.214
材料 钩头成对斜垫铁 0~3 号钢 1 号	kg	14.50	3.144	3.144	4.716	7.860	–	–
钩头成对斜垫铁 0~3 号钢 2 号	kg	13.20	–	–	–	–	13.240	–
钩头成对斜垫铁 0~3 号钢 3 号	kg	12.70	–	–	–	–	–	31.312
平垫铁 0~3 号钢 1 号	kg	5.22	2.540	2.540	3.810	6.350	–	–
平垫铁 0~3 号钢 2 号	kg	5.22	–	–	–	–	12.100	–
平垫铁 0~3 号钢 3 号	kg	5.22	–	–	–	–	–	40.040
热轧薄钢板 1.6~2.0	kg	4.67	0.200	0.450	0.450	0.650	1.000	1.000
镀锌铁丝 8~12 号	kg	5.36	0.560	0.560	0.560	0.560	2.670	2.670
电焊条 结 422 ϕ2.5	kg	5.04	0.210	0.210	0.210	0.210	0.420	0.420
黄铜皮 δ = 0.08~0.3	kg	69.74	0.100	0.250	0.250	0.300	0.400	0.400
加固木板	m³	1980.00	0.013	0.015	0.018	0.031	0.036	0.075

定 额 编 号			3-1-69	3-1-70	3-1-71	3-1-72	3-1-73	3-1-74
项 目			设备重量(t)					
			1 以内	2 以内	3 以内	5 以内	7 以内	10 以内
材 料	道木	m³	1600.00	–	–	–	0.006	0.007	0.007
	汽油 93 号	kg	10.05	0.102	0.102	0.102	0.153	0.153	0.306
	煤油	kg	4.20	2.100	2.625	3.150	3.675	5.250	10.500
	汽轮机油（各种规格）	kg	8.80	0.152	0.202	0.202	0.202	0.303	0.606
	黄干油 钙基酯	kg	9.78	0.101	0.101	0.101	0.101	0.202	0.404
	香蕉水	kg	7.84	0.100	0.100	0.100	0.100	0.100	0.100
	聚酯乙烯泡沫塑料	kg	28.40	0.055	0.055	0.055	0.055	0.088	0.088
	普通硅酸盐水泥 42.5	kg	0.36	26.100	52.200	76.850	153.700	204.450	356.700
	河砂	m³	42.00	0.045	0.089	0.134	0.267	0.356	0.624
	碎石 20mm	m³	55.00	0.049	0.097	0.146	0.292	0.389	0.680
	棉纱头	kg	6.34	0.110	0.110	0.165	0.165	0.220	0.330
	白布 0.9m	m²	8.54	0.051	0.102	0.102	0.102	0.102	0.102
	破布	kg	4.50	0.158	0.210	0.210	0.210	0.315	0.420
	其他材料费	元	–	3.810	4.790	6.330	10.610	15.440	32.160
机 械	载货汽车 8t	台班	619.25	–	–	–	–	0.450	0.450
	叉式起重机 5t	台班	542.43	0.180	0.270	0.360	0.450	–	–
	汽车式起重机 16t	台班	1071.52	–	–	–	–	0.450	0.450
	电动卷扬机(单筒慢速) 50kN	台班	145.07	–	–	–	–	2.250	2.250
	交流弧焊机 21kV·A	台班	64.00	0.090	0.090	0.090	0.090	0.180	0.180

定　额　编　号			3-1-75	3-1-76	3-1-77	3-1-78	3-1-79	3-1-80
项　　　　　目			设备重量(t)					
			15 以内	20 以内	25 以内	30 以内	35 以内	40 以内
基　　　价　　（元）			**6707.99**	**10109.96**	**11458.73**	**21693.33**	**17406.23**	**20416.87**
其中	人　工　费　（元）		4256.16	4941.60	5839.84	6781.60	8015.36	9177.76
	材　料　费　（元）		1157.87	2869.34	3319.87	3794.33	3842.13	4493.48
	机　械　费　（元）		1293.96	2299.02	2299.02	11117.40	5548.74	6745.63
名　　　　　称	单位	单价(元)	数		量			
人工 综合工日	工日	80.00	53.202	61.770	72.998	84.770	100.192	114.722
材料 钩头成对斜垫铁 0~3 号钢 3 号	kg	12.70	31.312	—	—	—	—	—
钩头成对斜垫铁 0~3 号钢 4 号	kg	13.60	—	77.000	92.400	107.800	107.800	123.200
平垫铁 0~3 号钢 3 号	kg	5.22	40.040	—	—	—	—	—
平垫铁 0~3 号钢 4 号	kg	5.22	—	197.800	221.536	245.272	245.272	284.832
热轧薄钢板 1.6~2.0	kg	4.67	1.600	1.600	2.500	2.500	2.500	2.500
镀锌铁丝 8~12 号	kg	5.36	2.670	4.000	4.500	6.000	6.000	8.000
电焊条 结422 ϕ2.5	kg	5.04	0.420	0.420	0.525	0.525	0.525	0.525
黄铜皮 δ=0.08~0.3	kg	69.74	0.600	0.600	1.000	1.000	1.000	1.000
加固木板	m³	1980.00	0.083	0.121	0.134	0.159	0.171	0.215
料 道木	m³	1600.00	0.007	0.010	0.021	0.021	0.021	0.021
汽油 93 号	kg	10.05	0.510	0.714	1.020	1.326	1.326	1.530
煤油	kg	4.20	13.650	16.800	21.000	23.100	26.250	31.500

定 额 编 号			3-1-75	3-1-76	3-1-77	3-1-78	3-1-79	3-1-80
项 目			设备重量(t)					
			15 以内	20 以内	25 以内	30 以内	35 以内	40 以内
材 料	汽轮机油（各种规格）	kg	8.80	0.808	1.010	1.212	1.515	2.020	2.525
	黄干油 钙基酯	kg	9.78	0.505	0.505	0.707	0.707	0.909	1.212
	香蕉水	kg	7.84	0.100	0.300	0.300	0.300	0.500	0.500
	聚酯乙烯泡沫塑料	kg	28.40	0.110	0.110	0.110	0.110	0.110	0.165
	普通硅酸盐水泥 42.5	kg	0.36	356.700	508.950	508.950	611.900	611.900	764.150
	河砂	m³	42.00	0.624	0.891	0.891	1.042	1.042	1.337
	碎石 20mm	m³	55.00	0.680	0.972	0.972	1.166	1.166	1.458
	棉纱头	kg	6.34	0.330	0.440	0.440	0.550	0.550	0.770
	白布 0.9m	m²	8.54	0.153	0.153	0.153	0.204	0.204	0.306
	破布	kg	4.50	0.525	0.525	0.735	0.735	1.050	1.050
	其他材料费	元	–	33.720	83.570	96.700	110.510	111.910	130.880
机 械	载货汽车 8t	台班	619.25	0.450	0.450	0.450	0.450	0.900	0.900
	汽车式起重机 8t	台班	728.19	–	0.450	0.450	0.450	1.350	0.900
	汽车式起重机 32t	台班	1360.20	0.450	0.900	0.900	0.900	–	–
	汽车式起重机 50t	台班	3709.18	–	–	–	–	0.900	–
	汽车式起重机 75t	台班	5403.15	–	–	–	1.620	–	0.900
	电动卷扬机（单筒慢速）50kN	台班	145.07	2.700	3.150	3.150	3.600	4.500	4.500
	交流弧焊机 21kV·A	台班	64.00	0.180	0.180	0.180	0.180	0.270	0.270

定　额　编　号			3-1-81	3-1-82	3-1-83	3-1-84	3-1-85
项　　　目			设备重量(t)				
			50 以内	60 以内	70 以内	100 以内	150 以内
基　　价　（元）			**22778.73**	**26889.15**	**28872.80**	**36785.70**	**48243.76**
其中	人　工　费　（元）		10894.24	13661.68	15659.44	21261.52	30504.24
	材　料　费　（元）		4745.90	5794.54	5628.73	6661.98	7461.55
	机　械　费　（元）		7138.59	7432.93	7584.63	8862.20	10277.97
名　　　称	单位	单价（元）	数		量		
人工 综合工日	工日	80.00	136.178	170.771	195.743	265.769	381.303
材料 钩头成对斜垫铁 0～3 号钢 4 号	kg	13.60	123.200	138.600	138.600	154.000	154.000
平垫铁 0～3 号钢 4 号	kg	5.22	284.832	316.480	316.480	348.128	348.128
热轧薄钢板 1.6～2.0	kg	4.67	2.500	3.000	3.000	3.000	4.000
钢轨 38kg/m	kg	5.30	—	—	0.056	0.080	0.120
镀锌铁丝 8～12 号	kg	5.36	8.000	10.000	10.000	13.000	19.000
电焊条 结 422 φ2.5	kg	5.04	0.525	0.525	0.525	0.525	1.050
黄铜皮 δ=0.08～0.3	kg	69.74	1.000	1.500	1.500	1.500	2.000
加固木板	m³	1980.00	0.278	0.313	0.150	0.156	0.219
道木	m³	1600.00	0.025	0.275	0.275	0.550	0.688
汽油 93 号	kg	10.05	1.530	2.040	2.550	2.856	3.570
煤油	kg	4.20	37.800	50.400	58.800	84.000	126.000
汽轮机油（各种规格）	kg	8.80	3.030	3.535	4.040	4.848	5.858
黄干油 钙基酯	kg	9.78	1.212	1.515	2.020	2.525	3.535

单位:台

定 额 编 号			3-1-81	3-1-82	3-1-83	3-1-84	3-1-85
项 目			设备重量(t)				
			50 以内	60 以内	70 以内	100 以内	150 以内
材 料	香蕉水	kg	7.84	0.500	0.700	0.700	1.000	1.500
	聚酯乙烯泡沫塑料	kg	28.40	0.165	0.220	0.220	0.275	0.440
	普通硅酸盐水泥 42.5	kg	0.36	916.400	1017.900	1220.900	1273.100	1526.850
	河砂	m³	42.00	1.604	1.782	2.133	2.228	2.673
	碎石 20mm	m³	55.00	1.750	1.944	2.336	2.430	2.916
	棉纱头	kg	6.34	0.770	1.100	1.100	1.650	2.200
	白布 0.9m	m²	8.54	0.306	0.408	0.510	0.714	1.020
	破布	kg	4.50	1.260	1.260	1.575	2.100	2.625
	其他材料费	元	–	138.230	168.770	163.940	194.040	217.330
机 械	载货汽车 8t	台班	619.25	0.900	1.350	0.900	1.350	1.350
	汽车式起重机 8t	台班	728.19	1.350	0.450	0.450	0.450	0.900
	汽车式起重机 16t	台班	1071.52	–	1.800	1.350	1.800	1.800
	汽车式起重机 32t	台班	1360.20	–	–	0.450	1.350	1.350
	汽车式起重机 50t	台班	3709.18	–	0.900	0.900	–	–
	汽车式起重机 75t	台班	5403.15	0.900	–	–	0.450	–
	汽车式起重机 100t	台班	6580.83	–	–	–	–	0.450
	电动卷扬机(单筒慢速)50kN	台班	145.07	4.950	6.750	2.700	2.250	2.250
	电动卷扬机(单筒慢速)80kN	台班	196.05	–	–	4.500	5.850	8.550
	交流弧焊机 21kV·A	台班	64.00	0.270	0.360	0.450	0.450	0.900

七、铣床及齿轮、螺纹加工机床

单位:台

定 额 编 号			3-1-86	3-1-87	3-1-88	3-1-89	3-1-90	3-1-91
项 目			设备重量(t)					
			1 以内	3 以内	5 以内	7 以内	10 以内	15 以内
基 价 (元)			**834.19**	**1512.38**	**1946.69**	**3438.57**	**5466.45**	**6699.99**
其中	人 工 费 (元)		577.68	1066.72	1398.00	1957.12	3555.76	4228.32
	材 料 费 (元)		153.11	244.63	298.84	447.96	811.92	1177.71
	机 械 费 (元)		103.40	201.03	249.85	1033.49	1098.77	1293.96
名 称	单位	单价(元)	数		量			
人工 综合工日	工日	80.00	7.221	13.334	17.475	24.464	44.447	52.854
材料 钩头成对斜垫铁 0~3 号钢 1 号	kg	14.50	3.144	3.144	4.716	—	—	—
钩头成对斜垫铁 0~3 号钢 2 号	kg	13.20	—	—	—	7.944	—	—
钩头成对斜垫铁 0~3 号钢 3 号	kg	12.70	—	—	—	—	15.656	31.312
平垫铁 0~3 号钢 1 号	kg	5.22	2.540	2.540	3.810	—	—	—
平垫铁 0~3 号钢 2 号	kg	5.22	—	—	—	7.260	—	—
平垫铁 0~3 号钢 3 号	kg	5.22	—	—	—	—	20.020	40.040
热轧薄钢板 1.6~2.0	kg	4.67	0.200	0.450	0.650	1.000	1.000	1.600
镀锌铁丝 8~12 号	kg	5.36	0.560	0.560	0.560	0.840	2.670	2.670
电焊条 结 422 ϕ2.5	kg	5.04	0.210	0.210	0.210	0.420	0.420	0.420
黄铜皮 δ = 0.08~0.3	kg	69.74	0.100	0.250	0.300	0.400	0.400	0.600
加固木板	m³	1980.00	0.013	0.026	0.031	0.049	0.075	0.083
道木	m³	1600.00	—	—	—	0.006	0.007	0.007

定 额 编 号			3-1-86	3-1-87	3-1-88	3-1-89	3-1-90	3-1-91
项 目			设备重量(t)					
			1 以内	3 以内	5 以内	7 以内	10 以内	15 以内
材料	汽油 93 号	kg	10.05	0.102	0.102	0.153	0.204	0.306	0.510
	煤油	kg	4.20	2.625	3.150	4.200	5.250	15.750	18.900
	汽轮机油 (各种规格)	kg	8.80	0.202	0.202	0.303	0.404	0.505	0.707
	黄干油 钙基酯	kg	9.78	0.101	0.101	0.152	0.202	0.303	0.404
	香蕉水	kg	7.84	0.070	0.070	0.070	0.100	0.100	0.100
	聚酯乙烯泡沫塑料	kg	28.40	0.055	0.055	0.110	0.110	0.110	0.110
	普通硅酸盐水泥 42.5	kg	0.36	62.350	153.700	153.700	204.450	356.700	356.700
	河砂	m³	42.00	0.107	0.267	0.267	0.356	0.624	0.624
	碎石 20mm	m³	55.00	0.116	0.292	0.292	0.389	0.680	0.680
	棉纱头	kg	6.34	0.110	0.110	0.165	0.165	0.220	0.330
	白布 0.9m	m²	8.54	0.051	0.051	0.102	0.102	0.102	0.102
	破布	kg	4.50	0.158	0.158	0.210	0.210	0.315	0.420
	其他材料费	元	–	4.460	7.130	8.700	13.050	23.650	34.300
机械	载货汽车 8t	台班	619.25	–	–	–	0.450	0.450	0.450
	叉式起重机 5t	台班	542.43	0.180	0.360	0.450	–	–	–
	汽车式起重机 16t	台班	1071.52	–	–	–	0.450	0.450	–
	汽车式起重机 32t	台班	1360.20	•–	–	–	–	–	0.450
	电动卷扬机 (单筒慢速) 50kN	台班	145.07	–	–	–	1.800	2.250	2.700
	交流弧焊机 21kV·A	台班	64.00	0.090	0.090	0.090	0.180	0.180	0.180

定 额 编 号			3-1-92	3-1-93	3-1-94	3-1-95	3-1-96	3-1-97
项 目			设备重量(t)					
			20 以内	25 以内	30 以内	35 以内	50 以内	70 以内
基 价 （元）			**9655.73**	**11468.65**	**14771.94**	**15988.28**	**21579.52**	**27149.03**
其中	人 工 费 （元）		4879.44	6348.88	7167.12	8165.28	11474.00	15624.48
	材 料 费 （元）		2477.27	2755.47	3126.44	3273.58	3622.30	4005.20
	机 械 费 （元）		2299.02	2364.30	4478.38	4549.42	6483.22	7519.35
名 称	单位	单价(元)	数			量		
人工 综合工日	工日	80.00	60.993	79.361	89.589	102.066	143.425	195.306
材料 钩头成对斜垫铁 0~3 号钢 4 号	kg	13.60	61.600	69.300	77.000	77.000	77.000	77.000
平垫铁 0~3 号钢 4 号	kg	5.22	158.240	170.108	197.800	197.800	197.800	197.800
热轧薄钢板 1.6~2.0	kg	4.67	1.600	2.500	2.500	2.500	2.500	3.000
钢轨 38kg/m	kg	5.30	–	–	–	–	–	0.056
镀锌铁丝 8~12 号	kg	5.36	4.000	4.500	6.000	6.000	8.000	10.000
电焊条 结 422 φ2.5	kg	5.04	0.420	0.525	0.525	0.525	0.525	0.525
黄铜皮 δ=0.08~0.3	kg	69.74	0.600	1.000	1.000	1.000	1.000	1.500
加固木板	m³	1980.00	0.128	0.140	0.153	0.206	0.253	0.150
道木	m³	1600.00	0.010	0.021	0.021	0.021	0.025	0.275
汽油 93 号	kg	10.05	0.714	1.020	1.020	1.224	1.530	2.040
煤油	kg	4.20	22.050	25.200	29.400	35.700	47.250	58.800
汽轮机油（各种规格）	kg	8.80	1.010	1.313	1.515	1.818	2.626	3.535
黄干油 钙基酯	kg	9.78	0.606	0.808	0.808	1.010	1.212	1.515

定 额 编 号			3-1-92	3-1-93	3-1-94	3-1-95	3-1-96	3-1-97
项 目			设备重量(t)					
			20 以内	25 以内	30 以内	35 以内	50 以内	70 以内
材 料	香蕉水	kg	7.84	0.300	0.300	0.300	0.500	0.500	0.700
	聚酯乙烯泡沫塑料	kg	28.40	0.110	0.165	0.165	0.165	0.165	0.220
	石棉橡胶板 低压 0.8~1.0	kg	13.20	–	0.200	0.300	0.400	0.400	0.500
	普通硅酸盐水泥 42.5	kg	0.36	508.950	508.950	611.900	611.900	916.400	1017.900
	河砂	m³	42.00	0.891	0.891	1.069	1.069	1.604	1.782
	碎石 20mm	m³	55.00	0.972	0.972	1.166	1.166	1.750	1.944
	棉纱头	kg	6.34	0.330	0.440	0.550	0.770	1.100	1.320
	白布 0.9m	m²	8.54	0.102	0.153	0.153	0.153	0.153	0.204
	破布	kg	4.50	0.420	0.525	0.630	0.735	1.050	1.470
	其他材料费	元	–	72.150	80.260	91.060	95.350	105.500	116.660
机 械	载货汽车 8t	台班	619.25	0.450	0.450	0.450	0.450	0.900	0.900
	汽车式起重机 8t	台班	728.19	0.450	0.450	0.450	0.450	0.450	0.450
	汽车式起重机 16t	台班	1071.52	–	–	–	–	–	1.350
	汽车式起重机 32t	台班	1360.20	0.900	0.900	–	–	–	0.450
	汽车式起重机 50t	台班	3709.18	–	–	0.900	0.900	–	0.900
	汽车式起重机 75t	台班	5403.15	–	–	–	–	0.900	–
	电动卷扬机(单筒慢速) 50kN	台班	145.07	3.150	3.600	3.600	4.050	4.950	2.250
	电动卷扬机(单筒慢速) 80kN	台班	196.05	–	–	–	–	–	4.500
	交流弧焊机 21kV·A	台班	64.00	0.180	0.180	0.180	0.270	0.270	0.450

定 额 编 号				3-1-98	3-1-99	3-1-100	3-1-101
项 目				设备重量(t)			
				100 以内	150 以内	200 以内	250 以内
基 价 (元)				**33730.89**	**44436.30**	**52865.09**	**61756.74**
其中	人 工 费 (元)			20444.00	27831.76	33889.28	40709.44
	材 料 费 (元)			4638.07	6349.51	6691.71	8055.43
	机 械 费 (元)			8648.82	10255.03	12284.10	12991.87
名 称	单位	单价(元)		数			量
人工 综合工日	工日	80.00		255.550	347.897	423.616	508.868
材料 钩头成对斜垫铁 0~3 号钢 4 号	kg	13.60		77.000	115.500	115.500	154.000
平垫铁 0~3 号钢 4 号	kg	5.22		197.800	276.920	276.920	356.040
热轧薄钢板 1.6~2.0	kg	4.67		3.000	4.000	4.000	6.000
钢轨 38kg/m	kg	5.30		0.080	0.120	0.160	0.200
镀锌铁丝 8~12 号	kg	5.36		13.000	16.000	19.000	25.000
电焊条 结 422 ϕ2.5	kg	5.04		0.525	1.050	1.050	1.050
黄铜皮 $\delta=0.08~0.3$	kg	69.74		1.500	2.000	2.000	3.200
加固木板	m³	1980.00		0.156	0.188	0.219	0.250
道木	m³	1600.00		0.550	0.688	0.688	0.688
汽油 93 号	kg	10.05		2.550	3.060	3.570	3.570
煤油	kg	4.20		73.500	105.000	126.000	157.500
汽轮机油（各种规格）	kg	8.80		4.545	5.050	5.555	6.060
黄干油 钙基酯	kg	9.78		1.717	2.525	3.030	3.030

定　额　编　号			3-1-98	3-1-99	3-1-100	3-1-101
项　　　目			设备重量(t)			
			100 以内	150 以内	200 以内	250 以内
材料	香蕉水	kg	7.84	1.000	1.500	2.000	2.800
	聚酯乙烯泡沫塑料	kg	28.40	0.275	0.330	0.528	0.550
	石棉橡胶板 低压 0.8~1.0	kg	13.20	0.800	1.000	1.200	1.200
	普通硅酸盐水泥 42.5	kg	0.36	1120.850	1526.850	1782.050	1882.100
	河砂	m³	42.00	1.960	2.673	3.119	3.294
	碎石 20mm	m³	55.00	2.138	2.916	3.402	3.591
	棉纱头	kg	6.34	1.760	2.200	2.420	2.640
	白布 0.9m	m²	8.54	0.306	0.408	0.408	0.510
	破布	kg	4.50	1.890	2.310	2.520	2.730
	其他材料费	元	–	135.090	184.940	194.900	234.620
机械	载货汽车 8t	台班	619.25	0.900	1.350	1.350	1.350
	汽车式起重机 8t	台班	728.19	0.450	0.900	1.350	0.900
	汽车式起重机 16t	台班	1071.52	1.800	1.800	1.800	1.350
	汽车式起重机 32t	台班	1360.20	1.350	1.350	–	0.900
	汽车式起重机 50t	台班	3709.18	–	–	0.900	0.900
	汽车式起重机 75t	台班	5403.15	0.450	–	–	–
	汽车式起重机 100t	台班	6580.83	–	0.450	0.450	0.450
	电动卷扬机(单筒慢速) 50kN	台班	145.07	2.700	2.700	2.250	2.250
	电动卷扬机(单筒慢速) 80kN	台班	196.05	5.850	8.100	9.450	10.800
	交流弧焊机 21kV·A	台班	64.00	0.450	0.900	0.900	1.350

定 额 编 号			3-1-102	3-1-103	3-1-104
项　　　　目			设备重量(t)		
			300 以内	400 以内	500 以内
基　　　价　(元)			**70927.94**	**91807.82**	**112201.10**
其中	人　工　费　(元)		47649.52	61096.32	76474.88
	材　料　费　(元)		8292.91	9107.86	9750.02
	机　械　费　(元)		14985.51	21603.64	25976.20
名　　　　称	单位	单价(元)	数		量
人工 综合工日	工日	80.00	595.619	763.704	955.936
材料 钩头成对斜垫铁 0~3 号钢 4 号	kg	13.60	154.000	154.000	154.000
平垫铁 0~3 号钢 4 号	kg	5.22	356.040	356.040	356.040
热轧薄钢板 1.6~2.0	kg	4.67	6.000	6.000	8.000
钢轨 38kg/m	kg	5.30	0.240	0.320	0.400
镀锌铁丝 8~12 号	kg	5.36	25.000	35.000	35.000
电焊条 结 422 ϕ2.5	kg	5.04	1.050	1.050	1.050
黄铜皮 δ=0.08~0.3	kg	69.74	3.200	3.200	4.000
加固木板	m³	1980.00	0.250	0.338	0.363
道木	m³	1600.00	0.688	0.825	0.963
汽油 93 号	kg	10.05	4.080	4.590	5.100
料 煤油	kg	4.20	189.000	231.000	273.000
汽轮机油（各种规格）	kg	8.80	6.060	6.565	7.070
黄干油 钙基酯	kg	9.78	3.535	4.040	4.545

定 额 编 号			3-1-102	3-1-103	3-1-104
项 目			设备重量(t)		
			300 以内	400 以内	500 以内
材料	香蕉水	kg	7.84	2.800	3.500	4.500
	聚酯乙烯泡沫塑料	kg	28.40	0.550	0.715	0.715
	石棉橡胶板 低压 0.8~1.0	kg	13.20	1.400	1.600	1.800
	普通硅酸盐水泥 42.5	kg	0.36	2035.800	2289.550	2443.250
	河砂	m³	42.00	3.564	4.010	4.280
	碎石 20mm	m³	55.00	3.888	4.374	4.671
	棉纱头	kg	6.34	2.860	3.080	3.300
	白布 0.9m	m²	8.54	0.510	0.612	0.714
	破布	kg	4.50	2.940	3.150	3.360
	其他材料费	元	–	241.540	265.280	283.980
机械	载货汽车 8t	台班	619.25	1.350	1.800	2.250
	汽车式起重机 8t	台班	728.19	1.350	1.350	2.250
	汽车式起重机 16t	台班	1071.52	1.800	0.900	2.250
	汽车式起重机 32t	台班	1360.20	1.350	1.350	1.350
	汽车式起重机 50t	台班	3709.18	0.900	0.900	0.900
	汽车式起重机 100t	台班	6580.83	0.450	0.900	0.900
	电动卷扬机(单筒慢速) 50kN	台班	145.07	3.150	2.700	5.850
	电动卷扬机(单筒慢速) 80kN	台班	196.05	13.050	–	–
	电动卷扬机(单筒慢速) 200kN	台班	418.39	–	16.650	20.250
	交流弧焊机 21kV·A	台班	64.00	1.350	1.350	1.800

八、刨床、插床、拉床

定 额 编 号			3-1-105	3-1-106	3-1-107	3-1-108	3-1-109	3-1-110
项 目			设备重量(t)					
			1 以内	3 以内	5 以内	7 以内	10 以内	15 以内
基 价 (元)			**821.68**	**1384.00**	**1761.34**	**3968.16**	**4922.84**	**6768.68**
其中	人 工 费 (元)		559.12	955.36	1247.36	2461.20	3225.84	4478.24
	材 料 费 (元)		159.16	227.61	264.13	473.47	598.23	996.48
	机 械 费 (元)		103.40	201.03	249.85	1033.49	1098.77	1293.96
名 称	单位	单价(元)	数			量		
人工 综合工日	工日	80.00	6.989	11.942	15.592	30.765	40.323	55.978
材料 钩头成对斜垫铁0~3号钢1号	kg	14.50	3.144	3.144	3.144	–	–	–
钩头成对斜垫铁0~3号钢2号	kg	13.20	–	–	–	7.944	7.944	–
钩头成对斜垫铁0~3号钢3号	kg	12.70	–	–	–	–	–	15.656
平垫铁0~3号钢1号	kg	5.22	2.540	2.540	2.540	–	–	–
平垫铁0~3号钢2号	kg	5.22	–	–	–	6.776	6.776	–
平垫铁0~3号钢3号	kg	5.22	–	–	–	–	–	20.020
热轧薄钢板1.6~2.0	kg	4.67	0.200	0.450	0.650	1.000	1.000	1.600
镀锌铁丝8~12号	kg	5.36	0.560	0.560	0.560	0.840	2.640	4.000
电焊条 结422 ϕ2.5	kg	5.04	0.210	0.210	0.210	0.420	0.420	0.420
黄铜皮 δ=0.08~0.3	kg	69.74	0.100	0.250	0.300	0.400	0.400	0.600
加固木板	m³	1980.00	0.013	0.018	0.031	0.036	0.056	0.095
道木	m³	1600.00	–	–	–	0.004	0.007	0.007

定 额 编 号			3-1-105	3-1-106	3-1-107	3-1-108	3-1-109	3-1-110
项 目			设备重量(t)					
			1 以内	3 以内	5 以内	7 以内	10 以内	15 以内
材 料	汽油 93 号	kg	10.05	0.153	0.204	0.255	0.306	0.510	1.020
	煤油	kg	4.20	2.100	2.625	3.150	11.550	12.600	18.900
	汽轮机油（各种规格）	kg	8.80	0.152	0.152	0.202	0.505	0.808	1.010
	黄干油 钙基酯	kg	9.78	0.101	0.152	0.152	0.202	0.404	0.404
	香蕉水	kg	7.84	0.070	0.070	0.070	0.100	0.100	0.100
	聚酯乙烯泡沫塑料	kg	28.40	0.055	0.055	0.110	0.110	0.110	0.110
	普通硅酸盐水泥 42.5	kg	0.36	76.850	`153.700	153.700	255.200	356.700	508.950
	河砂	m³	42.00	0.134	0.267	0.267	0.446	0.624	0.891
	碎石 20mm	m³	55.00	0.146	0.292	0.292	0.486	0.680	0.972
	棉纱头	kg	6.34	0.110	0.110	0.165	0.165	0.220	0.330
	白布 0.9m	m²	8.54	0.051	0.102	0.102	0.102	0.102	0.102
	破布	kg	4.50	0.158	0.158	0.210	0.315	0.525	1.890
	其他材料费	元	–	4.640	6.630	7.690	13.790	17.420	29.020
机 械	载货汽车 8t	台班	619.25	–	–	–	0.450	0.450	0.450
	叉式起重机 5t	台班	542.43	0.180	0.360	0.450	–	–	–
	汽车式起重机 16t	台班	1071.52	–	–	–	0.450	0.450	–
	汽车式起重机 32t	台班	1360.20	–	–	–	–	–	0.450
	电动卷扬机（单筒慢速）50kN	台班	145.07	–	–	–	1.800	2.250	2.700
	交流弧焊机 21kV·A	台班	64.00	0.090	0.090	0.090	0.180	0.180	0.180

定 额 编 号			3-1-111	3-1-112	3-1-113	3-1-114	3-1-115	3-1-116
项 目			设备重量(t)					
			20 以内	25 以内	35 以内	50 以内	70 以内	100 以内
基 价 (元)			**9184.42**	**10176.34**	**14665.53**	**20092.50**	**26000.92**	**33230.13**
其中	人 工 费 (元)		5295.76	6094.00	7833.36	11250.56	15316.08	20633.20
	材 料 费 (元)		1589.64	1783.32	2069.37	2358.72	3165.49	3800.01
	机 械 费 (元)		2299.02	2299.02	4762.80	6483.22	7519.35	8796.92
名 称	单位	单价(元)	数			量		
人工 综合工日	工日	80.00	66.197	76.175	97.917	140.632	191.451	257.915
材料 钓头成对斜垫铁 0～3 号钢 4 号	kg	13.60	30.800	30.800	30.800	30.800	46.200	46.200
平垫铁 0～3 号钢 4 号	kg	5.22	79.120	79.120	79.120	79.120	118.680	118.680
热轧薄钢板 1.6～2.0	kg	4.67	1.600	2.500	2.500	2.500	3.000	3.000
钢轨 38kg/m	kg	5.30	–	–	–	–	0.056	0.080
镀锌铁丝 8～12 号	kg	5.36	4.000	4.500	6.000	8.000	10.000	13.000
电焊条 结 422 φ2.5	kg	5.04	0.420	0.525	0.525	0.525	0.525	0.525
黄铜皮 δ=0.08～0.3	kg	69.74	0.600	1.000	1.000	1.000	1.500	1.500
加固木板	m³	1980.00	0.109	0.140	0.203	0.253	0.154	0.160
道木	m³	1600.00	0.010	0.014	0.014	0.028	0.275	0.550
汽油 93 号	kg	10.05	1.020	1.224	1.836	2.346	3.060	3.570
煤油	kg	4.20	21.000	26.250	36.750	47.250	57.750	73.500
汽轮机油（各种规格）	kg	8.80	1.515	1.818	2.222	2.828	3.535	4.545
黄干油 钙基酯	kg	9.78	0.505	0.606	0.808	1.212	1.515	1.818

定 额 编 号			3-1-111	3-1-112	3-1-113	3-1-114	3-1-115	3-1-116
项 目			设备重量(t)					
			20 以内	25 以内	35 以内	50 以内	70 以内	100 以内
材 料	香蕉水	kg	7.84	0.300	0.300	0.500	0.500	0.700	1.000
	聚酯乙烯泡沫塑料	kg	28.40	0.110	0.110	0.165	0.220	0.220	0.275
	石棉橡胶板 低压 0.8~1.0	kg	13.20	–	0.150	0.200	0.300	0.300	0.400
	普通硅酸盐水泥 42.5	kg	0.36	508.950	611.900	764.150	916.400	1017.900	1120.850
	河砂	m³	42.00	0.891	1.069	1.337	1.604	1.782	1.960
	碎石 20mm	m³	55.00	0.972	1.166	1.458	1.750	1.944	2.138
	棉纱头	kg	6.34	0.550	0.550	0.770	1.100	1.320	1.650
	白布 0.9m	m²	8.54	0.153	0.153	0.204	0.306	0.408	0.510
	破布	kg	4.50	1.260	1.260	1.575	2.100	2.310	2.625
	其他材料费	元	–	46.300	51.940	60.270	68.700	92.200	110.680
机 械	载货汽车 8t	台班	619.25	0.450	0.450	0.900	0.900	0.900	1.350
	汽车式起重机 8t	台班	728.19	0.450	0.450	0.450	0.450	0.450	0.450
	汽车式起重机 16t	台班	1071.52	–	–	–	–	1.350	1.800
	汽车式起重机 32t	台班	1360.20	0.900	0.900	–	–	0.450	1.350
	汽车式起重机 50t	台班	3709.18	–	–	0.900	–	0.900	–
	汽车式起重机 75t	台班	5403.15	–	–	–	0.900	–	0.450
	电动卷扬机(单筒慢速) 50kN	台班	145.07	3.150	3.150	3.600	4.950	2.250	1.800
	电动卷扬机(单筒慢速) 80kN	台班	196.05	–	–	–	–	4.500	5.850
	交流弧焊机 21kV·A	台班	64.00	0.180	0.180	0.270	0.270	0.450	0.450

定 额 编 号				3-1-117	3-1-118
项 目				设备重量(t)	
				150 以内	200 以内
基 价 (元)				**45915.94**	**56935.97**
其 中	人 工 费 (元)			30698.48	37300.08
	材 料 费 (元)			4939.49	6896.69
	机 械 费 (元)			10277.97	12739.20
	名 称	单位	单价(元)	数	量
人工	综合工日	工日	80.00	383.731	466.251
材 料	钩头成对斜垫铁 0~3 号钢 4 号	kg	13.60	61.600	123.200
	平垫铁 0~3 号钢 4 号	kg	5.22	158.240	316.480
	热轧薄钢板 1.6~2.0	kg	4.67	4.000	4.000
	钢轨 38kg/m	kg	5.30	0.120	0.160
	镀锌铁丝 8~12 号	kg	5.36	16.000	19.000
	电焊条 结 422 φ2.5	kg	5.04	1.050	1.050
	黄铜皮 δ=0.08~0.3	kg	69.74	2.000	2.000
	加固木板	m³	1980.00	0.204	0.223
	道木	m³	1600.00	0.688	0.688
	汽油 93 号	kg	10.05	5.100	6.120
	煤油	kg	4.20	105.000	126.000
	汽轮机油（各种规格）	kg	8.80	7.070	8.080
	黄干油 钙基酯	kg	9.78	2.424	3.030

定　　额　　编　　号			3-1-117	3-1-118
项　　　　目			设备重量(t)	
			150 以内	200 以内
材料	香蕉水	kg	7.84	2.000	2.000
	聚酯乙烯泡沫塑料	kg	28.40	0.418	0.528
	石棉橡胶板 低压 0.8~1.0	kg	13.20	0.500	0.650
	普通硅酸盐水泥 42.5	kg	0.36	1323.850	1425.350
	河砂	m³	42.00	2.330	2.495
	碎石 20mm	m³	55.00	2.527	2.722
	棉纱头	kg	6.34	3.300	3.850
	白布 0.9m	m²	8.54	0.816	1.020
	破布	kg	4.50	5.250	6.300
	其他材料费	元	－	143.870	200.870
机械	载货汽车 8t	台班	619.25	1.350	1.800
	汽车式起重机 8t	台班	728.19	0.900	1.350
	汽车式起重机 16t	台班	1071.52	1.800	1.800
	汽车式起重机 32t	台班	1360.20	1.350	－
	汽车式起重机 50t	台班	3709.18	－	0.900
	汽车式起重机 100t	台班	6580.83	0.450	0.450
	电动卷扬机(单筒慢速) 50kN	台班	145.07	2.250	2.250
	电动卷扬机(单筒慢速) 80kN	台班	196.05	8.550	10.350
	交流弧焊机 21kV·A	台班	64.00	0.900	0.900

九、超声波加工及电加工机床

单位:台

定 额 编 号			3-1-119	3-1-120	3-1-121	3-1-122	3-1-123
项 目			设备重量(t)				
			1 以内	2 以内	3 以内	5 以内	8 以内
基 价 (元)			534.24	699.49	943.53	1516.56	3076.54
其中	人 工 费 (元)		298.48	398.40	536.96	913.28	1675.04
	材 料 费 (元)		132.36	148.87	205.54	353.43	498.57
	机 械 费 (元)		103.40	152.22	201.03	249.85	902.93
名 称	单位	单价(元)	数		量		
人工 综合工日	工日	80.00	3.731	4.980	6.712	11.416	20.938
材料 钩头成对斜垫铁0~3号钢1号	kg	14.50	3.144	3.144	4.716	7.860	–
钩头成对斜垫铁0~3号钢2号	kg	13.20	–	–	–	–	13.240
平垫铁0~3号钢1号	kg	5.22	2.032	2.032	3.048	5.080	–
平垫铁0~3号钢2号	kg	5.22	–	–	–	–	9.680
热轧薄钢板1.6~2.0	kg	4.67	0.200	0.200	0.450	0.650	1.000
镀锌铁丝8~12号	kg	5.36	0.560	0.560	0.560	0.840	0.840
电焊条 结422 ϕ2.5	kg	5.04	0.210	0.210	0.210	0.210	0.420
黄铜皮 δ=0.08~0.3	kg	69.74	0.100	0.100	0.250	0.300	0.400
料 加固木板	m³	1980.00	0.009	0.013	0.015	0.031	0.036
汽油93号	kg	10.05	0.204	0.204	0.204	0.306	0.510

定 额 编 号			3-1-119	3-1-120	3-1-121	3-1-122	3-1-123
项 目			设备重量(t)				
			1 以内	2 以内	3 以内	5 以内	8 以内
材 料	煤油	kg	4.20	1.575	2.100	2.625	3.675	4.725
	汽轮机油 (各种规格)	kg	8.80	0.101	0.152	0.152	0.202	0.303
	黄干油 钙基酯	kg	9.78	0.101	0.101	0.152	0.202	0.202
	香蕉水	kg	7.84	0.070	0.070	0.070	0.070	0.100
	聚酯乙烯泡沫塑料	kg	28.40	0.033	0.033	0.055	0.110	0.110
	普通硅酸盐水泥 42.5	kg	0.36	52.200	62.350	76.850	153.700	204.450
	河砂	m³	42.00	0.089	0.107	0.134	0.267	0.356
	碎石 20mm	m³	55.00	0.097	0.116	0.146	0.292	0.389
	棉纱头	kg	6.34	0.165	0.165	0.165	0.220	0.330
	白布 0.9m	m²	8.54	0.102	0.102	0.102	0.102	0.153
	破布	kg	4.50	0.158	0.158	0.158	0.210	0.315
	其他材料费	元	–	3.860	4.340	5.990	10.290	14.520
机 械	载货汽车 8t	台班	619.25	–	–	–	–	0.450
	叉式起重机 5t	台班	542.43	0.180	0.270	0.360	0.450	–
	汽车式起重机 16t	台班	1071.52	–	–	–	–	0.450
	电动卷扬机 (单筒慢速) 50kN	台班	145.07	–	–	–	–	0.900
	交流弧焊机 21kV·A	台班	64.00	0.090	0.090	0.090	0.090	0.180

十、其他机床及金属材料试验机械

单位:台

定额编号			3-1-124	3-1-125	3-1-126	3-1-127	3-1-128	3-1-129
项 目			设备重量(t)					
			1以内	3以内	5以内	7以内	9以内	12以内
基 价 (元)			**734.25**	**1194.49**	**1559.43**	**3026.44**	**3863.30**	**4526.48**
其中	人 工 费 (元)		482.64	781.84	1018.16	1568.72	2311.28	2712.56
	材 料 费 (元)		148.21	211.62	291.42	424.23	518.53	780.43
	机 械 费 (元)		103.40	201.03	249.85	1033.49	1033.49	1033.49
名 称	单位	单价(元)	数			量		
人工 综合工日	工日	80.00	6.033	9.773	12.727	19.609	28.891	33.907
材 料 钩头成对斜垫铁0~3号钢1号	kg	14.50	3.144	4.716	4.716	–	–	–
钩头成对斜垫铁0~3号钢2号	kg	13.20	–	–	–	7.944	10.592	–
钩头成对斜垫铁0~3号钢3号	kg	12.70	–	–	–	–	–	15.656
平垫铁0~3号钢1号	kg	5.22	2.032	3.048	3.048	–	–	–
平垫铁0~3号钢2号	kg	5.22	–	–	–	5.808	7.744	–
平垫铁0~3号钢3号	kg	5.22	–	–	–	–	–	16.016
热轧薄钢板1.6~2.0	kg	4.67	0.200	0.450	0.650	1.000	1.000	1.600
镀锌铁丝8~12号	kg	5.36	0.560	0.560	0.840	0.840	1.120	1.800
电焊条 结422 ϕ2.5	kg	5.04	0.210	0.210	0.210	0.420	0.420	0.420
黄铜皮 $\delta=0.08~0.3$	kg	69.74	0.100	0.250	0.300	0.400	0.400	0.600
加固木板	m³	1980.00	0.013	0.018	0.031	0.049	0.054	0.086

定　额　编　号			3-1-124	3-1-125	3-1-126	3-1-127	3-1-128	3-1-129
项　　　目			设备重量(t)					
			1 以内	3 以内	5 以内	7 以内	9 以内	12 以内
材 料	道木	m³	1600.00	–	–	–	–	–	0.004
	汽油 93 号	kg	10.05	0.020	0.061	0.102	0.143	0.184	0.245
	煤油	kg	4.20	2.100	2.940	3.150	4.200	5.250	6.825
	汽轮机油（各种规格）	kg	8.80	0.152	0.152	0.202	0.202	0.303	0.303
	黄干油 钙基酯	kg	9.78	0.101	0.101	0.202	0.202	0.303	0.303
	香蕉水	kg	7.84	0.070	0.070	0.070	0.100	0.100	0.100
	聚酯乙烯泡沫塑料	kg	28.40	0.055	0.055	0.110	0.110	0.110	0.110
	普通硅酸盐水泥 42.5	kg	0.36	62.350	76.850	153.700	204.450	255.200	356.700
	河砂	m³	42.00	0.107	0.134	0.267	0.356	0.446	0.624
	碎石 20mm	m³	55.00	0.116	0.146	0.292	0.389	0.486	0.680
	棉纱头	kg	6.34	0.220	0.220	0.220	0.275	0.330	0.330
	白布 0.9m	m²	8.54	0.102	0.102	0.102	0.102	0.153	0.153
	破布	kg	4.50	0.210	0.210	0.263	0.263	0.315	0.315
	其他材料费	元	–	4.320	6.160	8.490	12.360	15.100	22.730
机 械	载货汽车 8t	台班	619.25	–	–	–	0.450	0.450	0.450
	叉式起重机 5t	台班	542.43	0.180	0.360	0.450	–	–	–
	汽车式起重机 16t	台班	1071.52	–	–	–	0.450	0.450	0.450
	电动卷扬机（单筒慢速）50kN	台班	145.07	–	–	–	1.800	1.800	1.800
	交流弧焊机 21kV·A	台班	64.00	0.090	0.090	0.090	0.180	0.180	0.180

单位:台

定　额　编　号			3-1-130	3-1-131	3-1-132	3-1-133
项　　目			设备重量(t)			
			15 以内	20 以内	25 以内	30 以内
基　价　(元)			**5676.64**	**8992.50**	**10447.48**	**14191.19**
其中	人　工　费　(元)		3486.48	4577.52	5675.60	6910.88
	材　料　费　(元)		961.48	2050.68	2342.30	2671.36
	机　械　费　(元)		1228.68	2364.30	2429.58	4608.95
名　　称	单位	单价(元)	数		量	
人工 综合工日	工日	80.00	43.581	57.219	70.945	86.386
材料 钩头成对斜垫铁 0~3 号钢 3 号	kg	12.70	23.484	–	–	–
钩头成对斜垫铁 0~3 号钢 4 号	kg	13.60	–	53.900	61.600	69.300
平垫铁 0~3 号钢 3 号	kg	5.22	24.024	–	–	–
平垫铁 0~3 号钢 4 号	kg	5.22	–	110.768	126.592	142.416
热轧薄钢板 1.6~2.0	kg	4.67	1.600	1.600	2.500	2.500
镀锌铁丝 8~12 号	kg	5.36	2.400	4.000	4.500	6.000
电焊条 结 422 φ2.5	kg	5.04	0.420	0.420	0.525	0.525
黄铜皮 δ=0.08~0.3	kg	69.74	0.600	0.600	1.000	1.000
加固木板	m³	1980.00	0.094	0.121	0.134	0.159
道木	m³	1600.00	0.007	0.010	0.021	0.021
汽油 93 号	kg	10.05	0.306	0.408	0.510	0.714

定 额 编 号			3-1-130	3-1-131	3-1-132	3-1-133
项 目			设备重量(t)			
			15 以内	20 以内	25 以内	30 以内
材	煤油	kg	4.20	8.400	12.600	14.700	17.850
	汽轮机油（各种规格）	kg	8.80	0.404	0.404	0.505	0.505
	黄干油 钙基酯	kg	9.78	0.404	0.505	0.606	0.707
	香蕉水	kg	7.84	0.100	0.300	0.300	0.300
	聚酯乙烯泡沫塑料	kg	28.40	0.110	0.165	0.165	0.220
	普通硅酸盐水泥 42.5	kg	0.36	356.700	508.950	508.950	611.900
	河砂	m³	42.00	0.624	0.810	0.891	1.069
	碎石 20mm	m³	55.00	0.680	0.972	0.972	1.166
	棉纱头	kg	6.34	0.440	0.550	0.660	0.770
料	白布 0.9m	m²	8.54	0.204	0.306	0.408	0.510
	破布	kg	4.50	0.420	0.420	0.525	0.525
	其他材料费	元	–	28.000	59.730	68.220	77.810
机	载货汽车 8t	台班	619.25	0.450	0.450	0.450	0.450
	汽车式起重机 8t	台班	728.19	–	0.450	0.450	0.450
	汽车式起重机 32t	台班	1360.20	0.450	0.900	0.900	–
	汽车式起重机 50t	台班	3709.18	–	–	–	0.900
械	电动卷扬机（单筒慢速）50kN	台班	145.07	2.250	3.600	4.050	4.500
	交流弧焊机 21kV·A	台班	64.00	0.180	0.180	0.180	0.180

定 额 编 号			3-1-134	3-1-135	3-1-136
项 目			设备重量(t)		
			35 以内	40 以内	45 以内
基 价 (元)			**16320.61**	**18139.98**	**19753.44**
其中	人 工 费 (元)		8171.76	9609.76	10868.48
	材 料 费 (元)		3190.20	3441.01	3795.75
	机 械 费 (元)		4958.65	5089.21	5089.21
名 称	单位	单价(元)	数		量
人工 综合工日	工日	80.00	102.147	120.122	135.856
材料 钩头成对斜垫铁 0~3 号钢 4 号	kg	13.60	77.000	84.700	92.400
平垫铁 0~3 号钢 4 号	kg	5.22	158.240	174.064	189.888
热轧薄钢板 1.6~2.0	kg	4.67	2.500	2.500	2.500
镀锌铁丝 8~12 号	kg	5.36	6.000	8.000	8.000
电焊条 结422 φ2.5	kg	5.04	0.525	0.525	0.525
黄铜皮 δ=0.08~0.3	kg	69.74	1.000	1.000	1.000
加固木板	m³	1980.00	0.225	0.238	0.278
道木	m³	1600.00	0.025	0.025	0.028
汽油 93 号	kg	10.05	0.755	0.857	1.020
煤油	kg	4.20	19.950	23.100	26.250

续前 单位:台

定 额 编 号				3-1-134	3-1-135	3-1-136
项 目				设备重量(t)		
				35 以内	40 以内	45 以内
材料	汽轮机油（各种规格）	kg	8.80	0.606	0.707	0.808
	黄干油 钙基酯	kg	9.78	0.808	0.909	1.010
	香蕉水	kg	7.84	0.500	0.500	0.500
	聚酯乙烯泡沫塑料	kg	28.40	0.220	0.275	0.275
	普通硅酸盐水泥 42.5	kg	0.36	916.400	916.400	1017.900
	河砂	m³	42.00	1.607	1.607	1.782
	碎石 20mm	m³	55.00	1.755	1.755	1.944
	棉纱头	kg	6.34	0.880	0.990	1.100
	白布 0.9m	m²	8.54	0.612	0.714	0.816
	破布	kg	4.50	0.630	0.735	0.840
	其他材料费	元	–	92.920	100.220	110.560
机械	载货汽车 8t	台班	619.25	0.900	0.900	0.900
	汽车式起重机 8t	台班	728.19	0.450	0.450	0.450
	汽车式起重机 50t	台班	3709.18	0.900	0.900	0.900
	电动卷扬机（单筒慢速） 50kN	台班	145.07	4.950	5.850	5.850
	交流弧焊机 21kV·A	台班	64.00	0.270	0.270	0.270

第二章　锻压设备安装

说　　明

一、本章定额适用范围：

1. 机械压力机。包括固定台压力机、可倾压力机、传动开式压力机、闭式单(双)点压力机、闭式侧滑块压力机、单动(双动)机械压力机、切边压力机、切边机、拉伸压力机、摩擦压力机、精压机、模锻曲轴压力机、热模锻压力机、金属挤压机、冷挤压机、冲模回转头压力机、数控冲模回转压力机。

2. 液压机。包括薄板液压机、万能液压机、上移式液压机、校正压装液压机、校直液压机、手动液压机、粉末制品液压机、塑料制品液压机、金属打包液压机、粉末热压机、轮轴压装液压机、轮轴压装机、单臂油压机、电缆包覆液压机、油压机、电极挤压机、油压装配机、热切边液压机、拉伸矫正机、冷拔管机、金属挤压机。

3. 自动锻压机及锻压操作机。包括自动冷(热)镦机、自动切边机、自动搓丝机、滚丝机、滚圆机、自动冷成型机、自动卷簧机、多工位自动压力机、自动制钉机、平锻机、辊锻机、锻管机、扩孔机、锻轴机、镦轴机、镦机及镦机组、辊轧机、多工位自动锻造机、锻造操作机、无轨操作机。

4. 空气锤。

5. 模锻锤。包括蒸汽空气两用模锻锤、无砧模锻锤、液压模锻锤。

6. 自由锻锤及蒸汽锤。包括蒸汽空气两用自由锻锤、单臂自由锻锤、气动薄板落锤。

7. 剪切机和弯曲校正机。包括剪板机、剪切机、联合冲剪机、剪断机、切割机、拉剪机、热锯机、热剪机、滚板机、弯板机、弯曲机、弯管机、校直机、校正机、校平机、校正弯曲压力机、切断机、折边机、滚波纹机、折弯压力机、扩口机、卷圆机、滚圆机、滚形机、整形机、扭拧机、轮缘焊渣切割机。

8. 水压机。

二、本章定额包括下列内容：

1. 机械压力机、液压机、水压机的拉紧螺栓及立柱热装。

2. 液压机及水压机液压系统钢管的酸洗。

3. 水压机本体安装。包括底座、立柱、横梁等全部设备部件安装,润滑装置和润滑管道安装,缓冲器、充液罐等附属设备安装,分配阀、充液阀、接力电机操纵台装置安装,梯子、栏杆、基础盖板安装,立柱、横梁等主要部件安装前的精度预检,活动横梁导套的检查和刮研,分配器、充液阀、安全阀等主要阀件的试压和研磨,机体补漆,操纵台、梯子、栏杆、盖板、支撑梁、立式液罐和低压缓冲器表面刷漆。

4. 水压机本体管道安装。包括设备本体至第一个法兰以内的高低压水管、压缩空气管等本体管道安装、试压、刷漆,高压阀门试压、高压管道焊口预热和应力消除,高低压管道的酸洗,公称直径 70mm 以内的管道煨弯。

5. 锻锤砧座周围敷设油毡、沥青、沙子等防腐层以及垫木排找正时表面精修。

三、本章定额不包括下列内容:

1. 机械压力机、液压机、水压机拉紧大螺栓及立柱如需热装时所需的加热材料(如硅碳棒、电阻丝、石棉布、石棉绳等)。

2. 除水压机、液压机外,其他设备的管道酸洗。

3. 锻锤试运转中,锤头和锤杆的加热以及试冲击所需的枕木。

4. 水压机工作缸、高压阀等的垫料、填料。

5. 设备所需灌注的冷却液、液压油、乳化液等。

6. 蓄势站安装及水压机与蓄势站的联动试运转。

7. 锻锤砧坐垫木排的制作、防腐、干燥等。

8. 设备润滑、液压和空气压缩管路系统的管子和管路附件的加工、焊接、煨弯和阀门的研磨。

9. 设备和管路的保温。

10. 水压机管道安装中的支架、法兰、紫铜垫圈、密封垫圈等管路附件的制作及管子和焊口的探伤、透视和机械强度试验。

一、机械压力机

定 额 编 号			3-2-1	3-2-2	3-2-3	3-2-4	3-2-5	3-2-6
项 目			设备重量(t)					
			1 以内	3 以内	5 以内	7 以内	10 以内	15 以内
基 价 (元)			**953.32**	**1530.05**	**2297.11**	**3782.07**	**4374.58**	**6490.26**
其中	人 工 费 (元)		574.64	822.56	1278.72	1978.48	2406.24	3829.52
	材 料 费 (元)		272.35	306.91	429.22	649.38	666.57	1187.39
	机 械 费 (元)		106.33	400.58	589.17	1154.21	1301.77	1473.35
名 称	单位	单价(元)	数			量		
人工 综合工日	工日	80.00	7.183	10.282	15.984	24.731	30.078	47.869
材料 钩头成对斜垫铁 0~3 号钢 1 号	kg	14.50	–	–	–	3.144	3.144	3.144
钩头成对斜垫铁 0~3 号钢 5 号	kg	12.80	8.164	8.164	12.246	–	–	–
钩头成对斜垫铁 0~3 号钢 6 号	kg	12.20	–	–	–	14.916	14.916	–
钩头成对斜垫铁 0~3 号钢 7 号	kg	11.70	–	–	–	–	–	38.718
平垫铁 0~3 号钢 1 号	kg	5.22	–	–	–	2.540	2.540	2.540
平垫铁 0~3 号钢 5 号	kg	5.22	11.870	11.870	17.805	–	–	–
平垫铁 0~3 号钢 6 号	kg	5.22	–	–	–	19.340	19.340	–
平垫铁 0~3 号钢 7 号	kg	5.22	–	–	–	–	–	44.085
镀锌铁丝 8~12 号	kg	5.36	0.650	0.800	0.800	2.000	2.000	3.000
电焊条 结 422 φ2.5	kg	5.04	0.263	0.263	0.263	0.263	0.263	0.525
加固木板	m³	1980.00	0.013	0.020	0.029	0.043	0.048	0.063
道木	m³	1600.00	–	–	–	0.021	0.021	0.041
汽油 93 号	kg	10.05	0.102	0.153	0.153	0.204	0.204	0.255

定 额 编 号			3-2-1	3-2-2	3-2-3	3-2-4	3-2-5	3-2-6
项 目			设备重量(t)					
			1 以内	3 以内	5 以内	7 以内	10 以内	15 以内
材 料	煤油	kg	4.20	2.100	2.625	3.150	3.675	4.725	5.250
	汽轮机油（各种规格）	kg	8.80	0.505	0.505	0.505	0.808	0.808	1.010
	黄干油 钙基酯	kg	9.78	0.152	0.202	0.202	0.253	0.253	0.303
	香蕉水	kg	7.84	–	–	–	–	0.150	0.150
	聚酯乙烯泡沫塑料	kg	28.40	0.022	0.022	0.033	0.033	0.055	0.055
	石棉橡胶板 低压 0.8~1.0	kg	13.20	–	–	–	–	–	0.200
	普通硅酸盐水泥 42.5	kg	0.36	94.250	123.250	152.250	246.500	246.500	304.500
	河砂	m³	42.00	0.135	0.189	0.230	0.365	0.365	0.446
	碎石 20mm	m³	55.00	0.149	0.203	0.243	0.392	0.392	0.486
	棉纱头	kg	6.34	0.220	0.220	0.275	0.275	0.330	0.330
	白布 0.9m	m²	8.54	0.102	0.102	0.102	0.102	0.102	0.102
	破布	kg	4.50	0.210	0.210	0.315	0.368	0.420	0.420
	其他材料费	元	–	7.930	8.940	12.500	18.910	19.410	34.580
机 械	载货汽车 8t	台班	619.25	–	–	–	0.450	0.450	0.450
	叉式起重机 5t	台班	542.43	0.180	0.360	0.450	–	–	–
	汽车式起重机 8t	台班	728.19	–	0.270	0.450	0.450	0.450	0.450
	汽车式起重机 12t	台班	888.68	–	–	–	0.450	–	–
	汽车式起重机 16t	台班	1071.52	–	–	–	–	0.450	–
	汽车式起重机 25t	台班	1269.11	–	–	–	–	–	0.450
	电动卷扬机（单筒慢速）50kN	台班	145.07	–	–	–	0.900	1.350	1.800
	交流弧焊机 32kV·A	台班	96.61	0.090	0.090	0.180	0.180	0.180	0.360

定 额 编 号			3-2-7	3-2-8	3-2-9	3-2-10	3-2-11	3-2-12
项 目			设备重量(t)					
			20 以内	30 以内	40 以内	50 以内	70 以内	100 以内
基 价 (元)			**8415.72**	**12503.21**	**16552.00**	**18927.25**	**23094.36**	**30466.22**
其 中	人 工 费 (元)		4533.12	6193.36	7484.16	9339.04	12712.40	16954.08
	材 料 费 (元)		1690.88	1873.49	2426.58	2619.27	2589.55	3271.88
	机 械 费 (元)		2191.72	4436.36	6641.26	6968.94	7792.41	10240.26
名 称	单位	单价(元)	数			量		
人工 综合工日	工日	80.00	56.664	77.417	93.552	116.738	158.905	211.926
材 料	钩头成对斜垫铁0~3号钢1号	kg	14.50	3.144	3.144	3.144	3.144	3.144	3.144
	钩头成对斜垫铁0~3号钢8号	kg	11.10	61.380	61.380	81.840	81.840	81.840	102.300
	平垫铁0~3号钢1号	kg	5.22	2.540	2.540	2.540	2.540	2.540	2.540
	平垫铁0~3号钢8号	kg	5.22	63.585	63.585	84.780	84.780	84.780	105.975
	钢轨 43kg/m	kg	5.30	–	–	–	–	0.056	0.080
	镀锌铁丝8~12号	kg	5.36	3.000	4.500	4.500	4.500	4.500	5.000
	电焊条 结422 φ2.5	kg	5.04	0.525	0.525	0.525	0.525	0.525	0.840
	加固木板	m³	1980.00	0.089	0.125	0.150	0.188	0.079	0.094
	道木	m³	1600.00	0.069	0.069	0.138	0.172	0.241	0.344
	汽油 93 号	kg	10.05	0.306	0.510	1.020	1.530	2.040	2.550
	煤油	kg	4.20	8.400	11.550	14.700	16.800	21.000	26.250
	汽轮机油(各种规格)	kg	8.80	1.515	2.020	3.030	3.030	4.040	5.050
	黄干油 钙基酯	kg	9.78	0.404	0.606	1.010	1.515	2.020	3.030

单位:台

定 额 编 号			3-2-7	3-2-8	3-2-9	3-2-10	3-2-11	3-2-12
项　　　目			设备重量(t)					
			20 以内	30 以内	40 以内	50 以内	70 以内	100 以内
材料	香蕉水	kg	7.84	0.200	0.200	0.300	0.400	0.500	0.700
	聚酯乙烯泡沫塑料	kg	28.40	0.088	0.110	0.165	0.165	0.165	0.220
	石棉橡胶板 低压 0.8~1.0	kg	13.20	0.300	0.400	0.500	0.500	0.700	1.000
	普通硅酸盐水泥 42.5	kg	0.36	362.500	485.750	485.750	545.200	604.650	725.000
	河砂	m³	42.00	0.540	0.716	0.716	0.810	0.891	1.080
	碎石 20mm	m³	55.00	0.594	0.783	0.783	0.878	0.972	1.175
	棉纱头	kg	6.34	0.550	0.770	0.880	1.100	1.650	2.200
	白布 0.9m	m²	8.54	0.102	0.153	0.153	0.204	0.255	0.255
	破布	kg	4.50	0.630	1.260	2.100	2.625	3.150	3.675
	红钢纸	kg	15.00	0.500	1.000	1.000	1.200	1.200	1.500
	其他材料费	元	–	49.250	54.570	70.680	76.290	75.420	95.300
机械	载货汽车 8t	台班	619.25	0.450	0.450	0.900	0.900	0.900	1.800
	汽车式起重机 8t	台班	728.19	0.450	0.450	0.900	1.350	1.350	1.800
	汽车式起重机 16t	台班	1071.52	–	–	–	–	1.800	1.800
	汽车式起重机 32t	台班	1360.20	0.900	–	–	–	–	1.350
	汽车式起重机 50t	台班	3709.18	–	0.900	–	–	0.900	–
	汽车式起重机 75t	台班	5403.15	–	–	0.900	0.900	–	0.450
	电动卷扬机(单筒慢速) 50kN	台班	145.07	2.250	3.150	3.600	3.600	3.150	6.300
	电动卷扬机(单筒慢速) 80kN	台班	196.05	–	–	–	–	2.250	3.150
	交流弧焊机 32kV·A	台班	96.61	0.360	0.360	0.450	0.450	0.900	0.900

定　额　编　号			3-2-13	3-2-14	3-2-15	3-2-16	3-2-17	3-2-18
项　　目			设备重量(t)					
			150 以内	200 以内	250 以内	300 以内	350 以内	450 以内
基　价　(元)			**39543.06**	**47830.67**	**57143.52**	**67241.65**	**74449.58**	**92038.75**
其中	人　工　费　(元)		23458.24	28043.44	35819.28	42125.52	47835.52	60685.84
	材　料　费　(元)		4177.05	4899.49	5472.13	7048.67	7638.35	8645.73
	机　械　费　(元)		11907.77	14887.74	15852.11	18067.46	18975.71	22707.18
名　　称	单位	单价(元)	数			量		
人工 综合工日	工日	80.00	293.228	350.543	447.741	526.569	597.944	758.573
材料 钩头成对斜垫铁 0~3 号钢 1 号	kg	14.50	3.144	3.144	3.144	6.288	9.432	9.432
钩头成对斜垫铁 0~3 号钢 8 号	kg	11.10	122.760	143.220	143.220	204.600	204.600	204.600
平垫铁 0~3 号钢 1 号	kg	5.22	2.540	2.540	3.048	4.572	5.588	5.588
平垫铁 0~3 号钢 8 号	kg	5.22	127.170	148.365	161.082	203.472	224.667	224.667
钢轨 43kg/m	kg	5.30	0.120	0.160	0.200	0.240	0.280	0.360
镀锌铁丝 8~12 号	kg	5.36	5.000	5.000	5.000	5.500	5.500	5.500
电焊条 结 422 φ2.5	kg	5.04	0.840	0.840	0.840	1.050	1.050	1.050
加固木板	m³	1980.00	0.118	0.125	0.133	0.164	0.164	0.194
道木	m³	1600.00	0.516	0.688	0.859	1.031	1.203	1.547
汽油 93 号	kg	10.05	3.060	4.080	5.100	6.120	7.140	9.180
煤油	kg	4.20	37.800	42.000	57.225	66.150	78.540	100.170
汽轮机油(各种规格)	kg	8.80	8.080	8.080	11.615	13.130	15.756	19.998
黄干油 钙基酯	kg	9.78	4.040	5.050	6.565	7.777	9.191	11.716

定　额　编　号			3-2-13	3-2-14	3-2-15	3-2-16	3-2-17	3-2-18
项　　　目			设备重量(t)					
			150 以内	200 以内	250 以内	300 以内	350 以内	450 以内
材料	香蕉水	kg	7.84	1.000	1.500	1.800	2.200	2.600	3.700
	聚酯乙烯泡沫塑料	kg	28.40	0.550	0.550	0.825	1.210	1.320	1.760
	石棉橡胶板 低压 0.8~1.0	kg	13.20	1.200	1.200	1.800	2.100	2.500	3.200
	普通硅酸盐水泥 42.5	kg	0.36	907.700	968.600	1028.050	1270.200	1270.200	1511.625
	河砂	m³	42.00	1.337	1.431	1.512	1.877	1.877	2.228
	碎石 20mm	m³	55.00	1.485	1.566	1.647	2.039	2.039	2.430
	棉纱头	kg	6.34	4.400	4.400	5.830	7.150	8.580	10.890
	白布 0.9m	m²	8.54	0.408	0.408	0.612	0.714	0.847	1.081
	破布	kg	4.50	4.725	5.250	7.140	8.295	9.870	12.600
	红钢纸	kg	15.00	1.500	1.500	2.200	2.500	3.000	3.800
	其他材料费	元	–	121.660	142.700	159.380	205.300	222.480	251.820
机械	载货汽车 8t	台班	619.25	1.800	1.800	1.800	1.800	2.250	2.250
	汽车式起重机 8t	台班	728.19	2.250	2.700	2.700	3.150	3.600	3.600
	汽车式起重机 16t	台班	1071.52	1.800	2.250	3.150	4.500	4.950	5.400
	汽车式起重机 32t	台班	1360.20	1.350	–	–	–	0.900	–
	汽车式起重机 50t	台班	3709.18	–	0.900	0.900	0.900	0.450	0.450
	汽车式起重机 100t	台班	6580.83	0.450	0.450	0.450	0.450	0.450	0.900
	电动卷扬机(单筒慢速) 50kN	台班	145.07	9.450	5.850	5.850	5.850	5.850	10.800
	电动卷扬机(单筒慢速) 80kN	台班	196.05	4.950	10.800	10.800	13.050	14.400	18.450
	交流弧焊机 32kV·A	台班	96.61	0.900	1.350	1.350	1.350	1.350	1.350

定　额　编　号			3-2-19	3-2-20	3-2-21	3-2-22	3-2-23
项　　　　　目			设备重量(t)				
			550 以内	650 以内	750 以内	850 以内	950 以内
基　　　价　　（元）			**108677.55**	**124264.94**	**142160.03**	**160846.03**	**180786.05**
其中	人　工　费　（元）		72753.20	84388.00	96500.88	108744.96	120538.16
	材　料　费　（元）		10338.12	11301.92	12991.13	14433.39	15252.61
	机　械　费　（元）		25586.23	28575.02	32668.02	37667.68	44995.28
名　　　称	单位	单价(元)	数		量		
人工 综合工日	工日	80.00	909.415	1054.850	1206.261	1359.312	1506.727
材　料	钩头成对斜垫铁 0~3 号钢 1 号	kg	14.50	9.432	12.576	12.576	15.720	15.720
	钩头成对斜垫铁 0~3 号钢 8 号	kg	11.10	245.520	245.520	286.440	286.440	286.440
	平垫铁 0~3 号钢 1 号	kg	5.22	6.096	7.112	7.620	8.636	8.636
	平垫铁 0~3 号钢 8 号	kg	5.22	254.340	271.296	300.969	317.925	317.925
	钢轨 43kg/m	kg	5.30	0.440	0.520	0.600	0.680	0.760
	镀锌铁丝 8~12 号	kg	5.36	6.000	6.000	6.000	6.500	6.500
	电焊条 结 422 φ2.5	kg	5.04	1.575	1.575	1.575	2.100	2.100
	加固木板	m³	1980.00	0.231	0.231	0.269	0.344	0.344
	道木	m³	1600.00	1.891	2.234	2.578	2.922	3.266
	汽油 93 号	kg	10.05	11.220	13.260	15.300	17.340	19.380
	煤油	kg	4.20	122.850	145.005	167.370	189.630	211.995
	汽轮机油（各种规格）	kg	8.80	24.644	28.987	33.532	37.976	42.420
	黄干油 钙基酯	kg	9.78	14.342	16.968	19.594	22.220	24.745

定 额 编 号			3-2-19	3-2-20	3-2-21	3-2-22	3-2-23
项 目			设备重量(t)				
			550 以内	650 以内	750 以内	850 以内	950 以内
材料	香蕉水	kg	7.84	4.000	4.800	5.500	6.200	6.900
	聚酯乙烯泡沫塑料	kg	28.40	2.090	2.530	2.860	3.300	3.630
	石棉橡胶板 低压 0.8~1.0	kg	13.20	3.900	4.600	5.300	6.000	6.700
	普通硅酸盐水泥 42.5	kg	0.36	1813.950	1813.950	2116.275	2720.925	2720.925
	河砂	m³	42.00	2.673	2.673	3.119	4.010	4.010
	碎石 20mm	m³	55.00	2.916	2.916	3.402	4.374	4.374
	棉纱头	kg	6.34	13.420	15.840	18.260	20.680	23.100
	白布 0.9m	m²	8.54	1.326	1.561	1.805	2.040	2.285
	破布	kg	4.50	15.435	18.165	21.000	23.730	26.565
	红钢纸	kg	15.00	4.700	5.500	6.400	7.200	8.000
	其他材料费	元	–	301.110	329.180	378.380	420.390	444.250
机械	载货汽车 8t	台班	619.25	2.250	2.250	2.250	2.250	2.250
	汽车式起重机 8t	台班	728.19	4.050	4.050	4.050	4.500	4.500
	汽车式起重机 16t	台班	1071.52	5.400	5.850	6.300	7.650	8.550
	汽车式起重机 50t	台班	3709.18	0.900	1.350	–	–	–
	汽车式起重机 75t	台班	5403.15	–	–	0.900	1.350	1.800
	汽车式起重机 100t	台班	6580.83	0.900	0.900	1.350	1.350	1.800
	电动卷扬机(单筒慢速) 50kN	台班	145.07	10.800	10.800	10.800	10.800	10.800
	电动卷扬机(单筒慢速) 80kN	台班	196.05	22.950	27.000	31.050	35.100	40.050
	交流弧焊机 32kV·A	台班	96.61	1.350	1.800	1.800	1.800	1.800

二、液压机

单位:台

定 额 编 号				3-2-24	3-2-25	3-2-26	3-2-27	3-2-28	3-2-29
项 目				设备重量(t)					
				1 以内	3 以内	5 以内	7 以内	10 以内	15 以内
基 价 (元)				**1005.40**	**1697.11**	**2540.66**	**4228.89**	**4832.84**	**7401.90**
其中	人 工 费 (元)			622.24	969.68	1513.20	2200.48	2690.56	4273.28
	材 料 费 (元)			276.83	326.85	438.29	808.92	840.51	1655.27
	机 械 费 (元)			106.33	400.58	589.17	1219.49	1301.77	1473.35
名 称		单位	单价(元)	数			量		
人工	综合工日	工日	80.00	7.778	12.121	18.915	27.506	33.632	53.416
材料	钩头成对斜垫铁 0~3 号钢 1 号	kg	14.50	—	—	3.144	3.144	3.144	6.288
	钩头成对斜垫铁 0~3 号钢 5 号	kg	12.80	8.164	8.164	8.164	—	—	—
	钩头成对斜垫铁 0~3 号钢 6 号	kg	12.20	—	—	—	22.374	22.374	—
	钩头成对斜垫铁 0~3 号钢 7 号	kg	11.70	—	—	—	—	—	51.624
	平垫铁 0~3 号钢 1 号	kg	5.22	—	—	2.540	2.540	2.540	5.080
	平垫铁 0~3 号钢 5 号	kg	5.22	11.870	11.870	11.870	—	—	—
	平垫铁 0~3 号钢 6 号	kg	5.22	—	—	—	29.010	29.010	—
	平垫铁 0~3 号钢 7 号	kg	5.22	—	—	—	—	—	58.780
	镀锌铁丝 8~12 号	kg	5.36	0.650	0.800	0.800	2.000	2.000	3.500
	电焊条 结 422 φ2.5	kg	5.04	0.263	0.263	0.525	0.525	0.525	1.050
	加固木板	m³	1980.00	0.013	0.020	0.031	0.043	0.048	0.069
	道木	m³	1600.00	—	—	—	0.007	0.007	0.007
	汽油 93 号	kg	10.05	0.408	1.224	1.530	1.836	2.040	3.060
	煤油	kg	4.20	2.100	2.625	3.150	3.675	5.250	9.450
	汽轮机油（各种规格）	kg	8.80	0.505	1.010	1.515	2.020	3.030	8.080

定 额 编 号			3-2-24	3-2-25	3-2-26	3-2-27	3-2-28	3-2-29
项 目			设备重量(t)					
			1 以内	3 以内	5 以内	7 以内	10 以内	15 以内
材料	黄干油 钙基酯	kg	9.78	0.202	0.303	0.404	0.505	0.606	0.808
	盐酸 31% 合成	kg	1.09	–	–	–	–	–	10.000
	香蕉水	kg	7.84	–	–	–	–	–	0.150
	聚酯乙烯泡沫塑料	kg	28.40	0.033	0.055	0.088	0.110	0.143	0.187
	石棉橡胶板 低压 0.8~1.0	kg	13.20	–	–	–	–	–	0.350
	普通硅酸盐水泥 42.5	kg	0.36	94.250	123.250	152.250	246.500	246.500	304.500
	河砂	m³	42.00	0.135	'0.203	0.230	0.365	0.365	0.446
	碎石 20mm	m³	55.00	0.149	0.203	0.243	0.392	0.392	0.486
	焊接钢管 DN15	m	3.77	–	–	–	–	–	3.000
	螺纹球阀 φ15	个	176.50	–	–	–	–	–	0.300
	棉纱头	kg	6.34	0.220	0.330	0.385	0.440	0.495	0.660
	白布 0.9m	m²	8.54	0.102	0.102	0.102	0.112	0.112	0.122
	破布	kg	4.50	0.315	0.420	0.525	0.735	0.945	1.365
	红钢纸	kg	15.00	–	–	–	–	–	0.300
	其他材料费	元	–	8.060	9.520	12.770	23.560	24.480	48.210
机械	载货汽车 8t	台班	619.25	–	–	–	0.450	0.450	0.450
	叉式起重机 5t	台班	542.43	0.180	0.360	0.450	–	–	–
	汽车式起重机 8t	台班	728.19	–	0.270	0.450	0.450	0.450	0.450
	汽车式起重机 12t	台班	888.68	–	–	–	0.450	–	–
	汽车式起重机 16t	台班	1071.52	–	–	–	–	0.450	–
	汽车式起重机 25t	台班	1269.11	–	–	–	–	–	0.450
	电动卷扬机(单筒慢速) 50kN	台班	145.07	–	–	–	1.350	1.350	1.800
	交流弧焊机 32kV·A	台班	96.61	0.090	0.090	0.180	0.180	0.180	0.360

定 额 编 号			3-2-30	3-2-31	3-2-32	3-2-33	3-2-34	3-2-35
项 目			设备重量(t)					
			20 以内	30 以内	40 以内	50 以内	70 以内	100 以内
基 价 （元）			**9878.00**	**14259.56**	**19977.29**	**22659.50**	**29030.98**	**36388.89**
其中	人 工 费 （元）		5301.44	7254.40	8950.00	10800.00	14854.80	19173.92
	材 料 费 （元）		2319.56	2568.80	4386.03	4611.89	5817.50	6990.56
	机 械 费 （元）		2257.00	4436.36	6641.26	7247.61	8358.68	10224.41
名 称	单位	单价（元）	数			量		
人工 综合工日	工日	80.00	66.268	90.680	111.875	135.000	185.685	239.674
材料 钩头成对斜垫铁 0~3 号钢 1 号	kg	14.50	6.288	6.288	6.288	6.288	6.288	6.288
钩头成对斜垫铁 0~3 号钢 8 号	kg	11.10	81.840	81.840	122.760	122.760	163.680	163.680
平垫铁 0~3 号钢 1 号	kg	5.22	5.080	5.080	5.080	5.080	5.080	5.080
平垫铁 0~3 号钢 8 号	kg	5.22	84.780	84.780	127.170	127.170	169.560	169.560
热轧中厚钢板 $\delta = 18 \sim 25$	kg	3.70	–	–	150.000	160.000	250.000	380.000
钢轨 38kg/m	kg	5.30	–	–	–	–	0.056	0.080
型钢综合	kg	4.00	–	–	–	–	52.770	75.380
焊接钢管 DN15	m	3.77	0.350	–	0.630	1.300	1.300	–
焊接钢管 DN20	m	5.31	–	–	–	–	1.630	2.000
精制六角带帽螺栓 M12×75 以下	10 套	10.22	–	–	0.500	0.600	1.000	1.400

定额编号			3-2-30	3-2-31	3-2-32	3-2-33	3-2-34	3-2-35
项目			设备重量(t)					
			20 以内	30 以内	40 以内	50 以内	70 以内	100 以内
材料	镀锌铁丝 8～12 号	kg	5.36	3.600	5.100	5.200	6.700	8.300	8.900
	电焊条 结 422 φ2.5	kg	5.04	1.050	1.050	1.050	1.050	1.575	2.100
	加固木板	m³	1980.00	0.088	0.125	0.250	0.181	0.075	0.090
	道木	m³	1600.00	0.069	0.069	0.138	0.275	0.241	0.344
	汽油 93 号	kg	10.05	3.570	5.100	8.160	10.200	15.300	24.480
	煤油	kg	4.20	12.600	16.800	21.000	25.200	33.600	47.250
	汽轮机油（各种规格）	kg	8.80	10.100	12.120	14.140	15.150	18.180	24.240
	黄干油 钙基酯	kg	9.78	0.808	1.010	1.212	1.515	2.020	2.828
	盐酸 31% 合成	kg	1.09	15.000	15.000	18.000	18.000	20.000	25.000
	氧气	m³	3.60	－	－	6.120	6.120	8.160	9.180
	乙炔气	m³	25.20	－	－	2.040	2.040	2.720	3.060
	香蕉水	kg	7.84	0.200	0.400	0.550	0.600	0.800	1.200
	聚酯乙烯泡沫塑料	kg	28.40	0.187	0.220	0.275	0.330	0.385	0.385
	石棉橡胶板 低压 0.8～1.0	kg	13.20	0.450	0.550	0.700	0.800	1.060	1.400
	普通硅酸盐水泥 42.5	kg	0.36	362.500	485.750	485.750	545.200	604.650	726.450
	河砂	m³	42.00	0.540	0.716	0.716	0.810	0.891	1.080

单位:台

定　额　编　号			3-2-30	3-2-31	3-2-32	3-2-33	3-2-34	3-2-35
项　　　　　目			设备重量(t)					
			20 以内	30 以内	40 以内	50 以内	70 以内	100 以内
材	碎石 20mm	m³	55.00	0.594	0.783	0.783	0.878	0.972	1.175
	螺纹球阀 φ15	个	176.50	0.300	0.500	–	–	–	–
	螺纹球阀 φ20	个	194.00	–	–	0.500	0.500	0.500	0.800
	棉纱头	kg	6.34	0.880	1.320	1.760	1.980	2.420	3.080
	白布 0.9m	m²	8.54	0.122	0.153	0.153	0.204	0.255	0.255
	破布	kg	4.50	1.470	1.890	2.730	2.940	3.360	3.990
料	红钢纸	kg	15.00	0.400	0.600	0.800	0.900	1.200	1.300
	其他材料费	元	–	67.560	74.820	127.750	134.330	169.440	203.610
机	载货汽车 8t	台班	619.25	0.450	0.450	0.900	1.350	1.350	1.800
	汽车式起重机 8t	台班	728.19	0.450	0.450	0.900	1.350	1.350	1.800
	汽车式起重机 16t	台班	1071.52	–	–	–	–	1.800	1.800
	汽车式起重机 32t	台班	1360.20	0.900	–	–	–	–	1.350
	汽车式起重机 50t	台班	3709.18	–	0.900	–	–	0.900	–
	汽车式起重机 75t	台班	5403.15	–	–	0.900	0.900	–	0.450
	电动卷扬机(单筒慢速) 50kN	台班	145.07	2.700	3.150	3.600	3.600	2.700	3.150
械	电动卷扬机(单筒慢速) 80kN	台班	196.05	–	–	–	–	4.050	5.400
	交流弧焊机 32kV·A	台班	96.61	0.360	0.360	0.450	0.450	0.900	0.900

定 额 编 号			3-2-36	3-2-37	3-2-38	3-2-39
项 目			设备重量(t)			
			150 以内	200 以内	250 以内	350 以内
基 价 (元)			**49534.00**	**61432.84**	**71814.93**	**91832.94**
其中	人 工 费 (元)		28602.40	35718.40	44188.24	58933.92
	材 料 费 (元)		8863.25	11091.37	11598.14	13746.87
	机 械 费 (元)		12068.35	14623.07	16028.55	19152.15
名 称	单位	单价(元)	数		量	
人工 综合工日	工日	80.00	357.530	446.480	552.353	736.674
材料 钩头成对斜垫铁 0~3 号钢 1 号	kg	14.50	9.432	9.432	9.432	12.576
钩头成对斜垫铁 0~3 号钢 8 号	kg	11.10	204.600	204.600	245.520	245.520
平垫铁 0~3 号钢 1 号	kg	5.22	7.112	7.112	7.112	8.128
平垫铁 0~3 号钢 8 号	kg	5.22	211.950	211.950	254.340	254.340
热轧中厚钢板 $\delta=18\sim25$	kg	3.70	400.000	400.000	420.000	420.000
钢轨 38kg/m	kg	5.30	0.120	0.160	0.200	0.280
型钢综合	kg	4.00	113.080	450.770	188.460	263.850
焊接钢管 DN20	m	5.31	2.000	2.500	2.500	3.000
精制六角带帽螺栓 M12×75 以下	10 套	10.22	1.400	1.800	1.800	2.200
镀锌铁丝 8~12 号	kg	5.36	9.000	9.700	10.400	11.100

单位:台

定　额　编　号			3-2-36	3-2-37	3-2-38	3-2-39
项　　目			设备重量(t)			
			150 以内	200 以内	250 以内	350 以内
材 料	电焊条 结 422 φ2.5	kg	5.04	2.100	2.100	2.625	2.625
	加固木板	m³	1980.00	0.113	0.120	0.128	0.158
	道木	m³	1600.00	0.516	0.688	0.859	1.203
	汽油 93 号	kg	10.05	34.823	47.654	59.109	83.038
	煤油	kg	4.20	71.337	94.868	118.713	166.110
	汽轮机油（各种规格）	kg	8.80	37.421	49.328	61.964	86.557
	黄干油 钙基酯	kg	9.78	4.282	5.686	7.121	9.959
	盐酸 31% 合成	kg	1.09	39.700	51.760	65.330	91.070
	氧气	m³	3.60	12.240	15.300	18.360	24.480
	乙炔气	m³	25.20	4.080	5.100	6.120	8.160
	香蕉水	kg	7.84	1.760	2.370	2.950	5.320
	聚酯乙烯泡沫塑料	kg	28.40	0.682	0.847	1.089	1.507
	石棉橡胶板 低压 0.8～1.0	kg	13.20	2.170	2.860	3.590	5.020
	普通硅酸盐水泥 42.5	kg	0.36	906.975	968.600	1028.050	1269.765
	河砂	m³	42.00	1.337	1.431	1.512	1.877

单位:台

定　额　编　号			3-2-36	3-2-37	3-2-38	3-2-39
项　　　　目			设备重量(t)			
			150 以内	200 以内	250 以内	350 以内
材料	碎石 20mm	m³	55.00	1.458	1.553	1.647	2.039
	螺纹球阀 φ20	个	194.00	0.800	1.000	1.000	1.500
	棉纱头	kg	6.34	4.851	6.347	7.997	11.154
	白布 0.9m	m²	8.54	0.449	0.561	0.714	0.989
	破布	kg	4.50	6.489	8.379	14.868	18.081
	红钢纸	kg	15.00	2.210	2.800	3.580	4.960
	其他材料费	元	-	258.150	323.050	337.810	400.390
机械	载货汽车 8t	台班	619.25	1.800	1.800	1.800	2.250
	汽车式起重机 8t	台班	728.19	2.250	2.700	2.700	3.600
	汽车式起重机 16t	台班	1071.52	1.800	2.250	3.150	4.950
	汽车式起重机 32t	台班	1360.20	1.350	-	-	0.900
	汽车式起重机 50t	台班	3709.18	-	0.900	0.900	0.450
	汽车式起重机 100t	台班	6580.83	0.450	0.450	0.450	0.450
	电动卷扬机(单筒慢速) 50kN	台班	145.07	6.300	5.850	5.850	5.850
	电动卷扬机(单筒慢速) 80kN	台班	196.05	8.100	9.450	11.700	15.300
	交流弧焊机 32kV·A	台班	96.61	0.900	1.350	1.350	1.350

定 额 编 号				3-2-40	3-2-41	3-2-42
项 目				设备重量(t)		
				500 以内	700 以内	950 以内
基 价 （元）				**123122.94**	**163929.90**	**221908.14**
其中	人 工 费 （元）			81401.44	111534.96	148960.16
	材 料 费 （元）			17512.00	21821.90	27599.81
	机 械 费 （元）			24209.50	30573.04	45348.17
名 称		单位	单价(元)	数		量
人工	综合工日	工日	80.00	1017 518	1394.187	1862.002
材料	钩头成对斜垫铁 0~3 号钢 1 号	kg	14.50	12.576	15.720	18.864
	钩头成对斜垫铁 0~3 号钢 8 号	kg	11.10	286.440	286.440	327.360
	平垫铁 0~3 号钢 1 号	kg	5.22	9.144	11.176	13.208
	平垫铁 0~3 号钢 8 号	kg	5.22	296.730	296.730	330.642
	热轧中厚钢板 $\delta = 18 \sim 25$	kg	3.70	450.000	480.000	500.000
	钢轨 38kg/m	kg	5.30	0.400	0.560	0.760
	型钢综合	kg	4.00	376.920	527.690	716.150
	焊接钢管 DN20	m	5.31	3.000	3.500	3.500
	精制六角带帽螺栓 M12×75 以下	10 套	10.22	2.200	2.600	2.600
	镀锌铁丝 8~12 号	kg	5.36	12.000	14.400	18.000

续前

定 额 编 号			3-2-40	3-2-41	3-2-42
项 目			设备重量(t)		
			500 以内	700 以内	950 以内
材	电焊条 结 422 φ2.5	kg	5.04	2.625	3.150	3.150
	加固木板	m³	1980.00	0.188	0.263	0.338
	道木	m³	1600.00	1.719	2.406	3.266
	汽油 93 号	kg	10.05	118.453	165.934	225.134
	煤油	kg	4.20	237.353	332.262	451.259
	汽轮机油（各种规格）	kg	8.80	123.765	173.205	235.098
	黄干油 钙基酯	kg	9.78	14.231	19.917	27.038
	盐酸 31% 合成	kg	1.09	130.330	182.330	247.520
	氧气	m³	3.60	33.660	45.900	61.200
	乙炔气	m³	25.20	11.220	15.300	20.400
	香蕉水	kg	7.84	6.890	10.060	13.420
	聚酯乙烯泡沫塑料	kg	28.40	2.167	3.025	4.114
料	石棉橡胶板 低压 0.8~1.0	kg	13.20	7.170	10.040	13.620
	普通硅酸盐水泥 42.5	kg	0.36	1656.625	2116.275	2720.925
	河砂	m³	42.00	2.228	3.119	4.010

续前

单位:台

定 额 编 号			3-2-40	3-2-41	3-2-42
项 目			设备重量(t)		
			500 以内	700 以内	950 以内
材料	碎石 20mm	m³	55.00	2.430	3.402	4.374
	螺纹球阀 φ20	个	194.00	1.500	2.000	2.000
	棉纱头	kg	6.34	15.950	22.319	30.294
	白布 0.9m	m²	8.54	1.418	1.979	2.693
	破布	kg	4.50	27.458	37.496	51.419
	红钢纸	kg	15.00	7.120	9.950	13.510
	其他材料费	元	–	510.060	635.590	803.880
机械	载货汽车 8t	台班	619.25	2.250	2.250	2.250
	汽车式起重机 8t	台班	728.19	4.050	4.050	4.500
	汽车式起重机 16t	台班	1071.52	4.950	5.850	8.550
	汽车式起重机 50t	台班	3709.18	0.900	0.900	–
	汽车式起重机 100t	台班	6580.83	0.900	1.350	1.800
	电动卷扬机(单筒慢速) 50kN	台班	145.07	5.850	10.800	10.800
	电动卷扬机(单筒慢速) 80kN	台班	196.05	22.050	30.600	41.850
	交流弧焊机 32kV·A	台班	96.61	1.350	1.800	1.800
	汽车式起重机 75t	台班	5403.15	–	–	1.800

·85·

三、自动锻压机及锻机操作机

单位:台

定 额 编 号			3-2-43	3-2-44	3-2-45	3-2-46	3-2-47	3-2-48
项 目			设备重量(t)					
			1 以内	3 以内	5 以内	7 以内	10 以内	15 以内
基 价 （元）			**934.82**	**1445.17**	**1807.08**	**3991.94**	**5800.88**	**6704.13**
其中	人 工 费 （元）		551.52	883.76	1180.24	1938.08	2968.40	3659.04
	材 料 费 （元）		276.97	357.44	374.05	834.37	1465.43	1506.46
	机 械 费 （元）		106.33	203.97	252.79	1219.49	1367.05	1538.63
名 称	单位	单价(元)	数			量		
人工 综合工日	工日	80.00	6.894	11.047	14.753	24.226	37.105	45.738
材料 钩头成对斜垫铁 0～3 号钢 1 号	kg	14.50	–	–	–	3.144	3.144	3.144
钩头成对斜垫铁 0～3 号钢 5 号	kg	12.80	8.164	8.164	8.164	–	–	–
钩头成对斜垫铁 0～3 号钢 6 号	kg	12.20	–	–	–	22.374	–	–
钩头成对斜垫铁 0～3 号钢 7 号	kg	11.70	–	–	–	–	51.624	51.624
平垫铁 0～3 号钢 1 号	kg	5.22	–	–	–	2.540	2.540	2.540
平垫铁 0～3 号钢 5 号	kg	5.22	11.870	11.870	11.870	–	–	–
平垫铁 0～3 号钢 6 号	kg	5.22	–	–	–	29.010	–	–
平垫铁 0～3 号钢 7 号	kg	5.22	–	–	–	–	58.780	58.780
镀锌铁丝 8～12 号	kg	5.36	0.650	0.800	0.800	2.000	2.000	3.000
电焊条 结 422 φ2.5	kg	5.04	0.263	0.263	0.263	0.525	0.840	0.840
加固木板	m³	1980.00	0.014	0.030	0.035	0.058	0.080	0.093
道木	m³	1600.00	–	–	–	0.006	0.006	0.006

定 额 编 号			3-2-43	3-2-44	3-2-45	3-2-46	3-2-47	3-2-48
项 目			设备重量(t)					
			1 以内	3 以内	5 以内	7 以内	10 以内	15 以内
材 料	汽油 93 号	kg	10.05	0.102	0.102	0.153	0.153	0.255	0.306
	煤油	kg	4.20	2.100	2.100	3.150	3.675	6.300	7.350
	汽轮机油（各种规格）	kg	8.80	0.505	0.505	0.505	0.808	1.010	1.010
	黄干油 钙基酯	kg	9.78	0.152	0.152	0.202	0.253	0.404	0.505
	聚酯乙烯泡沫塑料	kg	28.40	0.110	0.110	0.110	0.165	0.165	0.220
	普通硅酸盐水泥 42.5	kg	0.36	94.250	182.700	182.700	303.050	423.400	423.400
	河砂	m³	42.00	0.135	0.270	0.270	0.405	0.635	0.635
	碎石 20mm	m³	55.00	0.149	0.297	0.297	0.486	0.689	0.689
	棉纱头	kg	6.34	0.220	0.220	0.275	0.275	0.385	0.440
	白布 0.9m	m²	8.54	0.102	0.102	0.102	0.153	0.153	0.204
	破布	kg	4.50	0.210	0.210	0.315	0.420	0.630	0.735
	其他材料费	元	—	8.070	10.410	10.890	24.300	42.680	43.880
机 械	载货汽车 8t	台班	619.25	—	—	—	0.450	0.450	0.450
	叉式起重机 5t	台班	542.43	0.180	0.360	0.450	—	—	—
	汽车式起重机 8t	台班	728.19	—	—	—	0.450	0.450	0.450
	汽车式起重机 12t	台班	888.68	—	—	—	0.450	—	—
	汽车式起重机 16t	台班	1071.52	—	—	—	—	0.450	—
	汽车式起重机 25t	台班	1269.11	—	—	—	—	—	0.450
	电动卷扬机(单筒慢速) 50kN	台班	145.07	—	—	—	1.350	1.800	2.250
	交流弧焊机 32kV·A	台班	96.61	0.090	0.090	0.090	0.180	0.180	0.360

定　额　编　号			3-2-49	3-2-50	3-2-51	3-2-52	3-2-53	3-2-54
项　　　　目			设备重量(t)					
			20 以内	25 以内	35 以内	50 以内	70 以内	100 以内
基　　价　（元）			**10023.32**	**13074.53**	**17595.24**	**20417.45**	**25389.45**	**32425.23**
其中	人　工　费　（元）		5129.28	5905.20	7234.88	9453.36	13127.68	17049.68
	材　料　费　（元）		2244.08	2340.00	3400.11	3864.58	4290.51	5626.79
	机　械　费　（元）		2649.96	4829.33	6960.25	7099.51	7971.26	9748.76
名　　　称	单位	单价(元)	数			量		
人工 综合工日	工日	80.00	64.116	73.815	90.436	118.167	164.096	213.121
材料 钩头成对斜垫铁 0~3 号钢 1 号	kg	14.50	3.144	6.288	6.288	6.288	6.288	6.288
钩头成对斜垫铁 0~3 号钢 8 号	kg	11.10	81.840	81.840	122.760	122.760	122.760	163.680
平垫铁 0~3 号钢 1 号	kg	5.22	2.540	5.080	5.080	5.080	5.080	5.080
平垫铁 0~3 号钢 8 号	kg	5.22	84.780	84.780	127.170	127.170	127.170	169.560
钢轨 38kg/m	kg	5.30	–	–	–	–	0.056	0.080
镀锌铁丝 8~12 号	kg	5.36	3.000	3.000	4.500	6.500	8.900	12.600
电焊条 结 422 ϕ2.5	kg	5.04	0.840	1.050	1.050	1.050	1.050	1.050
加固木板	m³	1980.00	0.143	0.155	0.225	0.315	0.225	0.285
道木	m³	1600.00	0.011	0.011	0.011	0.012	0.241	0.344
汽油 93 号	kg	10.05	0.357	0.408	0.612	0.918	1.224	1.428
煤油	kg	4.20	9.450	10.500	12.600	16.800	23.100	31.500
汽轮机油（各种规格）	kg	8.80	1.515	1.515	2.020	3.030	4.040	5.050

续前

定 额 编 号			3-2-49	3-2-50	3-2-51	3-2-52	3-2-53	3-2-54
项 目			设备重量(t)					
			20 以内	25 以内	35 以内	50 以内	70 以内	100 以内
材	黄干油 钙基酯	kg	9.78	0.505	0.707	0.909	1.515	2.525	3.535
	聚酯乙烯泡沫塑料	kg	28.40	0.220	0.220	0.275	0.330	0.330	0.440
	普通硅酸盐水泥 42.5	kg	0.36	726.450	726.450	1088.950	1512.350	1815.400	2298.250
	河砂	m³	42.00	1.080	1.080	1.607	2.228	2.673	3.389
	碎石 20mm	m³	55.00	1.175	1.175	1.755	2.430	2.916	3.699
	棉纱头	kg	6.34	0.550	0.880	1.100	1.650	2.750	3.850
	白布 0.9m	m²	8.54	0.204	0.204	0.255	0.306	0.306	0.357
料	破布	kg	4.50	0.735	0.840	1.260	2.100	2.625	3.675
	其他材料费	元	–	65.360	68.160	99.030	112.560	124.970	163.890
机	载货汽车 8t	台班	619.25	0.450	0.450	0.900	0.900	0.900	1.350
	汽车式起重机 8t	台班	728.19	0.900	0.900	1.350	1.350	1.350	1.800
	汽车式起重机 16t	台班	1071.52	–	–	–	–	1.800	1.800
	汽车式起重机 32t	台班	1360.20	0.900	–	–	–	–	1.350
	汽车式起重机 50t	台班	3709.18	–	0.900	–	–	0.900	–
	汽车式起重机 75t	台班	5403.15	–	–	0.900	0.900	–	0.450
械	电动卷扬机(单筒慢速) 50kN	台班	145.07	3.150	3.600	3.600	4.500	2.250	2.700
	电动卷扬机(单筒慢速) 80kN	台班	196.05	–	–	–	–	4.050	4.950
	交流弧焊机 32kV · A	台班	96.61	0.360	0.360	0.360	0.450	0.450	0.450

定 额 编 号				3-2-55	3-2-56
项 目				设备重量(t)	
				150 以内	200 以内
基 价（元）				**41072.31**	**52034.45**
其中	人 工 费（元）			23151.84	29954.72
	材 料 费（元）			6465.00	7588.35
	机 械 费（元）			11455.47	14491.38
名 称		单位	单价(元)	数 量	
人工	综合工日	工日	80.00	289.398	374.434
材料	钩头成对斜垫铁 0~3 号钢 1 号	kg	14.50	6.288	9.432
	钩头成对斜垫铁 0~3 号钢 8 号	kg	11.10	184.140	204.600
	平垫铁 0~3 号钢 1 号	kg	5.22	5.080	7.112
	平垫铁 0~3 号钢 8 号	kg	5.22	190.755	211.950
	钢轨 38kg/m	kg	5.30	0.120	0.160
	镀锌铁丝 8~12 号	kg	5.36	18.900	25.200
	电焊条 结 422 ϕ2.5	kg	5.04	1.313	1.890
	加固木板	m³	1980.00	0.300	0.338
	道木	m³	1600.00	0.516	0.688
	汽油 93 号	kg	10.05	2.040	2.856
	煤油	kg	4.20	42.000	58.800
	汽轮机油（各种规格）	kg	8.80	6.060	8.888

续前

	定 额 编 号			3-2-55	3-2-56
	项 目			设备重量(t)	
				150 以内	200 以内
材	黄干油 钙基酯	kg	9.78	4.040	6.060
	聚酯乙烯泡沫塑料	kg	28.40	0.550	0.825
	普通硅酸盐水泥 42.5	kg	0.36	2420.050	2720.925
	河砂	m³	42.00	3.564	4.010
	碎石 20mm	m³	55.00	3.902	4.374
	棉纱头	kg	6.34	4.400	6.600
	白布 0.9m	m²	8.54	0.408	0.612
料	破布	kg	4.50	4.200	6.300
	其他材料费	元	–	188.300	221.020
机	载货汽车 8t	台班	619.25	1.800	1.800
	汽车式起重机 8t	台班	728.19	1.800	2.700
	汽车式起重机 16t	台班	1071.52	1.800	2.250
	汽车式起重机 32t	台班	1360.20	1.350	–
	汽车式起重机 50t	台班	3709.18	–	0.900
	汽车式起重机 100t	台班	6580.83	0.450	0.450
	电动卷扬机(单筒慢速) 50kN	台班	145.07	5.850	5.850
械	电动卷扬机(单筒慢速) 80kN	台班	196.05	7.200	9.000
	交流弧焊机 32kV·A	台班	96.61	0.450	0.900

四、空气锤

单位:台

定　额　编　号			3-2-57	3-2-58	3-2-59	3-2-60	3-2-61
项　　目			落锤重量（kg）				
			150 以内	250 以内	400 以内	560 以内	750 以内
基　价（元）			**3903.98**	**5565.37**	**8615.27**	**11022.97**	**14634.66**
其中	人工费（元）		2399.44	3188.64	5131.36	6322.88	7539.12
	材料费（元）		939.29	992.29	1871.30	2369.12	2585.20
	机械费（元）		565.25	1384.44	1612.61	2330.97	4510.34
名　　称	单位	单价（元）	数		量		
人工 综合工日	工日	80.00	29.993	39.858	64.142	79.036	94.239
材料 钩头成对斜垫铁 0～3 号钢 1 号	kg	14.50	3.144	3.144	6.288	6.288	6.288
钩头成对斜垫铁 0～3 号钢 6 号	kg	12.20	22.374	22.374	—	—	—
钩头成对斜垫铁 0～3 号钢 8 号	kg	11.10	—	—	61.380	81.840	81.840
平垫铁 0～3 号钢 1 号	kg	5.22	2.540	2.540	5.080	5.080	5.080
平垫铁 0～3 号钢 6 号	kg	5.22	29.010	29.010	—	—	—
平垫铁 0～3 号钢 8 号	kg	5.22	—	—	63.585	84.780	84.780
圆钢 $\phi 10～14$	kg	4.10	2.500	3.000	4.000	4.500	5.000
镀锌铁丝 8～12 号	kg	5.36	2.000	2.670	3.000	6.000	8.000
电焊条 结 422 $\phi 2.5$	kg	5.04	0.630	0.630	0.735	0.840	0.840
加固木板	m³	1980.00	0.045	0.051	0.078	0.093	0.128
道木	m³	1600.00	0.004	0.004	0.006	0.006	0.006
汽油 93 号	kg	10.05	2.040	2.550	4.080	4.590	6.120
料 煤油	kg	4.20	7.350	8.925	12.600	16.800	21.000
液压油	kg	12.15	1.300	1.500	2.000	2.000	2.500
汽轮机油（各种规格）	kg	8.80	4.040	4.545	6.565	7.575	8.585

续前

定 额 编 号			3-2-57	3-2-58	3-2-59	3-2-60	3-2-61
项 目			落锤重量（kg）				
			150 以内	250 以内	400 以内	560 以内	750 以内
材 料	黄干油 钙基酯	kg	9.78	2.020	2.525	3.030	3.030	3.535
	香蕉水	kg	7.84	–	–	–	–	0.150
	聚酯乙烯泡沫塑料	kg	28.40	0.110	0.110	0.110	0.110	0.110
	石棉橡胶板 低压 0.8~1.0	kg	13.20	2.500	3.000	6.000	8.000	8.000
	石棉编绳 ϕ11~25 烧失量24%	kg	13.21	1.400	1.600	2.200	2.500	3.000
	普通硅酸盐水泥 42.5	kg	0.36	242.150	242.150	303.050	363.950	484.300
	河砂	m³	42.00	0.338	0.338	0.446	0.540	0.783
	碎石 20mm	m³	55.00	0.392	0.392	0.486	0.594	0.783
	棉纱头	kg	6.34	0.330	0.440	0.660	0.660	0.880
	白布 0.9m	m²	8.54	0.306	0.306	0.510	0.816	0.816
	破布	kg	4.50	0.525	0.525	0.630	0.735	0.945
	红钢纸	kg	15.00	0.130	0.160	0.180	0.200	0.250
	其他材料费	元	–	27.360	28.900	54.500	69.000	75.300
机 械	载货汽车 8t	台班	619.25	–	0.450	0.450	0.450	0.450
	汽车式起重机 8t	台班	728.19	–	0.450	0.450	0.450	0.450
	汽车式起重机 12t	台班	888.68	0.450	–	–	–	–
	汽车式起重机 16t	台班	1071.52	–	0.450	–	–	–
	汽车式起重机 32t	台班	1360.20	–	–	–	0.900	–
	汽车式起重机 25t	台班	1269.11	–	–	0.450	–	–
	汽车式起重机 50t	台班	3709.18	–	–	–	–	0.900
	电动卷扬机（单筒慢速）50kN	台班	145.07	0.900	1.800	2.700	3.150	3.600
	交流弧焊机 32kV·A	台班	96.61	0.360	0.360	0.450	0.450	0.450

五、模锻锤

定　额　编　号			3-2-62	3-2-63	3-2-64	3-2-65	3-2-66	3-2-67
项　　　目			落锤重量(t)					
			1 以内	2 以内	3 以内	5 以内	10 以内	16 以内
基　　　价　（元）			**12540.04**	**20138.00**	**28042.42**	**41921.54**	**59695.19**	**86026.51**
其中	人　工　费　（元）		7567.76	12392.24	16464.08	28269.20	43012.24	62319.44
	材　料　费　（元）		1243.92	1640.20	2402.01	3258.62	4836.60	6361.58
	机　械　费　（元）		3728.36	6105.56	9176.33	10393.72	11846.35	17345.49
名　　　称	单位	单价(元)	数			量		
人工 综合工日	工日	80.00	94.597	154.903	205.801	353.365	537.653	778.993
材料	钢轨 38kg/m	kg	5.30	—	—	—	0.250	0.400	0.500
	加固木板	m³	1980.00	0.050	0.065	0.073	0.118	0.164	0.194
	道木	m³	1600.00	0.012	0.015	0.275	0.540	1.073	1.455
	汽油 93 号	kg	10.05	8.160	10.200	12.240	15.300	18.360	25.500
	煤油	kg	4.20	21.000	26.250	31.500	39.900	57.750	73.500
	液压油	kg	12.15	2.200	2.400	3.000	3.500	4.500	6.000
	汽轮机油（各种规格）	kg	8.80	2.020	3.030	4.040	5.050	6.565	8.080
	黄干油 钙基酯	kg	9.78	3.030	5.050	8.080	10.100	12.120	15.150
	香蕉水	kg	7.84	0.250	0.400	0.500	0.600	1.000	2.000
	聚酯乙烯泡沫塑料	kg	28.40	0.165	0.220	0.220	0.220	0.275	0.275
	石棉橡胶板 低压 0.8～1.0	kg	13.20	5.000	6.350	7.060	8.470	10.580	14.000
	油浸石棉盘根 编制 φ6～10 450℃	kg	18.48	2.000	2.500	3.000	3.000	5.000	8.000

续前

单位:台

定 额 编 号			3-2-62	3-2-63	3-2-64	3-2-65	3-2-66	3-2-67
项 目			落锤重量(t)					
			1 以内	2 以内	3 以内	5 以内	10 以内	16 以内
材料	石棉编绳 φ6~10 烧失量 20%	kg	10.14	3.000	3.400	3.600	4.400	5.800	8.000
	河砂	m³	42.00	0.675	0.675	1.080	1.080	1.350	1.350
	石油沥青 10 号	kg	3.80	150.000	200.000	240.000	280.000	350.000	450.000
	煤焦油	kg	2.00	30.000	45.000	50.000	65.000	85.000	120.000
	油毛毡	m²	2.86	10.000	15.000	20.000	20.000	25.000	25.000
	棉纱头	kg	6.34	0.660	0.880	1.100	1.320	1.650	2.200
	白布 0.9m	m²	8.54	0.306	0.510	0.612	0.816	0.918	1.020
	破布	kg	4.50	1.260	1.575	1.680	2.100	3.150	4.725
	红钢纸	kg	15.00	0.380	0.640	0.770	0.900	1.790	3.000
	其他材料费	元	–	36.230	47.770	69.960	94.910	140.870	185.290
机械	载货汽车 8t	台班	619.25	0.900	0.900	1.350	1.800	1.800	2.700
	平板拖车组 15t	台班	1070.38	–	–	–	–	–	0.450
	汽车式起重机 8t	台班	728.19	1.800	1.800	1.800	1.800	1.800	2.700
	汽车式起重机 16t	台班	1071.52	–	1.350	1.800	1.800	2.250	2.700
	汽车式起重机 25t	台班	1269.11	0.900	–	–	–	–	–
	汽车式起重机 32t	台班	1360.20	–	0.900	–	–	–	–
	汽车式起重机 50t	台班	3709.18	–	–	0.900	0.900	0.900	–
	汽车式起重机 75t	台班	5403.15	–	–	–	–	–	0.900
	电动卷扬机(单筒慢速) 50kN	台班	145.07	4.950	10.800	12.150	5.850	5.850	–
	电动卷扬机(单筒慢速) 80kN	台班	196.05	–	–	–	9.450	14.400	27.900

六、自由锻锤及蒸汽锤

单位:台

定　额　编　号			3-2-68	3-2-69	3-2-70	3-2-71
项　　　　目			落锤重量(t)			
			1 以内	2 以内	3 以内	5 以内
基　　价　（元）			**10336.75**	**20254.06**	**28602.27**	**42343.37**
其中	人　工　费　（元）		6274.56	10836.56	16166.08	24872.72
	材　料　费　（元）		1446.35	2052.76	2545.95	3555.72
	机　械　费　（元）		2615.84	7364.74	9890.24	13914.93
名　　　　称	单位	单价(元)	数			量
人工 综合工日	工日	80.00	78.432	135.457	202.076	310.909
材料 圆钢 φ10～14	kg	4.10	16.000	30.000	30.000	50.000
钢轨 38kg/m	kg	5.30	－	0.048	0.064	0.112
镀锌铁丝 8～12 号	kg	5.36	0.500	0.600	0.800	0.900
加固木板	m³	1980.00	0.063	0.070	0.078	0.116
道木	m³	1600.00	0.096	0.199	0.275	0.527
汽油 93 号	kg	10.05	7.650	11.220	15.300	28.560
煤油	kg	4.20	21.000	26.250	31.500	39.900
液压油	kg	12.15	2.200	2.400	3.000	3.500
汽轮机油（各种规格）	kg	8.80	2.020	3.030	4.040	5.050
黄干油 钙基酯	kg	9.78	3.030	5.050	8.080	10.100
香蕉水	kg	7.84	0.150	0.350	0.400	0.600
聚酯乙烯泡沫塑料	kg	28.40	0.165	0.220	0.220	0.220

定 额 编 号			3-2-68	3-2-69	3-2-70	3-2-71
项 目			落锤重量(t)			
			1 以内	2 以内	3 以内	5 以内
材料	石棉橡胶板 低压 0.8~1.0	kg	13.20	4.230	5.620	6.350	7.760
	油浸石棉盘根 编制 φ6~10 450℃	kg	18.48	2.000	2.500	3.000	3.000
	石棉编绳 φ6~10 烧失量 20%	kg	10.14	2.800	3.200	3.400	4.000
	河砂	m³	42.00	0.675	0.675	1.080	1.080
	石油沥青 10 号	kg	3.80	150.000	200.000	240.000	280.000
	煤焦油	kg	2.00	25.000	34.000	45.000	60.000
	油毛毡	m²	2.86	10.000	15.000	20.000	20.000
	棉纱头	kg	6.34	0.770	0.880	1.100	1.100
	白布 0.9m	m²	8.54	0.102	0.153	0.153	0.204
	破布	kg	4.50	1.050	1.260	1.575	2.100
	红钢纸	kg	15.00	0.260	0.510	0.640	0.960
	其他材料费	元	–	42.130	59.790	74.150	103.560
机械	载货汽车 8t	台班	619.25	0.450	0.900	0.900	1.350
	汽车式起重机 8t	台班	728.19	0.900	1.800	1.800	2.250
	汽车式起重机 16t	台班	1071.52	0.450	0.450	0.450	0.450
	汽车式起重机 32t	台班	1360.20	0.450	–	–	–
	汽车式起重机 50t	台班	3709.18	–	0.450	0.900	0.900
	汽车式起重机 75t	台班	5403.15	–	0.450	–	–
	汽车式起重机 100t	台班	6580.83	–	–	0.450	0.900
	电动卷扬机(单筒慢速) 50kN	台班	145.07	4.050	6.300	8.550	11.700

七、剪切机及弯曲校正机

单位:台

定额编号			3-2-72	3-2-73	3-2-74	3-2-75	3-2-76	3-2-77
项目			设备重量(t)					
			1以内	3以内	5以内	7以内	10以内	15以内
基价(元)			**944.55**	**1429.59**	**1933.36**	**4020.37**	**4325.56**	**6963.88**
其中	人工费(元)		559.20	871.20	1170.40	1900.24	2189.36	3694.96
	材料费(元)		270.32	345.73	501.48	800.97	817.04	1786.87
	机械费(元)		115.03	212.66	261.48	1319.16	1319.16	1482.05
名称	单位	单价(元)	数			量		
人工 综合工日	工日	80.00	6.990	10.890	14.630	23.753	27.367	46.187
材料 钩头成对斜垫铁0~3号钢1号	kg	14.50	–	–	3.144	3.144	3.144	3.930
钩头成对斜垫铁0~3号钢5号	kg	12.80	8.164	8.164	12.246	–	–	–
钩头成对斜垫铁0~3号钢6号	kg	12.20	–	–	–	22.374	22.374	–
钩头成对斜垫铁0~3号钢7号	kg	11.70	–	–	–	–	–	68.832
平垫铁0~3号钢1号	kg	5.22	–	–	2.540	2.540	2.540	3.302
平垫铁0~3号钢5号	kg	5.22	11.870	11.870	16.618	–	–	–
平垫铁0~3号钢6号	kg	5.22	–	–	–	27.076	27.076	–
平垫铁0~3号钢7号	kg	5.22	–	–	–	–	–	80.541
镀锌铁丝8~12号	kg	5.36	0.650	0.800	0.800	2.000	2.000	3.000
电焊条 结422 φ2.5	kg	5.04	0.263	0.263	0.263	0.263	0.263	0.525
加固木板	m³	1980.00	0.013	0.026	0.031	0.050	0.055	0.075
道木	m³	1600.00	–	–	–	0.007	0.007	0.007

定 额 编 号			3-2-72	3-2-73	3-2-74	3-2-75	3-2-76	3-2-77
项 目			设备重量(t)					
			1 以内	3 以内	5 以内	7 以内	10 以内	15 以内
材料	汽油 93 号	kg	10.05	0.051	0.102	0.102	0.153	0.153	0.204
	煤油	kg	4.20	2.100	2.100	3.150	3.150	4.200	5.250
	汽轮机油（各种规格）	kg	8.80	0.152	0.152	0.202	0.253	0.303	0.404
	黄干油 钙基酯	kg	9.78	0.101	0.152	0.152	0.202	0.253	0.253
	聚酯乙烯泡沫塑料	kg	28.40	0.110	0.110	0.110	0.165	0.165	0.165
	普通硅酸盐水泥 42.5	kg	0.36	94.250	182.700	182.700	303.050	303.050	423.400
	河砂	m³	42.00	0.135	0.270	0.270	0.446	0.446	0.635
	碎石 20mm	m³	55.00	0.149	0.297	0.297	0.486	0.486	0.689
	棉纱头	kg	6.34	0.165	0.165	0.220	0.275	0.330	0.330
	白布 0.9m	m²	8.54	0.102	0.102	0.102	0.102	0.102	0.102
	破布	kg	4.50	0.210	0.210	0.263	0.315	0.315	0.368
	其他材料费	元	—	7.870	10.070	14.610	23.330	23.800	52.040
机械	载货汽车 8t	台班	619.25	—	—	—	0.450	0.450	0.450
	叉式起重机 5t	台班	542.43	0.180	0.360	0.450	—	—	—
	汽车式起重机 8t	台班	728.19	—	—	—	0.450	0.450	0.450
	汽车式起重机 16t	台班	1071.52	—	—	—	0.450	0.450	—
	汽车式起重机 25t	台班	1269.11	—	—	—	—	—	0.450
	电动卷扬机(单筒慢速) 50kN	台班	145.07	—	—	—	1.350	1.350	1.800
	交流弧焊机 32kV·A	台班	96.61	0.180	0.180	0.180	0.360	0.360	0.450

定 额 编 号			3-2-78	3-2-79	3-2-80	3-2-81
项 目			设备重量(t)			
			20 以内	30 以内	40 以内	50 以内
基 价 （元）			**9307.49**	**13452.16**	**17353.22**	**19414.45**
其中	人 工 费 （元）		4355.36	6247.44	7510.88	9021.20
	材 料 费 （元）		2293.47	2650.91	3157.61	3643.24
	机 械 费 （元）		2658.66	4553.81	6684.73	6750.01
名 称		单位	单价(元)	数		量
人工	综合工日	工日	80.00	54.442	78.093	93.886	112.765
材料	钩头成对斜垫铁 0~3 号钢 1 号	kg	14.50	3.930	3.930	4.716	4.716
	钩头成对斜垫铁 0~3 号钢 8 号	kg	11.10	81.840	81.840	102.300	102.300
	平垫铁 0~3 号钢 1 号	kg	5.22	3.302	3.302	4.064	4.064
	平垫铁 0~3 号钢 8 号	kg	5.22	84.780	84.780	97.497	101.736
	镀锌铁丝 8~12 号	kg	5.36	3.000	4.500	4.500	5.500
	电焊条 结 422 φ2.5	kg	5.04	0.525	0.525	0.525	0.525
	加固木板	m³	1980.00	0.125	0.188	0.213	0.288
	道木	m³	1600.00	0.069	0.069	0.138	0.172
	汽油 93 号	kg	10.05	0.255	0.306	0.357	0.408
	煤油	kg	4.20	6.300	10.500	13.650	15.750
	汽轮机油（各种规格）	kg	8.80	0.606	0.808	1.010	1.515

	定 额 编 号			3-2-78	3-2-79	3-2-80	3-2-81
	项 目			设备重量(t)			
				20 以内	30 以内	40 以内	50 以内
材	黄干油 钙基酯	kg	9.78	0.455	0.707	1.010	1.515
	香蕉水	kg	7.84	–	–	0.300	0.350
	聚酯乙烯泡沫塑料	kg	28.40	0.220	0.330	0.330	0.440
	普通硅酸盐水泥 42.5	kg	0.36	726.450	1088.950	1088.950	1512.350
	河砂	m³	42.00	1.080	1.607	1.607	2.228
	碎石 20mm	m³	55.00	1.175	1.755	1.755	2.430
	棉纱头	kg	6.34	0.660	0.880	1.100	1.320
	白布 0.9m	m²	8.54	0.204	0.255	0.255	0.306
料	破布	kg	4.50	0.525	1.050	1.260	1.575
	其他材料费	元	–	66.800	77.210	91.970	106.110
机	载货汽车 8t	台班	619.25	0.450	0.450	0.900	0.900
	汽车式起重机 8t	台班	728.19	0.900	0.450	0.900	0.900
	汽车式起重机 32t	台班	1360.20	0.900	–	–	–
	汽车式起重机 50t	台班	3709.18	–	0.900	–	–
	汽车式起重机 75t	台班	5403.15	–	–	0.900	0.900
	电动卷扬机(单筒慢速) 50kN	台班	145.07	3.150	3.600	3.600	4.050
械	交流弧焊机 32kV·A	台班	96.61	0.450	0.900	0.900	0.900

定　额　编　号			3-2-82	3-2-83	3-2-84	3-2-85
项　　　目			设备重量(t)			
			70 以内	100 以内	140 以内	180 以内
基　　价　(元)			**24374.25**	**31828.54**	**39342.08**	**44311.45**
其中	人　工　费　(元)		12882.16	17238.72	22799.92	25560.00
	材　料　费　(元)		3827.98	4797.58	5191.17	5722.02
	机　械　费　(元)		7664.11	9792.24	11350.99	13029.43
名　　　　称	单位	单价(元)	数		量	
人工 综合工日	工日	80.00	161.027	215.484	284.999	319.500
材料	钩头成对斜垫铁 0~3 号钢 1 号	kg	14.50	4.716	5.502	5.502	6.288
	钩头成对斜垫铁 0~3 号钢 8 号	kg	11.10	102.300	122.760	122.760	143.220
	平垫铁 0~3 号钢 1 号	kg	5.22	4.064	4.826	4.826	5.080
	平垫铁 0~3 号钢 8 号	kg	5.22	101.736	118.692	118.692	144.126
	钢轨 38kg/m	kg	5.30	0.056	0.080	0.112	0.128
	镀锌铁丝 8~12 号	kg	5.36	5.500	7.000	7.000	8.500
	电焊条 结 422 φ2.5	kg	5.04	0.525	0.840	0.840	0.840
	加固木板	m³	1980.00	0.229	0.289	0.305	0.305
	道木	m³	1600.00	0.241	0.344	0.481	0.550
	汽油 93 号	kg	10.05	0.408	0.510	0.510	0.510
	煤油	kg	4.20	19.950	25.200	33.600	37.800
	汽轮机油（各种规格）	kg	8.80	2.020	4.040	6.060	6.060
	黄干油 钙基酯	kg	9.78	2.020	3.030	4.040	4.040

定　额　编　号			3-2-82	3-2-83	3-2-84	3-2-85
项　　　　目			设备重量(t)			
			70 以内	100 以内	140 以内	180 以内
材料	香蕉水	kg	7.84	0.350	0.500	0.600	0.700
	聚酯乙烯泡沫塑料	kg	28.40	0.440	0.550	0.550	0.550
	普通硅酸盐水泥 42.5	kg	0.36	1813.950	2298.250	2418.600	2418.600
	河砂	m³	42.00	2.673	3.389	3.564	3.564
	碎石 20mm	m³	55.00	2.916	3.699	3.888	3.888
	棉纱头	kg	6.34	1.650	2.750	3.300	3.850
	白布 0.9m	m²	8.54	0.306	0.357	0.408	0.408
	破布	kg	4.50	2.100	3.675	4.200	4.725
	其他材料费	元	–	111.490	139.740	151.200	166.660
机械	载货汽车 8t	台班	619.25	0.900	1.350	1.350	1.350
	汽车式起重机 8t	台班	728.19	0.900	1.800	2.700	2.700
	汽车式起重机 16t	台班	1071.52	1.800	1.800	1.800	1.800
	汽车式起重机 32t	台班	1360.20	–	1.350	1.350	–
	汽车式起重机 50t	台班	3709.18	0.900	–	–	0.900
	汽车式起重机 75t	台班	5403.15	–	0.450	–	–
	电动卷扬机(单筒慢速) 50kN	台班	145.07	2.700	2.700	3.150	3.150
	电动卷扬机(单筒慢速) 80kN	台班	196.05	3.600	4.950	6.300	7.200
	交流弧焊机 32kV·A	台班	96.61	0.900	0.900	1.350	1.350
	汽车式起重机 100t	台班	6580.83	–	–	0.450	0.450

八、锻造水压机

单位:台

定　额　编　号				3-2-86	3-2-87	3-2-88	3-2-89	3-2-90	3-2-91
项　　　　　目				公称压力(t)					
				500 以内	800 以内	1600 以内	2000 以内	2500 以内	3150 以内
基　　　价　　（元）				**65284.10**	**83915.13**	**150968.23**	**186263.86**	**219682.14**	**311613.17**
其中	人　工　费　（元）			33836.24	41719.12	85410.08	102567.84	119112.88	178500.00
	材　料　费　（元）			13883.09	19950.70	28502.52	36249.63	43598.23	55504.49
	机　械　费　（元）			17564.77	22245.31	37055.63	47446.39	56971.03	77608.68
名　　　　　称		单位	单价（元）	数			量		
人工	综合工日	工日	80.00	422.953	521.489	1067.626	1282.098	1488.911	2231.250
材　　　　　　　　料	钩头成对斜垫铁0~3号钢5号	kg	12.80	81.640	81.640	93.886	102.050	122.460	—
	钩头成对斜垫铁0~3号钢6号	kg	12.20	—	—	—	—	—	261.030
	平垫铁0~3号钢5号	kg	5.22	118.700	118.700	135.318	148.375	178.050	—
	平垫铁0~3号钢6号	kg	5.22	—	—	—	—	—	328.780
	垫板（钢板δ=10）	kg	4.56	400.000	700.000	1100.000	1200.000	1400.000	1600.000
	圆钢 φ10~14	kg	4.10	100.000	150.000	200.000	250.000	300.000	450.000
	热轧薄钢板1.6~2.0	kg	4.67	5.000	5.000	5.000	10.000	10.000	15.000
	热轧中厚钢板δ=4.5~10	kg	3.90	10.000	15.000	15.000	20.000	20.000	25.000
	热轧中厚钢板δ=10~16	kg	3.70	15.000	20.000	25.000	30.000	35.000	40.000
	热轧中厚钢板δ=18~25	kg	3.70	40.000	60.000	75.000	85.000	100.000	130.000
	热轧中厚钢板δ=26~32	kg	3.70	85.000	120.000	180.000	300.000	400.000	480.000
	钢轨 43kg/m	kg	5.30		0.056	0.184	0.320	0.400	0.520
	型钢综合	kg	4.00	60.000	200.000	300.000	500.000	600.000	700.000
	无缝钢管 φ42.5×3.5	m	19.30	6.000	8.000	12.000	15.000	18.000	20.000
	无缝钢管 φ57×4	m	29.98	1.500	2.000	3.000	4.500	5.000	5.000

续前

单位:台

定 额 编 号			3-2-86	3-2-87	3-2-88	3-2-89	3-2-90	3-2-91
项 目			公称压力(t)					
			500 以内	800 以内	1600 以内	2000 以内	2500 以内	3150 以内
材料	焊接钢管 DN20	m	5.31	3.000	4.000	8.000	8.000	10.000	10.000
	精制六角带帽螺栓 M8×75 以下	10 套	10.64	9.400	11.800	15.300	18.800	21.200	23.500
	骑马钉 20×2	kg	7.85	10.000	10.000	15.000	20.000	25.000	40.000
	镀锌铁丝 8~12 号	kg	5.36	60.000	75.000	100.000	120.000	140.000	150.000
	电焊条 结 422 φ2.5	kg	5.04	78.750	126.000	204.750	294.000	378.000	472.500
	铜焊条 铜 107 φ3.2	kg	63.00	1.000	1.000	2.000	2.500	3.000	3.500
	碳钢气焊条	kg	5.85	12.000	15.000	20.000	30.000	35.000	40.000
	铜焊粉 气剂 301 瓶装	kg	32.40	0.100	0.100	0.200	0.250	0.300	0.350
	黄铜皮 δ=0.08~0.3	kg	69.74	1.500	2.000	2.500	2.500	3.000	3.000
	加固木板	m³	1980.00	0.306	0.375	0.856	1.031	1.156	1.348
	道木	m³	1600.00	0.880	1.265	1.650	2.035	2.420	2.833
	汽油 93 号	kg	10.05	12.240	15.300	22.440	30.600	36.720	40.800
	煤油	kg	4.20	73.500	89.250	126.000	189.000	252.000	294.000
	溶剂汽油 120 号	kg	5.01	4.000	6.000	8.000	9.000	12.000	15.000
	汽轮机油（各种规格）	kg	8.80	30.300	45.450	60.600	101.000	121.200	141.400
	黄干油 钙基酯	kg	9.78	18.180	25.250	35.350	40.400	60.600	85.850
	盐酸 31% 合成	kg	1.09	70.000	80.000	100.000	150.000	180.000	200.000
	纯碱 99%	kg	1.60	15.090	18.000	20.000	30.000	36.000	40.000
	亚硝酸钠	kg	3.10	65.000	70.000	80.000	120.000	145.000	160.000
	氧气	m³	3.60	122.400	153.000	204.000	255.000	357.000	459.000
	乌洛托品	kg	12.78	1.500	2.000	2.100	3.200	4.000	4.000
	乙炔气	m³	25.20	40.800	51.000	68.000	85.000	119.000	153.000

定 额 编 号			3-2-86	3-2-87	3-2-88	3-2-89	3-2-90	3-2-91
项 目			公称压力(t)					
			500 以内	800 以内	1600 以内	2000 以内	2500 以内	3150 以内
材 料	铅油	kg	8.50	2.000	2.500	3.000	5.000	6.000	6.000
	酚醛调和漆(各种颜色)	kg·	18.00	13.000	32.500	50.000	70.000	80.000	99.000
	醇酸防锈漆 C53-1 铁红	kg	16.72	12.000	15.000	20.000	25.000	30.000	40.000
	银粉漆	kg	19.00	1.000	1.500	2.000	2.500	3.000	3.500
	香蕉水	kg	7.84	4.000	4.000	7.000	10.000	12.000	20.000
	聚酯乙烯泡沫塑料	kg	28.40	0.220	0.275	0.550	0.770	0.880	1.100
	石棉橡胶板 中压 0.8~1.0	kg	17.00	8.000	10.000	15.000	22.000	26.000	28.000
	橡胶板 各种规格	kg	9.68	15.000	18.000	30.000	40.000	40.000	45.000
	普通硅酸盐水泥 42.5	kg	0.36	544.185	568.255	665.115	1027.905	1027.905	2751.158
	硅酸盐膨胀水泥	kg	0.47	—	181.395	362.790	483.720	483.720	604.650
	红砖 240×115×53	千块	300.00	0.050	0.060	0.080	0.090	0.100	0.100
	生石灰	t	150.00	0.090	0.120	0.140	0.200	0.240	0.400
	河砂	m³	42.00	0.810	0.891	1.526	2.228	2.228	4.955
	碎石 20mm	m³	55.00	0.878	0.972	1.742	2.565	2.565	5.670
	石墨粉	kg	0.66	3.000	3.000	8.000	8.000	10.000	10.000
	螺纹球阀 φ50	个	460.50	1.000	2.000	3.000	4.000	4.000	5.000
	棉纱头	kg	6.34	4.400	4.400	5.500	6.600	8.800	11.000
	白布 0.9m	m²	8.54	4.080	6.120	10.200	12.240	14.280	18.360
	破布	kg	4.50	12.600	16.800	21.000	21.000	29.400	31.500
	铁砂布 0~2 号	张	1.68	40.000	50.000	60.000	80.000	100.000	120.000
	锯条(各种规格)	根	1.40	35.000	40.000	45.000	75.000	80.000	80.000
	红钢纸	kg	15.00	1.500	2.000	3.000	3.000	3.600	4.000

续前

定 额 编 号			3-2-86	3-2-87	3-2-88	3-2-89	3-2-90	3-2-91
项 目			公称压力(t)					
			500 以内	800 以内	1600 以内	2000 以内	2500 以内	3150 以内
材料	焦炭	kg	1.50	500.000	800.000	1000.000	1200.000	1500.000	2000.000
	木柴	kg	0.95	180.000	200.000	250.000	380.000	480.000	500.000
	面粉	kg	5.00	1.000	2.000	3.000	3.500	4.000	5.000
	研磨膏	盒	1.12	2.000	2.000	3.000	3.000	4.000	4.000
	水	t	4.00	-	0.600	1.000	1.200	1.400	1.600
	其他材料费	元	-	404.360	581.090	830.170	1055.810	1269.850	1616.640
机械	载货汽车 8t	台班	619.25	0.900	1.350	1.800	2.700	7.650	7.650
	汽车式起重机 8t	台班	728.19	4.050	5.850	7.650	9.450	11.250	14.850
	汽车式起重机 16t	台班	1071.52	1.350	1.800	1.800	3.150	3.150	3.150
	汽车式起重机 32t	台班	1360.20	0.450	1.350	1.350	1.350	1.350	1.800
	汽车式起重机 50t	台班	3709.18	0.900	-	0.900	0.900	1.350	-
	汽车式起重机 75t	台班	5403.15	-	0.450	-	-	-	0.900
	汽车式起重机 100t	台班	6580.83	-	-	0.450	0.900	0.900	1.350
	轮胎式起重机 8t	台班	665.16	-	-	-	-	-	9.000
	电动卷扬机(单筒慢速) 50kN	台班	145.07	15.300	18.000	30.600	31.500	36.000	45.000
	电动卷扬机(单筒慢速) 80kN	台班	196.05	2.250	2.250	6.300	10.800	11.700	12.600
	摇臂钻床 φ50mm	台班	157.38	5.400	8.100	14.400	18.000	21.600	-
	摇臂钻床 φ63mm	台班	175.00	-	-	-	-	-	27.000
	交流弧焊机 32kV·A	台班	96.61	23.400	27.900	55.800	62.100	72.900	99.000
	电动空气压缩机 6m³/min	台班	338.45	5.400	7.200	12.600	16.200	18.000	24.300
	试压泵 60MPa	台班	154.06	5.400	7.200	12.600	16.200	18.000	23.400
	鼓风机 8m³/min 以内	台班	85.41	2.700	4.500	9.000	10.800	12.600	16.200

第三章　铸造设备安装

说　　明

一、本章定额适用范围如下：

1. 砂处理设备：包括混砂机、碾砂机、松砂机、筛砂机等。

2. 造型及造芯设备：包括振压式造型机、振实式造型机、振实式制芯机、吹芯机、射芯机等。

3. 落砂及清理设备：包括振动落砂机、型芯落砂机、圆形清理滚筒、喷砂机、喷丸器、喷丸清理转台、抛丸机等。

4. 抛丸清理室：包括室体组焊，电动台车及旋转台安装，抛丸喷丸器安装，铁丸分配、输送及回收装置安装，悬挂链轨道及吊钩安装，除尘风管和铁丸输送管敷设，平台、梯子、栏杆等安装，设备单机试运转。

5. 金属型铸造设备：包括卧式冷室压铸机、立式冷室压铸机、卧式离心铸造机等。

6. 材料准备设备：包括 C246 及 C246A 球磨机、碾砂机、蜡模成型机械、生铁裂断机、涂料搅拌机等。

7. 铸铁平台。

二、本章定额不包括下列内容：

1. 地轨安装。

2. 抛丸清理室的除尘机及除尘器与风机间的风管安装。

三、抛丸清理室安装的定额单位为"室"，是指除设备基础等土建工程及电气箱、开关、敷设电气管线等电气工程外，成套供应的抛丸机、回转台、斗式提升机、螺旋输送机、电动小车等设备以及框架、平台、梯子、栏杆、漏斗、漏管等金属结构件安装。设备重量是指上述全套设备加金属结构件的总重量。

四、垫木排仅包括安装，不包括制作、防腐等工作。

一、砂处理设备

单位:台

定 额 编 号			3-3-1	3-3-2	3-3-3	3-3-4
项 目			设备重量(t)			
			2 以内	4 以内	6 以内	8 以内
基 价 (元)			**849.66**	**1219.16**	**1941.15**	**2527.73**
其中	人 工 费 (元)		607.52	859.44	1185.04	1555.12
	材 料 费 (元)		144.50	213.26	301.58	478.24
	机 械 费 (元)		97.64	146.46	454.53	494.37
名 称	单位	单价(元)	数		量	
人工 综合工日	工日	80.00	7.594	10.743	14.813	19.439
材料 钩头成对斜垫铁 0~3 号钢 1 号	kg	14.50	3.458	5.188	6.917	-
钩头成对斜垫铁 0~3 号钢 2 号	kg	13.20	-	-	-	11.651
平垫铁 0~3 号钢 1 号	kg	5.22	2.235	3.353	4.470	-
平垫铁 0~3 号钢 2 号	kg	5.22	-	-	-	8.518
热轧薄钢板 1.6~2.0	kg	4.67	1.100	1.430	1.430	1.650
镀锌铁丝 8~12 号	kg	5.36	0.616	0.616	0.924	0.924
加固木板	m³	1980.00	0.012	0.020	0.022	0.054

定 额 编 号				3-3-1	3-3-2	3-3-3	3-3-4
项 目				设备重量(t)			
				2 以内	4 以内	6 以内	8 以内
材料	煤油	kg	4.20	2.137	3.003	3.465	3.511
	汽轮机油（各种规格）	kg	8.80	0.144	0.222	0.222	0.333
	黄干油 钙基酯	kg	9.78	0.089	0.167	0.167	0.222
	聚酯乙烯泡沫塑料	kg	28.40	0.036	0.061	0.121	0.121
	普通硅酸盐水泥 42.5	kg	0.36	61.584	83.977	167.954	223.938
	河砂	m³	42.00	0.109	0.147	0.294	0.392
	碎石 20mm	m³	55.00	0.118	0.161	0.321	0.428
	棉纱头	kg	6.34	0.061	0.121	0.182	0.242
	破布	kg	4.50	0.116	0.174	0.174	0.231
	其他材料费	元	–	4.210	6.210	8.780	13.930
机械	载货汽车 8t	台班	619.25	–	–	0.180	0.270
	叉式起重机 5t	台班	542.43	0.180	0.270	0.270	–
	汽车式起重机 8t	台班	728.19			0.270	0.270
	电动卷扬机(单筒慢速) 50kN	台班	145.07				0.900

定 额 编 号			3-3-5	3-3-6	3-3-7
项 目			设备重量(t)		
			10 以内	15 以内	20 以内
基 价 （元）			**3812.10**	**5591.00**	**7526.40**
其中	人 工 费 （元）		2443.28	3726.48	4556.80
	材 料 费 （元）		548.90	923.58	1687.16
	机 械 费 （元）		819.92	940.94	1282.44
名 称	单位	单价(元)	数		量
人工 综合工日	工日	80.00	30.541	46.581	56.960
材料 钩头成对斜垫铁 0~3 号钢 2 号	kg	13.20	14.564	–	–
钩头成对斜垫铁 0~3 号钢 3 号	kg	12.70	–	23.484	–
钩头成对斜垫铁 0~3 号钢 4 号	kg	13.60	–	–	46.200
平垫铁 0~3 号钢 2 号	kg	5.22	10.648	–	–
平垫铁 0~3 号钢 3 号	kg	5.22	–	24.024	–
平垫铁 0~3 号钢 4 号	kg	5.22	–	–	94.944
热轧薄钢板 1.6~2.0	kg	4.67	1.650	2.200	2.500
镀锌铁丝 8~12 号	kg	5.36	1.232	2.400	3.000
加固木板	m³	1980.00	0.059	0.083	0.090

单位:台

定　额　编　号				3-3-5	3-3-6	3-3-7
项　　　　目				设备重量(t)		
				10 以内	15 以内	20 以内
材 料	道木	m³	1600.00	－	0.062	0.069
	煤油	kg	4.20	4.620	6.825	7.350
	汽轮机油（各种规格）	kg	8.80	0.333	0.707	0.707
	黄干油 钙基酯	kg	9.78	0.333	0.354	0.354
	聚酯乙烯泡沫塑料	kg	28.40	0.182	0.220	0.275
	普通硅酸盐水泥 42.5	kg	0.36	223.938	254.475	261.000
	河砂	m³	42.00	0.392	0.446	0.473
	碎石 20mm	m³	55.00	0.428	0.486	0.540
	棉纱头	kg	6.34	0.242	0.440	0.550
	破布	kg	4.50	0.231	0.420	0.525
	其他材料费	元	－	15.990	26.900	49.140
机 械	载货汽车 8t	台班	619.25	0.270	0.360	0.450
	汽车式起重机 25t	台班	1269.11	0.360	0.360	－
	汽车式起重机 32t	台班	1360.20	－	－	0.450
	电动卷扬机(单筒慢速) 50kN	台班	145.07	1.350	1.800	2.700

二、造型及造芯设备

定 额 编 号			3-3-8	3-3-9	3-3-10	3-3-11
项 目			设备重量(t)			
			2 以内	4 以内	6 以内	8 以内
基 价 （元）			**1255.16**	**1697.39**	**3248.02**	**4086.77**
其中	人 工 费 （元）		968.08	1368.00	2419.92	3099.44
	材 料 费 （元）		189.44	231.75	196.15	224.82
	机 械 费 （元）		97.64	97.64	631.95	762.51
名 称	单位	单价(元)	数		量	
人工 综合工日	工日	80.00	12.101	17.100	30.249	38.743
材料 热轧薄钢板 1.6~2.0	kg	4.67	1.000	1.400	1.400	1.600
镀锌铁丝 8~12 号	kg	5.36	0.560	0.800	1.200	1.200
加固木板	m³	1980.00	0.026	0.031	0.049	0.054
汽油 93 号	kg	10.05	0.510	0.510	0.510	1.020
煤油	kg	4.20	3.675	4.725	6.300	8.400
汽轮机油（各种规格）	kg	8.80	0.202	0.303	0.303	0.404

续前

定 额 编 号			3-3-8	3-3-9	3-3-10	3-3-11
项 目			设备重量(t)			
			2 以内	4 以内	6 以内	8 以内
材	黄干油 钙基酯	kg	9.78	0.202	0.303	0.303	0.404
	聚酯乙烯泡沫塑料	kg	28.40	0.055	0.110	0.165	0.165
	橡胶板 各种规格	kg	9.68	7.000	9.000	–	–
	普通硅酸盐水泥 42.5	kg	0.36	50.895	50.895	61.074	61.074
	河砂	m³	42.00	0.089	0.089	0.107	0.107
	碎石 20mm	m³	55.00	0.097	0.097	0.116	0.116
	棉纱头	kg	6.34	0.165	0.220	0.330	0.440
	白布 0.9m	m²	8.54	0.204	0.204	0.255	0.255
料	破布	kg	4.50	0.210	0.315	0.315	0.420
	其他材料费	元	–	5.520	6.750	5.710	6.550
机	载货汽车 8t	台班	619.25	–	–	0.450	0.450
	叉式起重机 5t	台班	542.43	0.180	0.180	–	–
	汽车式起重机 8t	台班	728.19	–	–	0.270	0.270
械	电动卷扬机(单筒慢速) 50kN	台班	145.07	–	–	1.080	1.980

定　额　编　号			3-3-12	3-3-13	3-3-14	3-3-15
项　　　　　目			设备重量(t)			
			10 以内	15 以内	20 以内	25 以内
基　　　　价　　(元)			**5014.21**	**5990.35**	**6597.30**	**8858.53**
其中	人　工　费　(元)		3690.56	4512.40	4744.40	6783.68
	材　料　费　(元)		398.66	421.85	546.17	637.55
	机　械　费　(元)		924.99	1056.10	1306.73	1437.30
名　　　称	单位	单价(元)	数			量
人工 综合工日	工日	80.00	46.132	56.405	59.305	84.796
材料 热轧薄钢板 1.6~2.0	kg	4.67	1.600	2.000	2.000	2.500
镀锌铁丝 8~12 号	kg	5.36	2.400	2.400	3.600	3.600
加固木板	m³	1980.00	0.075	0.083	0.103	0.134
道木	m³	1600.00	0.062	0.062	0.069	0.069
汽油 93 号	kg	10.05	1.020	1.020	2.040	2.040
煤油	kg	4.20	10.500	10.500	12.600	17.850
汽轮机油（各种规格）	kg	8.80	0.606	0.808	1.010	1.010

续前

定　额　编　号				3-3-12	3-3-13	3-3-14	3-3-15
项　　　　　目				设备重量(t)			
				10 以内	15 以内	20 以内	25 以内
材	黄干油 钙基酯	kg	9.78	0.404	0.505	0.505	0.505
	聚酯乙烯泡沫塑料	kg	28.40	0.220	0.275	0.275	0.330
	普通硅酸盐水泥 42.5	kg	0.36	76.343	76.343	152.685	152.685
	河砂	m³	42.00	0.134	0.134	0.265	0.265
	碎石 20mm	m³	55.00	0.146	0.146	0.292	0.292
	棉纱头	kg	6.34	0.550	0.550	0.660	0.880
	白布 0.9m	m²	8.54	0.306	0.306	0.357	0.357
料	破布	kg	4.50	0.420	0.525	0.630	0.630
	其他材料费	元	–	11.610	12.290	15.910	18.570
机	载货汽车 8t	台班	619.25	0.450	0.450	0.450	0.450
	汽车式起重机 12t	台班	888.68	0.360	–	–	–
	汽车式起重机 16t	台班	1071.52	–	0.360	–	–
	汽车式起重机 25t	台班	1269.11	–	–	0.450	0.450
械	电动卷扬机(单筒慢速) 50kN	台班	145.07	2.250	2.700	3.150	4.050

三、落砂及清理设备

单位:台

定　额　编　号			3-3-16	3-3-17	3-3-18	3-3-19	3-3-20
项　　　　　目			设备重量(t)				
			1 以内	3 以内	5 以内	8 以内	12 以内
基　　　价　（元）			**701.44**	**996.13**	**1204.07**	**3324.17**	**5359.71**
其中	人　工　费　（元）		472.16	666.64	711.60	2093.44	3832.00
	材　料　费　（元）		131.64	183.03	256.69	549.81	602.17
	机　械　费　（元）		97.64	146.46	235.78	680.92	925.54
名　　　　称	单位	单价(元)	数			量	
人工 综合工日	工日	80.00	5.902	8.333	8.895	26.168	47.900
材料 钩头成对斜垫铁 0~3 号钢 1 号	kg	14.50	3.144	4.716	6.288	7.860	7.860
钩头成对斜垫铁 0~3 号钢 2 号	kg	13.20	–	–	–	5.296	5.296
平垫铁 0~3 号钢 1 号	kg	5.22	2.032	3.048	4.064	5.080	5.080
平垫铁 0~3 号钢 2 号	kg	5.22	–	–	–	3.872	3.872
热轧薄钢板 1.6~2.0	kg	4.67	1.000	1.300	1.300	1.800	3.000
镀锌铁丝 8~12 号	kg	5.36	0.560	0.560	0.840	1.120	1.800
加固木板	m³	1980.00	0.014	0.018	0.031	0.054	0.063
道木	m³	1600.00	–	–	–	–	0.004

定 额 编 号				3-3-16	3-3-17	3-3-18	3-3-19	3-3-20
项 目				设备重量(t)				
				1 以内	3 以内	5 以内	8 以内	12 以内
材 料	煤油	kg	4.20	1.050	2.100	3.150	6.300	8.400
	汽轮机油（各种规格）	kg	8.80	0.101	0.202	0.202	0.505	0.808
	黄干油 钙基酯	kg	9.78	0.101	0.152	0.303	0.404	0.606
	聚酯乙烯泡沫塑料	kg	28.40	0.033	0.055	0.110	0.165	0.220
	普通硅酸盐水泥 42.5	kg	0.36	50.895	61.074	76.343	254.475	254.475
	河砂	m³	42.00	0.089	0.107	0.134	0.446	0.446
	碎石 20mm	m³	55.00	0.097	0.116	0.146	0.486	0.486
	棉纱头	kg	6.34	0.110	0.165	0.165	0.330	0.550
	白布 0.9m	m²	8.54	0.051	0.051	0.102	0.204	0.204
	破布	kg	4.50	0.105	0.158	0.158	0.315	0.525
	其他材料费	元	–	3.830	5.330	7.480	16.010	17.540
机 械	载货汽车 8t	台班	619.25	–	–	–	0.360	0.450
	叉式起重机 5t	台班	542.43	0.180	0.270	–	–	–
	汽车式起重机 8t	台班	728.19	–	–	0.270	0.360	–
	汽车式起重机 16t	台班	1071.52	–	–	–	–	0.360
	电动卷扬机(单筒慢速) 50kN	台班	145.07	–	–	0.270	1.350	1.800

四、抛丸清理室

定　额　编　号			3-3-21	3-3-22	3-3-23	3-3-24	3-3-25	3-3-26
项　　　　　目			设备重量(t)					
			5 以内	15 以内	20 以内	35 以内	40 以内	50 以内
基　　　价　（元）			**4797.41**	**12199.67**	**16258.90**	**26553.38**	**32686.38**	**41274.24**
其中	人　工　费　（元）		3433.04	9240.88	12653.20	20389.84	25052.72	31140.96
	材　料　费　（元）		488.33	943.63	1164.55	1732.88	2151.41	2339.79
	机　械　费　（元）		876.04	2015.16	2441.15	4430.66	5482.25	7793.49
名　　　　称	单位	单价(元)	数				量	
人工 综合工日	工日	80.00	42.913	115.511	158.165	254.873	313.159	389.262
材料 钩头成对斜垫铁 0～3 号钢 1 号	kg	14.50	6.288	12.576	12.576	18.864	18.864	20.436
平垫铁 0～3 号钢 1 号	kg	5.22	5.080	10.160	10.160	15.240	15.240	16.764
等边角钢 边宽 60mm 以下	kg	4.00	2.000	4.000	5.000	6.000	10.000	12.000
热轧薄钢板 1.6～2.0	kg	4.67	2.000	4.000	5.000	7.000	14.000	16.000
热轧中厚钢板 $\delta=10\sim16$	kg	3.70	4.000	10.000	10.000	16.000	24.000	28.000
镀锌铁丝 8～12 号	kg	5.36	2.000	3.000	3.000	5.000	8.500	10.000
电焊条 结 422 ϕ2.5	kg	5.04	5.250	12.600	13.650	14.700	16.800	18.900
加固木板	m³	1980.00	0.020	0.048	0.061	0.121	0.169	0.169
道木	m³	1600.00	0.007	0.007	0.007	0.007	0.007	0.007
汽油 93 号	kg	10.05	1.530	3.060	3.570	4.080	6.120	8.160
煤油	kg	4.20	3.150	5.250	6.300	8.400	21.000	23.100
汽轮机油（各种规格）	kg	8.80	1.010	1.515	1.515	2.020	3.535	4.040
黄干油 钙基酯	kg	9.78	0.404	0.505	0.505	0.808	1.212	1.616
凡士林	kg	5.40	0.500	0.700	0.800	1.000	1.200	1.200
氧气	m³	3.60	6.120	12.240	14.280	21.420	24.480	26.520

续前

定　额　编　号			3-3-21	3-3-22	3-3-23	3-3-24	3-3-25	3-3-26
项　　　　目			设备重量(t)					
			5 以内	15 以内	20 以内	35 以内	40 以内	50 以内
材料	乙炔气	m³	25.20	2.040	4.080	4.760	7.140	8.160	8.840
	铅油	kg	8.50	1.000	2.000	2.200	2.500	3.000	3.000
	酚醛调和漆（各种颜色）	kg	18.00	0.300	0.500	0.600	0.750	1.000	1.200
	醇酸防锈漆 C53－1 铁红	kg	16.72	0.300	0.500	0.600	0.750	1.000	1.200
	黑铅粉	kg	1.10	0.500	1.000	1.200	1.500	1.600	1.600
	聚酯乙烯泡沫塑料	kg	28.40	0.055	0.110	0.110	0.165	0.275	0.275
	石棉橡胶板 低压 0.8～1.0	kg	13.20	2.000	2.200	3.400	5.500	7.000	7.300
	石棉松绳 ϕ13～19	kg	9.70	1.100	2.000	2.500	3.500	4.400	4.600
	橡胶板 各种规格	kg	9.68	1.500	2.600	4.600	6.700	8.200	8.500
	普通硅酸盐水泥 42.5	kg	0.36	76.850	152.685	356.700	508.950	508.950	551.000
	河砂	m³	42.00	0.135	0.267	0.267	0.624	0.891	0.891
	碎石 20mm	m³	55.00	0.146	0.292	0.680	0.972	0.972	1.080
	破布	kg	4.50	1.050	1.575	1.575	2.100	3.150	3.675
	其他材料费	元	－	14.220	27.480	33.920	50.470	62.660	68.150
机械	载货汽车 8t	台班	619.25	－	0.270	0.450	0.450	0.720	0.720
	汽车式起重机 8t	台班	728.19	0.180	－	－	－	－	－
	汽车式起重机 25t	台班	1269.11	－	0.270	－	－	－	－
	汽车式起重机 32t	台班	1360.20	－	－	0.270	－	－	－
	汽车式起重机 50t	台班	3709.18	－	－	－	0.360	－	－
	汽车式起重机 75t	台班	5403.15	－	－	－	－	0.360	－
	汽车式起重机 100t	台班	6580.83	－	－	－	－	－	0.540
	电动卷扬机(单筒慢速) 50kN	台班	145.07	3.150	7.200	9.000	14.850	15.750	19.800
	交流弧焊机 21kV·A	台班	64.00	4.500	7.200	7.650	10.350	12.600	14.400

五、金属型铸造设备

单位:台

定　额　编　号			3-3-27	3-3-28	3-3-29	3-3-30	3-3-31
项　　　目			设备重量(t)				
			2 以内	5 以内	9 以内	12 以内	15 以内
基　　价　（元）			**974.33**	**2449.02**	**4707.32**	**6642.32**	**7850.04**
其中	人　工　费　（元）		648.40	1597.20	3396.64	4722.64	5592.72
	材　料　费　（元）		228.29	465.42	717.24	984.60	1130.09
	机　械　费　（元）		97.64	386.40	593.44	935.08	1127.23
名　　　称	单位	单价(元)	数		量		
人工	综合工日	工日	80.00	8.105	19.965	42.458	59.033	69.909
材料	钩头成对斜垫铁 0～3 号钢 1 号	kg	14.50	3.144	6.288	－	－	－
	钩头成对斜垫铁 0～3 号钢 2 号	kg	13.20	－	－	13.240	－	－
	钩头成对斜垫铁 0～3 号钢 3 号	kg	12.70	－	－	－	19.570	23.484
	平垫铁 0～3 号钢 1 号	kg	5.22	2.032	4.064	－	－	－
	平垫铁 0～3 号钢 2 号	kg	5.22	－	－	9.680	－	－
	平垫铁 0～3 号钢 3 号	kg	5.22	－	－	－	20.020	24.024
	热轧中厚钢板 $\delta = 26～32$	kg	3.70	20.000	40.000	45.000	50.000	50.000
	镀锌铁丝 8～12 号	kg	5.36	0.560	0.840	0.840	1.800	2.400
	紫铜皮 各种规格	kg	72.90	0.100	0.200	0.200	0.200	0.300
	加固木板	m³	1980.00	0.015	0.031	0.053	0.075	0.083
	道木	m³	1600.00	－	－	－	－	0.021

定 额 编 号			3-3-27	3-3-28	3-3-29	3-3-30	3-3-31
项 目			设备重量(t)				
			2 以内	5 以内	9 以内	12 以内	15 以内
材 料	汽油 93 号	kg	10.05	0.102	0.306	0.714	1.020	1.020
	煤油	kg	4.20	2.310	3.150	5.250	6.300	8.400
	汽轮机油（各种规格）	kg	8.80	0.152	0.202	0.303	0.303	0.404
	黄干油 钙基酯	kg	9.78	0.101	0.202	0.202	0.202	0.303
	聚酯乙烯泡沫塑料	kg	28.40	0.055	0.110	0.165	0.220	0.220
	橡胶板 各种规格	kg	9.68	0.200	0.200	-	-	-
	普通硅酸盐水泥 42.5	kg	0.36	61.074	152.685	254.475	356.265	356.265
	河砂	m³	42.00	0.107	0.267	0.446	0.624	0.624
	碎石 20mm	m³	55.00	0.116	0.292	0.486	0.680	0.680
	棉纱头	kg	6.34	0.110	0.220	0.275	0.330	0.330
	白布 0.9m	m²	8.54	0.102	0.153	0.204	0.255	0.255
	破布	kg	4.50	0.105	0.210	0.315	0.315	0.315
	其他材料费	元	-	6.650	13.560	20.890	28.680	32.920
机 械	载货汽车 8t	台班	619.25	-	-	0.360	0.360	0.450
	叉式起重机 5t	台班	542.43	0.180	0.270	-	-	-
	汽车式起重机 12t	台班	888.68	-	0.270	0.270	-	-
	汽车式起重机 16t	台班	1071.52	-	-	-	0.360	-
	汽车式起重机 25t	台班	1269.11	-	-	-	-	0.360
	电动卷扬机（单筒慢速）50kN	台班	145.07	-	-	0.900	2.250	2.700

定 额 编 号			3-3-32	3-3-33	3-3-34	3-3-35	3-3-36
项 目			设备重量(t)				
			20 以内	25 以内	30 以内	40 以内	55 以内
基 价 (元)			**9956.03**	**11847.13**	**14712.98**	**19851.48**	**28064.89**
其中	人 工 费 (元)		6072.16	7749.68	8940.56	12337.84	17957.20
	材 料 费 (元)		2470.87	2553.88	2707.42	3124.67	3441.26
	机 械 费 (元)		1413.00	1543.57	3065.00	4388.97	6666.43
名 称	单位	单价(元)	数		量		
人工 综合工日	工日	80.00	75.902	96.871	111.757	154.223	224.465
材料 钩头成对斜垫铁 0～3 号钢 4 号	kg	13.60	61.600	61.600	61.600	69.300	77.000
平垫铁 0～3 号钢 4 号	kg	5.22	126.592	126.592	126.592	142.416	158.240
热轧中厚钢板 $\delta = 26～32$	kg	3.70	60.000	60.000	60.000	80.000	80.000
镀锌铁丝 8～12 号	kg	5.36	3.600	3.600	4.000	5.000	6.000
紫铜皮 各种规格	kg	72.90	0.500	0.800	0.800	1.000	1.000
加固木板	m³	1980.00	0.121	0.134	0.156	0.163	0.188
道木	m³	1600.00	0.021	0.021	0.028	0.069	0.069
料 汽油 93 号	kg	10.05	1.020	1.020	2.040	2.040	3.060
煤油	kg	4.20	10.500	15.750	21.000	26.250	31.500

单位:台

定　额　编　号			3-3-32	3-3-33	3-3-34	3-3-35	3-3-36
项　　　　目			设备重量(t)				
			20 以内	25 以内	30 以内	40 以内	55 以内
材 料	汽轮机油 (各种规格)	kg	8.80	0.505	0.707	1.010	1.212	1.515
	黄干油 钙基酯	kg	9.78	0.303	0.404	0.404	0.606	0.909
	聚酯乙烯泡沫塑料	kg	28.40	0.220	0.220	0.330	0.440	0.550
	普通硅酸盐水泥 42.5	kg	0.36	508.950	508.950	610.740	630.750	652.500
	河砂	m³	42.00	0.891	1.069	1.148	1.215	1.350
	碎石 20mm	m³	55.00	0.972	0.972	1.166	1.215	1.350
	棉纱头	kg	6.34	0.440	0.550	0.880	1.100	1.320
	白布 0.9m	m²	8.54	0.306	0.306	0.408	0.510	0.612
	破布	kg	4.50	0.420	0.420	0.525	0.630	0.840
	其他材料费	元	–	71.970	74.380	78.860	91.010	100.230
机 械	载货汽车 8t	台班	619.25	0.450	0.450	0.450	0.900	0.900
	汽车式起重机 32t	台班	1360.20	0.450	0.450	–	–	–
	电动卷扬机(单筒慢速) 50kN	台班	145.07	3.600	4.500	5.400	6.300	9.450
	汽车式起重机 50t	台班	3709.18	–	–	0.540	–	–
	汽车式起重机 75t	台班	5403.15	–	–	–	0.540	–
	汽车式起重机 100t	台班	6580.83	–	–	–	–	0.720

六、材料准备设备

定 额 编 号			3-3-37	3-3-38	3-3-39	3-3-40	3-3-41
项 目			设备重量(t)				
			1 以内	2 以内	3 以内	5 以内	8 以内
基 价 (元)			**1277.25**	**1730.98**	**2554.13**	**3782.53**	**4930.94**
其中	人 工 费 (元)		918.00	1242.80	1863.20	2510.80	3404.88
	材 料 费 (元)		250.09	324.44	368.16	783.24	848.09
	机 械 费 (元)		109.16	163.74	322.77	488.49	677.97
名 称	单位	单价(元)	数		量		
人工 综合工日	工日	80.00	11.475	15.535	23.290	31.385	42.561
材料 钩头成对斜垫铁 0~3 号钢 1 号	kg	14.50	6.288	6.288	6.288	12.576	12.576
钩头成对斜垫铁 0~3 号钢 2 号	kg	13.20	–	–	–	10.592	10.592
平垫铁 0~3 号钢 1 号	kg	5.22	4.064	4.064	4.064	8.128	8.128
平垫铁 0~3 号钢 2 号	kg	5.22	–	–	–	7.744	7.744
热轧中厚钢板 $\delta = 10 \sim 16$	kg	3.70	18.000	25.000	30.000	35.000	40.000
镀锌铁丝 8~12 号	kg	5.36	1.500	2.000	2.500	3.000	3.000
电焊条 结 422 $\phi2.5$	kg	5.04	0.210	0.210	0.263	0.263	0.315
加固木板	m³	1980.00	0.001	0.015	0.018	0.031	0.036
煤油	kg	4.20	3.150	4.200	5.250	6.300	7.350

定 额 编 号			3-3-37	3-3-38	3-3-39	3-3-40	3-3-41
项 目			设备重量(t)				
			1 以内	2 以内	3 以内	5 以内	8 以内
材 料	汽轮机油（各种规格）	kg	8.80	0.505	1.010	1.010	1.010	1.212
	黄干油 钙基酯	kg	9.78	0.505	0.505	0.707	1.010	1.010
	氧气	m³	3.60	–	–	–	1.020	2.040
	乙炔气	m³	25.20	–	–	–	0.340	0.680
	香蕉水	kg	7.84	0.050	0.050	0.100	0.100	0.130
	聚酯乙烯泡沫塑料	kg	28.40	0.033	0.055	0.055	0.110	0.165
	普通硅酸盐水泥 42.5	kg	0.36	50.895	61.074	76.343	152.685	181.250
	河砂	m³	42.00	0.089	0.107	0.134	0.267	0.297
	碎石 20mm	m³	55.00	0.097	0.116	0.146	0.292	0.338
	棉纱头	kg	6.34	0.110	0.220	0.220	0.330	0.330
	破布	kg	4.50	0.158	0.210	0.210	0.315	0.315
	其他材料费	元	–	7.280	9.450	10.720	22.810	24.700
机 械	载货汽车 8t	台班	619.25	–	–	–	–	0.450
	叉式起重机 5t	台班	542.43	0.180	0.270	0.360	0.360	–
	汽车式起重机 12t	台班	888.68	–	–	–	0.180	0.270
	电动卷扬机(单筒慢速) 50kN	台班	145.07	–	–	0.720	0.720	0.900
	交流弧焊机 21kV·A	台班	64.00	0.180	0.270	0.360	0.450	0.450

七、铸铁平台

单位：10t

定 额 编 号			3-3-42	3-3-43	3-3-44	3-3-45	3-3-46
项 目			方形平台			铸梁式平台	
			基础上灌浆	基础上不灌浆	支架上	基础上灌浆	基础上不灌浆
基 价 （元）			**4877.27**	**2600.73**	**2360.44**	**14041.05**	**8587.70**
其中	人 工 费 （元）		3016.24	1761.04	1400.88	6847.52	4039.20
	材 料 费 （元）		1310.93	345.32	232.45	6177.96	3877.13
	机 械 费 （元）		550.10	494.37	727.11	1015.57	671.37
名 称	单位	单价（元）	数		量		
人工 综合工日	工日	80.00	37.703	22.013	17.511	85.594	50.490
材料 钩头成对斜垫铁0~3号钢1号	kg	14.50	－	－	－	50.000	80.000
平垫铁0~3号钢1号	kg	5.22	－	－	－	50.000	80.000
加固木板	m³	1980.00	0.273	0.080	0.070	1.106	0.465
道木250×200×2500	根	200.00	－	－	0.280	－	－
煤油	kg	4.20	2.360	2.360	1.790	1.320	1.320
汽轮机油（各种规格）	kg	8.80	0.500	0.340	0.350	0.160	0.160
普通硅酸盐水泥42.5	kg	0.36	1053.000	237.000	25.000	4145.000	1852.000
河砂	m³	42.00	3.744	0.840	0.089	14.745	6.586
碎石20mm	m³	55.00	3.240	0.727	0.077	12.752	5.696
白布0.9m	m²	8.54	0.100	0.100	0.100	0.100	0.100
破布	kg	4.50	0.560	0.560	0.590	0.330	0.330
其他材料费	元	－	38.180	10.060	6.770	179.940	112.930
机械 载货汽车8t	台班	619.25	0.360	0.270	0.540	0.900	0.450
汽车式起重机8t	台班	728.19	0.270	0.270	0.360	0.450	0.360
电动卷扬机（单筒慢速）50kN	台班	145.07	0.900	0.900	0.900	0.900	0.900

第四章　起重设备安装

说　明

一、本章定额适用范围如下：

1. 工业用的起重设备安装。

2. 起重量为 0.5～400t。

3. 适应不同结构、不同用途的起重机安装，包括手动、电动。

二、本章定额包括下列内容：

1. 起重机静负荷、动负荷及超负荷试运转。

2. 必需的端梁铆接及脚手架搭拆。

3. 解体供货的起重机现场组装。

三、本章定额不包括试运转所需的重物供应和搬运。

四、本章定额包括脚手架的搭拆工作。使用本章定额时，每安装一台起重机，应按下表增加脚手架搭拆费用。

应增加的脚手架搭拆费用表

	起重机主钩起重量(t)	5～30	50～100	150～400
	应增脚手架费用(元)	1453.83	2714.64	3271.05
其 中	人　工　费	678.40	1259.20	1526.40
	材　料　费	721.61	1352.99	1623.60
	机械使用费	53.82	102.45	121.05
	人工工日数	8.48	15.74	19.08

注：1. 双小车起重机按一个小车的起重量计算。

　　2. 上表中人工费可按当地的规定调整人工单价，材料费和机械使用费不作调整。

一、电动双梁桥式起重机

单位:台

定　额　编　号				3-4-1	3-4-2	3-4-3	3-4-4	3-4-5	3-4-6
项　　　　　目				起重量(t)					
				5 以内		10 以内		15/3 以内	
				跨距(m)					
				19.5 以内	31.5 以内	19.5 以内	31.5 以内	19.5 以内	31.5 以内
基　　　价　（元）				**10618.02**	**12541.20**	**11356.48**	**13910.31**	**12447.37**	**15328.78**
其中	人　工　费　（元）			7672.00	8731.20	8173.60	9759.20	9024.80	10577.60
	材　料　费　（元）			866.27	950.63	931.80	1029.32	1050.65	1144.45
	机　械　费　（元）			2079.75	2859.37	2251.08	3121.79	2371.92	3606.73
名　　称		单位	单价(元)	数				量	
人工	综合工日	工日	80.00	95.900	109.140	102.170	121.990	112.810	132.220
材料	热轧中厚钢板 δ=4.5~10	kg	3.90	0.400	0.400	0.500	0.500	0.500	0.500
	电焊条 结 422 φ2.5	kg	5.04	4.988	5.513	5.985	6.615	7.329	7.802
	加固木板	m³	1980.00	0.048	0.080	0.053	0.090	0.071	0.080
	道木	m³	1600.00	0.344	0.344	0.344	0.344	0.344	0.344
	汽油 93 号	kg	10.05	1.693	1.877	2.428	2.683	3.397	3.754
	煤油	kg	4.20	6.300	6.941	8.978	9.933	12.579	13.755

续前

定　额　编　号				3-4-1	3-4-2	3-4-3	3-4-4	3-4-5	3-4-6
项　　　　　目				起重量(t)					
				5 以内		10 以内		15/3 以内	
				跨距(m)					
				19.5 以内	31.5 以内	19.5 以内	31.5 以内	19.5 以内	31.5 以内
材料	汽轮机油（各种规格）	kg	8.80	2.404	2.656	3.363	3.717	4.798	5.303
	黄干油 钙基酯	kg	9.78	5.555	5.959	7.070	7.373	9.292	10.100
	氧气	m³	3.60	2.978	3.295	3.029	3.315	3.488	7.405
	乙炔气	m³	25.20	0.992	1.099	1.010	1.105	1.163	2.468
	棉纱头	kg	6.34	0.858	0.935	1.210	1.342	1.705	1.881
	破布	kg	4.50	1.953	2.142	2.741	3.035	3.875	4.295
	其他材料费	元	–	25.230	27.690	27.140	29.980	30.600	33.330
机械	载货汽车 8t	台班	619.25	0.500	0.500	0.500	0.500	0.500	0.500
	汽车式起重机 8t	台班	728.19	0.500	0.500	0.500	0.500	0.500	1.000
	汽车式起重机 16t	台班	1071.52	0.500	0.500	–	–	–	–
	汽车式起重机 25t	台班	1269.11	–	0.500	0.500	–	0.500	–
	汽车式起重机 32t	台班	1360.20	–	–	–	1.000	–	1.000
	电动卷扬机(单筒慢速) 50kN	台班	145.07	5.000	6.000	5.500	6.500	6.000	7.000
	交流弧焊机 32kV·A	台班	96.61	1.500	1.500	1.500	1.500	2.000	2.000

定 额 编 号			3-4-7	3-4-8	3-4-9	3-4-10	3-4-11	3-4-12
项　　　　目			起重量(t)					
			20/5 以内		30/5 以内		50/10 以内	
			跨距(m)					
			19.5 以内	31.5 以内	19.5 以内	31.5 以内	19.5 以内	31.5 以内
基　　价　（元）			**13110.07**	**18732.76**	**15408.20**	**19331.25**	**20758.13**	**27412.71**
其中	人　工　费　（元）		9509.60	11255.20	10119.20	12333.60	12600.80	15832.00
	材　料　费　（元）		1110.47	1212.23	1187.88	1315.64	1911.48	2028.00
	机　械　费　（元）		2490.00	6265.33	4101.12	5682.01	6245.85	9552.71
名　　　称	单位	单价(元)	数			量		
人工 综合工日	工日	80.00	118.870	140.690	126.490	154.170	157.510	197.900
材料 热轧中厚钢板 δ=4.5~10	kg	3.90	0.600	0.600	0.800	0.800	1.300	1.300
电焊条 结 422 φ2.5	kg	5.04	8.022	8.075	9.083	9.324	9.482	10.479
加固木板	m³	1980.00	0.075	0.113	0.093	0.138	0.125	0.163
道木	m³	1600.00	0.344	0.344	0.344	0.344	0.688	0.688
汽油 93 号	kg	10.05	3.825	4.019	4.121	4.600	4.845	5.355
煤油	kg	4.20	13.955	14.910	15.194	16.548	23.688	26.187
汽轮机油（各种规格）	kg	8.80	5.757	6.363	6.717	7.424	8.636	9.545

定 额 编 号			3-4-7	3-4-8	3-4-9	3-4-10	3-4-11	3-4-12
项 目			起重量(t)					
			20/5 以内		30/5 以内		50/10 以内	
			跨距(m)					
			19.5 以内	31.5 以内	19.5 以内	31.5 以内	19.5 以内	31.5 以内
材料	黄干油 钙基酯	kg	9.78	11.110	11.716	12.120	13.433	14.140	14.847
	氧气	m³	3.60	3.978	4.396	4.417	4.498	4.519	4.600
	乙炔气	m³	25.20	1.326	1.466	1.472	1.499	1.507	1.533
	棉纱头	kg	6.34	2.024	2.024	2.057	2.277	2.332	2.332
	破布	kg	4.50	4.337	4.568	4.652	5.051	5.145	5.450
	其他材料费	元	–	32.340	35.310	34.600	38.320	55.670	59.070
机械	载货汽车 8t	台班	619.25	0.500	1.000	0.500	0.500	0.500	0.500
	汽车式起重机 8t	台班	728.19	0.500	1.000	1.000	1.000	1.000	1.000
	汽车式起重机 32t	台班	1360.20	0.500	–	–	–	–	–
	汽车式起重机 50t	台班	3709.18	–	1.000	0.500	–	1.000	–
	汽车式起重机 100t	台班	6580.83	–	–	–	0.500	–	1.000
	电动卷扬机(单筒慢速) 50kN	台班	145.07	6.500	7.000	7.000	8.000	9.000	12.000
	交流弧焊机 32kV·A	台班	96.61	2.000	2.000	2.000	2.000	2.000	2.000

定 额 编 号			3-4-13	3-4-14	3-4-15	3-4-16	3-4-17	3-4-18
项 目			起重量(t)					
			75/20 以内		100/20 以内		150/30 以内	
			跨距(m)					
			19.5 以内	31.5 以内	22 以内	31 以内	22 以内	31 以内
基 价 (元)			**32370.39**	**39093.95**	**41801.59**	**53903.46**	**64803.86**	**76507.19**
其中	人 工 费 (元)		19553.60	22400.00	25382.40	27996.80	38995.20	43888.80
	材 料 费 (元)		2180.80	2332.34	3154.96	3336.59	3623.34	3837.37
	机 械 费 (元)		10635.99	14361.61	13264.23	22570.07	22185.32	28781.02
名 称	单位	单价(元)	数			量		
人工 综合工日	工日	80.00	244.420	280.000	317.280	349.960	487.440	548.610
材料 热轧中厚钢板 δ=4.5~10	kg	3.90	1.650	1.700	1.800	1.850	2.200	2.200
电焊条 结422 φ2.5	kg	5.04	11.498	12.212	13.472	13.881	15.089	15.330
加固木板	m³	1980.00	0.175	0.225	0.288	0.363	0.400	0.488
道木	m³	1600.00	0.688	0.688	1.031	1.031	1.031	1.031
汽油 93 号	kg	10.05	6.926	7.354	8.160	8.405	9.282	9.455
煤油	kg	4.20	32.235	35.963	39.900	41.412	44.888	46.232
汽轮机油（各种规格）	kg	8.80	10.777	11.443	14.140	14.564	17.170	17.685

定额编号			3-4-13	3-4-14	3-4-15	3-4-16	3-4-17	3-4-18
项目			起重量(t)					
			75/20 以内		100/20 以内		150/30 以内	
			跨距(m)					
			19.5 以内	31.5 以内	22 以内	31 以内	22 以内	31 以内
材料	黄干油 钙基酯	kg	9.78	19.190	20.200	22.624	23.230	34.340	35.350
	氧气	m³	3.60	6.089	6.467	9.486	9.690	12.750	13.464
	乙炔气	m³	25.20	2.030	2.155	3.162	3.230	4.250	4.488
	棉纱头	kg	6.34	2.255	2.310	3.300	3.850	4.224	4.334
	破布	kg	4.50	6.825	7.665	8.505	8.768	9.566	9.849
	其他材料费	元	–	63.520	67.930	91.890	97.180	105.530	111.770
机械	载货汽车 8t	台班	619.25	1.000	1.000	1.000	1.000	1.000	1.000
	载货汽车 10t	台班	782.33	–	–	–	–	0.500	0.500
	汽车式起重机 8t	台班	728.19	1.000	1.000	1.000	1.000	1.000	1.000
	汽车式起重机 50t	台班	3709.18	–	–	0.500	1.000	1.000	1.500
	汽车式起重机 100t	台班	6580.83	1.000	1.500	1.000	2.000	1.500	2.000
	电动卷扬机(单筒慢速) 50kN	台班	145.07	17.000	20.000	22.000	28.000	45.000	55.000
	交流弧焊机 32kV·A	台班	96.61	2.500	2.500	3.000	3.000	3.500	3.500

定　额　编　号			3-4-19	3-4-20	3-4-21	3-4-22
项　　　　目			起重量(t)			
			200/30 以内		250/30 以内	
			跨距(m)			
			22 以内	31 以内	22 以内	31 以内
基　　　价　（元）			**96827.72**	**110653.75**	**121596.04**	**131419.71**
其中	人　工　费　（元）		55110.40	59968.80	67636.00	74594.40
	材　料　费　（元）		4594.82	4879.56	5671.30	5969.35
	机　械　费　（元）		37122.50	45805.39	48288.74	50855.96
名　　　　　称	单位	单价(元)	数		量	
人工	综合工日	工日	80.00	688.880	749.610	845.450	932.430
材料	热轧中厚钢板 δ=4.5~10	kg	3.90	2.200	2.200	2.300	2.300
	电焊条 结 422 φ2.5	kg	5.04	16.706	17.210	18.323	18.869
	加固木板	m³	1980.00	0.425	0.525	0.500	0.625
	道木	m³	1600.00	1.031	1.031	1.375	1.375
	汽油 93 号	kg	10.05	10.200	10.506	11.220	11.557
	煤油	kg	4.20	49.875	51.377	54.863	56.511
	汽轮机油（各种规格）	kg	8.80	20.200	20.806	23.230	23.927
	黄干油 钙基酯	kg	9.78	38.380	43.430	48.480	49.490
	氧气	m³	3.60	26.143	26.928	28.234	29.080
	乙炔气	m³	25.20	8.714	8.976	9.412	9.693

定 额 编 号			3-4-19	3-4-20	3-4-21	3-4-22
项 目			起重量(t)			
			200/30 以内		250/30 以内	
			跨距(m)			
			22 以内	31 以内	22 以内	31 以内
材料	棉纱头	kg	6.34	4.675	4.818	5.148	5.324
	破布	kg	4.50	10.637	10.962	11.687	12.033
	焦炭	kg	1.50	405.000	405.000	500.000	500.000
	木柴	kg	0.95	14.000	14.000	20.000	20.000
	其他材料费	元	–	133.830	142.120	165.180	173.860
机械	载货汽车 8t	台班	619.25	1.500	1.500	1.500	1.500
	载货汽车 10t	台班	782.33	0.500	0.500	–	0.500
	平板拖车组 15t	台班	1070.38	–	–	0.500	0.500
	汽车式起重机 8t	台班	728.19	1.000	1.500	1.500	1.500
	汽车式起重机 50t	台班	3709.18	1.500	2.000	2.000	2.000
	汽车式起重机 100t	台班	6580.83	2.000	2.500	2.500	2.500
	轮胎式起重机 8t	台班	665.16	–	1.500	–	–
	轮胎式起重机 16t	台班	979.28	–	–	2.000	2.000
	电动卷扬机(单筒慢速) 50kN	台班	145.07	60.000	75.000	80.000	95.000
	交流弧焊机 32kV·A	台班	96.61	4.000	4.000	4.500	4.500
	电动空气压缩机 10m³/min	台班	519.44	12.000	12.000	13.000	13.000
	鼓风机 8m³/min 以内	台班	85.41	12.000	12.000	13.000	13.000

定 额 编 号			3-4-23	3-4-24	3-4-25
项　　　目			起重量(t)		
			300/50 以内		400/80 以内
			跨距(m)		
			22 以内	31 以内	
基　　　价　（元）			**145414.08**	**156129.16**	**223384.28**
其中	人　工　费　（元）		82187.20	91213.60	130355.20
	材　料　费　（元）		6182.68	6372.35	10919.08
	机　械　费　（元）		57044.20	58543.21	82110.00
名　　　　称	单位	单价(元)	数		量
人工 综合工日	工日	80.00	1027.340	1140.170	1629.440
材料 热轧中厚钢板 δ=4.5~10	kg	3.90	3.000	3.000	5.000
电焊条 结 422 φ2.5	kg	5.04	20.475	21.945	36.750
加固木板	m³	1980.00	0.563	0.625	1.000
道木	m³	1600.00	1.375	1.375	2.750
汽油 93 号	kg	10.05	12.240	12.607	25.500
煤油	kg	4.20	59.294	61.646	65.100
汽轮机油（各种规格）	kg	8.80	25.250	26.008	30.300
黄干油 钙基酯	kg	9.78	62.620	64.640	105.040
氧气	m³	3.60	29.284	30.161	33.150
乙炔气	m³	25.20	9.761	10.054	11.050

定 额 编 号				3-4-23	3-4-24	3-4-25
项 目				起重量(t)		
				300/50 以内		400/80 以内
				跨距(m)		
				22 以内	31 以内	
材料	棉纱头	kg	6.34	5.500	5.665	10.450
	破布	kg	4.50	12.716	13.251	14.700
	焦炭	kg	1.50	600.000	600.000	950.000
	木柴	kg	0.95	24.000	24.000	250.000
	其他材料费	元	–	180.080	185.600	318.030
机械	载货汽车 8t	台班	619.25	2.000	2.000	8.500
	载货汽车 10t	台班	782.33	0.500	0.500	0.500
	载货汽车 15t	台班	1159.71	–	–	2.000
	平板拖车组 15t	台班	1070.38	0.500	0.500	2.000
	汽车式起重机 8t	台班	728.19	1.500	1.500	1.500
	汽车式起重机 50t	台班	3709.18	2.000	2.000	2.500
	汽车式起重机 100t	台班	6580.83	3.000	3.000	4.000
	轮胎式起重机 16t	台班	979.28	2.000	2.000	5.000
	电动卷扬机(单筒慢速) 50kN	台班	145.07	100.000	110.000	130.000
	交流弧焊机 32kV·A	台班	96.61	5.000	5.500	10.000
	电动空气压缩机 10m³/min	台班	519.44	16.000	16.000	17.500
	鼓风机 8m³/min 以内	台班	85.41	16.000	16.000	17.500

二、吊钩抓斗电磁铁三用桥式起重机

单位:台

定　额　编　号			3-4-26	3-4-27	3-4-28	3-4-29	3-4-30	3-4-31
项　　　　目			起重量(t)					
			5 以内		10 以内		15 以内	
			跨距(m)					
			19.5 以内	31.5 以内	19.5 以内	31.5 以内	19.5 以内	31.5 以内
基　　　价　　（元）			**11389.60**	**14560.35**	**14144.10**	**15932.44**	**15746.69**	**18768.65**
其中	人　工　费　（元）		8400.80	9906.40	9658.40	10966.40	10796.00	13072.80
	材　料　费　（元）		957.36	1070.37	1072.35	1170.53	1174.66	1320.06
	机　械　费　（元）		2031.44	3583.58	3413.35	3795.51	3776.03	4375.79
名　　　　称	单位	单价(元)	数			量		
人工 综合工日	工日	80.00	105.010	123.830	120.730	137.080	134.950	163.410
材料 热轧中厚钢板 $\delta = 4.5 \sim 10$	kg	3.90	0.850	0.850	1.000	1.000	1.100	1.100
电焊条 结 422 $\phi 2.5$	kg	5.04	4.494	4.967	5.492	6.017	6.027	6.615
加固木板	m³	1980.00	0.063	0.105	0.088	0.125	0.120	0.175
道木	m³	1600.00	0.344	0.344	0.344	0.344	0.344	0.344
汽油 93 号	kg	10.05	2.183	2.407	2.662	2.948	3.070	3.203
煤油	kg	4.20	8.831	9.765	10.374	11.466	11.666	12.905

定 额 编 号			3-4-26	3-4-27	3-4-28	3-4-29	3-4-30	3-4-31
项 目			起重量(t)					
			5 以内		10 以内		15 以内	
			跨距(m)					
			19.5 以内	31.5 以内	19.5 以内	31.5 以内	19.5 以内	31.5 以内
材料	汽轮机油（各种规格）	kg	8.80	3.939	4.343	4.798	5.303	5.333	5.838
	黄干油 钙基酯	kg	9.78	8.151	9.019	11.039	11.100	12.474	13.787
	氧气	m³	3.60	2.978	3.295	3.050	3.499	3.397	3.601
	乙炔气	m³	25.20	0.992	1.099	1.017	1.166	1.132	1.201
	棉纱头	kg	6.34	1.210	1.342	1.595	1.771	1.705	1.881
	破布	kg	4.50	2.573	2.856	3.927	4.022	3.875	4.295
	其他材料费	元	–	27.880	31.180	31.230	34.090	34.210	38.450
机械	载货汽车 8t	台班	619.25	0.500	1.000	0.500	1.000	0.500	1.000
	汽车式起重机 8t	台班	728.19	0.500	1.000	1.000	1.000	1.000	1.000
	汽车式起重机 16t	台班	1071.52	0.500	–	–	–	–	–
	汽车式起重机 25t	台班	1269.11	–	1.000	–	–	–	–
	汽车式起重机 32t	台班	1360.20	–	–	1.000	1.000	1.000	1.000
	电动卷扬机(单筒慢速) 50kN	台班	145.07	5.000	6.000	6.000	6.500	8.500	10.500
	交流弧焊机 32kV·A	台班	96.61	1.000	1.000	1.500	1.500	1.500	1.500

定　额　编　号				3-4-32	3-4-33
项　　　　目				起重量(t)	
				20 以内	
				跨距(m)	
				19.5 以内	31.5 以内
基　　　价　（元）				**20668.89**	**25965.98**
其中	人　工　费　（元）			12756.80	15492.80
	材　料　费　（元）			1259.85	1382.14
	机　械　费　（元）			6652.24	9091.04
名　　　　称		单位	单价(元)	数　　量	
人工	综合工日	工日	80.00	159.460	193.660
材料	热轧中厚钢板 δ=4.5~10	kg	3.90	1.100	1.100
	电焊条 结 422 φ2.5	kg	5.04	6.720	6.825
	加固木板	m³	1980.00	0.150	0.200
	道木	m³	1600.00	0.344	0.344
	汽油 93 号	kg	10.05	3.325	3.478
	煤油	kg	4.20	12.915	12.915

续前

定　额　编　号				3-4-32	3-4-33
项　　　　　目				起重量(t)	
				20 以内	
				跨距(m)	
				19.5 以内	31.5 以内
材料	汽轮机油（各种规格）	kg	8.80	5.858	6.060
	黄干油 钙基酯	kg	9.78	12.928	13.938
	氧气	m³	3.60	3.570	3.876
	乙炔气	m³	25.20	1.190	1.292
	棉纱头	kg	6.34	1.760	1.881
	破布	kg	4.50	3.990	4.337
	其他材料费	元	－	36.690	40.260
机械	载货汽车 8t	台班	619.25	1.000	1.500
	汽车式起重机 8t	台班	728.19	1.000	1.000
	汽车式起重机 50t	台班	3709.18	1.000	－
	汽车式起重机 75t	台班	5403.15	－	1.000
	电动卷扬机(单筒慢速) 50kN	台班	145.07	10.000	13.000
	交流弧焊机 32kV · A	台班	96.61	1.500	1.500

三、双小车吊钩桥式起重机

单位:台

定 额 编 号			3-4-34	3-4-35	3-4-36	3-4-37	3-4-38	3-4-39
项 目			起重量(t)					
			5 + 5 以内		10 + 10 以内		2×50/10以内	2×75/10以内
			跨距(m)					
			19.5 以内	31.5 以内	19.5 以内	31.5 以内	22 以内	
基 价 (元)			**12252.90**	**14611.92**	**13716.77**	**18110.39**	**44058.42**	**53311.37**
其中	人 工 费 (元)		9051.20	10163.20	9623.20	11518.40	22815.20	23522.40
	材 料 费 (元)		953.38	953.38	1044.31	1048.68	2624.78	7759.28
	机 械 费 (元)		2248.32	3495.34	3049.26	5543.31	18618.44	22029.69
名 称	单位	单价(元)	数			量		
人工 综合工日	工日	80.00	113.140	127.040	120.290	143.980	285.190	294.030
材料 热轧中厚钢板 δ=4.5~10	kg	3.90	0.800	0.800	0.800	0.900	1.650	1.700
电焊条 结 422 φ2.5	kg	5.04	4.494	4.494	4.967	5.492	48.248	50.705
加固木板	m³	1980.00	0.050	0.050	0.080	0.068	0.250	2.750
道木	m³	1600.00	0.344	0.344	0.344	0.344	0.688	0.688
汽油 93 号	kg	10.05	2.428	2.428	2.683	2.907	6.926	7.140
料 煤油	kg	4.20	8.988	8.988	9.933	10.773	33.863	34.913

定 额 编 号			3-4-34	3-4-35	3-4-36	3-4-37	3-4-38	3-4-39
项 目			起重量(t)					
			5+5 以内		10+10 以内		2×50/10 以内	2×75/10 以内
			跨距(m)					
			19.5 以内	31.5 以内	19.5 以内	31.5 以内	22 以内	
材料	汽轮机油（各种规格）	kg	8.80	4.323	4.323	4.777	5.757	10.777	11.110
	黄干油 钙基酯	kg	9.78	9.605	9.605	10.615	11.514	28.442	29.290
	氧气	m³	3.60	2.978	2.978	3.295	3.040	6.089	6.273
	乙炔气	m³	25.20	0.992	0.992	1.099	1.013	2.030	2.091
	棉纱头	kg	6.34	1.243	1.243	1.375	1.672	1.980	2.200
	破布	kg	4.50	2.825	2.825	3.140	3.801	7.214	7.434
	其他材料费	元	–	27.770	27.770	30.420	30.540	76.450	226.000
机械	载货汽车 8t	台班	619.25	0.500	0.500	0.500	0.500	1.000	1.000
	汽车式起重机 8t	台班	728.19	0.500	0.500	0.500	0.500	1.000	1.000
	汽车式起重机 32t	台班	1360.20	0.500	–	1.000	–	–	–
	汽车式起重机 50t	台班	3709.18	–	0.500	–	1.000	–	–
	汽车式起重机 100t	台班	6580.83	–	–	–	–	2.000	2.500
	电动卷扬机（单筒慢速）50kN	台班	145.07	5.500	6.000	6.000	7.000	22.000	22.500
	交流弧焊机 32kV·A	台班	96.61	1.000	1.000	1.500	1.500	9.500	10.000

定 额 编 号			3-4-40	3-4-41	3-4-42	3-4-43	3-4-44	3-4-45
项 目			起重量(t)					
			2×100/20 以内	2×125/25 以内	2×150/25 以内	2×200/40 以内	2×250/40 以内	2×300/50 以内
			跨距(m)					
			22 以内	25 以内				
基 价 (元)			**56448.49**	**53837.30**	**66767.65**	**92048.24**	**108294.91**	**128280.10**
其中	人 工 费 (元)		29510.40	40101.60	43971.20	54941.60	64124.80	72053.60
	材 料 费 (元)		3575.65	4024.23	4177.50	5019.31	6076.46	5687.85
	机 械 费 (元)		23362.44	9711.47	18618.95	32087.33	38093.65	50538.65
名 称	单位	单价(元)	数			量		
人工	综合工日	工日	80.00	368.880	501.270	549.640	686.770	801.560	900.670
材料	热轧中厚钢板 δ=4.5~10	kg	3.90	2.500	2.900	4.000	4.500	4.700	5.500
	电焊条 结 422 φ2.5	kg	5.04	55.472	62.895	68.460	17.325	19.005	22.050
	加固木板	m³	1980.00	0.320	0.375	0.388	0.500	0.563	0.588
	道木	m³	1600.00	1.031	1.031	1.031	1.031	1.375	1.375
	汽油 93 号	kg	10.05	8.160	9.455	10.200	10.710	12.240	13.056
	煤油	kg	4.20	39.900	46.305	47.775	51.765	56.700	62.759
	汽轮机油（各种规格）	kg	8.80	14.140	17.776	18.180	20.907	23.937	26.260
	黄干油 钙基酯	kg	9.78	32.320	43.430	44.440	61.206	70.700	92.940

定 额 编 号			3-4-40	3-4-41	3-4-42	3-4-43	3-4-44	3-4-45
项 目			起重量(t)					
			2×100/20 以内	2×125/25 以内	2×150/25 以内	2×200/40 以内	2×250/40 以内	2×300/50 以内
			跨距(m)					
			22 以内	25 以内				
材料	氧气	m³	3.60	12.240	20.400	25.500	27.030	29.172	30.600
	乙炔气	m³	25.20	4.080	6.800	8.500	9.010	9.724	10.200
	棉纱头	kg	6.34	3.740	4.334	4.510	4.950	5.390	5.665
	破布	kg	4.50	8.505	9.702	9.996	11.130	12.033	13.356
	焦炭	kg	1.50	–	–	–	400.000	500.000	3.000
	木柴	kg	0.95	–	–	–	16.000	20.000	24.000
	其他材料费	元	–	104.150	117.210	121.670	146.190	176.980	165.670
机械	载货汽车 8t	台班	619.25	1.500	1.500	1.500	2.000	2.500	3.000
	汽车式起重机 8t	台班	728.19	1.000	2.500	4.500	2.000	2.000	2.500
	汽车式起重机 50t	台班	3709.18	1.000	–	–	2.000	2.000	2.500
	汽车式起重机 100t	台班	6580.83	2.000	–	1.000	1.000	1.500	2.000
	电动卷扬机(单筒慢速) 50kN	台班	145.07	26.000	40.000	45.000	60.000	70.000	98.000
	交流弧焊机 32kV·A	台班	96.61	11.000	12.000	13.500	3.500	4.000	5.500
	电动空气压缩机 10m³/min	台班	519.44	–	–	–	10.500	12.000	16.000
	鼓风机 8m³/min 以内	台班	85.41	–	–	–	10.500	12.000	16.000

四、锻造桥式起重机

定 额 编 号			3-4-46	3-4-47	3-4-48	3-4-49	3-4-50
项 目			起重量(t)				
			20/5 以内	80/30 以内	150/50 以内	200/60 以内	300/100/15 以内
			跨距(m)				
			22.5 以内		28 以内		32 以内
基 价 (元)			27197.04	55238.69	105986.77	133645.81	194447.96
其中	人 工 费 (元)		19250.40	36243.20	66857.60	91020.00	132640.80
	材 料 费 (元)		1246.10	3493.09	5000.85	5791.74	7814.70
	机 械 费 (元)		6700.54	15502.40	34128.32	36834.07	53992.46
名 称	单位	单价(元)	数		量		
人工 综合工日	工日	80.00	240.630	453.040	835.720	1137.750	1658.010
材 料 热轧中厚钢板 $\delta=4.5\sim10$	kg	3.90	1.200	3.500	4.200	4.600	6.000
电焊条 结 422 $\phi2.5$	kg	5.04	7.560	13.545	16.800	18.900	25.200
加固木板	m³	1980.00	0.113	0.375	0.625	0.750	1.125
道木	m³	1600.00	0.344	1.031	1.031	1.031	1.375
汽油 93 号	kg	10.05	3.876	8.160	10.200	11.628	15.300
煤油	kg	4.20	14.280	39.900	50.925	56.595	67.620
汽轮机油（各种规格）	kg	8.80	6.060	14.140	20.200	23.937	28.482
黄干油 钙基酯	kg	9.78	16.160	32.320	50.500	65.650	89.385
氧气	m³	3.60	4.182	13.770	20.808	26.010	35.802
乙炔气	m³	25.20	1.394	4.590	6.936	8.670	11.934

定 额 编 号				3-4-46	3-4-47	3-4-48	3-4-49	3-4-50
项 目				起重量(t)				
				20/5 以内	80/30 以内	150/50 以内	200/60 以内	300/100/15 以内
				跨距(m)				
				22.5 以内		28 以内		32 以内
材料	棉纱头	kg	6.34	1.980	3.740	4.400	5.280	5.610
	破布	kg	4.50	4.410	8.505	10.605	11.865	13.020
	焦炭	kg	1.50	–	–	360.000	500.000	600.000
	木柴	kg	0.95	–	–	14.400	20.000 ·	24.000
	其他材料费	元	–	36.290	101.740	145.660	168.690	227.610
机械	载货汽车 8t	台班	619.25	1.000	1.500	1.500	1.500	2.000
	载货汽车 10t	台班	782.33	–	–	0.500	–	0.500
	平板拖车组 15t	台班	1070.38	–	–	–	0.500	1.000
	汽车式起重机 8t	台班	728.19	1.000	1.500	2.000	2.000	2.000
	汽车式起重机 50t	台班	3709.18	1.000	1.000	2.500	–	–
	汽车式起重机 100t	台班	6580.83	–	1.000	1.500	2.500	3.500
	轮胎式起重机 8t	台班	665.16	–	–	1.500	–	1.500
	轮胎式起重机 16t	台班	979.28	–	–	–	2.000	4.000
	电动卷扬机(单筒慢速) 50kN	台班	145.07	10.000	20.000	35.000	50.000	68.000
	交流弧焊机 32kV·A	台班	96.61	2.000	3.000	4.000	4.000	5.500
	电动空气压缩机 10m³/min	台班	519.44	–	–	9.500	13.000	19.000
	鼓风机 8m³/min 以内	台班	85.41	–	–	9.500	13.000	19.000

五、淬火桥式起重机

单位：台

定 额 编 号				3-4-51	3-4-52	3-4-53	3-4-54
项　　　目				起重量（t）			
				10 以内	15/3 以内	30/5 以内	40/10 以内
				跨距（m）			
				22.5 以内			
基　　价　（元）				**16009.25**	**18169.50**	**22743.74**	**26104.41**
其中	人　工　费（元）			9488.80	10993.60	13582.40	15996.80
	材　料　费（元）			1049.68	1147.66	1366.59	1568.03
	机　械　费（元）			5470.77	6028.24	7794.75	8539.58
名　　　称	单位	单价（元）		数		量	
人工 综合工日	工日	80.00		118.610	137.420	169.780	199.960
材料 热轧中厚钢板 $\delta=4.5\sim10$	kg	3.90		1.000	1.000	1.600	2.600
电焊条 结 422 ϕ2.5	kg	5.04		6.300	7.455	7.875	9.975
加固木板	m³	1980.00		0.075	0.100	0.138	0.175
道木	m³	1600.00		0.344	0.344	0.344	0.344
汽油 93 号	kg	10.05		3.264	3.468	4.488	6.120
煤油	kg	4.20		11.550	13.860	16.800	27.300

续前

定 额 编 号			3-4-51	3-4-52	3-4-53	3-4-54
项 目			起重量(t)			
			10 以内	15/3 以内	30/5 以内	40/10 以内
			跨距(m)			
			22.5 以内			
材料	汽轮机油（各种规格）	kg	8.80	4.141	4.545	8.080	10.100
	黄干油 钙基酯	kg	9.78	10.100	12.120	18.180	20.200
	氧气	m³	3.60	3.672	3.774	4.590	4.896
	乙炔气	m³	25.20	1.224	1.258	1.530	1.632
	棉纱头	kg	6.34	1.320	1.650	2.200	2.420
	破布	kg	4.50	3.465	3.780	5.250	6.300
	其他材料费	元	–	30.570	33.430	39.800	45.670
机械	载货汽车 8t	台班	619.25	0.500	0.500	0.500	1.000
	汽车式起重机 8t	台班	728.19	0.500	1.000	1.000	1.000
	汽车式起重机 50t	台班	3709.18	1.000	1.000	–	–
	汽车式起重机 75t	台班	5403.15	–	–	1.000	1.000
	电动卷扬机(单筒慢速) 50kN	台班	145.07	6.500	7.500	8.000	11.000
	交流弧焊机 32kV·A	台班	96.61	1.500	2.000	2.000	2.000

定 额 编 号				3-4-55	3-4-56	3-4-57
项 目				起重量(t)		
				75/20 以内	100/20 以内	150/30 以内
				跨距(m)		
				29.5 以内	28 以内	
基 价 (元)				**43543.96**	**63730.56**	**89255.94**
其中	人 工 费 (元)			26967.20	36876.80	53006.40
	材 料 费 (元)			2700.12	3772.95	4944.46
	机 械 费 (元)			13876.64	23080.81	31305.08
名 称		单位	单价(元)	数		量
人工	综合工日	工日	80.00	337.090	460.960	662.580
材料	热轧中厚钢板 δ=4.5~10	kg	3.90	3.300	3.500	3.800
	电焊条 结 422 φ2.5	kg	5.04	12.390	13.881	15.750
	加固木板	m³	1980.00	0.338	0.450	0.625
	道木	m³	1600.00	0.688	1.031	1.031
	汽油 93 号	kg	10.05	9.180	10.200	11.220
	煤油	kg	4.20	36.750	41.895	46.830
	汽轮机油（各种规格）	kg	8.80	12.120	15.150	17.675
	黄干油 钙基酯	kg	9.78	29.290	33.330	43.632
	氧气	m³	3.60	6.630	19.380	24.480
	乙炔气	m³	25.20	2.210	6.460	8.160

续前

定　额　编　号			3-4-55	3-4-56	3-4-57
项　　　　目			起重量(t)		
			75/20 以内	100/20 以内	150/30 以内
			跨距(m)		
			29.5 以内	28 以内	
材料	棉纱头	kg	6.34	3.377	4.400	5.390
	破布	kg	4.50	7.875	9.030	10.185
	焦炭	kg	1.50	–	–	360.000
	木柴	kg	0.95	–	–	14.400
	其他材料费	元	–	78.640	109.890	144.010
机械	载货汽车 8t	台班	619.25	1.000	1.500	1.000
	载货汽车 10t	台班	782.33	0.500	–	1.000
	平板拖车组 15t	台班	1070.38	–	0.500	–
	汽车式起重机 8t	台班	728.19	–	–	1.000
	汽车式起重机 50t	台班	3709.18	0.500	0.500	1.000
	汽车式起重机 100t	台班	6580.83	1.000	2.000	2.000
	轮胎式起重机 8t	台班	665.16	1.500	–	1.500
	轮胎式起重机 16t	台班	979.28	–	2.000	–
	电动卷扬机(单筒慢速) 50kN	台班	145.07	22.000	30.000	36.000
	交流弧焊机 32kV・A	台班	96.61	2.500	3.000	3.500
	电动空气压缩机 10m³/min	台班	519.44	–	–	9.500
	鼓风机 8m³/min 以内	台班	85.41	–	–	9.500

六、加料及双钩挂梁桥式起重机

单位:台

定 额 编 号			3-4-58	3-4-59	3-4-60	3-4-61	3-4-62	3-4-63
项 目			起重量(t)					
			3/10 以内	5/20 以内	5+5 以内		20+20 以内	
			跨距(m)					
			16.5 以内	19 以内	19.5 以内	31.5 以内	19 以内	28 以内
基 价 (元)			37034.97	46876.14	15969.24	20075.32	23354.23	28544.72
其中	人 工 费 (元)		21216.80	24190.40	11913.60	13358.40	17791.20	20283.20
	材 料 费 (元)		2353.32	2494.99	964.09	1083.01	1480.22	1612.12
	机 械 费 (元)		13464.85	20190.75	3091.55	5633.91	4082.81	6649.40
名 称	单位	单价(元)	数			量		
人工 综合工日	工日	80.00	265.210	302.380	148.920	166.980	222.390	253.540
材料 热轧中厚钢板 δ=4.5~10	kg	3.90	3.300	3.400	0.800	0.800	1.300	1.400
电焊条 结 422 φ2.5	kg	5.04	11.498	12.600	4.410	4.935	6.510	6.825
加固木板	m³	1980.00	0.200	0.250	0.070	0.100	0.250	0.275
道木	m³	1600.00	0.688	0.688	0.344	0.344	0.344	0.344
汽油 93 号	kg	10.05	7.140	7.650	2.346	2.652	3.468	4.386
煤油	kg	4.20	36.120	36.225	2.730	9.849	12.390	19.121

续前

定　额　编　号			3-4-58	3-4-59	3-4-60	3-4-61	3-4-62	3-4-63
项　　　　　目			起重量(t)					
			3/10 以内	5/20 以内	5+5 以内		20+20 以内	
			跨距(m)					
			16.5 以内	19 以内	19.5 以内	31.5 以内	19 以内	28 以内
材料	汽轮机油（各种规格）	kg	8.80	11.110	11.514	4.242	4.747	5.858	7.575
	黄干油 钙基酯	kg	9.78	27.573	29.088	9.595	10.605	14.140	15.655
	氧气	m³	3.60	6.120	6.528	2.958	3.264	3.468	3.978
	乙炔气	m³	25.20	2.040	2.176	0.986	1.088	1.156	1.326
	棉纱头	kg	6.34	3.190	3.410	1.210	1.320	1.870	2.200
	破布	kg	4.50	7.245	7.770	2.730	3.119	5.250	5.460
	其他材料费	元	－	68.540	72.670	28.080	31.540	43.110	46.950
机械	载货汽车 8t	台班	619.25	1.000	1.000	1.000	1.000	1.000	1.000
	汽车式起重机 8t	台班	728.19	1.000	1.000	－	－	－	－
	汽车式起重机 32t	台班	1360.20	－	－	1.000	－	1.000	－
	汽车式起重机 50t	台班	3709.18	－	－	－	1.000	－	1.000
	汽车式起重机 100t	台班	6580.83	1.000	2.000	－	－	－	－
	电动卷扬机(单筒慢速) 50kN	台班	145.07	36.500	37.500	7.000	8.000	13.500	15.000
	交流弧焊机 32kV·A	台班	96.61	2.500	2.500	1.000	1.500	1.500	1.500

七、吊钩门式起重机

定 额 编 号			3-4-64	3-4-65	3-4-66	3-4-67	3-4-68	3-4-69
项　　目			起重量(t)					
			5 以内		10 以内		15/3 以内	
			跨距(m)					
			26 以内	35 以内	26 以内	35 以内	26 以内	35 以内
基　　价　（元）			**21050.32**	**22880.23**	**23472.59**	**27425.30**	**28877.10**	**32743.65**
其中	人 工 费 （元）		15872.00	17370.40	17535.20	18896.00	18596.00	21176.00
	材 料 费 （元）		1135.61	1230.96	1223.31	1321.17	1330.69	1439.56
	机 械 费 （元）		4042.71	4278.87	4714.08	7208.13	8950.41	10128.09
名　　称	单位	单价(元)	数			量		
人工 综合工日	工日	80.00	198.400	217.130	219.190	236.200	232.450	264.700
材料 热轧中厚钢板 $\delta=4.5\sim10$	kg	3.90	0.500	0.500	0.600	0.600	0.800	0.800
电焊条 结 422 $\phi2.5$	kg	5.04	14.658	15.603	14.910	16.149	17.073	18.648
加固木板	m³	1980.00	0.094	0.125	0.113	0.146	0.140	0.173
道木	m³	1600.00	0.344	0.344	0.344	0.344	0.344	0.344
汽油 93 号	kg	10.05	3.397	3.754	3.825	4.019	4.121	4.600
煤油	kg	4.20	12.579	13.755	13.860	14.847	17.241	17.514
汽轮机油（各种规格）	kg	8.80	4.798	5.303	5.757	6.363	6.717	7.424

定　额　编　号				3-4-64	3-4-65	3-4-66	3-4-67	3-4-68	3-4-69
项　　　　目				起重量(t)					
				5 以内		10 以内		15/3 以内	
				跨距(m)					
				26 以内	35 以内	26 以内	35 以内	26 以内	35 以内
材料	黄干油 钙基酯	kg	9.78	9.292	10.100	11.110	11.716	12.120	13.433
	氧气	m³	3.60	3.488	3.703	3.978	4.396	4.039	4.498
	乙炔气	m³	25.20	1.163	1.234	1.326	1.466	1.346	1.499
	棉纱头	kg	6.34	1.705	1.881	2.024	2.024	2.255	2.255
	破布	kg	4.50	3.875	4.295	4.337	4.568	4.652	5.072
	其他材料费	元	－	33.080	35.850	35.630	38.480	38.760	41.930
机械	载货汽车 8t	台班	619.25	1.000	1.000	1.000	1.000	1.000	1.000
	汽车式起重机 8t	台班	728.19	1.000	1.000	1.000	1.000	1.000	1.000
	汽车式起重机 25t	台班	1269.11	1.000	－	－	－	－	－
	汽车式起重机 32t	台班	1360.20	－	1.000	1.000	－	－	－
	汽车式起重机 50t	台班	3709.18	－	－	－	1.000	－	－
	汽车式起重机 75t	台班	5403.15	－	－	－	－	1.000	－
	汽车式起重机 100t	台班	6580.83	－	－	－	－	－	1.000
	电动卷扬机(单筒慢速) 50kN	台班	145.07	7.500	8.500	11.500	12.500	12.500	12.500
	交流弧焊机 32kV·A	台班	96.61	3.500	3.500	3.500	3.500	4.000	4.000

定　额　编　号					3-4-70	3-4-71
项　　　　目					起重量(t)	
					20/5 以内	
					跨距(m)	
					26 以内	35 以内
基　　　价　（元）					**33584.18**	**40296.42**
其中	人　工　费　（元）				21674.40	24484.80
	材　料　费　（元）				1419.02	1546.93
	机　械　费　（元）				10490.76	14264.69
名　　　　　称		单位	单价(元)		数　　量	
人工	综合工日	工日	80.00		270.930	306.060
材料	热轧中厚钢板 $\delta = 4.5 \sim 10$	kg	3.90		1.200	1.200
	电焊条 结 422 $\phi2.5$	kg	5.04		18.963	20.475
	加固木板	m³	1980.00		0.151	0.190
	道木	m³	1600.00		0.344	0.344
	汽油 93 号	kg	10.05		4.845	5.304
	煤油	kg	4.20		19.488	22.565

定　额　编　号				3-4-70	3-4-71
项　　　　　　目				起重量(t)	
				20/5 以内	
				跨距(m)	
				26 以内	35 以内
材　料	汽轮机油（各种规格）	kg	8.80	8.080	9.090
	黄干油 钙基酯	kg	9.78	14.140	14.847
	氧气	m³	3.60	4.182	4.600
	乙炔气	m³	25.20	1.394	1.533
	棉纱头	kg	6.34	2.332	2.332
	破布	kg	4.50	5.145	5.366
	其他材料费	元	－	41.330	45.060
机　械	载货汽车 8t	台班	619.25	1.000	1.000
	汽车式起重机 8t	台班	728.19	1.000	1.000
	汽车式起重机 100t	台班	6580.83	1.000	1.500
	电动卷扬机（单筒慢速）50kN	台班	145.07	15.000	18.000
	交流弧焊机 32kV·A	台班	96.61	4.000	4.500

八、梁式起重机

单位:台

定 额 编 号			3-4-72	3-4-73	3-4-74	3-4-75	3-4-76	3-4-77
起 重 机 名 称			电动梁式起重机		手动单梁起重机		电动单梁悬挂起重机	手动单梁悬挂起重机
起 重 机 重 量（t）			3 以内	5 以内	3 以内	10 以内	3 以内	
跨 距 （m）			17 以内		14 以内		12 以内	
基 价 （元）			3085.31	3868.05	2115.74	2678.51	2840.85	2544.34
其中	人 工 费 （元）		2287.20	2844.80	1388.80	1858.40	2111.20	1820.80
	材 料 费 （元）		310.16	349.53	300.92	332.16	303.63	297.52
	机 械 费 （元）		487.95	673.72	426.02	487.95	426.02	426.02
名 称	单位	单价(元)	数			量		
人工	综合工日	工日	80.00	28.590	35.560	17.360	23.230	26.390	22.760
材料	加固木板	m³	1980.00	0.010	0.019	0.004	0.006	0.008	0.005
	道木	m³	1600.00	0.138	0.138	0.138	0.138	0.138	0.138
	汽油 93 号	kg	10.05	0.826	1.020	1.020	1.428	0.816	0.816
	煤油	kg	4.20	3.098	4.305	3.339	4.767	3.150	3.150
	汽轮机油（各种规格）	kg	8.80	1.162	1.515	1.111	1.515	0.859	0.859
	黄干油 钙基酯	kg	9.78	2.222	3.030	2.222	3.030	2.273	2.273
	棉纱头	kg	6.34	0.429	0.550	0.440	0.737	0.407	0.407
	破布	kg	4.50	1.008	1.365	1.082	1.733	0.966	0.966
	其他材料费	元	–	9.030	10.180	8.760	9.670	8.840	8.670
机械	载货汽车 8t	台班	619.25	0.200	0.500	0.100	0.200	0.100	0.100
	汽车式起重机 8t	台班	728.19	0.500	0.500	0.500	0.500	0.500	0.500

定 额 编 号				3-4-78	3-4-79	3-4-80	3-4-81
起 重 机 名 称				手动双梁起重机			
起 重 机 重 量 (t)				10 以内		20 以内	
跨 距 (m)				13 以内	17 以内	13 以内	17 以内
基 价 (元)				**3138.58**	**4094.47**	**3967.89**	**4149.66**
其中	人 工 费 (元)			2146.40	2560.00	2785.60	2941.60
	材 料 费 (元)			318.46	324.99	336.90	362.67
	机 械 费 (元)			673.72	1209.48	845.39	845.39
名 称		单位	单价(元)	数		量	
人工	综合工日	工日	80.00	26.830	32.000	34.820	36.770
材料	加固木板	m³	1980.00	0.013	0.015	0.016	0.025
	道木	m³	1600.00	0.138	0.138	0.138	0.138
	汽油 93 号	kg	10.05	1.122	1.142	1.234	1.326
	煤油	kg	4.20	4.620	4.694	4.851	5.775
	汽轮机油（各种规格）	kg	8.80	0.980	1.010	1.616	1.616
	黄干油 钙基酯	kg	9.78	1.212	1.313	1.515	1.616
	棉纱头	kg	6.34	0.671	0.693	0.759	0.847
	破布	kg	4.50	1.607	1.712	1.775	1.964
	其他材料费	元	—	9.280	9.470	9.810	10.560
机械	载货汽车 8t	台班	619.25	0.500	0.500	0.500	0.500
	汽车式起重机 8t	台班	728.19	0.500	0.500		
	汽车式起重机 16t	台班	1071.52	—	0.500	0.500	0.500

九、壁行及旋臂起重机

单位:台

定 额 编 号			3-4-82	3-4-83	3-4-84	3-4-85	3-4-86	3-4-87
项 目			电动壁行悬挂式起重机 (臂长6m以内)		电动旋臂壁式起重机 (臂长6m以内)		手动旋臂壁式起重机 (臂长6m以内)	
			起重量(t)					
			1以内	5以内	1以内	5以内	0.5以内	3以内
基 价 (元)			**2579.80**	**3977.60**	**1814.87**	**2747.74**	**1454.89**	**1946.03**
其中	人 工 费 (元)		2198.40	3201.60	1452.00	2020.80	1184.00	1361.60
	材 料 费 (元)		173.84	226.13	155.31	177.07	136.15	169.30
	机 械 费 (元)		207.56	549.87	207.56	549.87	134.74	415.13
名 称	单位	单价(元)	数			量		
人工 综合工日	工日	80.00	27.480	40.020	18.150	25.260	14.800	17.020
材料 加固木板	m³	1980.00	0.014	0.030	0.005	0.006	0.003	0.005
道木	m³	1600.00	0.055	0.055	0.055	0.055	0.055	0.055
汽油93号	kg	10.05	1.530	2.040	0.969	1.326	0.867	1.224
煤油	kg	4.20	1.785	2.741	1.995	3.150	1.260	2.741
汽轮机油(各种规格)	kg	8.80	1.010	1.212	1.111	1.515	0.606	1.515
黄干油 钙基酯	kg	9.78	1.818	2.525	2.121	2.525	1.111	2.020
棉纱头	kg	6.34	0.198	0.275	0.253	0.616	0.440	0.660
破布	kg	4.50	0.504	0.672	0.588	0.788	1.166	1.197
其他材料费	元	–	5.060	6.590	4.520	5.160	3.970	4.930
机械 载货汽车8t	台班	619.25	0.100	0.300	0.100	0.300	0.100	0.200
汽车式起重机8t	台班	728.19	0.200	0.500	0.200	0.500	0.100	0.400

定　额　编　号				3-4-88	3-4-89	3-4-90	3-4-91
项　　　　　目				电动悬臂立柱式起重机 (臂长6m以内)		手动悬臂立柱式起重机 (臂长6m以内)	
				起重量(t)			
				1 以内	5 以内	0.5 以内	3 以内
基　　　价　　(元)				**2062.85**	**3142.01**	**1603.96**	**2411.86**
其中	人　工　费　(元)			1692.00	2283.20	1335.20	1821.60
	材　料　费　(元)			163.29	185.09	134.02	175.13
	机　械　费　(元)			207.56	673.72	134.74	415.13
名　　　称		单位	单价(元)	数			量
人工	综合工日	工日	80.00	21.150	28.540	16.690	22.770
材料	加固木板	m³	1980.00	0.005	0.009	0.005	0.008
	道木	m³	1600.00	0.055	0.055	0.055	0.055
	汽油93号	kg	10.05	0.969	0.969	0.612	1.275
	煤油	kg	4.20	2.625	3.570	1.092	2.625
	汽轮机油（各种规格）	kg	8.80	1.283	1.747	0.606	1.515
	黄干油 钙基酯	kg	9.78	2.444	2.909	1.162	2.222
	棉纱头	kg	6.34	0.275	0.363	0.308	0.352
	破布	kg	4.50	0.651	0.672	0.630	1.124
	其他材料费	元	–	4.760	5.390	3.900	5.100
机械	载货汽车8t	台班	619.25	0.100	0.500	0.100	0.200
	汽车式起重机8t	台班	728.19	0.200	0.500	0.100	0.400

十、电动葫芦及单轨小车

单位:台

定额编号			3-4-92	3-4-93	3-4-94	3-4-95
项目			电动葫芦		单轨小车	
			起重量(t)			
			2以内	10以内	5以内	10以内
基 价 (元)			**470.65**	**2094.95**	**448.83**	**622.17**
其中	人 工 费 (元)		423.20	1537.60	402.40	572.80
	材 料 费 (元)		47.45	60.21	46.43	49.37
	机 械 费 (元)		–	497.14	–	–
名 称	单位	单价(元)	数		量	
人工 综合工日	工日	80.00	5.290	19.220	5.030	7.160
材料 加固木板	m³	1980.00	0.002	0.004	0.005	0.004
汽油93号	kg	10.05	0.600	0.745	0.510	0.700
煤油	kg	4.20	1.580	1.743	1.544	1.800
汽轮机油(各种规格)	kg	8.80	0.850	0.899	0.707	0.800
黄干油 钙基酯	kg	9.78	1.450	1.515	1.313	1.400
棉纱头	kg	6.34	0.050	0.561	0.264	0.270
破布	kg	4.50	1.660	2.100	0.630	0.660
其他材料费	元	–	1.380	1.750	1.350	1.440
机械 载货汽车8t	台班	619.25	–	0.100	–	–
电动卷扬机(单筒慢速)50kN	台班	145.07	–	3.000	–	–

第五章　起重机轨道安装

说　　明

一、本章定额适用范围如下：

1. 工业用起重输送设备的轨道安装。

2. 地轨安装。

二、本章定额包括下列内容：

1. 测量、领料、下料、矫直、钻孔。

2. 车挡制作与安装的领料、下料、调直、组装、焊接、刷漆等。

3. 脚手架的搭拆。

三、本章定额不包括下列内容：

1. 吊车梁调整及轨道枕木干燥、加工、制作。

2. "8"字形轨道加工制作。

3. "8"字形轨道工字钢轨的立柱、吊架、支架、辅助梁等的制作与安装。

四、本章定额已包括脚手架的搭拆费用。其中搭拆脚手架的材料和机械台班费，不作调整。

一、钢梁上安装轨道［钢统1001］

定 额 编 号			3-5-1	3-5-2	3-5-3	3-5-4	3-5-5	3-5-6
固 定 形 式			焊接式		弯钩螺栓式			
纵向孔距(Amm)横向孔距(Bmm)			每750mm 焊120mm		$A=675$			
轨 道 型 号			□50×50	□60×60	24kg/m	38kg/m	43kg/m	50kg/m
基 价 （元）			**1069.68**	**1114.28**	**1207.48**	**1391.66**	**1419.23**	**1494.48**
其 中	人 工 费 （元）		738.48	767.76	728.32	826.88	848.64	877.92
	材 料 费 （元）		192.61	193.87	369.51	420.10	420.72	440.31
	机 械 费 （元）		138.59	152.65	109.65	144.68	149.87	176.25
名 称	单位	单价(元)	数		量			
人工 综合工日	工日	80.00	9.231	9.597	9.104	10.336	10.608	10.974
材 料 普通方钢75×75 以下	t	–	(0.210)	(0.300)	–	–	–	–
普通钢轨 24kg/m	t	–	–	–	(0.260)	–	–	–
普碳钢重轨 38kg/m	t	–	–	–	–	(0.410)	–	–
普碳钢重轨 43kg/m	t	–	–	–	–	–	(0.470)	–
普碳钢重轨 50kg/m	t	–	–	–	–	–	–	(0.540)
鱼尾板 43kg	块	84.08	–	–	1.010	1.010	1.010	–
鱼尾板 50kg	块	101.09	–	–	–	–	–	1.010

续前

定　额　编　号			3-5-1	3-5-2	3-5-3	3-5-4	3-5-5	3-5-6
固　定　形　式			焊接式		弯钩螺栓式			
纵向孔距(Amm)横向孔距(Bmm)			每750mm 焊 120mm		$A = 675$			
轨　道　型　号			□50×50	□60×60	24kg/m	38kg/m	43kg/m	50kg/m
材料	热轧薄钢板 1.6~2.0	kg	4.67	1.350	1.350	2.000	2.700	2.700	2.700
	钩头螺栓 M18×300	套	2.83	–	–	30.560	–	–	–
	钩头螺栓 M22×400	套	4.25	–	–	–	30.560	30.560	30.560
	弹簧垫圈 M18~22	10个	0.18	–	–	3.100	3.100	3.100	3.100
	粗制六角螺母 M20~24	10个	4.89	–	–	3.200	3.200	3.200	3.200
	电焊条 结422 φ2.5	kg	5.04	4.000	4.000	0.250	0.250	0.250	0.250
	氧气	m³	3.60	0.408	0.510	0.408	0.612	0.663	0.816
	乙炔气	m³	25.20	0.136	0.170	0.136	0.204	0.221	0.272
	脚手架材料费	元	–	155.640	155.640	155.640	155.640	155.640	155.640
	其他材料费	元	–	5.610	5.650	10.760	12.240	12.250	12.820
机械	电动卷扬机(单筒慢速) 50kN	台班	145.07	0.117	0.117	0.108	0.117	0.117	0.126
	立式铣床 320mm×1250mm	台班	192.36	0.162	0.207	0.162	0.225	0.252	0.270
	摩擦压力机 3000kN	台班	600.22	0.063	0.072	0.072	0.108	0.108	0.144
	交流弧焊机 32kV·A	台班	96.61	0.432	0.432	0.090	0.090	0.090	0.090
	脚手架机械使用费	元	–	10.908	10.908	10.908	10.908	10.908	10.908

定　额　编　号			3-5-7	3-5-8	3-5-9	3-5-10	3-5-11	3-5-12
固　定　形　式			压板螺栓式					
纵向孔距(Amm)横向孔距(Bmm)			$A=600,B=220$				$A=600,B=260$	
轨　道　型　号			38kg/m	43kg/m	QU70	QU80	QU100	QU120
基　　　价　（元）			**2519.09**	**2546.03**	**2608.13**	**2686.74**	**3592.28**	**3816.18**
其中	人　工　费　（元）		894.88	916.00	934.32	980.56	1075.76	1166.24
	材　料　费　（元）		1407.36	1407.99	1455.73	1457.09	2221.99	2325.64
	机　械　费　（元）		216.85	222.04	218.08	249.09	294.53	324.30
名　　　称	单位	单价(元)	数			量		
人工	综合工日	工日	80.00	11.186	11.450	11.679	12.257	13.447	14.578
材料	普碳钢重轨 38kg/m	t	–	(0.410)	–	–	–	–	–
	普碳钢重轨 43kg/m	t	–	–	(0.470)	–	–	–	–
	起重钢轨(吊车轨)QU70,80	t	–	–	–	(0.560)	(0.670)	–	–
	起重钢轨(吊车轨)QU100,120	t	–	–	–	–	–	(0.940)	(1.240)
	压板(一)3号钢1号	块	11.80	34.370	34.370	34.370	34.370	–	–
	压板(一)3号钢2号	块	22.63	–	–	–	–	34.370	34.370
	双孔固定板3号钢1号	块	7.36	34.370	–	34.370	34.370	–	–
	双孔固定板3号钢2号	块	7.36	–	34.370	–	–	–	–
	双孔固定板3号钢8号	块	16.05	–	–	–	–	34.370	–
	双孔固定板3号钢9号	块	18.62	–	–	–	–	–	34.370
	鱼尾板 43kg	块	84.08	1.010	1.010				

续前

定　　额　　编　　号			3-5-7	3-5-8	3-5-9	3-5-10	3-5-11	3-5-12
固　　定　　形　　式			压板螺栓式					
纵向孔距(Amm)横向孔距(Bmm)			$A=600,B=220$				$A=600,B=260$	
轨　　道　　型　　号			38kg/m	43kg/m	QU70	QU80	QU100	QU120
材 料	热轧薄钢板 1.6～2.0	kg	4.67	2.700	2.700	2.700	2.700	3.920	3.920
	精制螺栓 M22×160	10个	50.40	6.870	6.870	6.870	6.870	6.870	6.870
	精制六角螺母 M18～22	10个	8.82	6.950	6.950	6.950	6.950	6.950	6.950
	弹簧垫圈 M12～22	10个	0.08	7.090	7.090	7.090	7.090	7.090	7.090
	电焊条 结 422 φ2.5	kg	5.04	7 780	7.780	7.780	7.780	9.550	9.550
	氧气	m³	3.60	0.612	0.663	0.918	1.020	1.224	1.530
	乙炔气	m³	25.20	0.204	0.221	0.306	0.340	0.408	0.510
	脚手架材料费	元	–	155.640	155.640	155.640	155.640	155.640	155.640
	钢轨连接板 QU70	套	126.94	–	–	1.010	–	–	–
	钢轨连接板 QU80	套	127.04	–	–	–	1.010	–	–
	钢轨连接板 QU100	套	181.15	–	–	–	–	1.010	–
	钢轨连接板 QU120	套	189.69	–	–	–	–	–	1.010
	其他材料费	元	–	40.990	41.010	42.400	42.440	64.720	67.740
机 械	电动卷扬机(单筒慢速) 30kN	台班	137.62	0.117	0.117	0.126	0.144	0.153	0.162
	立式铣床 320mm×1250mm	台班	192.36	0.225	0.252	0.225	0.261	0.288	0.324
	摩擦压力机 3000kN	台班	600.22	0.108	0.108	0.108	0.144	0.180	0.216
	交流弧焊机 32kV·A	台班	96.61	0.846	0.846	0.846	0.846	1.026	1.026
	脚手架机械使用费	元	–	10.908	10.908	10.908	10.908	10.908	10.908

二、混凝土梁上安装轨道［G325］

单位:10m

定　额　编　号			3-5-13	3-5-14	3-5-15	3-5-16	3-5-17
标　准　图　号			DGL－1～3			DGL－4～6	DGL－7～10
固定形式(纵向孔距 $A=600\mathrm{mm}$)			钢底板螺栓焊接式			压板螺栓式	
横　向　孔　距　（$B\mathrm{mm}$）			240 以内				260 以内
轨　道　型　号			□40×40	□50×50	24kg/m		38kg/m
基　　价　（元）			**2460.88**	**2493.58**	**2636.51**	**2200.47**	**2721.76**
其中	人　工　费　（元）		1123.36	1139.68	1166.24	1090.72	1286.56
	材　料　费　（元）		1159.52	1167.04	1278.01	985.31	1268.33
	机　械　费　（元）		178.00	186.86	192.26	124.44	166.87
名　　　　称	单位	单价(元)	数		量		
人工 综合工日	工日	80.00	14.042	14.246	14.578	13.634	16.082
材 普碳钢重轨 38kg/m	t	－	－	－	－	－	(0.410)
普通方钢 75×75 以下	t	－	(0.130)	(0.210)	－	－	－
普通钢轨 24kg/m	t	－	－	－	(0.260)	(0.260)	－
钢垫板(一) 3 号钢 6 号	块	30.77	17.850	17.850	17.850	－	－
接头钢垫板 3 号钢 14 号	块	18.62	1.020	1.020	1.020	1.020	－
接头钢垫板 3 号钢 16 号	块	19.54	－	－	－	－	1.020
压板(三) 3 号钢 9 号	块	8.69	－	－	－	34.370	－
压板(三) 3 号钢 14 号	块	15.07	－	－	－	－	34.370
钢垫板挡板槽钢连接板 3 号钢 1 号	块	4.15	2.060	2.060	－	－	－
料 铁片 1 号	块	0.95	－	－	－	12.000	12.000
鱼尾板 43kg	块	84.08	－	－	1.010	1.010	1.010
硬木插片 1 号	10 块	0.50	－	－	－	1.200	1.200

续前

定　额　编　号			3-5-13	3-5-14	3-5-15	3-5-16	3-5-17
标　准　图　号			DGL－1～3			DGL－4～6	DGL－7～10
固定形式(纵向孔距 $A=600\text{mm}$)			钢底板螺栓焊接式			压板螺栓式	
横　向　孔　距　($B\text{mm}$)			240 以内				260 以内
轨　道　型　号			□40×40	□50×50	24kg/m		38kg/m
材料	专用螺母垫圈 3 号钢 2 号	块	1.60	72.170	72.170	72.170	68.740	68.740
	热轧中厚钢板 $\delta=4.5\sim10$	kg	3.90	10.730	12.600	20.460	20.460	29.910
	毛六角螺栓(不带帽) M16×160～260	kg	8.90	10.830	10.830	10.830	10.320	10.320
	六角毛螺母 M16	10 个	1.62	3.650	3.650	3.650	3.470	3.470
	弹簧垫圈 M16	10 个	0.15	3.720	3.720	3.720	3.550	3.550
	垫圈 M16	10 个	0.20	3.720	3.720	3.720	3.550	3.550
	电焊条 结 422 ϕ2.5	kg	5.04	7.490	7.490	7.490	0.500	0.900
	加固木板	m³	1980.00	0.020	0.020	0.020	0.020	0.020
	氧气	m³	3.60	1.428	1.428	1.428	1.428	1.632
	乙炔气	m³	25.20	0.476	0.476	0.476	0.476	0.544
	普通硅酸盐水泥 42.5	kg	0.36	73.000	73.000	75.000	75.000	101.000
	河砂	m³	42.00	0.120	0.120	0.120	0.120	0.160
	碎石 20mm	m³	55.00	0.120	0.120	0.120	0.120	0.160
	脚手架材料费	元	－	155.640	155.640	155.640	155.640	155.640
	其他材料费	元	－	33.770	33.990	37.220	28.700	36.940
机械	电动卷扬机(单筒慢速) 50kN	台班	145.07	0.198	0.198	0.198	0.198	0.234
	立式铣床 320mm×1250mm	台班	192.36	0.144	0.162	0.162	0.162	0.225
	摩擦压力机 3000kN	台班	600.22	0.054	0.063	0.072	0.072	0.108
	交流弧焊机 32kV·A	台班	96.61	0.810	0.810	0.810	0.108	0.144
	脚手架机械使用费	元	－	10.908	10.908	10.908	10.908	10.908

定　额　编　号				3-5-18	3-5-19
标　准　图　号				DGL-11~15	DGL-16~18
固定形式(纵向孔距 $A=600mm$)				弹性(分段)垫压板螺栓式	
横　向　孔　距　(Bmm)				280 以内	
轨　道　型　号				38kg/m	43kg/m
基　　价　(元)				**2927.06**	**3128.43**
其中	人　工　费　(元)			1325.36	1351.84
	材　料　费　(元)			1434.83	1598.44
	机　械　费　(元)			166.87	178.15
名　　　　　称		单位	单价(元)	数	量
人工	综合工日	工日	80.00	16.567	16.898
材料	普碳钢重轨 38kg/m	t	—	(0.410)	—
	普碳钢重轨 43kg/m	t	—	—	(0.470)
	接头钢垫板 3 号钢 19 号	块	27.31	1.020	1.020
	鱼尾板 43kg	块	84.08	1.010	1.010
	硬木插片 2 号	10 块	0.62	1.200	1.200
	专用螺母垫圈 3 号钢 2 号	块	1.60	68.740	68.740
	热轧中厚钢板 $\delta=4.5~10$	kg	3.90	40.990	40.990
	毛六角螺栓(不带帽) M20×180~300	10 个	25.00	3.440	3.440
	压板(三) 3 号钢 14 号	块	15.07	34.370	—
	压板(三) 3 号钢 15 号	块	17.44	—	34.370
	六角毛螺母 M20	10 个	3.26	3.470	3.470

续前

	定　额　编　号			3-5-18	3-5-19
	标　准　图　号			DGL－11～15	DGL－16～18
	固定形式(纵向孔距 $A=600$mm)			弹性(分段)垫压板螺栓式	
	横　向　孔　距　　(Bmm)			280 以内	
	轨　道　型　号			38kg/m	43kg/m
材	弹性垫板(一)橡胶 9 号	块	6.20	17.740	－
	弹性垫板(一)橡胶 12 号	块	10.30	－	17.740
	垫圈 M20	10 个	0.40	3.550	3.550
	电焊条 结 422 φ2.5	kg	5.04	0.900	1.700
	加固木板	m³	1980.00	0.020	0.020
	氧气	m³	3.60	1.632	1.683
	乙炔气	m³	25.20	0.544	0.561
	普通硅酸盐水泥 42.5	kg	0.36	102.000	102.000
	河砂	m³	42.00	0.160	0.160
	碎石 20mm	m³	55.00	0.160	0.160
料	脚手架材料费	元	－	155.640	155.640
	铁片 2 号	块	0.95	12.000	12.000
	其他材料费	元	－	41.790	46.560
机	电动卷扬机(单筒慢速) 50kN	台班	145.07	0.234	0.234
	立式铣床 320mm×1250mm	台班	192.36	0.225	0.252
	摩擦压力机 3000kN	台班	600.22	0.108	0.108
械	交流弧焊机 32kV·A	台班	96.61	0.144	0.207
	脚手架机械使用费	元	－	10.908	10.908

定 额 编 号			3-5-20	3-5-21	3-5-22
标 准 图 号			DGL－19～23	DGL－24、25	DGL－26、27
固定形式(纵向孔距 A＝600mm)				弹性(分段)垫压板螺栓式	
横 向 孔 距 (Bmm)				280 以内	
轨 道 型 号			50kg/m	QU100	QU120
基 价 (元)			**3603.65**	**3809.21**	**3977.68**
其中	人 工 费 (元)		1408.96	1540.24	1639.52
	材 料 费 (元)		1983.63	2031.54	2070.89
	机 械 费 (元)		211.06	237.43	267.27
名 称	单位	单价(元)	数		量
人工 综合工日	工日	80.00	17.612	19.253	20.494
材料 普碳钢重轨 50kg/m	t	－	(0.530)	－	－
起重钢轨(吊车轨)QU100,120	t	－	－	(0.940)	(1.240)
接头钢垫板 3 号钢 19 号	块	27.31	1.020	1.020	1.020
鱼尾板 50kg	块	101.09	1.010	－	－
专用螺母垫圈 3 号钢 4 号	块	2.80	68.740	68.740	68.740
热轧中厚钢板 δ＝4.5～10	kg	3.90	40.990	52.380	58.930
压板(三) 3 号钢 16 号	块	18.62	34.370	34.370	34.370
六角毛螺母 M24	10 个	8.20	3.470	3.470	3.470
毛六角螺栓(不带帽) M24×350	10 个	45.00	3.440	3.440	3.440
料 弹性垫板(一) 橡胶 16 号	块	18.80	17.740	－	－
弹性垫板(一) 橡胶 21 号	块	14.00	－	17.740	17.740

续前

定 额 编 号				3-5-20	3-5-21	3-5-22
标 准 图 号				DGL－19～23	DGL－24、25	DGL－26、27
固定形式(纵向孔距 A＝600mm)				弹性(分段)垫压板螺栓式		
横 向 孔 距 (Bmm)				280 以内		
轨 道 型 号				50kg/m	QU100	QU120
材料	钢轨连接板 QU100	套	181.15	－	1.010	－
	钢轨连接板 QU120	套	189.69	－	－	1.010
	垫圈 M24	10 个	0.80	3.550	3.550	3.550
	电焊条 结 422 φ2.5	kg	5.04	1.700	1.700	1.700
	加固木板	m³	1980.00	0.020	0.020	0.020
	氧气	m³	3.60	1.836	2.244	2.550
	乙炔气	m³	25.20	0.612	0.748	0.850
	普通硅酸盐水泥 42.5	kg	0.36	113.000	116.000	117.000
	河砂	m³	42.00	0.180	0.190	0.190
	碎石 20mm	m³	55.00	0.180	0.180	0.180
	脚手架材料费	元	－	155.640	155.640	155.640
	其他材料费	元	－	57.780	59.170	60.320
机械	电动卷扬机(单筒慢速) 50kN	台班	145.07	0.288	0.297	0.306
	立式铣床 320mm×1250mm	台班	192.36	0.270	0.288	0.324
	摩擦压力机 3000kN	台班	600.22	0.144	0.180	0.216
	交流弧焊机 32kV·A	台班	96.61	0.207	0.207	0.207
	脚手架机械使用费	元	－	10.908	10.908	10.908

三、GB110 鱼腹式混凝土梁上安装轨道

单位:10m

定 额 编 号			3-5-23	3-5-24	3-5-25	3-5-26
标 准 图 号　GB 1 0 9			DGL－1	DGL－2	DGL－3	DGL－4
固定形式(纵向孔距 A＝750mm)			弹性(分段) 垫压板螺栓式		弹性(全长) 垫压板螺栓式	
横 向 孔 距 (Bmm)			230 以内			
轨 道 型 号			38kg/m	43kg/m	38kg/m	43kg/m
基　　　　价　(元)			**2673.74**	**2703.04**	**2773.89**	**2828.88**
其中	人 工 费 (元)		1218.56	1242.40	1214.48	1242.40
	材 料 费 (元)		1278.45	1300.32	1404.28	1426.16
	机 械 费 (元)		176.73	160.32	155.13	160.32
名　　　　　称	单位	单价(元)	数		量	
人工 综合工日	工日	80.00	15.232	15.530	15.181	15.530
材料 普碳钢重轨 38kg/m	t	－	(0.410)	－	(0.410)	－
普碳钢重轨 43kg/m	t	－	－	(0.470)	－	(0.470)
接头钢垫板 3 号钢 5 号	块	19.10	1.020	1.020	1.020	1.020
压板(二) 3 号钢 3 号	块	3.81	27.500	27.500	27.500	27.500
钢垫板挡板槽钢连接板 3 号钢 1 号	块	4.15	27.500	－	27.500	－
单孔固定板钢底板 3 号钢 3 号	块	4.90	－	27.500	－	27.500
止退垫片 3 号钢 1 号	块	4.10	28.400	28.400	28.400	28.400
弹性垫板(一) 橡胶 4 号	块	12.00	14.180	14.180	－	－
料 弹性垫板(二) 橡胶 1 号	块	209.35	－	－	1.060	1.060
弹性垫块 橡胶 2 号	块	1.59	－	－	28.380	28.380
鱼尾板 43kg	块	84.08	1.010	1.010	1.010	1.010

续前

定　额　编　号			3-5-23	3-5-24	3-5-25	3-5-26
标　准　图　号　GB１０９			DGL－1	DGL－2	DGL－3	DGL－4
固定形式(纵向孔距 A =750mm)			弹性(分段) 垫压板螺栓式		弹性(全长) 垫压板螺栓式	
横　向　孔　距　(B mm)			230 以内			
轨　道　型　号			38kg/m	43kg/m	38kg/m	43kg/m
材 料	专用螺母垫圈 3 号钢 2 号	块	1.60	54.980	54.980	54.980	54.980
	热轧薄钢板 1.6～2.0	kg	4.67	45.920	45.920	51.260	51.260
	毛六角螺栓(不带帽) M20×180～300	10 个	25.00	2.750	2.750	2.750	2.750
	六角毛螺母 M18～22	10 个	3.26	2.780	2.780	2.780	2.780
	电焊条 结 422 φ2.5	kg	5.04	0.400	0.400	0.400	0.400
	加固木板	m³	1980.00	0.020	0.020	0.020	0.020
	氧气	m³	3.60	1.632	1.683	1.632	1.683
	乙炔气	m³	25.20	0.544	0.561	0.544	0.561
	普通硅酸盐水泥 42.5	kg	0.36	67.000	67.000	68.000	68.000
	河砂	m³	42.00	0.110	0.110	0.110	0.110
	碎石 20mm	m³	55.00	0.100	0.100	0.100	0.100
	脚手架材料费	元	－	155.640	155.640	155.640	155.640
	其他材料费	元	－	37.240	37.870	40.900	41.540
机 械	电动卷扬机(单筒慢速) 50kN	台班	145.07	0.189	0.189	0.189	0.189
	立式铣床 320mm×1250mm	台班	192.36	0.225	0.252	0.225	0.252
	摩擦压力机 3000kN	台班	600.22	0.144	0.108	0.108	0.108
	交流弧焊机 32kV·A	台班	96.61	0.090	0.090	0.090	0.090
	脚手架机械使用费	元	－	10.908	10.908	10.908	10.908

定　额　编　号			3-5-27	3-5-28	3-5-29
标　准　图　号　GB109			DGL-5	DGL-6	DGL-7
固定形式(纵向孔距 A=750mm)			弹性(全长) 垫压板螺栓式	弹性(分段) 垫压板螺栓式	
横　　向　　孔　　距　　(Bmm)				250 以内	
轨　　道　　型　　号			50kg/m	QU100	QU120
基　　　　　价　(元)			**3014.29**	**3283.73**	**3439.91**
其中	人　工　费　(元)		1293.36	1416.48	1517.12
	材　料　费　(元)		1531.62	1648.96	1674.66
	机　械　费　(元)		189.31	218.29	248.13
名　　　称	单位	单价(元)	数		量
人工	综合工日	工日	80.00	16.167	17.706	18.964
材料	普碳钢重轨 50kg/m	t	-	(0.540)	-	-
	起重钢轨(吊车轨)QU100,120	t	-	-	(0.940)	(1.240)
	接头钢垫板 3 号钢 11 号	块	21.30	1.020	-	-
	接头钢垫板 3 号钢 12 号	块	26.62	-	1.020	1.020
	压板(二) 3 号钢 4 号	块	4.90	27.500	-	-
	压板(二) 3 号钢 8 号	块	6.75	-	27.500	27.500
	单孔固定板钢底板 3 号钢 4 号	块	4.72	27.500	-	-
	单孔固定板钢底板 3 号钢 5 号	块	6.72	-	27.500	-
	单孔固定板钢底板 3 号钢 6 号	块	7.90	-	-	27.500
	止退垫片 3 号钢 1 号	块	4.10	28.400	28.400	28.400
	弹性垫板(一) 橡胶 7 号	块	17.30	-	14.180	14.180
	弹性垫板(二) 橡胶 1 号	块	209.35	1.060	-	-
	弹性垫块 橡胶 2 号	块	1.59	28.380	-	-
	鱼尾板 50kg	块	101.09	1.010	-	-

定 额 编 号			3-5-27	3-5-28	3-5-29
标 准 图 号 GB 1 0 9			DGL-5	DGL-6	DGL-7
固定形式(纵向孔距 A=750mm)			弹性(全长) 垫压板螺栓式	弹性(分段) 垫压板螺栓式	
横 向 孔 距 (Bmm)			250 以内		
轨 道 型 号			50kg/m	QU100	QU120
材 料	专用螺母垫圈 3 号钢 2 号	块	1.60	54.980	54.980	54.980
	热轧薄钢板 1.6~2.0	kg	4.67	58.840	45.920	45.920
	毛六角螺栓(不带帽) M22×180~300	10 个	31.00	2.750	2.750	2.750
	六角毛螺母 M18~22	10 个	3.26	2.780	2.780	2.780
	电焊条 结 422 φ2.5	kg	5.04	0.400	0.400	0.400
	加固木板	m³	1980.00	0.020	0.020	0.010
	氧气	m³	3.60	1.836	2.244	2.550
	乙炔气	m³	25.20	0.612	0.748	0.850
	普通硅酸盐水泥 42.5	kg	0.36	77.000	74.000	74.000
	河砂	m³	42.00	0.120	0.120	0.120
	碎石 20mm	m³	55.00	0.110	0.110	0.110
	脚手架材料费	元	–	155.640	155.640	155.640
	钢轨连接板 QU100	套	181.15	–	1.010	–
	钢轨连接板 QU120	套	189.69	–	–	1.010
	其他材料费	元	–	44.610	48.030	48.780
机 械	电动卷扬机(单筒慢速) 50kN	台班	145.07	0.216	0.243	0.252
	立式铣床 320mm×1250mm	台班	192.36	0.270	0.288	0.324
	摩擦压力机 3000kN	台班	600.22	0.144	0.180	0.216
	交流弧焊机 32kV·A	台班	96.61	0.090	0.090	0.090
	脚手架机械使用费	元	–	10.908	10.908	10.908

四、C7221 鱼腹式混凝土梁上安装轨道 [C7224]

单位:10m

定 额 编 号			3-5-30	3-5-31	3-5-32
标 准 图 号			DGL-1、2、3	DGL-4	DGL-5、6
固定形式(纵向孔距 A=600mm)				弹性(分段)垫压板螺栓式	
横 向 孔 距 (Bmm)			250 以内	220 以内	250 以内
轨 道 型 号			38kg/m	43kg/m	50kg/m
基 价 (元)			**2837.01**	**2984.27**	**3791.04**
其中	人 工 费 (元)		1224.00	1252.56	1303.60
	材 料 费 (元)		1452.67	1560.09	2286.83
	机 械 费 (元)		160.34	171.62	200.61
名 称	单位	单价(元)	数		量
人工 综合工日	工日	80.00	15.300	15.657	16.295
材料 普碳钢重轨 38kg/m	t	-	(0.410)	-	-
普碳钢重轨 43kg/m	t	-	-	(0.470)	-
普碳钢重轨 50kg/m	t	-	-	-	(0.540)
压板(二)3 号钢 7 号	块	6.03	1.020	1.020	-
压板(三)3 号钢 11 号	块	11.83	34.370	-	-
压板(三)3 号钢 13 号	块	14.18	-	34.370	-
压板(三)3 号钢 18 号	块	27.43	-	-	34.370
钢垫板挡板槽钢连接板 3 号钢 5 号	块	25.00	-	-	1.020

续前

定 额 编 号			3-5-30	3-5-31	3-5-32
标 准 图 号			DGL－1、2、3	DGL－4	DGL－5、6
固定形式(纵向孔距 $A = 600\text{mm}$)			弹性(分段)垫压板螺栓式		
横 向 孔 距 (Bmm)			250 以内	220 以内	250 以内
轨 道 型 号			38kg/m	43kg/m	50kg/m
材 料	挡板(角钢)75×75×6 L=100	根	2.90	–	6.880	6.880
	弹性垫板(一)橡胶 13 号	块	7.30	17.740	–	–
	弹性垫板(一)橡胶 18 号	块	7.20	–	17.740	–
	弹性垫板(一)橡胶 19 号	块	10.60	–	–	17.740
	鱼尾板 43kg	块	84.08	1.010	1.010	–
	鱼尾板 50kg	块	101.09	–	–	1.010
	专用螺母垫圈 3 号钢 2 号	块	1.60	103.130	103.130	103.130
	圆钢 φ5.5~9	kg	4.10	12.620	12.620	12.620
	热轧薄钢板 1.6~2.0	kg	4.67	45.920	45.920	58.840
	毛六角螺栓(不带帽)M20×180~300	10 个	25.00	3.440	3.440	–
	毛六角螺栓(不带帽)M24×350	10 个	45.00	–	–	3.440
	六角毛螺母 M20	10 个	3.26	3.470	3.470	–
	六角毛螺母 M24	10 个	8.20	–	–	3.470
	垫圈 M20	10 个	0.40	3.550	3.550	–

续前

定　额　编　号			3-5-30	3-5-31	3-5-32
标　　准　　图　　号			DGL-1、2、3	DGL-4	DGL-5、6
固定形式(纵向孔距 $A=600$ mm)			弹性(分段)垫压板螺栓式		
横　　向　　孔　　距 (B mm)			250 以内	220 以内	250 以内
轨　　道　　型　　号			38kg/m	43kg/m	50kg/m
材	垫圈 M24	10 个	0.80	-	-	3.550
	电焊条 结 422 φ2.5	kg	5.04	0.900	1.700	1.700
	加固木板	m³	1980.00	0.020	0.020	0.020
	氧气	m³	3.60	1.632	1.683	1.836
	乙炔气	m³	25.20	0.564	0.561	0.612
	普通硅酸盐水泥 42.5	kg	0.36	67.000	68.000	77.000
	河砂	m³	42.00	0.090	0.110	0.110
	碎石 20mm	m³	55.00	0.100	0.100	0.110
料	脚手架材料费	元	-	155.640	155.640	155.640
	其他材料费	元	-	42.310	45.440	66.610
机	电动卷扬机(单筒慢速) 50kN	台班	145.07	0.189	0.189	0.216
	立式铣床 320mm×1250mm	台班	192.36	0.225	0.252	0.270
	摩擦压力机 3000kN	台班	600.22	0.108	0.108	0.144
	交流弧焊机 32kV·A	台班	96.61	0.144	0.207	0.207
械	脚手架机械使用费	元	-	10.908	10.908	10.908

定　额　编　号			3-5-33	3-5-34、27	3-5-35
标　准　图　号			DGL-7	DGL-26、27	DGL-9
固定形式(纵向孔距A=600mm)			(全长)	弹性(分段)垫压板螺栓式	
横　向　孔　距　　(Bmm)			250 以内		
轨　道　型　号			50kg/m	QU100	QU120
基　　价　(元)			**3884.45**	**4008.03**	**4149.55**
其中	人　工　费　(元)		1303.60	1421.20	1522.56
	材　料　费　(元)		2380.24	2357.23	2368.86
	机　械　费　(元)		200.61	229.60	258.13
名　　　　称	单位	单价(元)	数		量
人工 综合工日	工日	80.00	16.295	17.765	19.032
材料 普碳钢重轨 50kg/m	t	-	(0.540)	-	-
起重钢轨(吊车轨)QU100,120	t	-	-	(0.940)	(1.240)
压板(三) 3号钢 18号	块	27.43	34.370	34.370	34.370
钢垫板挡板槽钢连接板 3号钢 5号	块	25.00	1.020	1.020	1.020
挡板(角钢)75×75×6　L=100	根	2.90	6.880	6.880	6.880
弹性垫板(一) 橡胶 20号	块	13.00	-	17.740	17.740
弹性垫板(二) 橡胶 1号	块	209.35	1.060	-	-
弹性垫块 橡胶 2号	块	1.59	35.470	-	-
鱼尾板 50kg	块	101.09	1.010	-	-
专用螺母垫圈 3号钢 2号	块	1.60	103.130	103.130	103.130
圆钢 $\phi5.5\sim9$	kg	4.10	12.620	12.620	12.620
热轧薄钢板 1.6~2.0	kg	4.67	58.840	45.920	45.920

续前

定 额 编 号				3-5-33	3-5-34	3-5-35
标 准 图 号				DGL－7	DGL－26、27	DGL－9
固定形式(纵向孔距 A＝600mm)				(全长)	弹性(分段)垫压板螺栓式	
横 向 孔 距 (Bmm)				250 以内		
轨 道 型 号				50kg/m	QU100	QU120
材料	毛六角螺栓(不带帽) M24×350	10 个	45.00	3.440	3.440	3.440
	六角毛螺母 M24	10 个	8.20	3.470	3.470	3.470
	垫圈 M24	10 个	0.80	3.550	3.550	3.550
	电焊条 结 422 φ2.5	kg	5.04	1.700	1.700	1.700
	加固木板	m³	1980.00	0.020	0.020	0.020
	氧气	m³	3.60	1.836	2.244	2.550
	乙炔气	m³	25.20	0.612	0.788	0.850
	普通硅酸盐水泥 42.5	kg	0.36	77.000	74.000	74.000
	河砂	m³	42.00	0.120	0.120	0.120
	碎石 20mm	m³	55.00	0.110	0.110	0.110
	脚手架材料费	元	－	155.640	155.640	155.640
	钢轨连接板 QU100	套	181.15	－	1.010	－
	钢轨连接板 QU120	套	189.69	－	－	1.010
	其他材料费	元	－	69.330	68.660	69.000
机械	电动卷扬机(单筒慢速) 50kN	台班	145.07	0.216	0.243	0.243
	立式铣床 320mm×1250mm	台班	192.36	0.270	0.288	0.324
	摩擦压力机 3000kN	台班	600.22	0.144	0.180	0.216
	交流弧焊机 32kV·A	台班	96.61	0.207	0.207	0.207
	脚手架机械使用费	元	－	10.908	10.908	10.908

五、混凝土梁上安装轨道［DJ46］

单位：10m

定　额　编　号			3-5-36	3-5-37	3-5-38
标　准　图　号			DGN-1、2	DGN-3	
固定形式(纵向孔距 $A=600\mathrm{mm}$)			弹性(分段)垫压板螺栓式		
横　向　孔　距　　($B\mathrm{mm}$)			240 以内	260 以内	
轨　道　型　号			38kg/m	43kg/m	QU70
基　　　价　　(元)			**3163.48**	**3772.08**	**3851.21**
其中	人　工　费　(元)		1324.64	1347.76	1369.52
	材　料　费　(元)		1671.97	2252.26	2313.51
	机　械　费　(元)		166.87	172.06	168.18
名　　　　　称	单位	单价(元)	数		量
人工 综合工日	工日	80.00	16.558	16.847	17.119
材料 普碳钢重轨 38kg/m	t	—	(0.410)	—	—
普碳钢重轨 43kg/m	t	—	—	(0.470)	—
起重钢轨(吊车轨) QU70,80	t	—	—	—	(0.560)
接头钢垫板 3 号钢 4 号	块	23.21	1.020	—	—
接头钢垫板 3 号钢 8 号	块	25.94	—	1.020	1.020
压板(四) 3 号钢 2 号	块	8.14	34.370	—	—
压板(四) 3 号钢 3 号	块	8.71	—	34.370	34.370
止退垫片 3 号钢 2 号	块	4.51	35.470	—	—
止退垫片 3 号钢 5 号	块	4.92	—	35.470	35.470
弹性垫板(一) 橡胶 6 号	块	15.00	17.740	—	—
弹性垫板(一) 橡胶 8 号	块	39.49	—	17.740	17.740
料 鱼尾板 43kg	块	84.08	1.010	1.010	—
专用螺母垫圈 3 号钢 2 号	块	1.60	68.740	—	—
专用螺母垫圈 3 号钢 3 号	块	2.13	—	68.740	68.740

续前

定 额 编 号			3-5-36	3-5-37	3-5-38
标 准 图 号			DGN-1、2	DGN-3	
固定形式(纵向孔距 A=600mm)			弹性(分段)垫压板螺栓式		
横 向 孔 距 （Bmm）			240 以内	260 以内	
轨 道 型 号			38kg/m	43kg/m	QU70
材 料	圆钢 $\phi 5.5 \sim 9$	kg	4.10	12.620	12.620	12.620
	热轧薄钢板 1.6~2.0	kg	4.67	56.590	56.590	59.400
	毛六角螺栓(不带帽) M20×180~300	10 个	25.00	3.440	–	–
	毛六角螺栓(不带帽) M24×180~300	10 个	31.00	–	3.440	3.440
	六角毛螺母 M20	10 个	3.26	6.950	–	–
	六角毛螺母 M24	10 个	8.20	–	6.950	6.950
	电焊条 结 422 $\phi 2.5$	kg	5.04	0.900	0.900	0.900
	加固木板	m³	1980.00	0.020	0.020	0.020
	氧气	m³	3.60	1.632	1.683	1.938
	乙炔气	m³	25.20	0.544	0.561	0.646
	普通硅酸盐水泥 42.5	kg	0.36	108.000	108.000	108.000
	河砂	m³	42.00	0.170	0.170	0.170
	碎石 20mm	m³	55.00	0.160	0.160	0.160
	脚手架材料费	元	–	155.640	155.640	155.640
	钢轨连接板 QU70	套	126.94	–	–	1.010
	其他材料费	元	–	48.700	65.600	67.380
机 械	电动卷扬机(单筒慢速) 50kN	台班	145.07	0.234	0.234	0.243
	立式铣床 320mm×1250mm	台班	192.36	0.225	0.252	0.225
	摩擦压力机 3000kN	台班	600.22	0.108	0.108	0.108
	交流弧焊机 32kV·A	台班	96.61	0.144	0.144	0.144
	脚手架机械使用费	元	–	10.908	10.908	10.908

定 额 编 号			3-5-39	3-5-40	3-5-41	3-5-42	3-5-43	3-5-44
标 准 图 号			DGN－4		DGN－5		DGN－6	DGN－7
固定形式(纵向孔距 A =600mm)			弹性(分段)垫压板螺栓式					
横 向 孔 距 （Bmm）			280 以内					
轨 道 型 号			50kg/m	QU80	50kg/m	QU80	QU100	QU120
基 价 （元）			**3597.75**	**3665.78**	**4084.57**	**4150.00**	**4006.52**	**4274.17**
其 中	人 工 费 （元）		1411.04	1453.20	1411.04	1453.20	1535.44	1636.08
	材 料 费 （元）		1984.35	2009.34	2468.56	2493.56	2243.20	2376.91
	机 械 费 （元）		202.36	203.24	204.97	203.24	227.88	261.18
名 称	单位	单价(元)	数			量		
人工 综合工日	工日	80.00	17.638	18.165	17.638	18.165	19.193	20.451
材 料	普碳钢重轨 50kg/m	t	－	(0.540)	－	(0.540)	－	－	－
	起重钢轨(吊车轨)QU70,80	t	－	－	(0.670)	－	(0.670)	－	－
	起重钢轨(吊车轨)QU100,120	t	－	－	－	－	－	(0.940)	(1.240)
	接头钢垫板 3 号钢 13 号	块	27.31	1.020	1.020	1.020	1.020	1.020	1.020
	压板(四) 3 号钢 4 号	块	11.00	34.370	34.370	34.370	34.370	－	－
	压板(四) 3 号钢 5 号	块	13.80	－	－	－	－	34.370	－
	压板(四) 3 号钢 6 号	块	15.38	－	－	－	－	－	34.370
	止退垫片 3 号钢 5 号	块	4.92	35.470	35.470	35.470	35.470	35.470	35.470
	弹性垫板(一) 橡胶 10 号	块	13.95	17.740	17.740	－	－	－	－
	弹性垫板(一) 橡胶 11 号	块	40.45	－	－	17.740	17.740	－	－
	弹性垫板(一) 橡胶 15 号	块	15.60	－	－	－	－	17.740	－
	弹性垫板(一) 橡胶 17 号	块	16.70	－	－	－	－	－	17.740
	鱼尾板 50kg	块	101.09	1.010	－	1.010	－	－	－
	钢轨连接板 QU80	套	127.04	－	1.010	－	1.010	－	－

续前

定 额 编 号			3-5-39	3-5-40	3-5-41	3-5-42	3-5-43	3-5-44
标 准 图 号			DGN－4		DGN－5		DGN－6	DGN－7
固定形式(纵向孔距 A =600mm)			弹性(分段)垫压板螺栓式					
横 向 孔 距 (Bmm)			280 以内					
轨 道 型 号			50kg/m	QU80	50kg/m	QU80	QU100	QU120
材 料	钢轨连接板 QU100	套	181.15	–	–	–	–	1.010	–
	钢轨连接板 QU120	套	189.69	–	–	–	–	–	1.010
	专用螺母垫圈 3 号钢 3 号	块	2.13	68.740	68.740	68.740	68.740	68.740	68.740
	毛六角螺栓(不带帽) M24×350	10 个	45.00	3.440	3.440	3.440	3.440	3.440	3.440
	六角毛螺母 M24	10 个	8.20	6.950	6.950	6.950	6.950	6.950	6.950
	热轧薄钢板 1.6~2.0	kg	4.67	65.020	64.080	65.020	64.080	73.440	82.800
	圆钢 φ5.5~9	kg	4.10	12.620	12.620	12.620	12.620	12.620	12.620
	电焊条 结 422 φ2.5	kg	5.04	0.900	0.900	0.900	0.900	0.900	0.900
	加固木板	m³	1980.00	0.020	0.020	0.020	0.020	0.020	0.020
	氧气	m³	3.60	1.836	2.040	1.836	2.040	2.244	2.550
	乙炔气	m³	25.20	0.612	0.680	0.612	0.680	0.748	0.850
	普通硅酸盐水泥 42.5	kg	0.36	119.000	119.000	119.000	119.000	121.000	121.000
	河砂	m³	42.00	0.200	0.200	0.200	0.200	0.200	0.200
	碎石 20mm	m³	55.00	0.180	0.180	0.180	0.180	0.180	0.180
	脚手架材料费	元	–	155.640	155.640	155.640	155.640	155.640	155.640
	其他材料费	元	–	57.800	58.520	71.900	72.630	65.340	69.230
机 械	电动卷扬机(单筒慢速) 50kN	台班	145.07	0.270	0.288	0.288	0.288	0.297	0.306
	立式铣床 320mm×1250mm	台班	192.36	0.270	0.261	0.270	0.261	0.270	0.324
	摩擦压力机 3000kN	台班	600.22	0.144	0.144	0.144	0.144	0.180	0.216
	交流弧焊机 32kV·A	台班	96.61	0.144	0.144	0.144	0.144	0.144	0.144
	脚手架机械使用费	元	–	10.908	10.908	10.908	10.908	10.908	10.908

六、电动壁行及悬臂起重机轨道安装

单位:10m

定　额　编　号				3-5-45	3-5-46	3-5-47	3-5-48	3-5-49	3-5-50
安　装　部　位				在上部钢梁上安装侧轨		在下部混凝土梁上安装平轨		在下部混凝土梁上安装侧轨	
固　定　形　式				角钢焊接螺栓式		门形钢垫板焊接式		钢垫板焊接式	
轨　道　型　号				□50×50	□60×60	□50×50	□60×60	□50×50	□60×60
基　　价　　(元)				**1451.37**	**1530.62**	**2626.75**	**2715.31**	**2268.59**	**2360.50**
其中	人　工　费　(元)			821.44	860.24	1024.80	1066.96	1027.52	1073.04
	材　料　费　(元)			393.95	403.83	1318.14	1332.23	957.26	971.34
	机　械　费　(元)			235.98	266.55	283.81	316.12	283.81	316.12
名　　称		单位	单价(元)	数			量		
人工	综合工日	工日	80.00	10.268	10.753	12.810	13.337	12.844	13.413
材料	普通方钢75×75以下	t	—	(0.210)	(0.300)	(0.210)	(0.300)	(0.210)	(0.300)
	钢垫板(一)3号钢1号	块	26.71	—	—	—	—	13.740	13.740
	接头钢垫板3号钢6号	块	16.76	—	—	13.740	13.740	13.740	13.740
	门形钢垫板3号钢	块	48.00	—	—	13.740	13.740	—	—
	专用螺母垫圈3号钢1号	块	1.12	41.240	41.240	27.500	27.500	27.500	27.500
	不等边角钢63×40×6 L=80	根	1.48	41.240	41.240	—	—	—	—
	热轧薄钢板1.6~2.0	kg	4.67	1.030	1.280	—	—	—	—
	热轧中厚钢板δ=4.5~10	kg	3.90	—	—	2.160	3.260	2.160	3.260
	毛六角螺栓(不带帽)M18×40~100	10个	6.43	4.120	4.120	—	—	—	—

续前

定 额 编 号			3-5-45	3-5-46	3-5-47	3-5-48	3-5-49	3-5-50
安 装 部 位			在上部钢梁上安装侧轨		在下部混凝土梁上安装平轨		在下部混凝土梁上安装侧轨	
固 定 形 式			角钢焊接螺栓式		门形钢垫板焊接式		钢垫板焊接式	
轨 道 型 号			□50×50	□60×60	□50×50	□60×60	□50×50	□60×60
材料	毛六角螺栓(不带帽) M20×320~400	10个	39.00	–	–	1.370	1.370	–	–
	弹簧垫圈 M12~22	10个	0.08	4.260	4.260	1.420	1.420	2.840	2.840
	六角毛螺母 M18	10个	3.26	4.170	4.170	1.390	1.390	–	–
	电焊条 结 422 φ2.5	kg	5.04	13.300	14.850	17.200	18.940	17.200	18.940
	加固木板	m³	1980.00	–	–	0.010	0.010	0.010	0.010
	氧气	m³	3.60	0.612	0.663	0.612	0.663	0.612	0.663
	乙炔气	m³	25.20	0.204	0.221	0.204	0.221	0.204	0.221
	普通硅酸盐水泥 42.5	kg	0.36	–	–	44.000	44.000	44.000	44.000
	河砂	m³	42.00	–	–	0.070	0.070	0.070	0.070
	碎石 20mm	m³	55.00	–	–	0.080	0.080	0.080	0.080
	脚手架材料费	元	–	155.640	155.640	155.640	155.640	155.640	155.640
	其他材料费	元	–	11.470	11.760	38.390	38.800	27.880	28.290
机械	电动卷扬机(单筒慢速) 50kN	台班	145.07	0.117	0.117	0.171	0.171	0.171	0.171
	立式铣床 320mm×1250mm	台班	192.36	0.162	0.207	0.162	0.207	0.162	0.207
	摩擦压力机 3000kN	台班	600.22	0.063	0.072	0.063	0.072	0.063	0.072
	交流弧焊机 32kV·A	台班	96.61	1.440	1.611	1.854	2.043	1.854	2.043
	脚手架机械使用费	元	–	10.908	10.908	10.908	10.908	10.908	10.908

七、地平面上安装轨道

单位：10m

定　额　编　号				3-5-51	3-5-52	3-5-53	3-5-54	3-5-55	3-5-56
项　　　目				固定形式					
				预埋钢底板焊接式			预埋螺栓式		
				轨道型号					
				24kg/m	38kg/m	43kg/m	24kg/m	38kg/m	43kg/m
基　　价　（元）				**1305.55**	**1657.08**	**1683.31**	**2070.73**	**2770.64**	**2813.73**
其中	人　工　费　（元）			948.64	1221.28	1241.68	1093.44	1388.56	1409.68
	材　料　费　（元）			229.89	275.05	275.69	892.00	1263.07	1279.84
	机　械　费　（元）			127.02	160.75	165.94	85.29	119.01	124.21
名　　称	单位	单价（元）		数			量		
人工	综合工日	工日	80.00	11.858	15.266	15.521	13.668	17.357	17.621
材料	普碳钢重轨38kg/m	t	—	—	(0.410)	—	—	(0.410)	—
	普碳钢重轨43kg/m	t	—	—	—	(0.470)	—	—	(0.470)
	普通钢轨24kg/m	t	—	(0.260)	—	—	(0.260)	—	—
	钢垫板（一）3号钢5号	块	37.39	—	—	—	13.600	—	—
	钢垫板（一）3号钢7号	块	51.28	—	—	—	—	13.600	13.600
	压板（二）3号钢1号	块	2.02	—	—	—	27.500	—	—
	压板（二）3号钢3号	块	3.81	—	—	—	—	27.500	27.500
	单孔固定板钢底板3号钢1号	块	1.69	—	—	—	27.500	—	—

续前

单位:10m

定 额 编 号			3-5-51	3-5-52	3-5-53	3-5-54	3-5-55	3-5-56
项 目			固定形式					
			预埋钢底板焊接式			预埋螺栓式		
			轨道型号					
			24kg/m	38kg/m	43kg/m	24kg/m	38kg/m	43kg/m
材料	单孔固定板钢底板 3 号钢 2 号	块	4.33	–	–	–	–	27.500	–
	单孔固定板钢底板 3 号钢 3 号	块	4.90	–	–	–	–	–	27.500
	鱼尾板 43kg	块	84.08	1.010	1.010	1.010	1.010	1.010	1.010
	热轧中厚钢板 δ=4.5~10	kg	3.90	4.500	4.500	4.500	4.500	4.500	4.500
	六角毛螺母 M18~22	10 个	3.26	–	–	–	2.780	2.780	2.780
	电焊条 结 422 φ2.5	kg	5.04	4.000	4.000	4.000	–	–	–
	氧气	m³	3.60	0.408	0.612	0.663	0.408	0.612	0.663
	乙炔气	m³	25.20	0.136	0.204	0.221	0.136	0.204	0.221
	普通硅酸盐水泥 42.5	kg	0.36	183.000	263.000	263.000	267.000	357.000	357.000
	河砂	m³	42.00	0.290	0.420	0.420	0.420	0.560	0.560
	碎石 20mm	m³	55.00	0.320	0.450	0.450	0.460	0.620	0.620
	其他材料费	元	–	6.700	8.010	8.030	25.980	36.790	37.280
机械	立式铣床 320mm×1250mm	台班	192.36	0.162	0.225	0.252	0.162	0.225	0.252
	摩擦压力机 3000kN	台班	600.22	0.072	0.108	0.108	0.072	0.108	0.108
	交流弧焊机 32kV·A	台班	96.61	0.432	0.432	0.432	–	–	–
	脚手架机械使用费	元	–	10.908	10.908	10.908	10.908	10.908	10.908

八、电动葫芦及单轨小车工字钢轨道安装

单位:10m

定 额 编 号				3-5-57	3-5-58	3-5-59	3-5-60	3-5-61	3-5-62
项 目				轨道型号					
				Ⅰ12.6	Ⅰ14	Ⅰ16	Ⅰ18	Ⅰ20	Ⅰ22
基 价 (元)				**918.34**	**985.46**	**1061.27**	**1139.88**	**1204.40**	**1344.72**
其中	人 工 费 (元)			633.76	677.28	704.48	742.56	766.40	820.80
	材 料 费 (元)			184.83	196.51	220.40	242.73	267.21	321.45
	机 械 费 (元)			99.75	111.67	136.39	154.59	170.79	202.47
名 称		单位	单价(元)	数			量		
人工	综合工日	工日	80.00	7.922	8.466	8.806	9.282	9.580	10.260
材料	工字钢Ⅰ12.6~28	t	—	(0.150)	(0.180)	(0.220)	(0.260)	(0.300)	(0.350)
	机加工垫铁	kg	6.17	3.810	4.490	6.730	8.000	8.800	12.150
	热轧中厚钢板 δ=4.5~10	kg	3.90	0.720	0.720	0.720	1.030	1.030	1.030
	电焊条 结422 φ2.5	kg	5.04	1.320	1.690	2.410	2.670	2.810	3.920
	氧气	m³	3.60	2.683	2.846	2.938	3.488	4.682	6.426
	乙炔气	m³	25.20	0.895	0.949	0.979	1.163	1.561	2.142
	酚醛调和漆(各种颜色)	kg	18.00	0.830	0.900	1.010	1.110	1.200	1.320
	醇酸防锈漆 C53-1 铁红	kg	16.72	1.230	1.340	1.500	1.660	1.790	1.970
	香蕉水	kg	7.84	0.120	0.150	0.150	0.180	0.180	0.220
	脚手架材料费	元	—	77.820	77.820	77.820	77.820	77.820	77.820
	其他材料费	元	—	5.380	5.720	6.420	7.070	7.780	9.360
机械	电动卷扬机(单筒慢速)50kN	台班	145.07	0.171	0.180	0.198	0.207	0.207	0.225
	摩擦压力机 3000kN	台班	600.22	0.081	0.090	0.108	0.126	0.153	0.171
	交流弧焊机 32kV·A	台班	96.61	0.216	0.270	0.387	0.450	0.450	0.639
	脚手架机械使用费	元	—	5.454	5.454	5.454	5.454	5.454	5.454

単位:10m

定　额　编　号			3-5-63	3-5-64	3-5-65	3-5-66	3-5-67	3-5-68
项　　　　目			轨道型号					
			Ⅰ25	Ⅰ28	Ⅰ32	Ⅰ36	Ⅰ40	Ⅰ45
基　　价　（元）			**1438.00**	**1551.35**	**1772.88**	**1898.29**	**2066.93**	**2358.39**
其中	人　工　费　（元）		859.52	911.20	1014.56	1034.96	1138.32	1262.80
	材　料　费　（元）		350.24	391.11	450.71	526.47	555.79	662.65
	机　械　费　（元）		228.24	249.04	307.61	336.86	372.82	432.94
名　　　　称	单位	单价（元）	数			量		
人工	综合工日	工日	80.00	10.744	11.390	12.682	12.937	14.229	15.785
材料	工字钢 工12.6~28	t	–	(0.400)	(0.460)	–	–	–	–
	工字钢 工32~63	t	–	–	–	(0.560)	(0.630)	(0.710)	(0.850)
	机加工垫铁	kg	6.17	14.970	16.670	23.460	28.070	30.310	38.770
	热轧中厚钢板 δ=4.5~10	kg	3.90	1.030	1.540	1.540	2.600	2.600	3.600
	电焊条 结422 φ2.5	kg	5.04	4.550	4.950	7.080	7.840	8.550	11.120
	氧气	m³	3.60	6.610	8.262	8.486	10.465	10.741	12.852
	乙炔气	m³	25.20	2.203	2.754	2.828	3.488	3.580	4.284
	酚醛调和漆（各种颜色）	kg	18.00	1.440	1.530	1.440	1.920	2.100	2.310
	醇酸防锈漆 C53-1 铁红	kg	16.72	2.150	2.350	2.600	2.870	3.140	3.450
	香蕉水	kg	7.84	0.220	0.270	0.270	0.300	0.300	0.350
	脚手架材料费	元	–	77.820	77.820	77.820	77.820	77.820	77.820
	其他材料费	元	–	10.200	11.390	13.130	15.330	16.190	19.300
机械	电动卷扬机(单筒慢速)50kN	台班	145.07	0.225	0.252	0.279	0.279	0.306	0.333
	摩擦压力机 3000kN	台班	600.22	0.198	0.216	0.252	0.279	0.315	0.342
	交流弧焊机 32kV·A	台班	96.61	0.738	0.801	1.143	1.278	1.386	1.800
	脚手架机械使用费	元	–	5.454	5.454	5.454	5.454	5.454	5.454

定　额　编　号				3-5-69	3-5-70	3-5-71
项　　　　目				轨道型号		
				Ⅰ 50	Ⅰ 56	Ⅰ 63
基　　价　（元）				**2607.87**	**3008.42**	**3317.73**
其中	人　工　费　（元）			1391.28	1565.36	1740.80
	材　料　费　（元）			729.44	866.04	935.88
	机　械　费　（元）			487.15	577.02	641.05
名　　　　　称		单位	单价（元）	数		量
人工	综合工日	工日	80.00	17.391	19.567	21.760
材料	工字钢 工32~63	t	–	(0.970)	(1.120)	(1.280)
	机加工垫铁	kg	6.17	46.340	62.170	69.050
	热轧中厚钢板 δ=4.5~10	kg	3.90	3.600	4.500	4.500
	电焊条 结 422 φ2.5	kg	5.04	12.940	17.050	19.790
	氧气	m³	3.60	12.852	12.852	12.852
	乙炔气	m³	25.20	4.284	4.284	4.284
	酚醛调和漆（各种颜色）	kg	18.00	2.520	2.760	3.030
	醇酸防锈漆 C53-1 铁红	kg	16.72	3.760	4.120	4.520
	香蕉水	kg	7.84	0.350	0.400	0.400
	脚手架材料费	元	–	77.820	77.820	77.820
	其他材料费	元	–	21.250	25.220	27.260
机械	电动卷扬机(单筒慢速) 50kN	台班	145.07	0.360	0.387	0.423
	摩擦压力机 3000kN	台班	600.22	0.378	0.414	0.441
	交流弧焊机 32kV·A	台班	96.61	2.097	2.763	3.204
	脚手架机械使用费	元	–	5.454	5.454	5.454

九、悬挂工字钢轨道及"8"字形轨道安装

单位:10m

定　额　编　号			3-5-72	3-5-73	3-5-74	3-5-75	3-5-76	3-5-77
项　　　　　目			悬挂输送链钢轨安装				单梁悬挂起重机钢轨安装	
			轨道型号					
			Ⅰ10	Ⅰ12.6	Ⅰ14	Ⅰ16		
基　　价　(元)			**995.08**	**1031.97**	**1104.50**	**1178.95**	**996.71**	**1079.60**
其中	人　工　费　(元)		740.56	752.80	796.32	822.16	639.92	684.08
	材　料　费　(元)		170.36	184.83	196.51	220.40	220.40	242.67
	机　械　费　(元)		84.16	94.34	111.67	136.39	136.39	152.85
名　　称	单位	单价(元)	数			量		
人工 综合工日	工日	80.00	9.257	9.410	9.954	10.277	7.999	8.551
材料 工字钢Ⅰ10~22	t	–	(0.120)	(0.150)	(0.180)	(0.220)	(0.220)	(0.250)
机加工垫铁	kg	6.17	2.800	3.810	4.490	6.730	6.730	7.990
热轧中厚钢板 δ=4.5~10	kg	3.90	0.720	0.720	0.720	0.720	0.720	1.030
电焊条 结422 φ2.5	kg	5.04	1.140	1.320	1.690	2.410	2.410	2.670
氧气	m³	3.60	2.683	2.683	2.846	2.938	2.938	3.488
乙炔气	m³	25.20	0.895	0.895	0.949	0.979	0.979	1.163
酚醛调和漆（各种颜色）	kg	18.00	0.660	0.830	0.900	1.010	1.010	1.110
醇酸防锈漆 C53-1 铁红	kg	16.72	1.000	1.230	1.340	1.500	1.500	1.660
香蕉水	kg	7.84	0.120	0.120	0.150	0.150	0.150	0.180
脚手架材料费	元	–	77.820	77.820	77.820	77.820	77.820	77.820
其他材料费	元	–	4.960	5.380	5.720	6.420	6.420	7.070
机械 电动卷扬机(单筒慢速)50kN	台班	145.07	0.162	0.171	0.180	0.198	0.198	0.207
摩擦压力机 3000kN	台班	600.22	0.063	0.072	0.090	0.108	0.108	0.126
交流弧焊机 32kV·A	台班	96.61	0.180	0.216	0.270	0.387	0.387	0.432
脚手架机械使用费	元	–	5.454	5.454	5.454	5.454	5.454	5.454

定 额 编 号			3-5-78	3-5-79	3-5-80	3-5-81	3-5-82	3-5-83
项 目			单梁悬挂起重机钢轨安装					
			轨道型号					
			I 20	I 22	I 25	I 28	I 32	I 36
基 价 (元)			**1137.38**	**1288.24**	**1378.16**	**1508.76**	**1730.20**	**1871.81**
其中	人 工 费 (元)		699.76	764.32	799.68	867.68	966.32	1008.48
	材 料 费 (元)		266.83	321.45	350.24	392.04	456.27	526.47
	机 械 费 (元)		170.79	202.47	228.24	249.04	307.61	336.86
名 称	单位	单价(元)	数			量		
人工 综合工日	工日	80.00	8.747	9.554	9.996	10.846	12.079	12.606
材料 工字钢 I 10~22	t	–	(0.290)	(0.350)	–	–	–	–
工字钢 I 25~45	t	–	–	–	(0.400)	(0.460)	(0.560)	(0.630)
机加工垫铁	kg	6.17	8.740	12.150	14.970	16.670	23.460	28.070
热轧中厚钢板 δ=4.5~10	kg	3.90	1.030	1.030	1.030	1.540	1.540	2.600
电焊条 结422 φ2.5	kg	5.04	2.810	3.920	4.550	4.950	7.080	7.840
氧气	m³	3.60	4.682	6.426	6.610	8.262	8.486	10.465
乙炔气	m³	25.20	1.561	2.142	2.203	2.754	2.828	3.488
酚醛调和漆（各种颜色）	kg	18.00	1.200	1.320	1.440	1.580	1.740	1.920
醇酸防锈漆 C53-1 铁红	kg	16.72	1.790	1.970	2.150	2.350	2.600	2.870
香蕉水	kg	7.84	0.180	0.220	0.220	0.270	0.270	0.300
脚手架材料费	元	–	77.820	77.820	77.820	77.820	77.820	77.820
其他材料费	元	–	7.770	9.360	10.200	11.420	13.290	15.330
机械 电动卷扬机(单筒慢速)50kN	台班	145.07	0.207	0.225	0.225	0.252	0.279	0.279
摩擦压力机 3000kN	台班	600.22	0.153	0.171	0.198	0.216	0.252	0.279
交流弧焊机 32kV·A	台班	96.61	0.450	0.639	0.738	0.801	1.143	1.278
脚手架机械使用费	元	–	5.454	5.454	5.454	5.454	5.454	5.454

定 额 编 号			3-5-84	3-5-85	3-5-86	3-5-87
项 目			单梁悬挂起重机钢轨安装		浇铸"8"字形轨道安装	
			轨道型号			
			Ⅰ40	Ⅰ45	单排	双排
基 价 （元）			**2036.58**	**2358.39**	**700.87**	**975.44**
其中	人 工 费 （元）		1109.12	1262.80	560.32	801.04
	材 料 费 （元）		554.64	662.65	102.02	123.69
	机 械 费 （元）		372.82	432.94	38.53	50.71
名 称	单位	单价（元）	数		量	
人工	综合工日	工日	80.00	13.864	15.785	7.004	10.013
材料	工字钢 Ⅰ25~45	t	–	(0.710)	(0.850)	–	–
	机加工垫铁	kg	6.17	30.130	38.770	–	–
	热轧薄钢板 1.6~2.0	kg	4.67	–	–	0.520	1.030
	热轧中厚钢板 $\delta = 4.5 \sim 10$	kg	3.90	2.600	3.600	–	–
	电焊条 结422 $\phi2.5$	kg	5.04	8.550	11.120	0.160	0.320
	氧气	m³	3.60	10.741	12.852	0.602	1.193
	乙炔气	m³	25.20	3.580	4.284	0.201	0.398
	酚醛调和漆（各种颜色）	kg	18.00	2.100	2.310	0.550	1.100
	醇酸防锈漆 C53-1 铁红	kg	16.72	3.140	3.450	–	–
	香蕉水	kg	7.84	0.300	0.350	0.110	0.220
	脚手架材料费	元	–	77.820	77.820	77.820	77.820
	其他材料费	元	–	16.150	19.300	2.970	3.600
机械	电动卷扬机(单筒慢速) 50kN	台班	145.07	0.306	0.333	0.198	0.252
	摩擦压力机 3000kN	台班	600.22	0.315	0.342	–	–
	交流弧焊机 32kV·A	台班	96.61	1.386	1.800	0.045	0.090
	脚手架机械使用费	元	–	5.454	5.454	5.454	5.454

十、车挡制作与安装

单位:t

定 额 编 号			3-5-88	3-5-89	3-5-90	3-5-91	3-5-92	3-5-93
项 目			车挡安装每组4个					车挡制作（每 t）
			每个单重(t)					
			0.1	0.25	0.65	1	1.5	
基 价 （元）			1024.09	1258.79	1594.59	1805.52	2080.09	4938.18
其中	人 工 费 （元）		780.00	1007.76	1217.20	1392.00	1621.12	2042.08
	材 料 费 （元）		244.09	251.03	280.78	292.14	307.86	2435.66
	机 械 费 （元）		–	–	96.61	121.38	151.11	460.44
名 称	单位	单价(元)	数			量		
人工 综合工日	工日	80.00	9.750	12.597	15.215	17.400	20.264	25.526
材 料 槽钢5~16号	kg	4000.00	–	–	–	–	–	0.230
专用螺母垫圈3号钢3号	块	2.13	32.990	32.990	32.990	32.990	32.990	–
等边角钢 边宽60mm以下	kg	4.00	–	–	–	–	–	92.000
热轧薄钢板1.6~2.0	kg	4.67	0.520	1.240	2.220	3.090	4.120	–
热轧中厚钢板δ=10~16	kg	3.70	–	–	–	–	–	0.778
毛六角螺栓(不带帽) M24×380	10个	47.00	1.650	1.650	–	–	–	–
毛六角螺栓(不带帽) M27×450	10个	59.00	–	–	1.650	1.650	1.650	–
毛六角螺栓(不带帽) M16×70~140	kg	8.49	–	–	–	–	–	9.900
六角毛螺母 M16	10个	1.62	–	–	–	–	–	3.330

单位:t

定 额 编 号				3-5-88	3-5-89	3-5-90	3-5-91	3-5-92	3-5-93
项 目				车挡安装每组4个					车挡制作（每t）
				每个单重(t)					
				0.1	0.25	0.65	1	1.5	
材 料	六角毛螺母 M24～27	10 个	8.20	1.670	1.670	1.670	1.670	1.670	–
	电焊条 结422 φ2.5	kg	5.04	–	–	–	–	–	19.810
	加固木板	m³	1980.00	0.020	0.020	0.020	0.020	0.020	–
	氧气	m³	3.60	–	–	–	–	–	5.661
	乙炔气	m³	25.20	–	–	–	–	–	1.887
	酚醛调和漆（各种颜色）	kg	18.00	0.310	0.480	0.700	1.030	1.550	8.910
	醇酸防锈漆 C53－1 铁红	kg	16.72	–	–	–	–	–	13.310
	香蕉水	kg	7.84	0.110	0.150	0.220	0.350	0.490	3.980
	橡胶板 各种规格	kg	9.68	–	–	–	–	–	41.580
	普通硅酸盐水泥 42.5	kg	0.36	60.000	60.000	60.000	60.000	60.000	–
	河砂	m³	42.00	0.050	0.050	0.050	0.050	0.050	–
	碎石 20mm	m³	55.00	0.060	0.060	0.060	0.060	0.060	–
	其他材料费	元	–	7.110	7.310	8.180	8.510	8.970	70.940
机 械	电动卷扬机(单筒慢速) 30kN	台班	137.62	–	–	0.702	0.882	1.098	–
	立式钻床 φ35mm	台班	123.59	–	–	–	–	–	0.765
	剪板机 20mm×2000mm	台班	303.02	–	–	–	–	–	0.054
	交流弧焊机 32kV·A	台班	96.61	–	–	–	–	–	3.618

第六章　输送设备安装

说　　明

一、本章定额适用范围如下：

1. 斗式提升机。

2. 刮板输送机。

3. 板式(裙式)输送机。

4 螺旋输送机。

5. 悬挂输送机。

二、刮板输送机定额单位是按一组驱动装置计算的。如超过一组时,则将输送长度除以驱动装置组数(即 m/组数),以所得 m/组数来选用相应的项目,再以组数乘以该项目的定额,即得其费用。

例如:某刮板输送机,宽为 420mm,输送长度为 250m,其中共有四组驱动装置,则其 m/组数为 250m 除以 4 组等于 62.5m/组,应选用定额"宽 420mm 以内,80m/组以内"的项目,现该机有四组驱动装置,因此将该项目的定额乘以 4,即得该台刮板输送机的费用。

一、斗式提升机

定　额　编　号			3-6-1	3-6-2	3-6-3	3-6-4	3-6-5	3-6-6
项　　　　目			胶带式（D160、D250）			胶带式（D350、D450）		
			公称高度（m）					
			12以内	22以内	32以内	12以内	22以内	32以内
基　　　价　（元）			**2722.40**	**3712.69**	**4757.16**	**3436.89**	**4896.91**	**6658.70**
其中	人　工　费　（元）		2324.48	3226.96	4176.80	2932.40	4063.44	5511.68
	材　料　费　（元）		181.88	203.46	227.52	221.35	253.36	292.81
	机　械　费　（元）		216.04	282.27	352.84	283.14	580.11	854.21
名　　　称	单位	单价（元）	数			量		
人工	综合工日	工日	80.00	29.056	40.337	52.210	36.655	50.793	68.896
材料	平垫铁0~3号钢1号	kg	5.22	3.048	3.048	3.048	3.048	3.048	3.048
	钩头成对斜垫铁0~3号钢1号	kg	14.50	3.060	3.060	3.060	3.060	3.060	3.060
	普通钢板0~3号δ=0.5~0.65	kg	4.87	0.500	0.600	0.700	0.550	0.650	0.750
	镀锌铁丝8~12号	kg	5.36	2.000	2.000	2.000	2.000	2.000	2.000
	电焊条 结422 φ2.5	kg	5.04	0.672	0.777	0.882	0.777	0.882	0.987
	加固木板	m³	1980.00	0.010	0.011	0.014	0.016	0.021	0.028
	道木	m³	1600.00	0.007	0.007	0.007	0.007	0.007	0.007
	汽油93号	kg	10.05	0.612	0.714	0.816	0.765	0.847	0.969

定　额　编　号			3-6-1	3-6-2	3-6-3	3-6-4	3-6-5	3-6-6
项　　　　　目			胶带式(D160、D250)			胶带式(D350、D450)		
			公称高度(m)					
			12 以内	22 以内	32 以内	12 以内	22 以内	32 以内
材料	煤油	kg	4.20	3.833	4.463	5.093	5.040	5.534	6.300
	汽轮机油（各种规格）	kg	8.80	1.010	1.263	1.414	1.515	1.697	1.919
	黄干油 钙基酯	kg	9.78	1.212	1.293	1.465	1.515	1.697	1.970
	铅油	kg	8.50	0.560	1.130	1.550	0.750	1.460	2.180
	石棉编绳 φ6~10 烧失量 20%	kg	10.14	0.590	1.130	1.550	0.780	1.460	2.180
	普通硅酸盐水泥 42.5	kg	0.36	17.400	17.400	17.400	26.100	26.100	26.100
	河砂	m³	42.00	0.027	0.027	0.027	0.054	0.054	0.054
	碎石 20mm	m³	55.00	0.027	0.027	0.027	0.054	0.054	0.054
	破布	kg	4.50	1.365	1.575	1.995	1.890	2.100	2.310
	其他材料费	元	—	5.300	5.930	6.630	6.450	7.380	8.530
机械	载货汽车 8t	台班	619.25	—	—	—	—	0.360	0.450
	叉式起重机 5t	台班	542.43	0.270	0.360	0.450	0.360	0.450	0.450
	汽车式起重机 8t	台班	728.19	—	—	—	—	—	0.270
	电动卷扬机(单筒慢速)50kN	台班	145.07	0.180	0.270	0.360	0.270	0.360	0.450
	交流弧焊机 32kV·A	台班	96.61	0.450	0.495	0.585	0.504	0.630	0.720

定　额　编　号			3-6-7	3-6-8	3-6-9	3-6-10	3-6-11	3-6-12
项　　　　　目			链式(ZL25、ZL35)			链式(ZL45、ZL60)		
			公称高度(m)					
			12以内	22以内	32以内	12以内	22以内	32以内
基　　　价　（元）			**3221.95**	**4374.96**	**6170.82**	**3921.73**	**5952.75**	**7780.70**
其中	人　工　费　（元）		2941.92	4032.16	5248.16	3490.48	4996.56	6587.84
	材　料　费　（元）		184.33	234.04	261.50	257.21	295.03	344.86
	机　械　费　（元）		95.70	108.76	661.16	174.04	661.16	848.00
名　　　称	单位	单价(元)	数		量			
人工 综合工日	工日	80.00	36.774	50.402	65.602	43.631	62.457	82.348
材料 平垫铁0~3号钢1号	kg	5.22	3.048	3.048	3.048	3.048	3.048	3.048
钩头成对斜垫铁0~3号钢1号	kg	14.50	3.060	3.060	3.060	3.060	3.060	3.060
普通钢板0~3号δ=0.5~0.65	kg	4.87	0.500	0.600	0.700	0.550	0.600	0.750
镀锌铁丝8~12号	kg	5.36	2.000	2.000	2.000	2.000	2.000	2.000
电焊条 结422 φ2.5	kg	5.04	0.735	0.840	0.924	0.798	0.924	1.029
加固木板	m³	1980.00	0.004	0.018	0.021	0.024	0.031	0.040
道木	m³	1600.00	0.007	0.007	0.007	0.007	0.007	0.007
料 汽油93号	kg	10.05	0.663	0.765	0.867	0.826	0.908	1.020

定　额　编　号			3-6-7	3-6-8	3-6-9	3-6-10	3-6-11	3-6-12
项　　　　目			链式（ZL25、ZL35）			链式（ZL45、ZL60）		
			公称高度（m）					
			12 以内	22 以内	32 以内	12 以内	22 以内	32 以内
材料	煤油	kg	4.20	4.410	5.040	5.670	5.891	6.258	6.983
	汽轮机油（各种规格）	kg	8.80	1.212	1.364	1.616	1.848	1.929	2.172
	黄干油 钙基酯	kg	9.78	1.465	1.667	1.919	1.919	2.273	2.576
	铅油	kg	8.50	0.690	1.300	1.780	0.920	1.680	2.500
	石棉编绳 φ6～10 烧失量 20%	kg	10.14	0.690	1.300	1.910	0.910	1.680	2.800
	普通硅酸盐水泥 42.5	kg	0.36	23.200	23.200	23.200	33.350	33.350	33.350
	河砂	m³	42.00	0.041	0.041	0.041	0.054	0.054	0.054
	碎石 20mm	m³	55.00	0.041	0.041	0.041	0.068	0.068	0.068
	破布	kg	4.50	1.628	1.890	2.153	2.258	2.520	2.898
	其他材料费	元	–	5.370	6.820	7.620	7.490	8.590	10.040
机械	载货汽车 8t	台班	619.25	–	–	0.270	–	0.270	0.360
	汽车式起重机 12t	台班	888.68	–	–	0.360	–	0.360	–
	汽车式起重机 16t	台班	1071.52	–	–	–	–	–	0.360
	电动卷扬机（单筒慢速）50kN	台班	145.07	0.360	0.450	0.900	0.900	0.900	1.350
	交流弧焊机 32kV·A	台班	96.61	0.450	0.450	0.450	0.450	0.450	0.450

二、刮板输送机

单位:台

定 额 编 号			3-6-13	3-6-14	3-6-15	3-6-16	3-6-17	3-6-18
项　　目			槽宽(mm)					
			420 以内			530 以内		
			输送机长度/驱动装置组数(m/组)					
			30	50	80	50	80	120
基　　价　（元）			**6101.35**	**9922.09**	**14166.18**	**11306.68**	**15871.00**	**19682.28**
其中	人　工　费　（元）		4566.56	7448.08	10481.52	8614.48	11837.68	14924.88
	材　料　费　（元）		1221.11	1868.45	2844.31	1906.39	2897.30	3624.84
	机　械　费　（元）		313.68	605.56	840.35	785.81	1136.02	1132.56
名　　称	单位	单价(元)	数			量		
人工 综合工日	工日	80.00	57.082	93.101	131.019	107.681	147.971	186.561
材料 平垫铁 0~3 号钢 1 号	kg	5.22	48.768	75.184	115.824	75.184	115.824	144.272
钩头成对斜垫铁 0~3 号钢 1 号	kg	14.50	48.960	75.480	116.280	75.480	116.280	144.840
普通钢板 0~3 号 δ=0.5~0.65	kg	4.87	0.700	0.900	1.100	0.900	1.100	1.300
电焊条 结 422 φ2.5	kg	5.04	1.029	1.281	1.533	1.491	1.764	2.037
加固木板	m³	1980.00	0.005	0.015	0.033	0.015	0.033	0.051
汽油 93 号	kg	10.05	1.224	1.530	1.836	1.734	2.142	2.550
煤油	kg	4.20	5.618	6.248	7.088	7.203	8.159	9.114

定 额 编 号			3-6-13	3-6-14	3-6-15	3-6-16	3-6-17	3-6-18
项 目			槽宽(mm)					
			420 以内			530 以内		
			输送机长度/驱动装置组数(m/组)					
			30	50	80	50	80	120
材料	汽轮机油(各种规格)	kg	8.80	2.172	2.879	3.586	3.192	4.111	5.030
	黄干油 钙基酯	kg	9.78	2.172	2.778	3.283	3.192	3.909	4.626
	铅油	kg	8.50	1.600	2.600	3.600	3.000	4.100	5.200
	石棉编绳 φ6~10 烧失量20%	kg	10.14	3.800	6.600	9.400	8.300	11.900	15.500
	普通硅酸盐水泥 42.5	kg	0.36	114.550	165.300	255.200	165.300	255.200	319.000
	河砂	m³	42.00	0.203	0.284	0.446	0.284	0.446	0.554
	碎石 20mm	m³	55.00	0.216	0.311	0.486	0.311	0.486	0.608
	破布	kg	4.50	2.783	3.308	3.833	3.812	4.358	4.904
	其他材料费	元	–	35.570	54.420	82.840	55.530	84.390	105.580
机械	载货汽车 8t	台班	619.25	–	–	0.360	0.270	0.450	0.450
	叉式起重机 5t	台班	542.43	0.450	0.270	–	0.270	–	–
	汽车式起重机 12t	台班	888.68	–	0.360	0.450	0.360	0.720	–
	汽车式起重机 25t	台班	1269.11	–	–	–	–	–	0.450
	电动卷扬机(单筒慢速) 50kN	台班	145.07	0.180	0.360	0.900	0.450	0.900	1.350
	交流弧焊机 32kV·A	台班	96.61	0.450	0.900	0.900	0.900	0.900	0.900

定　额　编　号			3-6-19	3-6-20	3-6-21	3-6-22	3-6-23	3-6-24
项　　　　目			槽宽(mm)					
			620 以内				800 以内	
			输送机长度/驱动装置组数(m/组)					
			80	120	170	250	170	250
基　　价　（元）			**17119.12**	**22208.53**	**25145.18**	**39761.11**	**32901.45**	**44057.83**
其中	人　工　费　（元）		13622.24	17703.76	18600.08	30416.64	25185.68	33340.00
	材　料　费　（元）		2975.03	3799.40	5375.36	7131.43	5504.86	7348.75
	机　械　费　（元）		521.85	705.37	1169.74	2213.04	2210.91	3369.08
名　　　称	单位	单价(元)	数			量		
人工 综合工日	工日	80.00	170.278	221.297	232.501	380.208	314.821	416.750
材　料	平垫铁 0~3 号钢 1 号	kg	5.22	115.824	144.272	201.168	262.128	201.168	262.128
	钩头成对斜垫铁 0~3 号钢 1 号	kg	14.50	116.280	144.840	201.960	263.160	201.960	263.160
	普通钢板 0~3 号 δ=0.5~0.65	kg	4.87	1.100	1.300	1.500	1.800	1.500	1.800
	电焊条 结 422 ϕ2.5	kg	5.04	2.037	2.352	2.646	3.108	2.982	3.486
	加固木板	m³	1980.00	0.040	0.098	0.199	0.335	0.204	0.366
	汽油 93 号	kg	10.05	2.448	2.958	3.468	4.284	3.978	4.896
	煤油	kg	4.20	9.387	10.437	11.487	13.115	13.157	15.005
	汽轮机油（各种规格）	kg	8.80	4.787	5.808	6.807	8.373	7.807	9.585
	黄干油 钙基酯	kg	9.78	4.484	5.292	6.100	7.363	6.999	8.373

定 额 编 号			3-6-19	3-6-20	3-6-21	3-6-22	3-6-23	3-6-24
项 目			槽宽(mm)					
			620 以内				800 以内	
			输送机长度/驱动装置组数(m/组)					
			80	120	170	250	170	250
材 料	铅油	kg	8.50	4.700	6.000	7.300	9.300	8.400	10.600
	石棉编绳 φ6~10 烧失量 20%	kg	10.14	15.100	19.600	24.100	33.100	31.100	42.700
	普通硅酸盐水泥 42.5	kg	0.36	255.200	319.000	536.500	667.000	536.500	667.000
	河砂	m³	42.00	0.446	0.554	0.932	1.175	0.932	1.175
	碎石 20mm	m³	55.00	0.486	0.608	1.013	1.283	1.013	1.283
	破布	kg	4.50	4.998	5.670	6.342	7.403	7.245	8.442
	其他材料费	元	–	86.650	110.660	156.560	207.710	160.340	214.040
机 械	载货汽车 8t	台班	619.25	0.180	0.180	0.270	0.270	0.360	0.360
	汽车式起重机 16t	台班	1071.52	0.180	–	–	–	–	–
	汽车式起重机 25t	台班	1269.11	–	0.180	–	–	–	–
	汽车式起重机 32t	台班	1360.20	–	–	0.270	–	–	–
	汽车式起重机 50t	台班	3709.18	–	–	–	0.270	0.360	–
	电动卷扬机(单筒慢速)50kN	台班	145.07	0.900	1.800	3.600	6.300	3.600	7.200
	交流弧焊机 32kV·A	台班	96.61	0.900	1.080	1.170	1.350	1.350	1.620
	汽车式起重机 75t	台班	5403.15	–	–	–	–	–	0.360

三、板（裙）式输送机

单位:台

定 额 编 号			3-6-25	3-6-26	3-6-27	3-6-28
项 目			链板宽度(mm)			
			800 以内		1000 以内	1200 以内
			链轮中心距(m)			
			6 以内	10 以内	3 以内	5 以内
基 价 （元）			**2687.57**	**3486.81**	**2417.97**	**2906.67**
其中	人 工 费 （元）		1893.28	2447.36	1747.28	2144.08
	材 料 费 （元）		529.43	682.29	503.47	582.31
	机 械 费 （元）		264.86	357.16	167.22	180.28
名 称	单位	单价(元)	数			量
人工 综合工日	工日	80.00	23.666	30.592	21.841	26.801
材料 平垫铁 0～3 号钢 1 号	kg	5.22	13.208	16.256	12.192	13.208
钩头成对斜垫铁 0～3 号钢 1 号	kg	14.50	13.260	16.320	12.240	13.260
普通钢板 0～3 号 $\delta=0.5～0.65$	kg	4.87	1.100	1.600	1.000	1.160
电焊条 结 422 $\phi2.5$	kg	5.04	1.218	2.573	1.985	2.069
加固木板	m³	1980.00	0.016	0.020	0.015	0.026
镀锌铁丝 8～12 号	kg	5.36	2.000	2.000	2.000	2.000

单位:台

定　额　编　号			3-6-25	3-6-26	3-6-27	3-6-28
项　　　　　目			链板宽度(mm)			
			800 以内		1000 以内	1200 以内
			链轮中心距(m)			
			6 以内	10 以内	3 以内	5 以内
材 料	汽油 93 号	kg	10.05	1.020	1.020	1.081	1.142
	煤油	kg	4.20	6.332	6.993	5.964	6.699
	汽轮机油（各种规格）	kg	8.80	3.868	4.202	4.222	4.949
	黄干油 钙基酯	kg	9.78	2.020	2.020	2.222	2.424
	氧气	m³	3.60	0.612	1.224	0.408	0.612
	乙炔气	m³	25.20	0.204	0.408	0.136	0.204
	普通硅酸盐水泥 42.5	kg	0.36	168.200	272.600	153.700	187.050
	河砂	m³	42.00	0.297	0.473	0.270	0.324
	碎石 20mm	m³	55.00	0.324	0.527	0.297	0.351
	破布	kg	4.50	2.237	2.625	2.153	2.531
	其他材料费	元	–	15.420	19.870	14.660	16.960
机 械	电动卷扬机（单筒慢速）50kN	台班	145.07	0.180	0.180	0.180	0.270
	交流弧焊机 32kV·A	台班	96.61	0.450	0.900	0.450	0.450
	叉式起重机 5t	台班	542.43	0.360	0.450	0.180	0.180

定　额　编　号			3-6-29	3-6-30	3-6-31	3-6-32	3-6-33
项　　目			链板宽度（mm）				
			1500 以内		1800 以内	2400 以内	
			链轮中心距（m）				
			10 以内	15 以内	12 以内	5 以内	12 以内
基　　　价　（元）			**7606.51**	**12165.74**	**12878.31**	**9349.38**	**16090.51**
其中	人　工　费　（元）		4962.00	7651.12	8271.12	6764.16	10905.84
	材　料　费　（元）		1503.21	2295.83	2605.77	1281.00	2960.17
	机　械　费　（元）		1141.30	2218.79	2001.42	1304.22	2224.50
名　　　称	单位	单价(元)	数			量	
人工 综合工日	工日	80.00	62.025	95.639	103.389	84.552	136.323
材料 平垫铁 0~3 号钢 1 号	kg	5.22	15.240	19.304	19.304	15.240	21.336
钩头成对斜垫铁 0~3 号钢 1 号	kg	14.50	15.300	19.380	19.380	15.300	21.420
普通钢板 0~3 号 δ=0.5~0.65	kg	4.87	1.650	2.170	3.050	2.160	3.150
镀锌铁丝 8~12 号	kg	5.36	2.000	3.000	3.000	4.000	4.000
电焊条 结 422 ϕ2.5	kg	5.04	94.500	172.200	147.000	94.500	177.450
加固木板	m³	1980.00	0.120	0.210	0.404	0.014	0.408
汽油 93 号	kg	10.05	1.142	1.224	1.530	1.530	1.683
煤油	kg	4.20	8.442	11.256	12.957	11.897	15.141

定 额 编 号			3-6-29	3-6-30	3-6-31	3-6-32	3-6-33
项 目			链板宽度(mm)				
			1500 以内		1800 以内	2400 以内	
			链轮中心距(m)				
			10 以内	15 以内	12 以内	5 以内	12 以内
材料	汽轮机油（各种规格）	kg	8.80	6.787	7.999	8.737	8.565	10.130
	黄干油 钙基酯	kg	9.78	2.626	3.232	3.838	4.000	4.202
	氧气	m³	3.60	1.020	1.836	1.836	1.020	2.040
	乙炔气	m³	25.20	0.340	0.612	0.612	0.340	0.680
	普通硅酸盐水泥 42.5	kg	0.36	491.550	614.800	642.350	332.050	813.450
	道木	m³	1600.00	–	–	–	0.007	0.007
	河砂	m³	42.00	0.864	1.080	1.121	0.581	1.418
	碎石 20mm	m³	55.00	0.945	1.175	1.229	0.635	1.553
	破布	kg	4.50	3.465	4.872	5.376	5.376	6.395
	其他材料费	元	–	43.780	66.870	75.900	37.310	86.220
机械	载货汽车 8t	台班	619.25	–	0.270	0.270	–	0.360
	叉式起重机 5t	台班	542.43	0.180	–	–	0.360	–
	汽车式起重机 12t	台班	888.68	–	0.180	0.180	–	0.270
	电动卷扬机(单筒慢速) 50kN	台班	145.07	1.800	3.150	3.150	2.250	5.850
	交流弧焊机 32kV·A	台班	96.61	8.100	14.850	12.600	8.100	9.450

四、螺旋输送机

定 额 编 号				3-6-34	3-6-35	3-6-36	3-6-37
项 目				公称直径(mm)			
				300 以内			
				机身长度(m)			
				6 以内	11 以内	16 以内	21 以内
基 价 (元)				**1209.01**	**1594.68**	**2118.53**	**2623.64**
其中	人 工 费 (元)			890.16	1125.92	1454.88	1777.28
	材 料 费 (元)			222.20	301.54	408.47	511.91
	机 械 费 (元)			96.65	167.22	255.18	334.45
名 称		单位	单价(元)	数			量
人工	综合工日	工日	80.00	11.127	14.074	18.186	22.216
材料	平垫铁 0~3 号钢 1 号	kg	5.22	6.096	9.144	13.208	17.272
	钩头成对斜垫铁 0~3 号钢 1 号	kg	14.50	6.120	9.180	13.260	17.340
	普通钢板 0~3 号 $\delta = 0.5~0.65$	kg	4.87	0.280	0.410	0.600	0.780
	镀锌铁丝 8~12 号	kg	5.36	2.000	2.000	2.000	2.000
	电焊条 结 422 $\phi2.5$	kg	5.04	0.462	0.735	1.113	1.449
	加固木板	m³	1980.00	0.006	0.006	0.008	0.008

· 222 ·

定 额 编 号			3-6-34	3-6-35	3-6-36	3-6-37
项 目			公称直径(mm)			
			300 以内			
			机身长度(m)			
			6 以内	11 以内	16 以内	21 以内
材 料	汽油 93 号	kg	10.05	0.663	0.663	0.663	0.663
	煤油	kg	4.20	2.919	3.549	4.169	4.799
	汽轮机油（各种规格）	kg	8.80	0.869	0.990	1.162	1.323
	黄干油 钙基酯	kg	9.78	1.343	1.475	1.636	1.808
	铅油	kg	8.50	0.480	0.800	1.240	1.660
	石棉编绳 φ6～10 烧失量 20%	kg	10.14	0.430	0.750	1.190	1.610
	普通硅酸盐水泥 42.5	kg	0.36	30.450	34.800	39.150	43.500
	河砂	m³	42.00	0.054	0.068	0.068	0.081
	碎石 20mm	m³	55.00	0.054	0.068	0.068	0.081
	破布	kg	4.50	1.008	1.197	1.460	1.701
	其他材料费	元	－	6.470	8.780	11.900	14.910
机 械	叉式起重机 5t	台班	542.43	0.090	0.180	0.270	0.360
	电动卷扬机（单筒慢速）50kN	台班	145.07	0.090	0.180	0.270	0.360
	交流弧焊机 32kV·A	台班	96.61	0.360	0.450	0.720	0.900

定 额 编 号				3-6-38	3-6-39	3-6-40	3-6-41
项 目				公称直径(mm)			
				600 以内			
				机身长度(m)			
				8 以内	14 以内	20 以内	26 以内
基 价 (元)				**1947.35**	**2459.70**	**3135.84**	**3841.65**
其中	人 工 费 (元)			1487.76	1839.84	2314.08	2797.60
	材 料 费 (元)			288.00	377.70	491.64	608.56
	机 械 费 (元)			171.59	242.16	330.12	435.49
名 称		单位	单价(元)	数		量	
人工	综合工日	工日	80.00	18.597	22.998	28.926	34.970
材料	平垫铁 0~3 号钢 1 号	kg	5.22	6.096	9.144	13.208	17.272
	钩头成对斜垫铁 0~3 号钢 1 号	kg	14.50	6.120	9.180	13.260	17.340
	普通钢板 0~3 号 δ=0.5~0.65	kg	4.87	0.450	0.630	0.870	1.110
	镀锌铁丝 8~12 号	kg	5.36	3.000	3.000	3.000	3.000
	电焊条 结 422 φ2.5	kg	5.04	0.630	1.008	1.512	2.016
	加固木板	m³	1980.00	0.021	0.024	0.026	0.029
	汽油 93 号	kg	10.05	1.020	1.020	1.020	1.020

定 额 编 号			3-6-38	3-6-39	3-6-40	3-6-41
项 目			公称直径(mm)			
			600 以内			
			机身长度(m)			
			8 以内	14 以内	20 以内	26 以内
材料	煤油	kg	4.20	3.728	4.526	5.324	6.227
	汽轮机油(各种规格)	kg	8.80	1.212	1.394	1.636	1.879
	黄干油 钙基酯	kg	9.78	1.970	2.151	2.404	2.646
	铅油	kg	8.50	0.650	1.070	1.630	2.190
	石棉编绳 φ6~10 烧失量 20%	kg	10.14	0.650	1.070	1.630	2.190
	普通硅酸盐水泥 42.5	kg	0.36	40.600	44.950	49.300	53.650
	河砂	m³	42.00	0.068	0.081	0.081	0.095
	碎石 20mm	m³	55.00	0.081	0.081	0.095	0.108
	破布	kg	4.50	1.365	1.680	2.090	2.510
	其他材料费	元	–	8.390	11.000	14.320	17.730
机械	叉式起重机 5t	台班	542.43	0.180	0.270	0.360	0.450
	电动卷扬机(单筒慢速) 50kN	台班	145.07	0.270	0.360	0.450	0.720
	交流弧焊机 32kV·A	台班	96.61	0.360	0.450	0.720	0.900

五、悬挂输送机

定 额 编 号				3-6-42	3-6-43	3-6-44	3-6-45	3-6-46	3-6-47
项　　　　　目				驱动装置			转向装置		
				重量（kg）					
				200以内	700以内	1500以内	150以内	220以内	320以内
基　　价　（元）				**381.21**	**599.91**	**900.74**	**188.20**	**282.21**	**378.30**
其中	人　工　费　（元）			267.28	405.04	570.72	105.92	135.04	164.24
	材　料　费　（元）			47.72	58.09	69.49	16.07	19.09	24.10
	机　械　费　（元）			66.21	136.78	260.53	66.21	128.08	189.96
名　　　　称		单位	单价（元）	数			量		
人工	综合工日	工日	80.00	3.341	5.063	7.134	1.324	1.688	2.053
材料	普通钢板 0～3号 δ=0.5～0.65	kg	4.87	4.000	5.000	6.000	1.500	1.800	2.100
	镀锌铁丝 8～12号	kg	5.36	2.000	2.000	2.000	0.500	0.500	0.500
	电焊条 结422 φ2.5	kg	5.04	0.315	0.336	0.378	0.336	0.483	0.630
	加固木板	m³	1980.00	－	0.001	0.004	－	－	0.001
	煤油	kg	4.20	1.575	2.100	2.625	0.158	0.210	0.263
	汽轮机油（各种规格）	kg	8.80	0.354	0.404	0.051	0.051	0.071	0.091
	黄干油 钙基酯	kg	9.78	0.202	0.202	0.202	0.253	0.273	0.293
	破布	kg	4.50	0.630	0.735	0.945	0.074	0.105	0.126
	其他材料费	元	－	1.390	1.690	2.020	0.470	0.560	0.700
机械	叉式起重机 5t	台班	542.43	0.090	0.180	0.360	0.090	0.180	0.270
	电动卷扬机（单筒慢速）50kN	台班	145.07	－	0.090	0.270	－	0.090	0.180
	交流弧焊机 32kV·A	台班	96.61	0.180	0.270	0.270	0.180	0.180	0.180

单位:台

定　额　编　号				3-6-48	3-6-49	3-6-50
项　　　目				拉紧装置		
				重量(kg)		
				200 以内	500 以内	1000 以内
基　　价　（元）				**232.31**	**408.45**	**589.26**
其中	人　工　费　（元）			150.80	246.64	401.76
	材　料　费　（元）			15.30	33.73	46.36
	机　械　费　（元）			66.21	128.08	141.14
名　　　称		单位	单价(元)	数		量
人工	综合工日	工日	80.00	1.885	3.083	5.022
材料	普通钢板 0~3 号 $\delta = 0.5 ~ 0.65$	kg	4.87	1.200	2.000	2.400
	镀锌铁丝 8~12 号	kg	5.36	0.500	2.000	2.000
	加固木板	m³	1980.00	－	0.001	0.003
	煤油	kg	4.20	0.420	0.630	1.260
	汽轮机油（各种规格）	kg	8.80	0.101	0.202	0.404
	黄干油 钙基酯	kg	9.78	0.303	0.505	0.606
	破布	kg	4.50	0.158	0.210	0.420
	其他材料费	元	－	0.450	0.980	1.350
机械	叉式起重机 5t	台班	542.43	0.090	0.180	0.180
	电动卷扬机(单筒慢速) 50kN	台班	145.07	－	0.090	0.180
	交流弧焊机 32kV·A	台班	96.61	0.180	0.180	0.180

定 额 编 号			3-6-51	3-6-52	3-6-53	3-6-54	3-6-55	3-6-56
项 目			链条安装		链条安装		试运转	抓取器
			链片式		链板式	链环式		
			100mm 以内	160mm 以内				
基 价 （元）			**3249.20**	**2491.63**	**4054.16**	**4632.93**	**339.44**	**267.50**
其中	人 工 费 （元）		2457.68	1864.00	3070.16	3356.48	269.84	189.76
	材 料 费 （元）		742.70	578.81	873.31	1165.76	69.60	2.81
	机 械 费 （元）		48.82	48.82	110.69	110.69	–	74.93
名 称	单位	单价(元)	数			量		
人工 综合工日	工日	80.00	30.721	23.300	38.377	41.956	3.373	2.372
材料 电焊条 结 422 φ2.5	kg	5.04	–	–	–	–	–	0.336
加固木板	m³	1980.00	0.001	0.001	0.004	0.006	–	–
汽油 93 号	kg	10.05	4.590	3.060	4.590	6.120	–	–
煤油	kg	4.20	39.375	31.500	47.250	63.000	2.940	0.105
汽轮机油（各种规格）	kg	8.80	9.090	6.060	9.090	12.120	2.424	0.051
黄干油 钙基酯	kg	9.78	37.875	30.300	45.450	60.600	3.030	–
破布	kg	4.50	12.705	10.500	15.750	21.000	0.945	0.032
其他材料费	元	–	21.630	16.860	25.440	33.950	2.030	0.080
机械 叉式起重机 5t	台班	542.43	0.090	0.090	0.180	0.180	–	0.090
电动卷扬机(单筒慢速) 50kN	台班	145.07	–	–	0.090	0.090	–	0.180

六、卸矿车及皮带秤

单位:台

定 额 编 号			3-6-57	3-6-58	3-6-59	3-6-60	3-6-61	3-6-62
项 目			卸矿车			皮带秤		
			带宽(mm)					
			650 以内	1000 以内	1400 以内	650 以内	1000 以内	1400 以内
基 价 （元）			**1148.17**	**1742.80**	**3469.47**	**1045.97**	**1322.87**	**1609.47**
其中	人 工 费 （元）		925.20	1449.04	2828.24	892.80	1109.52	1335.92
	材 料 费 （元）		86.19	86.41	141.35	65.21	76.57	79.26
	机 械 费 （元）		136.78	207.35	499.88	87.96	136.78	194.29
名 称	单位	单价(元)	数		量			
人工 综合工日	工日	80.00	11.565	18.113	35.353	11.160	13.869	16.699
材料 普通钢板 0~3 号 δ=0.5~0.65	kg	4.87	0.700	0.700	0.900	0.500	0.600	0.600
镀锌铁丝 8~12 号	kg	5.36	2.000	2.000	2.000	2.000	2.000	2.000
电焊条 结 422 φ2.5	kg	5.04	0.378	0.420	0.525	0.378	0.504	0.630
加固木板	m³	1980.00	0.006	0.006	0.023	0.004	0.005	0.006
道木	m³	1600.00	－	－	0.007	－	－	－
汽油 93 号	kg	10.05	0.612	0.612	0.816	0.408	0.510	0.510
煤油	kg	4.20	4.200	4.200	5.250	3.150	3.675	3.675
汽轮机油（各种规格）	kg	8.80	0.808	0.808	0.202	0.505	0.707	0.707
黄干油 钙基酯	kg	9.78	1.818	1.818	2.222	1.414	1.616	1.616
料 破布	kg	4.50	1.575	1.575	1.995	1.050	1.260	1.260
其他材料费	元	－	2.510	2.520	4.120	1.900	2.230	2.310
机械 叉式起重机 5t	台班	542.43	0.180	0.270	0.360	0.090	0.180	0.270
电动卷扬机（单筒慢速）50kN	台班	145.07	0.090	0.180	1.800	0.090	0.090	0.090
械 交流弧焊机 32kV·A	台班	96.61	0.270	0.360	0.450	0.270	0.270	0.360

第七章　风机安装

说　　明

一、本章定额适用范围如下：

1. 离心式通(引)风机。包括中低压离心通风机、排尘离心通风机、耐腐蚀离心通风机、防爆离心通风机、高压离心通风机、锅炉离心通风机、煤粉离心通风机、矿井离心通风机、抽烟通风机、多翼式离心通风机、化铁炉风机、硫酸鼓风机、恒温冷暖风机、暖风机、低噪声离心通风机、低噪声屋顶离心通风机。

2. 轴流通风机。包括矿井轴流通风机、冷却塔轴流通风机、化工轴流通风机、纺织轴流通风机、隧道轴流通风机、防爆轴流通风机、可调轴流通风机、屋顶轴流通风机、一般轴流通风机、隔爆型轴流式局部扇风机。

3. 离心式鼓风机、回转式鼓风机(罗茨鼓风机、HGY 型鼓风机、叶式鼓风机)。

4. 其他风机。包括塑料风机、耐酸陶瓷风机。

二、本章定额包括下列内容：

1. 设备本体及与本体联体的附件、管道、润滑冷却装置等的清洗、刮研、组装、调试。

2. 离心式鼓风机(带增速机)的垫铁研磨。

3. 联轴器或皮带以及安全防护罩安装。

4. 设备带有的电动机及减振器安装。

三、本章定额不包括下列内容：

1. 支架、底座及防护罩、减振器的制作、修改。

2. 联轴器及键和键槽的加工制作。

3.电动机的抽芯检查、干燥、配线、调试。

四、设备重量计算方法如下：

1.直联式风机按风机本体及电动机和底座的总重量计算。

2.非直联式风机按风机本体和底座的总重量计算。

五、塑料风机及耐酸陶瓷风机按离心式通(引)风机定额执行。

一、离心式通(引)风机

单位：台

定 额 编 号			3-7-1	3-7-2	3-7-3	3-7-4	3-7-5	3-7-6
项 目			设备重量(t)					
			0.3 以内	0.5 以内	0.8 以内	1.1 以内	1.5 以内	2.2 以内
基 价 （元）			**639.33**	**775.96**	**1046.25**	**1307.36**	**1661.85**	**2365.27**
其中	人 工 费 （元）		416.56	529.36	713.76	909.44	1177.76	1616.40
	材 料 费 （元）		168.19	192.02	229.09	262.65	324.55	532.94
	机 械 费 （元）		54.58	54.58	103.40	135.27	159.54	215.93
名 称	单位	单价（元）	数			量		
人工 综合工日	工日	80.00	5.207	6.617	8.922	11.368	14.722	20.205
材料 平垫铁 0~3 号钢 1 号	kg	5.22	3.048	3.048	4.064	4.064	4.064	－
平垫铁 0~3 号钢 2 号	kg	5.22	－	－	－	－	－	11.616
钩头成对斜垫铁 0~3 号钢 1 号	kg	14.50	3.060	3.060	4.080	4.080	4.080	－
钩头成对斜垫铁 0~3 号钢 2 号	kg	13.20	－	－	－	－	－	10.848
热轧薄钢板 1.6~2.0	kg	4.67	0.300	0.300	0.400	0.400	0.400	0.600
镀锌铁丝 8~12 号	kg	5.36	－	－	－	0.800	1.000	1.500
电焊条 结 422 ϕ2.5	kg	5.04	0.210	0.210	0.315	0.315	0.315	0.525
紫铜皮 各种规格	kg	72.90	0.100	0.200	0.250	0.300	0.400	0.500
加固木板	m³	1980.00	0.006	0.008	0.008	0.009	0.010	0.015
料 道木	m³	1600.00	－	－	－	－	0.011	0.011
汽油 93 号	kg	10.05	1.020	1.020	1.224	1.530	2.040	3.060
煤油	kg	4.20	2.100	3.150	4.200	4.200	5.250	6.300

单位:台

定　额　编　号			3-7-1	3-7-2	3-7-3	3-7-4	3-7-5	3-7-6
项　　　　目			设备重量(t)					
			0.3 以内	0.5 以内	0.8 以内	1.1 以内	1.5 以内	2.2 以内
材 料	亚麻子油	kg	9.00	–	–	–	–	–	0.600
	汽轮机油 (各种规格)	kg	8.80	1.010	1.010	1.010	1.515	2.020	3.030
	黄干油 钙基酯	kg	9.78	0.202	0.202	0.303	0.303	0.404	0.505
	氧气	m³	3.60	1.020	1.020	1.020	1.020	1.530	1.530
	乙炔气	m³	25.20	0.340	0.340	0.340	0.340	0.510	0.510
	铅油	kg	8.50	–	–	–	0.300	0.300	0.300
	羊毛毡	m²	60.00	–	–	–	–	0.030	0.050
	石棉橡胶板 低压 0.8～1.0	kg	13.20	0.300	0.300	0.400	0.400	0.400	0.600
	石棉编绳 ϕ11～25 烧失量 24%	kg	13.21	0.300	0.300	0.400	0.400	0.500	1.000
	普通硅酸盐水泥 42.5	kg	0.36	52.200	65.250	65.250	87.000	101.500	124.700
	河砂	m³	42.00	0.088	0.115	0.115	0.163	0.178	0.219
	碎石 20mm	m³	55.00	0.096	0.126	0.126	0.176	0.193	0.231
	棉纱头	kg	6.34	0.330	0.330	0.440	0.440	0.550	0.880
	破布	kg	4.50	0.315	0.315	0.420	0.420	0.525	1.050
	其他材料费	元	–	4.900	5.590	6.670	7.650	9.450	15.520
机 械	叉式起重机 5t	台班	542.43	0.090	0.090	0.180	0.180	0.180	0.270
	电动卷扬机 (单筒慢速) 50kN	台班	145.07	–	–	–	0.180	0.270	0.270
	交流弧焊机 21kV・A	台班	64.00	0.090	0.090	0.090	0.180	–	–
	直流弧焊机 20kW	台班	84.19	–	–	–	–	0.270	0.360

定　额　编　号			3-7-7	3-7-8	3-7-9	3-7-10	3-7-11	3-7-12
项　　　　目			设备重量(t)					
			3 以内	5 以内	7 以内	10 以内	15 以内	20 以内
基　　　价　　(元)			**3039.44**	**4178.66**	**6311.19**	**7637.12**	**9452.22**	**11567.62**
其中	人　工　费　(元)		2176.48	2991.04	4569.36	5576.88	6890.16	8508.08
	材　料　费　(元)		579.67	840.36	1080.71	1333.84	1640.47	2034.78
	机　械　费　(元)		283.29	347.26	661.12	726.40	921.59	1024.76
名　　称	单位	单价(元)	数			量		
人工	综合工日	工日	80.00	27.206	37.388	57.117	69.711	86.127	106.351
材料	平垫铁 0~3 号钢 2 号	kg	5.22	11.616	–	–	–	5.808	7.744
	平垫铁 0~3 号钢 3 号	kg	5.22	–	24.024	32.032	40.040	40.040	48.048
	钩头成对斜垫铁 0~3 号钢 2 号	kg	13.20	10.848	–	–	–	5.424	7.232
	钩头成对斜垫铁 0~3 号钢 3 号	kg	12.70	–	16.608	22.144	27.680	27.680	33.216
	热轧薄钢板 1.6~2.0	kg	4.67	1.000	1.500	2.000	3.000	3.500	4.000
	镀锌铁丝 8~12 号	kg	5.36	2.000	3.000	4.000	5.000	6.000	8.000
	电焊条 结 422 φ2.5	kg	5.04	0.525	0.840	1.050	1.575	1.890	2.100
	紫铜皮 各种规格	kg	72.90	0.600	0.700	0.800	0.800	1.200	1.500
	加固木板	m³	1980.00	0.015	0.019	0.029	0.031	0.033	0.035
	道木	m³	1600.00	0.011	0.014	0.014	0.021	0.025	0.028
	汽油 93 号	kg	10.05	3.060	4.080	5.100	6.120	8.160	10.200
	煤油	kg	4.20	6.300	7.350	8.400	10.500	12.600	16.800
	亚麻子油	kg	9.00	0.600	1.000	1.000	1.500	1.500	2.000

定　额　编　号			3-7-7	3-7-8	3-7-9	3-7-10	3-7-11	3-7-12
项　　　　　目			设备重量(t)					
			3 以内	5 以内	7 以内	10 以内	15 以内	20 以内
材 料	汽轮机油（各种规格）	kg	8.80	3.030	5.050	6.060	8.080	10.100	12.120
	黄干油 钙基酯	kg	9.78	0.808	1.010	1.212	1.515	2.020	3.030
	氧气	m³	3.60	2.040	3.060	3.060	4.080	6.120	9.180
	乙炔气	m³	25.20	0.680	1.020	1.020	1.360	2.040	3.060
	铅油	kg	8.50	0.300	0.500	0.500	0.750	0.750	1.000
	羊毛毡	m²	60.00	0.080	0.100	0.100	0.120	0.130	0.150
	石棉橡胶板 低压 0.8~1.0	kg	13.20	1.000	1.500	2.000	3.000	3.000	4.000
	石棉编绳 φ11~25 烧失量 24%	kg	13.21	1.200	1.500	2.000	2.500	3.000	4.000
	普通硅酸盐水泥 42.5	kg	0.36	146.450	194.300	266.800	300.150	388.600	468.350
	河砂	m³	42.00	0.258	0.325	0.486	0.517	0.743	0.824
	碎石 20mm	m³	55.00	0.284	0.370	0.540	0.581	0.810	0.891
	棉纱头	kg	6.34	1.100	1.320	1.650	2.200	3.300	5.500
	破布	kg	4.50	1.260	1.575	2.100	3.675	4.200	5.250
	其他材料费	元	–	16.880	24.480	31.480	38.850	47.780	59.270
机 械	叉式起重机 5t	台班	542.43	0.360	0.450	–	–	–	–
	汽车式起重机 16t	台班	1071.52	–	0.450	0.450	–	–	–
	汽车式起重机 32t	台班	1360.20	–	–	–	–	0.450	0.450
	电动卷扬机（单筒慢速）50kN	台班	145.07	0.450	0.450	0.450	0.900	1.350	1.800
	直流弧焊机 20kW	台班	84.19	0.270	0.450	1.350	1.350	1.350	1.800

二、轴流通风机

单位:台

定 额 编 号			3-7-13	3-7-14	3-7-15	3-7-16	3-7-17	3-7-18
项 目			设备重量(t)					
			0.2 以内	0.5 以内	1 以内	1.5 以内	2 以内	3 以内
基 价 （元）			**460.75**	**597.72**	**896.28**	**1156.83**	**1583.77**	**2191.23**
其中	人 工 费 （元）		277.76	411.04	606.88	842.88	1095.68	1548.88
	材 料 费 （元）		128.41	132.10	186.00	191.74	360.12	403.68
	机 械 费 （元）		54.58	54.58	103.40	122.21	127.97	238.67
名 称	单位	单价(元)	数			量		
人工 综合工日	工日	80.00	3.472	5.138	7.586	10.536	13.696	19.361
材料 平垫铁 0～3 号钢 1 号	kg	5.22	3.048	3.048	4.064	4.064	－	－
平垫铁 0～3 号钢 2 号	kg	5.22	－	－	－	－	11.616	11.616
钩头成对斜垫铁 0～3 号钢 1 号	kg	14.50	3.060	3.060	4.080	4.080	－	－
钩头成对斜垫铁 0～3 号钢 2 号	kg	13.20	－	－	－	－	10.848	10.848
热轧薄钢板 1.6～2.0	kg	4.67	0.300	0.300	0.500	0.500	0.800	1.000
镀锌铁丝 8～12 号	kg	5.36	－	－	0.800	0.800	1.000	1.000
电焊条 结 422 φ2.5	kg	5.04	0.210	0.210	0.420	0.420	0.525	0.630
料 加固木板	m³	1980.00	0.006	0.006	0.010	0.010	0.010	0.010

单位:台

定　额　编　号			3-7-13	3-7-14	3-7-15	3-7-16	3-7-17	3-7-18
项　　　目			设备重量(t)					
			0.2 以内	0.5 以内	1 以内	1.5 以内	2 以内	3 以内
材 料	汽油 93 号	kg	10.05	–	–	–	–	1.020	2.040
	煤油	kg	4.20	1.050	1.575	2.100	3.150	4.200	5.250
	汽轮机油（各种规格）	kg	8.80	0.606	0.606	1.010	1.010	1.515	2.020
	黄干油 钙基酯	kg	9.78	–	–	0.303	0.303	0.404	0.404
	氧气	m³	3.60	1.020	1.020	1.020	1.020	2.040	2.040
	乙炔气	m³	25.20	0.340	0.340	0.340	0.340	0.680	0.680
	普通硅酸盐水泥 42.5	kg	0.36	47.850	50.750	65.250	65.250	65.250	101.500
	河砂	m³	42.00	0.082	0.086	0.115	0.115	0.115	0.178
	碎石 20mm	m³	55.00	0.092	0.095	0.126	0.126	0.126	0.193
	棉纱头	kg	6.34	0.220	0.220	0.330	0.440	0.880	1.100
	破布	kg	4.50	0.210	0.210	0.315	0.420	0.840	1.050
	其他材料费	元	–	3.740	3.850	5.420	5.580	10.490	11.760
机 械	叉式起重机 5t	台班	542.43	0.090	0.090	0.180	0.180	0.180	0.360
	电动卷扬机（单筒慢速）50kN	台班	145.07	–	–	–	0.090	0.090	0.180
	交流弧焊机 21kV·A	台班	64.00	0.090	0.090	0.090	0.180	0.270	0.270

定　额　编　号			3-7-19	3-7-20	3-7-21	3-7-22	3-7-23	3-7-24
项　　　　目			设备重量(t)					
			4 以内	5 以内	6 以内	8 以内	10 以内	15 以内
基　　　价　（元）			**3017.44**	**3908.74**	**4922.52**	**6133.19**	**7452.38**	**9971.62**
其中	人　工　费　（元）		2243.20	2978.64	3675.44	4569.60	5561.36	7322.56
	材　料　费　（元）		509.46	610.74	683.87	970.04	1220.67	1754.73
	机　械　费　（元）		264.78	319.36	563.21	593.55	670.35	894.33
名　　　　称	单位	单价(元)	数				量	
人工 综合工日	工日	80.00	28.040	37.233	45.943	57.120	69.517	91.532
材料 平垫铁 0~3 号钢 2 号	kg	5.22	11.616	15.488	15.488	–	–	9.680
平垫铁 0~3 号钢 3 号	kg	5.22	–	–	–	32.032	40.040	48.048
钩头成对斜垫铁 0~3 号钢 2 号	kg	13.20	10.848	14.464	14.464	–	–	9.040
钩头成对斜垫铁 0~3 号钢 3 号	kg	12.70	–	–	–	22.144	27.680	33.216
热轧薄钢板 1.6~2.0	kg	4.67	1.000	1.000	1.000	1.500	2.000	3.000
热轧中厚钢板 $\delta = 26 \sim 32$	kg	3.70	–	–	–	4.000	5.000	8.000
镀锌铁丝 8~12 号	kg	5.36	2.000	3.000	4.000	5.000	6.000	7.000
电焊条 结 422 ϕ2.5	kg	5.04	0.630	0.630	0.630	1.050	2.100	3.150
加固木板	m³	1980.00	0.014	0.014	0.019	0.023	0.028	0.044
道木	m³	1600.00	0.014	0.014	0.014	0.021	0.021	0.028
汽油 93 号	kg	10.05	2.550	3.060	3.570	4.080	5.100	6.120

定 额 编 号			3-7-19	3-7-20	3-7-21	3-7-22	3-7-23	3-7-24
项 目			设备重量(t)					
			4 以内	5 以内	6 以内	8 以内	10 以内	15 以内
材 料	煤油	kg	4.20	5.250	6.300	6.300	8.400	10.500	13.650
	汽轮机油(各种规格)	kg	8.80	3.030	4.040	5.050	6.060	8.080	10.100
	黄干油 钙基酯	kg	9.78	0.505	0.505	0.606	1.010	1.212	2.020
	氧气	m³	3.60	3.060	3.060	4.080	4.080	6.120	9.180
	乙炔气	m³	25.20	1.020	1.020	1.360	1.360	2.040	3.060
	铅油	kg	8.50	0.300	0.300	0.400	0.400	0.500	0.600
	石棉橡胶板 低压 0.8~1.0	kg	13.20	1.000	1.500	1.500	1.800	2.000	2.500
	普通硅酸盐水泥 42.5	kg	0.36	145.000	145.000	194.300	232.000	268.250	384.250
	河砂	m³	42.00	0.258	0.258	0.325	0.351	0.486	0.743
	碎石 20mm	m³	55.00	0.284	0.284	0.370	0.419	0.554	0.810
	棉纱头	kg	6.34	1.100	1.100	1.100	2.200	3.300	3.850
	破布	kg	4.50	1.050	1.050	1.575	2.100	3.150	3.990
	其他材料费	元	–	14.840	17.790	19.920	28.250	35.550	51.110
机 械	叉式起重机 5t	台班	542.43	0.360	0.450	–	–	–	–
	汽车式起重机 16t	台班	1071.52	–	–	0.450	0.450	0.450	–
	汽车式起重机 32t	台班	1360.20	–	–	–	–	–	0.450
	电动卷扬机(单筒慢速) 50kN	台班	145.07	0.360	0.360	0.360	0.450	0.900	1.350
	交流弧焊机 21kV·A	台班	64.00	0.270	0.360	0.450	0.720	0.900	1.350

定　额　编　号			3-7-25	3-7-26	3-7-27	3-7-28	3-7-29	3-7-30
项　　　目			设备重量(t)					
			20 以内	30 以内	40 以内	50 以内	60 以内	70 以内
基　　价　(元)			**12118.96**	**15525.38**	**18905.94**	**21657.85**	**25740.25**	**29217.46**
其中	人　工　费　(元)		9021.76	10860.56	13176.16	14759.60	17312.32	19517.92
	材　料　费　(元)		2043.50	2523.87	3465.95	3899.45	4665.36	5581.76
	机　械　费　(元)		1053.70	2140.95	2263.83	2998.80	3762.57	4117.78
名　　　称	单位	单价(元)	数			量		
人工 综合工日	工日	80.00	112.772	135.757	164.702	184.495	216.404	243.974
材料 平垫铁 0~3 号钢 2 号	kg	5.22	15.488	23.232	34.848	38.720	48.400	58.080
平垫铁 0~3 号钢 3 号	kg	5.22	48.048	48.048	72.072	80.080	100.100	120.120
钩头成对斜垫铁 0~3 号钢 2 号	kg	13.20	14.464	21.696	32.544	36.160	45.200	54.240
钩头成对斜垫铁 0~3 号钢 3 号	kg	12.70	33.216	33.216	49.824	55.360	69.200	83.040
热轧薄钢板 1.6~2.0	kg	4.67	4.000	5.000	5.000	6.000	7.000	7.000
热轧中厚钢板 $\delta = 26~32$	kg	3.70	10.000	15.000	20.000	25.000	30.000	40.000
镀锌铁丝 8~12 号	kg	5.36	10.000	12.000	15.000	18.000	20.000	24.000
电焊条 结 422 $\phi 2.5$	kg	5.04	4.200	6.300	8.400	10.500	12.600	14.700
加固木板	m³	1980.00	0.044	0.075	0.088	0.115	0.115	0.125
料 道木	m³	1600.00	0.041	0.055	0.083	0.110	0.138	0.206
汽油 93 号	kg	10.05	7.140	8.160	10.200	12.240	15.300	20.400

定 额 编 号			3-7-25	3-7-26	3-7-27	3-7-28	3-7-29	3-7-30
项 目			设备重量(t)					
			20 以内	30 以内	40 以内	50 以内	60 以内	70 以内
材料	煤油	kg	4.20	15.750	21.000	26.250	31.500	36.750	42.000
	汽轮机油（各种规格）	kg	8.80	12.120	15.150	18.180	20.200	25.250	30.300
	黄干油 钙基酯	kg	9.78	3.030	3.535	4.040	4.545	5.050	6.060
	氧气	m³	3.60	9.180	12.240	18.360	18.360	24.480	24.480
	乙炔气	m³	25.20	3.060	4.080	6.120	6.120	8.160	8.160
	铅油	kg	8.50	0.800	1.000	1.200	1.400	1.700	2.000
	石棉橡胶板 低压 0.8~1.0	kg	13.20	3.000	3.200	3.500	3.800	4.000	4.500
	普通硅酸盐水泥 42.5	kg	0.36	508.950	611.900	764.150	764.150	764.150	916.400
	河砂	m³	42.00	0.891	1.069	1.337	1.337	1.337	1.607
	碎石 20mm	m³	55.00	0.972	1.166	1.458	1.458	1.458	1.742
	棉纱头	kg	6.34	4.400	8.800	11.000	13.200	15.400	17.600
	破布	kg	4.50	5.250	8.400	10.500	12.600	14.700	16.800
	其他材料费	元	–	59.520	73.510	100.950	113.580	135.880	162.580
机械	汽车式起重机 16t	台班	1071.52	–	0.900	0.900	0.900	0.900	0.900
	汽车式起重机 32t	台班	1360.20	0.450	0.450	0.450	0.900	1.350	1.350
	电动卷扬机（单筒慢速）50kN	台班	145.07	2.250	2.700	3.150	3.600	4.050	6.300
	交流弧焊机 21kV·A	台班	64.00	1.800	2.700	3.600	4.500	5.850	6.300

三、回转式鼓风机

单位:台

定 额 编 号			3-7-31	3-7-32	3-7-33	3-7-34	3-7-35
项 目			设备重量(t)				
			0.5 以内	1 以内	2 以内	3 以内	5 以内
基 价 (元)			**1156.81**	**1611.39**	**2083.71**	**2728.04**	**3660.12**
其中	人 工 费 (元)		840.24	1210.08	1598.40	2085.52	2763.20
	材 料 费 (元)		200.12	279.10	350.04	452.67	590.62
	机 械 费 (元)		116.45	122.21	135.27	189.85	306.30
名 称	单位	单价(元)	数		量		
人工 综合工日	工日	80.00	10.503	15.126	19.980	26.069	34.540
材料 平垫铁 0~3 号钢 1 号	kg	5.22	4.064	5.080	6.096	6.096	9.144
钩头成对斜垫铁 0~3 号钢 1 号	kg	14.50	4.080	5.100	6.120	6.120	9.180
热轧薄钢板 1.6~2.0	kg	4.67	0.400	0.500	0.800	0.800	1.000
镀锌铁丝 8~12 号	kg	5.36	1.000	1.100	1.400	1.800	2.000
电焊条 结 422 φ2.5	kg	5.04	0.368	0.578	0.578	0.945	1.313
加固木板	m³	1980.00	0.006	0.010	0.015	0.024	0.028
汽油 93 号	kg	10.05	0.510	0.816	1.020	1.020	1.530
煤油	kg	4.20	4.200	4.830	6.090	7.140	8.400
汽轮机油（各种规格）	kg	8.80	1.010	1.515	2.020	2.020	2.525

单位:台

定 额 编 号			3-7-31	3-7-32	3-7-33	3-7-34	3-7-35
项 目			设备重量(t)				
			0.5 以内	1 以内	2 以内	3 以内	5 以内
材 料	黄干油 钙基酯	kg	9.78	0.505	0.808	1.010	1.010	1.364
	氧气	m³	3.60	1.020	1.020	1.020	1.530	2.040
	乙炔气	m³	25.20	0.340	0.340	0.340	0.510	0.680
	铅油	kg	8.50	0.200	0.300	0.400	0.500	0.800
	石棉橡胶板 低压 0.8~1.0	kg	13.20	0.500	0.700	1.000	1.000	1.500
	石棉编绳 φ11~25 烧失量 24%	kg	13.21	0.500	0.800	0.800	1.000	1.000
	普通硅酸盐水泥 42.5	kg	0.36	34.800	79.750	107.300	218.950	268.250
	河砂	m³	42.00	0.068	0.140	0.181	0.383	0.473
	碎石 20mm	m³	55.00	0.073	0.154	0.194	0.419	0.527
	棉纱头	kg	6.34	0.440	0.440	0.550	0.550	0.550
	破布	kg	4.50	1.050	1.575	2.100	2.625	2.625
	草袋	条	1.90	1.000	1.000	1.000	1.000	1.000
	水	t	4.00	0.100	0.100	0.200	0.300	0.500
	其他材料费	元	–	5.830	8.130	10.200	13.180	17.200
机 械	叉式起重机 5t	台班	542.43	0.180	0.180	0.180	0.270	0.450
	电动卷扬机(单筒慢速)50kN	台班	145.07	0.090	0.090	0.090	0.180	0.270
	交流弧焊机 21kV·A	台班	64.00	0.090	0.180	0.180	0.270	0.360

定　额　编　号			3-7-36	3-7-37	3-7-38
项　　　　目			设备重量(t)		
			8 以内	12 以内	15 以内
基　　　价　（元）			**5362.48**	**6796.76**	**9330.73**
其中	人　工　费　（元）		3944.72	5131.60	6798.64
	材　料　费　（元）		817.18	881.28	993.13
	机　械　费　（元）		600.58	783.88	1538.96
名　　　　　称	单位	单价（元）	数		量
人工 综合工日	工日	80.00	49.309	64.145	84.983
材　　　料	钩头成对斜垫铁 0~3 号钢 2 号	kg	13.20	7.944	10.592	10.592
	平垫铁 0~3 号钢 1 号	kg	5.22	9.144	–	–
	平垫铁 0~3 号钢 2 号	kg	5.22	5.808	19.360	19.360
	钩头成对斜垫铁 0~3 号钢 1 号	kg	14.50	9.180	–	–
	热轧薄钢板 1.6~2.0	kg	4.67	1.000	1.800	2.300
	镀锌铁丝 8~12 号	kg	5.36	3.000	4.000	5.000
	电焊条 结 422 φ2.5	kg	5.04	1.890	2.625	3.150
	加固木板	m³	1980.00	0.031	0.034	0.038
	汽油 93 号	kg	10.05	2.040	3.060	4.080
	煤油	kg	4.20	10.500	11.550	13.650
	亚麻子油	kg	9.00	0.800	1.000	1.200
	汽轮机油（各种规格）	kg	8.80	3.030	4.040	5.050

定 额 编 号				3-7-36	3-7-37	3-7-38
项 目				设备重量(t)		
				8 以内	12 以内	15 以内
材 料	黄干油 钙基酯	kg	9.78	1.515	1.818	2.020
	氧气	m³	3.60	3.060	4.080	5.100
	乙炔气	m³	25.20	1.020	1.360	1.700
	铅油	kg	8.50	0.800	1.000	1.200
	石棉橡胶板 低压 0.8~1.0	kg	13.20	1.500	1.800	2.400
	石棉编绳 φ11~25 烧失量24%	kg	13.21	1.400	1.500	2.000
	普通硅酸盐水泥 42.5	kg	0.36	281.300	384.250	435.000
	河砂	m³	42.00	0.513	0.743	0.824
	碎石 20mm	m³	55.00	0.594	0.810	0.891
	棉纱头	kg	6.34	2.200	3.300	3.300
	破布	kg	4.50	3.150	4.200	4.200
	草袋	条	1.90	2.000	2.000	2.000
	水	t	4.00	0.800	1.000	2.000
	其他材料费	元	—	23.800	25.670	28.930
机 械	叉式起重机 5t	台班	542.43	0.450	0.450	0.900
	汽车式起重机 8t	台班	728.19	0.450	—	—
	交流弧焊机 21kV·A	台班	64.00	0.450	0.900	1.350
	汽车式起重机 16t	台班	1071.52	—	0.450	0.900

四、离心式鼓风机(带增速机)

单位:台

定 额 编 号			3-7-39	3-7-40	3-7-41	3-7-42	3-7-43	3-7-44
项 目			设备重量(t)					
			5 以内	7 以内	10 以内	15 以内	20 以内	25 以内
基 价 (元)			**10515.71**	**13680.11**	**18635.61**	**25422.34**	**30796.20**	**36465.40**
其中	人 工 费 (元)		8861.60	11682.56	15596.72	21126.24	25521.68	28612.80
	材 料 费 (元)		969.31	1110.38	1480.11	2245.63	2868.84	4785.44
	机 械 费 (元)		684.80	887.17	1558.78	2050.47	2405.68	3067.16
名 称	单位	单价(元)	数			量		
人工 综合工日	工日	80.00	110.770	146.032	194.959	264.078	319.021	357.660
材料 钩头成对斜垫铁 0~3 号钢 1 号	kg	14.50	12.576	–	–	–	6.120	6.120
钩头成对斜垫铁 0~3 号钢 2 号	kg	13.20	7.232	21.184	26.480	7.232	–	–
钩头成对斜垫铁 0~3 号钢 3 号	kg	12.70	–	–	–	39.140	46.968	16.608
钩头成对斜垫铁 0~3 号钢 4 号	kg	13.60	–	–	–	–	–	92.400
平垫铁 0~3 号钢 1 号	kg	5.22	8.128	–	–	–	6.096	6.096
平垫铁 0~3 号钢 2 号	kg	5.22	7.744	23.232	27.104	7.744	–	–
平垫铁 0~3 号钢 3 号	kg	5.22	–	–	–	40.040	72.072	24.024
平垫铁 0~3 号钢 4 号	kg	5.22	–	–	–	–	–	189.888
热轧薄钢板 1.6~2.0	kg	4.67	0.300	0.300	0.400	0.600	0.600	0.600
镀锌铁丝 8~12 号	kg	5.36	1.100	1.200	2.300	3.000	3.500	4.000
电焊条 结 422 φ2.5	kg	5.04	1.313	1.470	1.470	4.410	8.610	9.975

续前

定　额　编　号			3-7-39	3-7-40	3-7-41	3-7-42	3-7-43	3-7-44
项　　　　　目			设备重量(t)					
			5 以内	7 以内	10 以内	15 以内	20 以内	25 以内
材　料	碳钢气焊条	kg	5.85	0.450	0.600	2.100	3.750	4.820	5.400
	紫铜皮 各种规格	kg	72.90	0.206	0.206	0.210	0.210	0.260	0.260
	加固木板	m³	1980.00	0.018	0.036	0.064	0.083	0.099	0.125
	道木	m³	1600.00	0.041	0.055	0.066	0.083	0.110	0.117
	汽油 93 号	kg	10.05	1.836	2.550	3.570	8.160	12.240	13.260
	煤油	kg	4.20	14.175	15.750	24.045	31.500	45.150	48.300
	亚麻子油	kg	9.00	1.500	1.800	2.300	2.900	3.500	4.000
	汽轮机油（各种规格）	kg	8.80	3.030	3.081	4.040	4.545	6.060	8.080
	黄干油 钙基酯	kg	9.78	0.808	1.111	1.313	1.515	2.020	2.525
	氧气	m³	3.60	1.020	1.020	3.570	7.140	9.180	9.180
	工业酒精 99.5%	kg	8.20	0.500	0.500	0.500	1.000	1.000	1.000
	乙炔气	m³	25.20	0.340	0.340	1.190	2.380	3.060	3.060
	铅油	kg	8.50	0.500	0.600	0.600	1.100	1.500	1.700
	漆片（各种规格）	kg	39.96	0.150	0.250	0.250	0.300	0.400	0.400
	红丹粉	kg	12.00	0.600	0.720	0.900	1.650	2.700	3.000
	黑铅粉	kg	1.10	0.600	0.720	0.900	1.200	2.000	2.000
	石棉橡胶板 低压 0.8~1.0	kg	13.20	1.200	1.200	1.200	1.500	2.500	3.000
	普通硅酸盐水泥 42.5	kg	0.36	310.300	310.300	462.550	611.900	639.450	771.400

定　额　编　号			3-7-39	3-7-40	3-7-41	3-7-42	3-7-43	3-7-44
项　　　目			设备重量(t)					
			5 以内	7 以内	10 以内	15 以内	20 以内	25 以内
材料	河砂	m³	42.00	0.540	0.540	0.810	1.080	1.102	1.350
	碎石 20mm	m³	55.00	0.594	0.594	0.891	1.161	1.220	1.472
	棉纱头	kg	6.34	1.540	1.540	1.870	4.950	4.950	5.500
	白布 0.9m	m²	8.54	1.836	2.142	2.142	3.366	4.590	5.100
	破布	kg	4.50	3.885	4.725	4.935	6.300	10.710	11.550
	草袋	条	1.90	2.000	2.000	2.000	2.000	2.000	2.000
	青壳纸 0.15～0.5mm	kg	22.00	0.400	0.500	0.500	1.500	2.000	2.500
	面粉	kg	5.00	0.800	0.800	1.000	2.000	2.000	2.000
	研磨膏	盒	1.12	3.000	3.000	3.000	3.000	4.000	4.000
	凡尔砂	kg	15.70	0.500	0.600	0.600	－	－	－
	铜丝布 16 目	m	79.00	0.400	0.400	0.400	0.500	0.600	0.800
	水	t	4.00	0.470	0.470	0.690	0.940	0.980	1.200
	其他材料费	元	－	28.230	32.340	43.110	65.410	83.560	139.380
机械	叉式起重机 5t	台班	542.43	0.450	0.450	0.180	0.270	0.270	－
	汽车式起重机 8t	台班	728.19	0.450	0.720	－	－	－	－
	汽车式起重机 16t	台班	1071.52	－	－	0.450	－	－	－
	汽车式起重机 32t	台班	1360.20	－	－	－	0.450	0.450	0.900
	电动卷扬机(单筒慢速) 50kN	台班	145.07	0.450	0.450	6.300	8.100	10.350	11.700
	交流弧焊机 21kV·A	台班	64.00	0.270	0.360	0.540	1.350	1.800	1.800
	电动空气压缩机 6m³/min	台班	338.45	0.090	0.090	0.090	0.090	0.090	0.090

五、离心式鼓风机(不带增速机)

单位:台

定 额 编 号				3-7-45	3-7-46	3-7-47	3-7-48	3-7-49	3-7-50
项 目				设备重量(t)					
				0.5 以内	1.0 以内	2.0 以内	3.0 以内	4.0 以内	5.0 以内
基 价 (元)				**1806.52**	**2475.67**	**3292.36**	**4401.49**	**6117.00**	**8491.19**
其中	人 工 费 (元)			1550.32	2059.76	2847.60	3772.80	5021.04	7083.68
	材 料 费 (元)			152.80	299.46	328.31	427.20	778.01	1076.51
	机 械 费 (元)			103.40	116.45	116.45	201.49	317.95	331.00
名 称	单位	单价(元)		数			量		
人工 综合工日	工日	80.00		19.379	25.747	35.595	47.160	62.763	88.546
材料 钩头成对斜垫铁 0~3 号钢 2 号	kg	13.20		–	10.592	10.592	10.592	15.888	21.184
平垫铁 0~3 号钢 1 号	kg	5.22		3.048	–	–	1.016	2.032	2.032
平垫铁 0~3 号钢 2 号	kg	5.22		3.872	7.744	7.744	9.680	15.488	15.488
钩头成对斜垫铁 0~3 号钢 1 号	kg	14.50		2.040			2.040	4.080	4.080
热轧薄钢板 1.6~2.0	kg	4.67		0.160	0.160	0.210	0.260	0.310	0.420
热轧中厚钢板 δ=26~32	kg	3.70		–			–	–	3.000
镀锌铁丝 8~12 号	kg	5.36		1.000	1.100	1.100	1.100	1.100	1.100
电焊条 结 422 φ2.5	kg	5.04		0.315	0.315	0.315	0.630	1.260	1.365
料 碳钢气焊条	kg	5.85		–			–	–	0.400
紫铜皮 各种规格	kg	72.90		–	–	–	–	0.100	0.100

定　额　编　号			3-7-45	3-7-46	3-7-47	3-7-48	3-7-49	3-7-50
项　　　　目			设备重量(t)					
			0.5 以内	1.0 以内	2.0 以内	3.0 以内	4.0 以内	5.0 以内
材料	加固木板	m³	1980.00	0.003	0.006	0.010	0.015	0.015	0.015
	道木	m³	1600.00	－	－	－	－	－	0.041
	汽油 93 号	kg	10.05	0.306	0.306	0.306	0.510	1.020	1.530
	煤油	kg	4.20	5.145	5.775	6.300	6.825	11.655	14.175
	液压油	kg	12.15	－	－	－	－	1.000	3.500
	亚麻子油	kg	9.00	－	－	－	－	0.800	1.500
	汽轮机油（各种规格）	kg	8.80	0.505	1.111	1.414	1.616	2.828	4.040
	黄干油 钙基酯	kg	9.78	0.303	0.646	0.768	0.920	1.121	1.242
	氧气	m³	3.60	－	－	－	－	－	0.398
	工业酒精 99.5%	kg	8.20	－	－	－	－	0.300	0.300
	乙炔气	m³	25.20	－	－	－	－	－	0.133
	铅油	kg	8.50	0.200	0.200	0.300	0.300	0.400	0.500
	漆片（各种规格）	kg	39.96	－	－	－	－	0.150	0.150
	红丹粉	kg	12.00	－	－	－	－	0.500	0.500
	酚醛绝缘清漆	kg	14.90	－	－	－	－	－	0.300
	黑铅粉	kg	1.10	－	－	－	－	0.500	0.500
	石棉橡胶板 低压 0.8~1.0	kg	13.20	0.500	0.600	0.660	0.840	0.900	1.200

定 额 编 号			3-7-45	3-7-46	3-7-47	3-7-48	3-7-49	3-7-50
项 目			设备重量(t)					
			0.5 以内	1.0 以内	2.0 以内	3.0 以内	4.0 以内	5.0 以内
材 料	普通硅酸盐水泥 42.5	kg	0.36	26.825	41.760	57.130	93.380	216.050	217.500
	河砂	m³	42.00	0.068	0.073	0.100	0.162	0.378	0.381
	碎石 20mm	m³	55.00	0.068	0.080	0.109	0.181	0.409	1.091
	棉纱头	kg	6.34	0.660	0.660	0.715	0.968	0.990	1.430
	白布 0.9m	m²	8.54	–	–	–	0.510	0.510	1.224
	破布	kg	4.50	0.945	1.050	1.313	1.785	2.100	4.074
	草袋	条	1.90	1.000	1.000	1.000	1.000	1.000	1.000
	青壳纸 0.15~0.5mm	kg	22.00	–	–	–	–	0.400	0.400
	面粉	kg	5.00	–	–	–	–	0.800	0.800
	研磨膏	盒	1.12	–	–	–	–	2.000	2.000
	凡尔砂	kg	15.70	–	–	–	–	0.300	0.300
	铜丝布	m	79.00	–	–	–	–	0.400	0.400
	水	t	4.00	0.508	1.009	1.599	2.026	2.540	3.940
	其他材料费	元	–		4.450	8.720	9.560	12.440	22.660	31.350
机 械	叉式起重机 5t	台班	542.43	0.180	0.180	0.180	0.270	0.450	0.450
	电动卷扬机(单筒慢速) 50kN	台班	145.07		0.090	0.090	0.090	0.180	0.270
	交流弧焊机 21kV·A	台班	64.00	0.090	0.090	0.090	0.180	0.270	0.270
	电动空气压缩机 6m³/min	台班	338.45	–	–		0.090	0.090	0.090

定　额　编　号			3-7-51	3-7-52	3-7-53	3-7-54
项　　　目			设备重量(t)			
			7.0 以内	10 以内	15 以内	20 以内
基　　　价　（元）			**11509.91**	**14895.18**	**20712.03**	**27575.33**
其中	人　工　费　（元）		9608.00	12086.08	16055.12	19918.32
	材　料　费　（元）		1211.35	1405.05	2577.01	4249.50
	机　械　费　（元）		690.56	1404.05	2079.90	3407.51
名　　　称	单位	单价(元)	数		量	
人工 综合工日	工日	80.00	120.100	151.076	200.689	248.979
材料 钩头成对斜垫铁 0~3 号钢 2 号	kg	13.20	21.184	26.480	7.232	－
钩头成对斜垫铁 0~3 号钢 3 号	kg	12.70	－	－	39.140	16.608
钩头成对斜垫铁 0~3 号钢 4 号	kg	13.60	－	－	－	77.000
平垫铁 0~3 号钢 1 号	kg	5.22	5.080	－	－	－
平垫铁 0~3 号钢 2 号	kg	5.22	19.360	23.230	7.744	－
平垫铁 0~3 号钢 3 号	kg	5.22	－	－	52.052	28.028
平垫铁 0~3 号钢 4 号	kg	5.22	－	－	－	158.240
钩头成对斜垫铁 0~3 号钢 1 号	kg	14.50	4.080	－	－	－
热轧薄钢板 1.6~2.0	kg	4.67	0.420	0.520	1.200	1.620
热轧中厚钢板 $\delta = 26~32$	kg	3.70	5.000	8.000	8.000	10.000
镀锌铁丝 8~12 号	kg	5.36	1.100	2.200	3.000	3.000
电焊条 结 422 $\phi2.5$	kg	5.04	1.365	1.680	4.095	8.610
碳钢气焊条	kg	5.85	0.500	0.500	0.900	1.500

续前

定 额 编 号			3-7-51	3-7-52	3-7-53	3-7-54
项 目			设备重量(t)			
			7.0 以内	10 以内	15 以内	20 以内
材 料	紫铜皮 各种规格	kg	72.90	0.150	0.150	0.500	0.500
	加固木板	m³	1980.00	0.038	0.063	0.075	0.100
	道木	m³	1600.00	0.055	0.061	0.091	0.111
	汽油 93 号	kg	10.05	2.244	2.448	6.120	6.120
	煤油	kg	4.20	15.225	19.950	31.710	38.010
	液压油	kg	12.15	3.500	4.000	5.000	6.000
	亚麻子油	kg	9.00	1.500	2.000	2.500	3.000
	汽轮机油（各种规格）	kg	8.80	4.545	5.252	4.040	5.050
	黄干油 钙基酯	kg	9.78	1.242	1.242	1.515	1.616
	氧气	m³	3.60	0.408	0.408	1.530	3.366
	工业酒精 99.5%	kg	8.20	0.500	0.500	0.800	1.000
	乙炔气	m³	25.20	0.136	0.136	0.510	1.122
	铅油	kg	8.50	0.500	0.600	0.700	1.100
	漆片（各种规格）	kg	39.96	0.250	0.250	0.400	0.500
	红丹粉	kg	12.00	0.600	0.800	1.700	2.200
	酚醛绝缘清漆	kg	14.90	0.300	0.400	0.500	0.500
	黑铅粉	kg	1.10	0.600	0.600	1.200	1.400
	石棉橡胶板 低压 0.8~1.0	kg	13.20	1.200	1.200	1.500	1.500
	普通硅酸盐水泥 42.5	kg	0.36	234.900	339.300	387.150	468.350

定　额　编　号			3-7-51	3-7-52	3-7-53	3-7-54
项　　　　　目			设备重量(t)			
			7.0 以内	10 以内	15 以内	20 以内
材　　　　　　　**料**	河砂	m³	42.00	0.410	0.594	0.675	0.824
	碎石 20mm	m³	55.00	0.448	0.648	0.743	0.891
	棉纱头	kg	6.34	1.540	1.870	3.300	3.850
	白布 0.9m	m²	8.54	1.836	2.040	2.550	3.060
	破布	kg	4.50	4.620	4.620	7.560	10.710
	草袋	条	1.90	1.000	2.000	2.000	2.000
	青壳纸 0.15~0.5mm	kg	22.00	0.500	0.500	1.000	1.500
	面粉	kg	5.00	0.800	0.800	2.000	2.000
	研磨膏	盒	1.12	3.000	3.000	3.000	4.000
	凡尔砂	kg	15.70	0.600	0.600	0.800	1.000
	铜丝布	m	79.00	0.400	0.400	0.500	0.600
	水	t	4.00	4.840	4.840	97.220	97.670
	其他材料费	元	–	35.280	40.920	75.060	123.770
机　　　　　　　**械**	叉式起重机 5t	台班	542.43	0.450	0.450	0.450	–
	汽车式起重机 8t	台班	728.19	0.450	–	–	–
	汽车式起重机 16t	台班	1071.52	–	0.900	0.900	0.900
	汽车式起重机 32t	台班	1360.20	–	–	–	0.900
	电动卷扬机(单筒慢速) 50kN	台班	145.07	0.450	0.900	5.400	7.200
	交流弧焊机 21kV·A	台班	64.00	0.360	0.540	0.900	2.250
	电动空气压缩机 6m³/min	台班	338.45	0.090	0.090	0.090	0.090

六、离心式通(引)风机拆装检查

定 额 编 号			3-7-55	3-7-56	3-7-57	3-7-58	3-7-59	3-7-60
项 目			设备重量(t)					
			0.3 以内	0.5 以内	0.8 以内	1.1 以内	1.5 以内	2.2 以内
基 价 (元)			**138.94**	**218.25**	**332.07**	**439.82**	**595.42**	**860.94**
其中	人 工 费 (元)		122.40	197.20	306.00	401.20	547.44	788.80
	材 料 费 (元)		16.54	21.05	26.07	38.62	47.98	72.14
	机 械 费 (元)		–	–	–	–	–	–
名 称	单位	单价(元)	数			量		
人工 综合工日	工日	80.00	1.530	2.465	3.825	5.015	6.843	9.860
材料 紫铜皮 各种规格	kg	72.90	–	–	–	0.050	0.050	0.100
汽油 93 号	kg	10.05	0.300	0.400	0.500	0.600	0.800	1.200
煤油	kg	4.20	1.000	1.000	1.200	1.600	2.000	2.500
汽轮机油(各种规格)	kg	8.80	0.200	0.300	0.400	0.500	0.800	1.000
黄干油 钙基酯	kg	9.78	0.200	0.300	0.400	0.400	0.500	0.700
红丹粉	kg	12.00	0.100	0.100	0.200	0.200	0.300	0.400
棉纱头	kg	6.34	0.200	0.300	0.300	0.500	0.500	1.000
白布 0.9m	m²	8.54	–	–	–	0.300	0.400	0.500
破布	kg	4.50	0.300	0.500	0.500	0.600	0.600	1.500
料 铁砂布 0~2 号	张	1.68	1.000	1.000	1.000	1.500	1.500	2.000
研磨膏	盒	1.12	0.100	0.200	0.300	0.500	0.500	1.000

定　额　编　号			3-7-61	3-7-62	3-7-63	3-7-64	3-7-65	3-7-66
项　　　　目			设备重量(t)					
			3 以内	5 以内	7 以内	10 以内	15 以内	20 以内
基　　价　（元）			**1188.35**	**1825.91**	**2554.81**	**3553.18**	**4873.00**	**6407.78**
其中	人　工　费　（元）		1094.80	1686.40	2366.40	3005.60	4134.40	5453.60
	材　料　费　（元）		93.55	139.51	188.41	286.45	418.72	555.96
	机　械　费　（元）		－	－	－	261.13	319.88	398.22
名　　称	单位	单价(元)	数			量		
人工 综合工日	工日	80.00	13.685	21.080	29.580	37.570	51.680	68.170
材料 镀锌铁丝 8～12 号	kg	5.36	－	－	－	4.000	6.000	8.000
紫铜皮 各种规格	kg	72.90	0.150	0.250	0.350	0.500	0.750	1.000
汽油 93 号	kg	10.05	1.500	2.500	3.500	5.000	7.500	10.000
煤油	kg	4.20	3.000	5.000	7.000	10.000	15.000	20.000
汽轮机油（各种规格）	kg	8.80	1.500	2.000	3.000	4.000	6.000	8.000
黄干油 钙基酯	kg	9.78	0.800	1.000	1.400	2.000	3.000	4.000
红丹粉	kg	12.00	0.500	0.600	0.700	1.000	1.500	1.800
棉纱头	kg	6.34	1.200	1.500	1.800	2.500	3.500	4.500
白布 0.9m	m²	8.54	0.800	1.600	2.000	3.000	3.600	4.800
破布	kg	4.50	2.000	2.500	3.000	4.000	6.000	8.000
铁砂布 0～2 号	张	1.68	2.000	3.000	4.000	5.000	7.000	10.000
研磨膏	盒	1.12	1.000	1.000	1.000	1.500	1.500	2.000
机械 电动卷扬机(单筒慢速) 50kN	台班	145.07	－	－	－	1.800	2.205	2.745

七、轴流通风机拆装检查

定 额 编 号			3-7-67	3-7-68	3-7-69	3-7-70	3-7-71	3-7-72
项 目			设备重量(t)					
			0.2 以内	0.5 以内	1 以内	1.5 以内	2 以内	3 以内
基 价 (元)			**78.51**	**224.89**	**406.73**	**612.56**	**853.78**	**1190.77**
其中	人 工 费 (元)		61.20	197.20	367.20	550.80	768.40	1074.40
	材 料 费 (元)		17.31	27.69	39.53	61.76	85.38	116.37
	机 械 费 (元)		—	—	—	—	—	—
名 称	单位	单价(元)	数			量		
人工 综合工日	工日	80.00	0.765	2.465	4.590	6.885	9.605	13.430
材料 紫铜皮 各种规格	kg	72.90	—	—	—	0.050	0.100	0.200
汽油 93 号	kg	10.05	0.300	0.500	0.800	1.500	2.000	2.500
煤油	kg	4.20	1.000	1.500	2.000	3.000	4.000	5.000
汽轮机油（各种规格）	kg	8.80	0.300	0.400	0.400	0.500	0.800	1.200
黄干油 钙基酯	kg	9.78	0.200	0.300	0.400	0.500	0.600	0.900
红丹粉	kg	12.00	0.100	0.200	0.300	0.400	0.400	0.500
棉纱头	kg	6.34	0.200	0.300	0.400	0.500	0.700	1.000
白布 0.9m	m²	8.54	—	—	0.300	0.400	0.600	0.900
破布	kg	4.50	0.300	0.500	0.800	1.000	1.500	2.000
铁砂布 0~2 号	张	1.68	1.000	2.000	2.000	3.000	4.000	4.000
研磨膏	盒	1.12	—	—	—	0.200	0.400	0.500

定　额　编　号			3-7-73	3-7-74	3-7-75	3-7-76	3-7-77	3-7-78
项　　　　　　目			设备重量(t)					
			4 以内	5 以内	6 以内	8 以内	10 以内	15 以内
基　　　价　（元）			**1453.04**	**1780.26**	**2109.17**	**2810.10**	**3576.20**	**4845.74**
其中	人　工　费　（元）		1305.60	1604.80	1904.00	2291.60	2944.40	4114.00
	材　料　费　（元）		147.44	175.46	205.17	257.37	305.39	366.16
	机　械　费　（元）		–	–	–	261.13	326.41	365.58
名　　　称	单位	单价(元)	数			量		
人工 综合工日	工日	80.00	16.320	20.060	23.800	28.645	36.805	51.425
材料 镀锌铁丝 8~12 号	kg	5.36	–	–	–	4.000	5.000	6.000
紫铜皮 各种规格	kg	72.90	0.300	0.300	0.300	0.400	0.500	0.600
汽油 93 号	kg	10.05	3.000	3.500	4.000	5.000	6.000	7.500
煤油	kg	4.20	6.000	8.000	10.000	10.000	12.000	15.000
汽轮机油（各种规格）	kg	8.80	1.600	2.000	2.500	3.000	3.500	4.000
黄干油 钙基酯	kg	9.78	1.200	1.500	1.800	2.000	2.500	3.000
红丹粉	kg	12.00	0.500	0.600	0.700	0.800	0.800	1.000
棉纱头	kg	6.34	1.200	1.500	1.700	2.000	2.000	2.000
白布 0.9m	m²	8.54	1.200	1.500	1.800	2.000	2.500	3.000
破布	kg	4.50	2.500	3.000	3.500	4.000	4.000	4.000
铁砂布 0~2 号	张	1.68	5.000	5.000	6.000	6.000	8.000	10.000
研磨膏	盒	1.12	0.800	1.000	1.000	1.000	1.000	2.000
机械 电动卷扬机（单筒慢速）50kN	台班	145.07	–	–	–	1.800	2.250	2.520

定 额 编 号			3-7-79	3-7-80	3-7-81	3-7-82	3-7-83	3-7-84
项 目			设备重量(t)					
			20 以内	30 以内	40 以内	50 以内	60 以内	70 以内
基 价 （元）			**5882.59**	**8668.51**	**11331.42**	**14060.17**	**16804.68**	**19609.46**
其中	人 工 费 （元）		4896.00	7262.40	9574.40	11900.00	14280.00	16660.00
	材 料 费 （元）		525.70	771.57	974.95	1231.87	1427.95	1677.78
	机 械 费 （元）		460.89	634.54	782.07	928.30	1096.73	1271.68
名 称	单位	单价(元)	数			量		
人工 综合工日	工日	80.00	61.200	90.780	119.680	148.750	178.500	208.250
材料 镀锌铁丝 8～12 号	kg	5.36	8.000	10.000	12.000	13.000	14.000	15.000
紫铜皮 各种规格	kg	72.90	1.000	1.200	1.500	1.800	2.000	2.500
汽油 93 号	kg	10.05	10.000	17.000	22.000	30.000	35.000	40.000
煤油	kg	4.20	20.000	35.000	45.000	60.000	70.000	80.000
汽轮机油（各种规格）	kg	8.80	8.000	12.000	16.000	20.000	24.000	30.000
黄干油 钙基酯	kg	9.78	4.000	6.000	8.000	10.000	12.000	15.000
红丹粉	kg	12.00	1.500	1.800	1.800	2.000	2.000	2.000
棉纱头	kg	6.34	2.000	3.000	4.000	5.000	6.000	7.000
白布 0.9m	m²	8.54	4.000	4.600	5.000	5.500	6.000	6.500
料 破布	kg	4.50	5.000	7.000	8.000	10.000	12.000	15.000
铁砂布 0～2 号	张	1.68	15.000	20.000	25.000	30.000	35.000	40.000
研磨膏	盒	1.12	3.000	3.000	4.000	5.000	6.000	7.000
机械 电动卷扬机(单筒慢速) 50kN	台班	145.07	3.177	4.374	5.391	6.399	7.560	8.766

八、回转式鼓风机拆装检查

单位:台

定　额　编　号			3-7-85	3-7-86	3-7-87	3-7-88	3-7-89
项　　　　　目			设备重量(t)				
			0.5 以内	1 以内	2 以内	3 以内	5 以内
基　　价　（元）			**228.00**	**425.56**	**775.84**	**1156.22**	**1843.37**
其中	人　工　费　（元）		204.00	380.80	693.60	1047.20	1700.00
	材　料　费　（元）		24.00	44.76	82.24	109.02	143.37
	机　械　费　（元）		－	－	－	－	－
名　　称	单位	单价(元)	数		量		
人工 综合工日	工日	80.00	2.550	4.760	8.670	13.090	21.250
材料 紫铜皮 各种规格	kg	72.90	－	0.050	0.100	0.150	0.250
汽油 93 号	kg	10.05	0.500	1.000	2.000	2.500	3.000
煤油	kg	4.20	1.500	2.000	4.000	5.000	6.000
汽轮机油（各种规格）	kg	8.80	0.300	0.500	0.800	1.200	2.000
黄干油 钙基酯	kg	9.78	0.200	0.300	0.500	0.600	1.000
红丹粉	kg	12.00	0.100	0.200	0.300	0.500	0.600
棉纱头	kg	6.34	0.200	0.500	0.800	1.000	1.200
白布 0.9m	m²	8.54	－	－	0.400	0.600	0.800
破布	kg	4.50	0.500	1.000	1.500	2.000	2.500
铁砂布 0～2 号	张	1.68	2.000	3.000	4.000	5.000	5.000
研磨膏	盒	1.12	－	0.200	0.500	0.600	1.000

定　额　编　号			3-7-90	3-7-91	3-7-92
项　　　　目			设备重量(t)		
			8 以内	12 以内	15 以内
基　　价　（元）			**3076.04**	**4353.76**	**5491.67**
其中	人　工　费　（元）		2584.00	3692.40	4685.20
	材　料　费　（元）		230.91	321.90	423.92
	机　械　费　（元）		261.13	339.46	382.55
名　　　　称	单位	单价（元）	数		量
人工 综合工日	工日	80.00	32.300	46.155	58.565
材料 镀锌铁丝 8～12 号	kg	5.36	3.000	4.000	5.000
紫铜皮 各种规格	kg	72.90	0.400	0.600	0.750
汽油 93 号	kg	10.05	5.000	7.000	10.000
煤油	kg	4.20	10.000	15.000	20.000
汽轮机油（各种规格）	kg	8.80	3.000	4.000	5.000
黄干油 钙基酯	kg	9.78	1.500	2.000	3.000
红丹粉	kg	12.00	0.800	1.000	1.200
棉纱头	kg	6.34	1.500	2.000	2.500
白布 0.9m	m²	8.54	1.000	1.200	1.500
破布	kg	4.50	3.000	4.000	5.000
铁砂布 0～2 号	张	1.68	6.000	8.000	10.000
研磨膏	盒	1.12	1.000	2.000	2.000
机械 电动卷扬机(单筒慢速) 50kN	台班	145.07	1.800	2.340	2.637

九、离心式鼓风机(带增速机)拆装检查

单位:台

定　额　编　号			3-7-93	3-7-94	3-7-95	3-7-96	3-7-97	3-7-98
项　　　　目			设备重量(t)					
			5 以内	7 以内	10 以内	15 以内	20 以内	25 以内
基　　价　　(元)			3194.65	4416.44	6346.17	8497.39	11287.06	13855.06
其中	人　工　费　(元)		3046.40	4209.20	5433.20	7167.20	9486.00	11594.00
	材　料　费　(元)		148.25	207.24	295.41	441.06	637.74	792.23
	机　械　费　(元)		–	–	617.56	889.13	1163.32	1468.83
名　　　称	单位	单价(元)	数			量		
人工 综合工日	工日	80.00	38.080	52.615	67.915	89.590	118.575	144.925
材料 镀锌铁丝 8~12 号	kg	5.36	–	–	4.000	5.000	8.000	10.000
紫铜皮 各种规格	kg	72.90	0.250	0.350	0.500	0.750	1.000	1.250
汽油 93 号	kg	10.05	2.500	4.000	5.000	8.000	12.000	15.000
煤油	kg	4.20	5.000	7.000	10.000	15.000	24.000	30.000
汽轮机油 (各种规格)	kg	8.80	2.000	3.000	4.000	6.000	10.000	13.000
黄干油 钙基酯	kg	9.78	1.200	1.500	2.000	3.000	4.000	5.000
红丹粉	kg	12.00	0.600	0.700	1.000	1.500	2.000	2.500
棉纱头	kg	6.34	1.500	2.000	2.500	3.500	4.500	5.500
白布 0.9m	m²	8.54	2.000	2.500	3.000	3.500	4.500	5.000
破布	kg	4.50	2.500	3.000	4.000	6.000	8.000	10.000
铁砂布 0~2 号	张	1.68	5.000	8.000	10.000	20.000	25.000	30.000
研磨膏	盒	1.12	1.000	1.500	2.000	3.000	4.000	4.000
机械 电动卷扬机(单筒慢速) 50kN	台班	145.07	–	–	4.257	6.129	8.019	10.125

十、离心式鼓风机(不带增速机)拆装检查

定　额　编　号			3-7-99	3-7-100	3-7-101	3-7-102	3-7-103	3-7-104
项　　　　目			设备重量(t)					
			0.5 以内	1.0 以内	2.0 以内	3.0 以内	4.0 以内	5.0 以内
基　　　价　(元)			**349.35**	**664.14**	**1146.68**	**1602.03**	**2120.28**	**2505.28**
其中	人　工　费　(元)		326.40	625.60	1074.40	1502.80	1985.60	2352.80
	材　料　费　(元)		22.95	38.54	72.28	99.23	134.68	152.48
	机　械　费　(元)		－	－	－	－	－	－
名　　称	单位	单价(元)	数			量		
人工 综合工日	工日	80.00	4.080	7.820	13.430	18.785	24.820	29.410
材料 紫铜皮 各种规格	kg	72.90	－	0.050	0.100	0.150	0.250	0.250
汽油 93 号	kg	10.05	0.400	0.600	1.200	1.500	2.000	2.500
煤油	kg	4.20	1.000	1.600	2.500	4.000	5.000	6.000
汽轮机油（各种规格）	kg	8.80	0.300	0.400	1.000	1.200	2.000	2.000
黄干油 钙基酯	kg	9.78	0.200	0.300	0.600	0.900	1.200	1.500
红丹粉	kg	12.00	0.200	0.300	0.400	0.500	0.600	0.600
棉纱头	kg	6.34	0.300	0.300	1.000	1.200	1.500	1.500
白布 0.9m	m²	8.54	－	0.300	0.500	0.800	1.000	1.200
破布	kg	4.50	0.500	0.500	1.500	2.000	2.500	3.000
料 铁砂布 0～2 号	张	1.68	2.000	3.000	3.000	4.000	5.000	6.000
研磨膏	盒	1.12	0.200	0.300	0.500	0.800	1.000	1.000

定　额　编　号				3-7-105	3-7-106	3-7-107	3-7-108
项　　　　目				设备重量(t)			
				7.0 以内	10 以内	15 以内	20 以内
基　　价　（元）				**4011.88**	**5055.54**	**6752.10**	**8442.25**
其中	人　工　费　（元）			3814.80	4318.00	5848.00	7276.00
	材　料　费　（元）			197.08	293.63	397.52	546.08
	机　械　费　（元）			－	443.91	506.58	620.17
名　　称		单位	单价(元)	数　　　　量			
人工	综合工日	工日	80.00	47.685	53.975	73.100	90.950
材料	镀锌铁丝 8～12 号	kg	5.36	－	4.000	6.000	8.000
	紫铜皮 各种规格	kg	72.90	0.350	0.500	0.750	0.800
	汽油 93 号	kg	10.05	3.500	5.000	8.000	12.000
	煤油	kg	4.20	8.000	12.000	16.000	25.000
	汽轮机油（各种规格）	kg	8.80	2.800	4.000	5.000	8.000
	黄干油 钙基酯	kg	9.78	1.800	2.500	3.000	4.000
	红丹粉	kg	12.00	0.700	1.000	1.200	1.500
	棉纱头	kg	6.34	2.000	2.000	2.000	2.500
	白布 0.9m	m²	8.54	1.400	2.000	3.000	3.500
	破布	kg	4.50	3.500	4.000	4.000	5.000
	铁砂布 0～2 号	张	1.68	6.000	8.000	10.000	12.000
	研磨膏	盒	1.12	1.500	2.000	2.000	3.000
机械	电动卷扬机(单筒慢速) 50kN	台班	145.07	－	3.060	3.492	4.275

第八章　泵安装

说　　明

一、本章定额适用范围如下：

1. 离心式泵：

（1）离心式清水泵、单级单吸悬臂式离心泵、单级双吸中开式离心泵、立式离心泵、多级离心泵、锅炉给水泵、冷凝水泵、热水循环泵。

（2）离心油泵、卧式离心油泵、高速切线泵、中开式管线输油泵、管道式离心泵、立式筒式离心油泵、离心油浆泵、汽油泵、BY 型流程离心泵。

（3）离心式耐腐蚀泵、耐腐蚀液下泵、塑料耐腐蚀泵、耐腐蚀杂质泵、其他耐腐蚀泵。

（4）离心式杂质泵、污水泵、长轴立式离心泵、砂泵、泥浆泵、灰渣泵、煤水泵、衬胶泵、胶粒泵、糖汁泵、吊泵。

（5）离心式深水泵、深井泵、潜水电泵。

2. 旋涡泵、单级旋涡泵、离心旋涡泵、WZ 多级自吸旋涡泵、其他旋涡泵。

3. 往复泵：

（1）电动往复泵：一般电动往复泵、高压柱塞泵（3～4 柱塞）、石油化工及其他电动往复泵、柱塞高速泵（6～24 柱塞）。

（2）蒸汽往复泵：一般蒸汽往复泵、蒸汽往复油泵。

（3）计量泵。

4. 转子泵：螺杆泵、齿轮油泵。

5. 真空泵。

6. 屏蔽泵:轴流泵、螺旋泵。

二、本章定额包括下列内容:

1. 设备本体与本体联体的附件、管道、润滑冷却装置等的清洗、组装、刮研。

2. 深井泵的泵体扬水管及滤水网安装。

3. 联轴器或皮带安装。

三、本章定额不包括下列内容:

1. 支架、底座、联轴器、键和键槽的加工、制作。

2. 深井泵扬水管与平面的垂直度测量。

3. 电动机的检查、干燥、配线、调试等。

4. 试运转时所需排水的附加工程(如修筑水沟、接排水管等)。

四、设备重量计算方法如下:

1. 直联式泵按泵本体、电动机以及底座的总重量计算。

2. 非直联式泵按泵本体及底座的总重量计算。不包括电动机重量,但包括电动机安装。

3. 深井泵按本体、电动机、底座及设备扬水管的总重量计算。

五、深井泵橡胶轴承与连接扬水管的螺栓按设备带有考虑。

一、单级离心泵及离心式耐腐蚀泵

定　额　编　号				3-8-1	3-8-2	3-8-3	3-8-4
项　　　　目				设备重量(t)			
				0.2 以内	0.5 以内	1.0 以内	1.5 以内
基　　　价　（元）				**340.96**	**564.60**	**892.97**	**1324.96**
其中	人　工　费　（元）			214.24	402.56	631.04	980.56
	材　料　费　（元）			72.14	107.46	158.53	186.42
	机　械　费　（元）			54.58	54.58	103.40	157.98
名　　　称		单位	单价(元)	数		量	
人工	综合工日	工日	80.00	2.678	5.032	7.888	12.257
材料	平垫铁 0～3 号钢 1 号	kg	5.22	1.800	2.032	3.048	3.048
	钩头成对斜垫铁 0～3 号钢 1 号	kg	14.50	1.200	2.040	3.060	3.060
	热轧薄钢板 1.6～2.0	kg	4.67	0.200	0.300	0.400	0.400
	镀锌铁丝 8～12 号	kg	5.36	–	–	0.800	0.800
	电焊条 结 422 φ2.5	kg	5.04	0.100	0.126	0.189	0.242
	加固木板	m³	1980.00	0.003	0.006	0.009	0.011
	汽油 93 号	kg	10.05	0.160	0.204	0.306	0.408

单位:台

定 额 编 号				3-8-1	3-8-2	3-8-3	3-8-4
项 目				设备重量(t)			
				0.2 以内	0.5 以内	1.0 以内	1.5 以内
材 料	煤油	kg	4.20	0.560	0.788	0.945	1.260
	汽轮机油（各种规格）	kg	8.80	0.410	0.606	0.859	1.091
	黄干油 钙基酯	kg	9.78	0.150	0.202	0.556	0.707
	氧气	m³	3.60	0.133	0.204	0.204	0.204
	乙炔气	m³	25.20	0.045	0.068	0.068	0.068
	铅油	kg	8.50	–	–	0.300	0.400
	油浸石棉盘根 编制 φ6～10 250℃	kg	17.84	0.250	0.350	0.350	0.700
	普通硅酸盐水泥 42.5	kg	0.36	38.500	50.750	66.120	83.375
	河砂	m³	42.00	0.055	0.088	0.116	0.146
	碎石 20mm	m³	55.00	0.062	0.096	0.127	0.159
	棉纱头	kg	6.34	0.100	0.143	0.165	0.209
	破布	kg	4.50	0.120	0.158	0.158	0.242
	其他材料费	元	–	2.100	3.130	4.620	5.430
机 械	叉式起重机 5t	台班	542.43	0.090	0.090	0.180	0.270
	交流弧焊机 21kV·A	台班	64.00	0.090	0.090	0.090	0.180

定 额 编 号			3-8-5	3-8-6	3-8-7
项 目			设备重量(t)		
			3.0 以内	5.0 以内	8.0 以内
基 价 (元)			**1838.32**	**2546.69**	**4032.86**
其中	人 工 费 (元)		1358.64	1716.32	2626.88
	材 料 费 (元)		267.13	333.19	568.05
	机 械 费 (元)		212.55	497.18	837.93
名 称	单位	单价(元)	数		量
人工 综合工日	工日	80.00	16.983	21.454	32.836
材料 平垫铁 0~3 号钢 1 号	kg	5.22	4.064	5.085	–
平垫铁 0~3 号钢 2 号	kg	5.22	–	–	13.552
钩头成对斜垫铁 0~3 号钢 1 号	kg	14.50	4.080	5.100	–
钩头成对斜垫铁 0~3 号钢 2 号	kg	13.20	–	–	12.656
热轧薄钢板 1.6~2.0	kg	4.67	0.450	0.500	0.600
镀锌铁丝 8~12 号	kg	5.36	1.200	1.200	2.130
电焊条 结 422 ϕ2.5	kg	5.04	0.357	0.441	0.620
加固木板	m³	1980.00	0.019	0.025	0.040
道木	m³	1600.00	–	–	0.004
料 汽油 93 号	kg	10.05	0.510	0.612	0.694
煤油	kg	4.20	1.890	2.625	3.570

定 额 编 号			3-8-5	3-8-6	3-8-7
项　　　目			设备重量(t)		
			3.0 以内	5.0 以内	8.0 以内
材料	汽轮机油（各种规格）	kg	8.80	1.364	1.515	1.818
	黄干油 钙基酯	kg	9.78	0.909	0.909	1.303
	氧气	m³	3.60	0.408	0.510	0.673
	乙炔气	m³	25.20	0.136	0.170	0.224
	铅油	kg	8.50	0.500	0.550	0.700
	油浸石棉盘根 编制 φ6~10 250℃	kg	17.84	0.940	1.200	1.300
	普通硅酸盐水泥 42.5	kg	0.36	126.295	161.385	216.819
	河砂	m³	42.00	0.221	0.284	0.392
	碎石 20mm	m³	55.00	0.242	0.311	0.419
	棉纱头	kg	6.34	0.264	0.297	0.385
	破布	kg	4.50	0.315	0.420	0.630
	其他材料费	元	–	7.780	9.700	16.550
机械	载货汽车 8t	台班	619.25	–	–	0.450
	叉式起重机 5t	台班	542.43	0.360	0.270	–
	汽车式起重机 8t	台班	728.19	–	0.450	–
	汽车式起重机 12t	台班	888.68	–	–	0.450
	电动卷扬机(单筒慢速) 50kN	台班	145.07	–	–	0.900
	交流弧焊机 21kV·A	台班	64.00	0.270	0.360	0.450

定　额　编　号				3-8-8	3-8-9	3-8-10	3-8-11
项　　　　　目				设备重量(t)			
				12 以内	17 以内	23 以内	30 以内
基　　价　（元）				**5336.94**	**6629.67**	**9325.99**	**13245.95**
其中	人　工　费　（元）			3519.04	4557.36	6356.00	7708.48
	材　料　费　（元）			832.41	932.62	1046.66	1127.31
	机　械　费　（元）			985.49	1139.69	1923.33	4410.16
名　　称		单位	单价(元)	数			量
人工	综合工日	工日	80.00	43.988	56.967	79.450	96.356
材料	平垫铁 0~3 号钢 3 号	kg	5.22	28.028	28.028	32.032	32.032
	钩头成对斜垫铁 0~3 号钢 3 号	kg	12.70	19.376	19.376	22.144	22.144
	热轧薄钢板 1.6~2.0	kg	4.67	0.700	0.760	0.800	0.900
	镀锌铁丝 8~12 号	kg	5.36	4.000	4.000	5.000	6.000
	电焊条 结 422 φ2.5	kg	5.04	0.620	0.620	0.683	0.683
	加固木板	m³	1980.00	0.056	0.076	0.088	0.100
	道木	m³	1600.00	0.010	0.010	0.012	0.017
	汽油 93 号	kg	10.05	0.755	0.816	0.918	1.122
	煤油	kg	4.20	4.095	4.830	5.040	5.460
	汽轮机油（各种规格）	kg	8.80	2.172	2.525	2.727	2.929
	黄干油 钙基酯	kg	9.78	1.535	1.697	1.737	1.778

定 额 编 号			3-8-8	3-8-9	3-8-10	3-8-11
项 目			设备重量(t)			
			12 以内	17 以内	23 以内	30 以内
材 料	氧气	m³	3.60	0.673	0.673	1.020	1.530
	乙炔气	m³	25.20	0.224	0.224	0.340	0.510
	铅油	kg	8.50	0.820	0.980	1.000	1.200
	油浸石棉盘根 编制 φ6~10 250℃	kg	17.84	1.400	1.500	1.600	1.800
	普通硅酸盐水泥 42.5	kg	0.36	289.565	371.026	391.500	432.100
	河砂	m³	42.00	0.508	0.662	0.702	0.770
	碎石 20mm	m³	55.00	0.554	0.716	0.729	0.810
	棉纱头	kg	6.34	0.440	0.550	0.770	0.770
	破布	kg	4.50	0.735	0.840	0.945	1.260
	其他材料费	元	–	24.240	27.160	30.490	32.830
机 械	载货汽车 8t	台班	619.25	0.450	0.450	0.450	0.900
	汽车式起重机 16t	台班	1071.52	0.450	–	–	–
	汽车式起重机 25t	台班	1269.11	–	0.450	–	–
	汽车式起重机 32t	台班	1360.20	–	–	0.900	–
	汽车式起重机 50t	台班	3709.18	–	–	–	0.900
	电动卷扬机(单筒慢速) 50kN	台班	145.07	1.350	1.800	2.700	3.150
	交流弧焊机 21kV·A	台班	64.00	0.450	0.450	0.450	0.900

二、多级离心泵

单位:台

定　额　编　号				3-8-12	3-8-13	3-8-14	3-8-15
项　　　　　目				设备重量(t)			
				0.1 以内	0.3 以内	0.5 以内	1.0 以内
基　　价　　(元)				**310.14**	**577.12**	**750.79**	**1042.25**
其中	人　工　费　(元)			217.60	394.40	526.32	724.24
	材　料　费　(元)			86.78	128.14	164.13	208.85
	机　械　费　(元)			5.76	54.58	60.34	109.16
	名　　　　称	单位	单价(元)	数		量	
人工	综合工日	工日	80.00	2.720	4.930	6.579	9.053
材料	平垫铁 0~3 号钢 1 号	kg	5.22	2.550	3.450	4.064	5.080
	钩头成对斜垫铁 0~3 号钢 1 号	kg	14.50	2.230	3.000	4.080	5.100
	热轧薄钢板 1.6~2.0	kg	4.67	0.100	0.120	0.160	0.200
	镀锌铁丝 8~12 号	kg	5.36	－	－	－	0.800
	电焊条 结 422 φ2.5	kg	5.04	0.220	0.300	0.326	0.410
	加固木板	m³	1980.00	0.002	0.004	0.006	0.009
	汽油 93 号	kg	10.05	0.500	0.800	0.102	0.153

定　额　编　号			3-8-12	3-8-13	3-8-14	3-8-15
项　　　　目			设备重量(t)			
			0.1 以内	0.3 以内	0.5 以内	1.0 以内
材 料	煤油	kg	4.20	0.800	1.300	1.418	1.733
	汽轮机油 (各种规格)	kg	8.80	0.400	0.600	0.859	0.980
	黄干油 钙基酯	kg	9.78	0.150	0.200	0.232	0.404
	氧气	m³	3.60	0.153	0.204	0.275	0.347
	乙炔气	m³	25.20	0.051	0.068	0.092	0.115
	铅油	kg	8.50	0.080	0.100	0.150	0.200
	油浸石棉盘根 编制 φ6~10 250℃	kg	17.84	0.200	0.300	0.500	0.500
	普通硅酸盐水泥 42.5	kg	0.36	20.000	36.000	54.970	66.164
	河砂	m³	42.00	0.035	0.065	0.095	0.122
	碎石 20mm	m³	55.00	0.043	0.080	0.108	0.135
	棉纱头	kg	6.34	0.300	0.400	0.550	0.550
	破布	kg	4.50	0.150	0.200	0.263	0.263
	其他材料费	元	–	2.530	3.730	4.780	6.080
机 械	叉式起重机 5t	台班	542.43	–	0.090	0.090	0.180
	交流弧焊机 21kV·A	台班	64.00	0.090	0.090	0.180	0.180

定 额 编 号			3-8-16	3-8-17	3-8-18
项 目			设备重量(t)		
			2.0 以内	3.0 以内	4.0 以内
基 价 (元)			**1640.36**	**2139.04**	**2476.10**
其中	人 工 费 (元)		1179.84	1578.32	1811.52
	材 料 费 (元)		296.78	348.17	397.45
	机 械 费 (元)		163.74	212.55	267.13
名 称	单位	单价(元)	数		量
人工 综合工日	工日	80.00	14.748	19.729	22.644
材料 平垫铁 0~3 号钢 1 号	kg	5.22	7.112	8.128	8.128
钩头成对斜垫铁 0~3 号钢 1 号	kg	14.50	7.140	8.160	8.160
热轧薄钢板 1.6~2.0	kg	4.67	0.240	0.260	0.300
镀锌铁丝 8~12 号	kg	5.36	0.800	0.800	1.200
电焊条 结 422 ϕ2.5	kg	5.04	0.630	0.714	0.735
加固木板	m³	1980.00	0.013	0.016	0.023
汽油 93 号	kg	10.05	0.255	0.408	0.510
煤油	kg	4.20	2.363	3.150	3.780

定　额　编　号			3-8-16	3-8-17	3-8-18
项　　　　　目			设备重量(t)		
			2.0 以内	3.0 以内	4.0 以内
材料	汽轮机油（各种规格）	kg	8.80	1.212	1.485	1.717
	黄干油 钙基酯	kg	9.78	0.556	0.717	0.838
	氧气	m³	3.60	0.673	0.765	0.765
	乙炔气	m³	25.20	0.224	0.255	0.255
	铅油	kg	8.50	0.300	0.350	0.350
	石棉橡胶板 中压 0.8~1.0	kg	17.00	0.400	0.500	0.600
	油浸石棉盘根 编制 φ6~10 250℃	kg	17.84	0.700	0.850	1.050
	普通硅酸盐水泥 42.5	kg	0.36	88.552	102.805	137.417
	河砂	m³	42.00	0.162	0.176	0.243
	碎石 20mm	m³	55.00	0.176	0.203	0.270
	棉纱头	kg	6.34	0.770	0.880	0.946
	破布	kg	4.50	0.315	0.473	0.473
	其他材料费	元	－	8.640	10.140	11.580
机械	叉式起重机 5t	台班	542.43	0.270	0.360	0.450
	交流弧焊机 21kV·A	台班	64.00	0.270	0.270	0.360

定 额 编 号			3-8-19	3-8-20	3-8-21	3-8-22	3-8-23	3-8-24
项 目			设备重量(t)					
			6.0 以内	8.0 以内	10 以内	15 以内	20 以内	25 以内
基 价 (元)			3942.73	4858.52	7277.50	9327.82	13476.85	18272.78
其中	人 工 费 (元)		2607.12	3327.28	5140.16	6533.44	9666.88	11154.72
	材 料 费 (元)		568.72	693.31	1123.05	1531.81	1829.04	2273.59
	机 械 费 (元)		766.89	837.93	1014.29	1262.57	1980.93	4844.47
名 称	单位	单价(元)	数			量		
人工 综合工口	工日	80.00	32.589	41.591	64.252	81.668	120.836	139.434
材料 平垫铁 0~3 号钢 2 号	kg	5.22	15.488	15.488	15.488	23.232	23.232	30.976
平垫铁 0~3 号钢 3 号	kg	5.22	–	–	16.016	24.024	32.032	40.040
钩头成对斜垫铁 0~3 号钢 2 号	kg	13.20	14.464	14.464	14.464	21.696	21.696	28.928
钩头成对斜垫铁 0~3 号钢 3 号	kg	12.70	–	–	11.072	16.608	22.144	27.680
热轧薄钢板 1.6~2.0	kg	4.67	0.400	0.450	0.800	1.200	1.600	2.000
镀锌铁丝 8~12 号	kg	5.36	2.130	3.000	4.000	5.000	6.000	7.000
电焊条 结 422 φ2.5	kg	5.04	0.735	1.050	1.680	2.100	2.625	3.360
加固木板	m³	1980.00	0.030	0.035	0.038	0.044	0.050	0.063
道木	m³	1600.00	0.004	0.008	0.010	0.014	0.017	0.028
汽油 93 号	kg	10.05	0.612	0.918	3.060	4.590	6.120	8.160
煤油	kg	4.20	4.410	5.880	10.500	15.750	21.000	26.250
汽轮机油（各种规格）	kg	8.80	1.970	2.828	3.030	3.535	4.040	6.060
黄干油 钙基酯	kg	9.78	1.101	1.869	2.020	2.222	2.525	2.828

单位:台

定　额　编　号			3-8-19	3-8-20	3-8-21	3-8-22	3-8-23	3-8-24
项　　　　　目			设备重量(t)					
			6.0 以内	8.0 以内	10 以内	15 以内	20 以内	25 以内
材料	氧气	m³	3.60	0.765	1.530	6.120	9.180	12.240	12.240
	乙炔气	m³	25.20	0.255	0.510	2.040	3.060	4.080	4.080
	铅油	kg	8.50	0.350	0.500	0.700	1.200	1.500	2.000
	石棉橡胶板 中压 0.8~1.0	kg	17.00	0.800	0.800	1.200	1.500	2.000	2.500
	油浸石棉盘根 编制 φ6~10 250℃	kg	17.84	1.250	1.800	2.000	2.200	2.500	2.800
	普通硅酸盐水泥 42.5	kg	0.36	162.864	239.250	352.350	387.150	471.250	516.200
	河砂	m³	42.00	0.284	0.473	0.594	0.675	0.824	1.053
	碎石 20mm	m³	55.00	0.311	0.527	0.648	0.743	0.891	1.161
	棉纱头	kg	6.34	1.100	1.980	2.200	2.420	2.750	3.080
	破布	kg	4.50	0.473	0.630	2.520	3.675	4.830	5.985
	其他材料费	元	–	16.560	20.190	32.710	44.620	53.270	66.220
机械	载货汽车 8t	台班	619.25	0.450	0.450	0.450	0.450	0.450	0.450
	汽车式起重机 8t	台班	728.19	–	–	–	–	–	0.900
	汽车式起重机 12t	台班	888.68	0.450	0.450	–	–	–	–
	汽车式起重机 16t	台班	1071.52	–	–	0.450	–	–	–
	汽车式起重机 25t	台班	1269.11	–	–	–	0.450	–	–
	汽车式起重机 32t	台班	1360.20	–	–	–	–	0.900	–
	汽车式起重机 50t	台班	3709.18	–	–	–	–	–	0.900
	电动卷扬机(单筒慢速) 50kN	台班	145.07	0.450	0.900	1.350	2.250	2.700	3.150
	交流弧焊机 21kV·A	台班	64.00	0.360	0.450	0.900	1.350	1.350	1.800

三、锅炉给水泵、冷凝水泵、热循环水泵

定 额 编 号			3-8-25	3-8-26	3-8-27	3-8-28	3-8-29
项 目			设备重量(t)				
			0.5 以内	1.0 以内	2.0 以内	3.5 以内	5.0 以内
基 价 (元)			**743.21**	**1054.78**	**1692.64**	**2138.06**	**3037.24**
其 中	人 工 费 (元)		530.40	744.64	1264.80	1580.32	2001.92
	材 料 费 (元)		158.23	206.74	269.86	339.43	400.17
	机 械 费 (元)		54.58	103.40	157.98	218.31	635.15
名 称	单位	单价(元)	数		量		
人工 综合工日	工日	80.00	6.630	9.308	15.810	19.754	25.024
材 料	平垫铁 0~3 号钢 1 号	kg	5.22	4.064	5.080	6.096	8.128	8.128
	钩头成对斜垫铁 0~3 号钢 1 号	kg	14.50	4.080	5.100	6.120	8.160	8.160
	热轧薄钢板 1.6~2.0	kg	4.67	0.080	0.120	0.160	0.180	0.190
	镀锌铁丝 8~12 号	kg	5.36	－	0.800	1.200	1.200	1.500
	电焊条 结 422 φ2.5	kg	5.04	0.326	0.420	0.525	0.641	0.735
	加固木板	m³	1980.00	0.006	0.009	0.015	0.019	0.025
	汽油 93 号	kg	10.05	0.112	0.122	0.143	0.153	0.184
	煤油	kg	4.20	1.103	1.197	1.470	1.785	2.100
	汽轮机油（各种规格）	kg	8.80	0.970	1.212	1.616	1.818	2.071

续前

定 额 编 号			3-8-25	3-8-26	3-8-27	3-8-28	3-8-29
项 目			设备重量(t)				
			0.5 以内	1.0 以内	2.0 以内	3.5 以内	5.0 以内
材 料	黄干油 钙基酯	kg	9.78	0.131	0.222	0.303	0.303	0.404
	氧气	m³	3.60	0.275	0.347	0.418	0.561	0.765
	乙炔气	m³	25.20	0.092	0.115	0.140	0.187	0.255
	铅油	kg	8.50	0.220	0.280	0.350	0.400	0.450
	石棉橡胶板 中压 0.8~1.0	kg	17.00	0.240	0.300	0.300	0.400	0.500
	油浸石棉盘根 编制 φ6~10 250℃	kg	17.84	0.350	0.380	0.500	1.000	1.550
	普通硅酸盐水泥 42.5	kg	0.36	49.300	66.700	97.150	101.790	147.581
	河砂	m³	42.00	0.085	0.116	0.176	0.182	0.270
	碎石 20mm	m³	55.00	0.092	0.127	0.185	0.196	0.284
	棉纱头	kg	6.34	0.187	0.198	0.231	0.253	0.341
	破布	kg	4.50	0.158	0.189	0.242	0.273	0.305
	其他材料费	元	–	4.610	6.020	7.860	9.890	11.660
机 械	载货汽车 8t	台班	619.25	–	–	–	–	0.450
	叉式起重机 5t	台班	542.43	0.090	0.180	0.270	0.360	–
	汽车式起重机 8t	台班	728.19	–	–	–	–	0.450
	交流弧焊机 21kV·A	台班	64.00	0.090	0.090	0.180	0.360	0.450

定　额　编　号			3-8-30	3-8-31	3-8-32
项　　　　目			设备重量(t)		
			7.0 以内	10 以内	15 以内
基　　价　（元）			**3742.27**	**5539.18**	**7547.36**
其中	人　工　费　（元）		2412.64	3846.80	5399.20
	材　料　费　（元）		556.98	706.89	914.39
	机　械　费　（元）		772.65	985.49	1233.77
名　　　称	单位	单价(元)	数		量
人工 综合工日	工日	80.00	30.158	48.085	67.490
材料 平垫铁 0~3 号钢 2 号	kg	5.22	15.488	15.488	17.424
钩头成对斜垫铁 0~3 号钢 2 号	kg	13.20	14.464	14.464	16.272
热轧薄钢板 1.6~2.0	kg	4.67	0.250	0.300	0.400
镀锌铁丝 8~12 号	kg	5.36	2.130	2.500	3.500
电焊条 结 422 φ2.5	kg	5.04	0.735	0.840	1.050
加固木板	m³	1980.00	0.025	0.038	0.038
汽油 93 号	kg	10.05	0.204	1.071	2.040
煤油	kg	4.20	3.150	3.675	5.250
汽轮机油（各种规格）	kg	8.80	2.424	3.030	3.535
黄干油 钙基酯	kg	9.78	0.505	0.808	1.010
氧气	m³	3.60	0.765	3.060	6.120

定 额 编 号			3-8-30	3-8-31	3-8-32
项 目			设备重量(t)		
			7.0 以内	10 以内	15 以内
材 料	乙炔气	m³	25.20	0.255	1.020	2.040
	铅油	kg	8.50	0.500	0.800	0.800
	石棉橡胶板 中压 0.8~1.0	kg	17.00	0.540	1.000	1.500
	油浸石棉盘根 编制 φ6~10 250℃	kg	17.84	1.700	2.000	2.500
	普通硅酸盐水泥 42.5	kg	0.36	193.401	290.000	362.500
	道木	m³	1600.00	–	–	0.025
	河砂	m³	42.00	0.338	0.540	0.675
	碎石 20mm	m³	55.00	0.378	0.567	0.756
	棉纱头	kg	6.34	0.385	0.495	0.660
	破布	kg	4.50	0.368	0.420	0.525
	其他材料费	元	–	16.220	20.590	26.630
机 械	载货汽车 8t	台班	619.25	0.450	0.450	0.450
	汽车式起重机 12t	台班	888.68	0.450	–	–
	电动卷扬机(单筒慢速) 50kN	台班	145.07	0.450	1.350	2.250
	交流弧焊机 21kV·A	台班	64.00	0.450	0.450	0.900
	汽车式起重机 16t	台班	1071.52	–	0.450	–
	汽车式起重机 25t	台班	1269.11	–	–	0.450

四、离心式油泵

定 额 编 号			3-8-33	3-8-34	3-8-35	3-8-36	3-8-37
项 目			设备重量(t)				
			0.5 以内	1.0 以内	3.0 以内	5.0 以内	7.0 以内
基 价 (元)			**901.67**	**1345.54**	**2763.91**	**4222.55**	**5589.38**
其中	人 工 费 (元)		655.52	992.80	2207.28	3126.64	3844.72
	材 料 费 (元)		191.57	249.34	338.32	460.76	673.00
	机 械 费 (元)		54.58	103.40	218.31	635.15	1071.66
名 称	单位	单价(元)	数		量		
人工 综合工日	工日	80.00	8.194	12.410	27.591	39.083	48.059
材料 平垫铁 0~3 号钢 1 号	kg	5.22	3.048	3.048	4.064	6.096	–
平垫铁 0~3 号钢 2 号	kg	5.22	–	–	–	–	13.552
钩头成对斜垫铁 0~3 号钢 1 号	kg	14.50	3.060	3.060	4.080	6.120	–
钩头成对斜垫铁 0~3 号钢 2 号	kg	13.20	–	–	–	–	12.656
热轧薄钢板 1.6~2.0	kg	4.67	0.180	0.200	0.230	0.260	0.320
镀锌铁丝 8~12 号	kg	5.36	0.800	1.200	1.400	1.600	1.800
电焊条 结 422 φ2.5	kg	5.04	0.179	0.210	0.420	0.672	0.882
铜焊条 铜 107 φ3.2	kg	63.00	0.100	0.160	0.200	0.220	0.260
铜焊粉 气剂 301 瓶装	kg	32.40	0.050	0.080	0.100	0.110	0.130
加固木板	m³	1980.00	0.006	0.008	0.011	0.014	0.019
汽油 93 号	kg	10.05	0.337	0.510	0.816	1.683	1.856
煤油	kg	4.20	1.680	2.562	2.940	3.675	4.410
汽轮机油（各种规格）	kg	8.80	0.879	1.212	1.515	1.919	2.424

定 额 编 号			3-8-33	3-8-34	3-8-35	3-8-36	3-8-37
项 目			设备重量(t)				
			0.5 以内	1.0 以内	3.0 以内	5.0 以内	7.0 以内
材料	黄干油 钙基酯	kg	9.78	0.465	0.707	1.656	2.091	2.666
	氧气	m³	3.60	0.224	0.388	0.520	0.612	0.877
	乙炔气	m³	25.20	0.074	0.130	0.173	0.204	0.293
	黑铅粉	kg	1.10	1.000	1.000	1.200	1.400	1.700
	聚酯乙烯泡沫塑料	kg	28.40	0.022	0.055	0.110	0.165	0.220
	油浸石棉盘根 编制 φ6~10 250℃	kg	17.84	0.700	1.200	1.800	2.500	3.200
	普通硅酸盐水泥 42.5	kg	0.36	50.533	83.462	126.223	161.342	216.819
	河砂	m³	42.00	0.089	0.149	0.216	0.284	0.378
	碎石 20mm	m³	55.00	0.231	0.262	0.269	0.308	0.416
	棉纱头	kg	6.34	0.330	0.385	0.550	1.320	1.650
	破布	kg	4.50	1.124	1.764	2.205	2.730	3.245
	青壳纸 0.15~0.5mm	kg	22.00	0.840	0.980	1.100	1.500	1.800
	其他材料费	元	–	5.580	7.260	9.850	13.420	19.600
机械	载货汽车 8t	台班	619.25	–	–	–	0.450	–
	载货汽车 12t	台班	993.57	–	–	–	–	0.450
	叉式起重机 5t	台班	542.43	0.090	0.180	0.360	–	–
	汽车式起重机 8t	台班	728.19	–	–	–	0.450	–
	汽车式起重机 12t	台班	888.68	–	–	–	–	0.450
	电动卷扬机(单筒慢速) 50kN	台班	145.07	–	–	–	–	1.350
	交流弧焊机 21kV·A	台班	64.00	0.090	0.090	0.360	0.450	0.450

五、离心式杂质泵

定　额　编　号			3-8-38	3-8-39	3-8-40	3-8-41
项　　　　　目			设备重量(t)			
			0.5 以内	1.0 以内	2.0 以内	5.0 以内
基　　　价　　（元）			**692.02**	**1031.80**	**1686.33**	**3079.22**
其中	人　工　费　（元）		512.08	769.76	1266.88	2139.28
	材　料　费　（元）		125.36	158.64	261.47	518.17
	机　械　费　（元）		54.58	103.40	157.98	421.77
名　　　称	单位	单价(元)	数		量	
人工 综合工日	工日	80.00	6.401	9.622	15.836	26.741
材料 平垫铁 0～3 号钢 1 号	kg	5.22	3.048	3.048	－	－
平垫铁 0～3 号钢 2 号	kg	5.22	－	－	5.808	15.488
钩头成对斜垫铁 0～3 号钢 1 号	kg	14.50	3.060	3.060	－	－
钩头成对斜垫铁 0～3 号钢 2 号	kg	13.20	－	－	5.424	14.464
热轧薄钢板 1.6～2.0	kg	4.67	0.170	0.190	0.380	0.480
镀锌铁丝 8～12 号	kg	5.36	－	0.800	1.200	2.000
电焊条 结 422 ϕ2.5	kg	5.04	0.189	0.242	0.242	0.714
加固木板	m³	1980.00	0.005	0.008	0.015	0.026
汽油 93 号	kg	10.05	0.204	0.306	0.408	0.510

单位:台

定 额 编 号				3-8-38	3-8-39	3-8-40	3-8-41
项 目				设备重量(t)			
				0.5 以内	1.0 以内	2.0 以内	5.0 以内
材 料	煤油	kg	4.20	0.840	1.575	2.258	2.993
	汽轮机油（各种规格）	kg	8.80	1.061	1.465	2.020	2.424
	黄干油 钙基酯	kg	9.78	0.303	0.505	0.808	1.010
	氧气	m³	3.60	0.184	0.214	0.459	0.765
	乙炔气	m³	25.20	0.061	0.071	0.153	0.255
	铅油	kg	8.50	0.150	0.200	0.300	0.400
	油浸石棉盘根 编制 φ6~10 250℃	kg	17.84	0.260	0.340	0.600	0.650
	普通硅酸盐水泥 42.5	kg	0.36	39.194	56.550	113.100	157.775
	河砂	m³	42.00	0.069	0.099	0.197	0.275
	碎石 20mm	m³	55.00	0.074	0.107	0.022	0.297
	棉纱头	kg	6.34	0.242	0.297	0.462	0.660
	破布	kg	4.50	0.263	0.305	0.368	0.294
	其他材料费	元	–	3.650	4.620	7.620	15.090
机 械	叉式起重机 5t	台班	542.43	0.090	0.180	0.270	–
	汽车式起重机 8t	台班	728.19	–	–	–	0.450
	电动卷扬机(单筒慢速) 50kN	台班	145.07	–	–	–	0.450
	交流弧焊机 21kV·A	台班	64.00	0.090	0.090	0.180	0.450

定 额 编 号			3-8-42	3-8-43	3-8-44
项 目			设备重量(t)		
			10 以内	15 以内	20 以内
基 价 （元）			**5188.80**	**8782.89**	**12203.31**
其中	人 工 费 （元）		3451.04	6230.16	8574.80
	材 料 费 （元）		752.27	1384.24	1806.94
	机 械 费 （元）		985.49	1168.49	1821.57
名 称	单位	单价（元）	数		量
人工 综合工日	工日	80.00	43.138	77.877	107.185
材料 平垫铁 0~3 号钢 2 号	kg	5.22	17.424	23.232	23.232
平垫铁 0~3 号钢 3 号	kg	5.22	–	16.608	24.912
钩头成对斜垫铁 0~3 号钢 2 号	kg	13.20	16.272	21.696	21.696
钩头成对斜垫铁 0~3 号钢 3 号	kg	12.70	–	16.608	24.912
热轧薄钢板 1.6~2.0	kg	4.67	0.660	1.600	2.400
镀锌铁丝 8~12 号	kg	5.36	2.670	4.000	6.000
电焊条 结 422 ϕ2.5	kg	5.04	0.798	1.680	2.520
加固木板	m³	1980.00	0.056	0.088	0.125
汽油 93 号	kg	10.05	0.612	3.060	5.100
煤油	kg	4.20	3.675	10.500	16.800
汽轮机油（各种规格）	kg	8.80	2.828	3.636	5.050

单位:台

定　额　编　号				3-8-42	3-8-43	3-8-44
项　　　目				设备重量(t)		
				10 以内	15 以内	20 以内
材	黄干油 钙基酯	kg	9.78	1.515	1.818	2.020
	氧气	m³	3.60	0.867	3.060	6.120
	乙炔气	m³	25.20	0.289	1.020	2.040
	铅油	kg	8.50	0.400	0.600	1.000
	油浸石棉盘根 编制 φ6~10 250℃	kg	17.84	0.800	1.000	1.500
	普通硅酸盐水泥 42.5	kg	0.36	345.100	387.150	471.250
	河砂	m³	42.00	0.608	0.689	0.810
	碎石 20mm	m³	55.00	0.662	0.756	0.891
	棉纱头	kg	6.34	1.155	2.200	3.300
料	破布	kg	4.50	2.100	4.200	6.300
	其他材料费	元	–	21.910	40.320	52.630
机	载货汽车 8t	台班	619.25	0.450	0.450	0.450
	汽车式起重机 16t	台班	1071.52	0.450	–	–
	汽车式起重机 25t	台班	1269.11	–	0.450	–
	汽车式起重机 32t	台班	1360.20	–	–	0.900
	电动卷扬机(单筒慢速) 50kN	台班	145.07	1.350	1.800	1.800
械	交流弧焊机 21kV·A	台班	64.00	0.450	0.900	0.900

六、离心式深水泵

定 额 编 号			3-8-45	3-8-46	3-8-47	3-8-48	3-8-49
项 目			设备重量(t)				
			1.0 以内	2.0 以内	3.5 以内	5.5 以内	8.0 以内
基 价 (元)			2281.09	2645.90	3882.52	4995.96	8034.59
其中	人 工 费 (元)		1969.28	2271.92	3351.04	4218.08	6527.36
	材 料 费 (元)		202.65	216.00	247.88	356.11	640.50
	机 械 费 (元)		109.16	157.98	283.60	421.77	866.73
名 称	单位	单价(元)	数		量		
人工 综合工日	工日	80.00	24.616	28.399	41.888	52.726	81.592
材 料	平垫铁 0~3 号钢 1 号	kg	5.22	4.064	4.064	4.064	–	–
	平垫铁 0~3 号钢 2 号	kg	5.22	–	–	–	7.744	15.488
	钩头成对斜垫铁 0~3 号钢 1 号	kg	14.50	4.080	4.080	4.080	–	–
	钩头成对斜垫铁 0~3 号钢 2 号	kg	13.20	–	–	–	7.232	14.464
	热轧薄钢板 1.6~2.0	kg	4.67	0.160	0.190	0.260	0.330	2.000
	镀锌铁丝 8~12 号	kg	5.36	1.700	1.700	1.700	2.200	3.000
	电焊条 结 422 ϕ2.5	kg	5.04	0.326	0.326	0.326	0.357	1.050
	加固木板	m³	1980.00	0.004	0.006	0.008	0.009	0.013
	汽油 93 号	kg	10.05	0.204	0.204	0.306	0.408	3.060
	煤油	kg	4.20	3.413	3.780	4.200	4.883	6.300

续前

定 额 编 号			3-8-45	3-8-46	3-8-47	3-8-48	3-8-49
项 目			设备重量(t)				
			1.0 以内	2.0 以内	3.5 以内	5.5 以内	8.0 以内
材料	汽轮机油（各种规格）	kg	8.80	1.111	1.212	1.566	2.071	3.535
	黄干油 钙基酯	kg	9.78	0.717	0.818	1.111	1.515	1.818
	氧气	m³	3.60	0.275	0.275	0.479	0.898	1.530
	乙炔气	m³	25.20	0.092	0.092	0.160	0.299	0.510
	铅油	kg	8.50	0.400	0.450	0.620	0.950	1.200
	油浸石棉盘根 编制 φ6~10 250℃	kg	17.84	1.600	1.800	2.200	3.000	3.000
	普通硅酸盐水泥 42.5	kg	0.36	37.700	39.150	49.300	63.800	161.240
	河砂	m³	42.00	0.065	0.068	0.085	0.112	0.284
	碎石 20mm	m³	55.00	0.070	0.074	0.093	0.122	0.308
	棉纱头	kg	6.34	0.836	0.891	1.045	1.265	1.430
	破布	kg	4.50	0.683	0.735	0.840	0.998	2.100
	其他材料费	元	–	5.900	6.290	7.220	10.370	18.660
机械	载货汽车 8t	台班	619.25	–	–	–	–	0.450
	叉式起重机 5t	台班	542.43	0.180	0.270	0.360	–	–
	汽车式起重机 8t	台班	728.19	–	–	–	0.450	–
	汽车式起重机 12t	台班	888.68	–	–	–	–	0.450
	电动卷扬机(单筒慢速) 50kN	台班	145.07	–	–	0.450	0.450	0.900
	交流弧焊机 21kV·A	台班	64.00	0.180	0.180	0.360	0.450	0.900

七、DB 型高硅铁离心泵

单位:台

定　额　编　号				3-8-50	3-8-51	3-8-52	3-8-53
项　　　　目				设备型号			
				DB25G－41	DB50G－40	DB65－40	DBG80－60
基　　　价　　（元）				**1032.02**	**1275.46**	**1496.51**	**1722.51**
其中	人　工　费　（元）			584.80	828.24	1046.56	1244.40
	材　料　费　（元）			165.24	165.24	167.97	196.13
	机　械　费　（元）			281.98	281.98	281.98	281.98
名　　　　称		单位	单价(元)	数		量	
人工	综合工日	工日	80.00	7.310	10.353	13.082	15.555
材料	平垫铁 0～3 号钢 1 号	kg	5.22	3.048	3.048	3.048	3.048
	钩头成对斜垫铁 0～3 号钢 1 号	kg	14.50	3.060	3.060	3.060	3.060
	电焊条 结 422 ϕ2.5	kg	5.04	0.525	0.525	1.050	1.050
	加固木板	m³	1980.00	0.006	0.006	0.006	0.008
	汽油 93 号	kg	10.05	1.020	1.020	1.020	1.020
	煤油	kg	4.20	1.050	1.050	1.050	1.575

定　额　编　号			3-8-50	3-8-51	3-8-52	3-8-53
项　　　目			设备型号			
			DB25G－41	DB50G－40	DB65－40	DBG80－60
材	汽轮机油（各种规格）	kg	8.80	0.303	0.303	0.303	0.505
	黄干油 钙基酯	kg	9.78	0.202	0.202	0.202	0.303
	氧气	m³	3.60	2.550	2.550	2.550	3.060
	乙炔气	m³	25.20	0.850	0.850	0.850	1.020
	石棉橡胶板 低压 0.8~1.0	kg	13.20	0.200	0.200	0.200	0.300
	油浸石棉盘根 编制 φ11~25 250℃	kg	17.48	0.200	0.200	0.200	0.300
	普通硅酸盐水泥 42.5	kg	0.36	50.750	50.750	50.750	65.250
	河砂	m³	42.00	0.088	0.088	0.088	0.115
	碎石 20mm	m³	55.00	0.096	0.096	0.096	0.127
	棉纱头	kg	6.34	0.220	0.220	0.220	0.330
料	破布	kg	4.50	0.210	0.210	0.210	0.315
	其他材料费	元	－	4.810	4.810	4.890	5.710
机	叉式起重机 5t	台班	542.43	0.450	0.450	0.450	0.450
械	直流弧焊机 20kW	台班	84.19	0.450	0.450	0.450	0.450

定　额　编　号					3-8-54	3-8-55
项　　　　目					设备型号	
					DBG100－35	DB150－35
基　　　价　（元）					**2185.39**	**2631.77**
其中	人　工　费　（元）				1544.96	1980.16
	材　料　费　（元）				358.45	369.63
	机　械　费　（元）				281.98	281.98
	名　　　　称	单位	单价(元)		数　　　量	
人工	综合工日	工日	80.00		19.312	24.752
材料	平垫铁 0~3 号钢 2 号	kg	5.22		11.616	11.616
	钩头成对斜垫铁 0~3 号钢 2 号	kg	13.20		10.848	10.848
	电焊条 结 422 φ2.5	kg˙	5.04		1.050	1.050
	加固木板	m³	1980.00		0.008	0.008
	汽油 93 号	kg	10.05		1.020	1.530
	煤油	kg	4.20		2.100	3.150
	汽轮机油（各种规格）	kg	8.80		1.010	1.010

单位:台

定 额 编 号			3-8-54	3-8-55
项　　目			设备型号	
			DBG100 - 35	DB150 - 35
材料	黄干油 钙基酯	kg	9.78	0.505	0.505
	氧气	m³	3.60	3.060	3.060
	乙炔气	m³	25.20	1.020	1.020
	石棉橡胶板 低压 0.8~1.0	kg	13.20	0.400	0.500
	油浸石棉盘根 编制 φ11~25 250℃	kg	17.48	0.400	0.400
	普通硅酸盐水泥 42.5	kg	0.36	65.250	65.250
	河砂	m³	42.00	0.115	0.115
	碎石 20mm	m³	55.00	0.127	0.127
	棉纱头	kg	6.34	0.550	0.550
	破布	kg	4.50	0.525	0.525
	其他材料费	元	–	10.440	10.770
机械	叉式起重机 5t	台班	542.43	0.450	0.450
	直流弧焊机 20kW	台班	84.19	0.450	0.450

八、蒸汽离心泵

定　额　编　号				3-8-56	3-8-57	3-8-58	3-8-59
项　　　　目				设备重量(t)			
				0.5 以内	0.7 以内	1.0 以内	3.0 以内
基　　价　（元）				**968.97**	**1173.79**	**1486.20**	**2908.21**
其中	人　工　费　（元）			667.12	826.24	1064.24	2240.64
	材　料　费　（元）			277.27	304.16	378.57	586.54
	机　械　费　（元）			24.58	43.39	43.39	81.03
名　　　　称		单位	单价(元)	数		量	
人工	综合工日	工日	80.00	8.339	10.328	13.303	28.008
材料	钩头成对斜垫铁 0~3 号钢 2 号	kg	13.20	10.592	10.592	10.592	15.888
	平垫铁 0~3 号钢 2 号	kg	5.22	7.744	7.744	7.744	11.616
	热轧薄钢板 1.6~2.0	kg	4.67	0.350	0.400	0.450	0.600
	镀锌铁丝 8~12 号	kg	5.36	－	－	2.000	2.000
	电焊条 结 422 φ2.5	kg	5.04	0.315	0.420	0.525	0.840
	加固木板	m³	1980.00	0.009	0.011	0.018	0.028
	汽油 93 号	kg	10.05	0.102	0.143	0.204	0.612
	煤油	kg	4.20	0.315	0.420	0.630	1.575

单位:台

定 额 编 号			3-8-56	3-8-57	3-8-58	3-8-59
项 目			设备重量(t)			
			0.5 以内	0.7 以内	1.0 以内	3.0 以内
材 料	汽轮机油（各种规格）	kg	8.80	0.202	0.283	0.404	1.212
	黄干油 钙基酯	kg	9.78	–	–	0.202	0.455
	氧气	m³	3.60	0.245	0.306	0.612	0.918
	乙炔气	m³	25.20	0.082	0.102	0.204	0.306
	石棉橡胶板 中压 0.8～1.0	kg	17.00	0.300	0.350	0.500	1.500
	油浸石棉盘根 编制 φ6～10 250℃	kg	17.84	0.100	0.140	0.200	0.600
	普通硅酸盐水泥 42.5	kg	0.36	90.843	122.917	187.036	245.819
	河砂	m³	42.00	0.159	0.216	0.324	0.432
	碎石 20mm	m³	55.00	0.174	0.230	0.351	0.459
	棉纱头	kg	6.34	0.143	0.187	0.275	0.825
	破布	kg	4.50	0.420	0.473	0.525	1.575
	青壳纸 0.15～0.5mm	kg	22.00	0.100	0.100	0.100	0.300
	其他材料费	元	–	8.080	8.860	11.030	17.080
机 械	电动卷扬机(单筒慢速) 50kN	台班	145.07	0.090	0.180	0.180	0.360
	交流弧焊机 21kV·A	台班	64.00	0.180	0.270	0.270	0.450

定　额　编　号			3-8-60	3-8-61	3-8-62
项　　　　目			设备重量(t)		
			5.0 以内	7.0 以内	10 以内
基　　　价　（元）			**4950.52**	**6493.55**	**8902.15**
其中	人　工　费　（元）		3629.84	4715.84	6685.12
	材　料　费　（元）		703.07	910.98	1173.94
	机　械　费　（元）		617.61	866.73	1043.09
名　　　称	单位	单价(元)	数		量
人工 综合工日	工日	80.00	45.373	58.948	83.564
材　料 钩头成对斜垫铁 0~3 号钢 2 号	kg	13.20	15.888	21.184	26.480
平垫铁 0~3 号钢 2 号	kg	5.22	11.616	15.488	19.360
热轧薄钢板 1.6~2.0	kg	4.67	0.750	0.850	1.150
镀锌铁丝 8~12 号	kg	5.36	2.000	3.000	4.000
电焊条 结 422 φ2.5	kg	5.04	1.050	1.680	2.520
加固木板	m³	1980.00	0.036	0.044	0.069
道木	m³	1600.00	0.014	0.021	0.023
汽油 93 号	kg	10.05	1.020	1.428	2.040
煤油	kg	4.20	2.100	2.625	3.360
汽轮机油（各种规格）	kg	8.80	1.515	2.020	2.525
黄干油 钙基酯	kg	9.78	0.758	1.061	1.515

单位:台

定 额 编 号				3-8-60	3-8-61	3-8-62
项 目				设备重量(t)		
				5.0 以内	7.0 以内	10 以内
材 料	氧气	m³	3.60	1.224	1.836	2.448
	乙炔气	m³	25.20	0.408	0.612	0.816
	石棉橡胶板 中压 0.8~1.0	kg	17.00	2.500	3.500	5.000
	油浸石棉盘根 编制 φ6~10 250℃	kg	17.84	1.000	1.400	2.000
	普通硅酸盐水泥 42.5	kg	0.36	283.229	315.288	336.676
	河砂	m³	42.00	0.500	0.554	0.581
	碎石 20mm	m³	55.00	0.540	0.608	0.945
	棉纱头	kg	6.34	1.375	1.980	2.530
	破布	kg	4.50	2.625	3.675	4.200
	青壳纸 0.15~0.5mm	kg	22.00	0.500	0.700	1.000
	其他材料费	元	–	20.480	26.530	34.190
机 械	载货汽车 8t	台班	619.25	–	0.450	0.450
	汽车式起重机 8t	台班	728.19	0.450	–	–
	汽车式起重机 12t	台班	888.68	–	0.450	–
	电动卷扬机(单筒慢速)50kN	台班	145.07	1.800	0.900	1.350
	交流弧焊机 21kV·A	台班	64.00	0.450	0.900	1.350
	汽车式起重机 16t	台班	1071.52	–	–	0.450

九、旋涡泵

定 额 编 号			3-8-63	3-8-64	3-8-65	3-8-66	3-8-67	3-8-68
项 目			设备重量(t)					
			0.2 以内	0.5 以内	1.0 以内	2.0 以内	3.0 以内	5.0 以内
基 价 （元）			**535.83**	**780.81**	**957.91**	**1350.56**	**2182.39**	**3368.21**
其中	人 工 费 （元）		421.60	575.28	666.40	943.84	1464.72	2333.76
	材 料 费 （元）		108.47	150.95	182.35	231.46	363.03	475.18
	机 械 费 （元）		5.76	54.58	109.16	175.26	354.64	559.27
名 称	单位	单价(元)	数			量		
人工 综合工日	工日	80.00	5.270	7.191	8.330	11.798	18.309	29.172
材 料 平垫铁 0~3 号钢 1 号	kg	5.22	2.032	3.048	4.064	4.064	—	—
平垫铁 0~3 号钢 2 号	kg	5.22	—	—	—	—	4.840	5.808
钩头成对斜垫铁 0~3 号钢 1 号	kg	14.50	2.040	3.060	4.080	4.080	—	—
钩头成对斜垫铁 0~3 号钢 2 号	kg	13.20	—	—	—	—	9.040	10.848
电焊条 结 422 φ2.5	kg	5.04	0.126	0.189	0.252	0.315	0.420	0.525
加固木板	m³	1980.00	0.004	0.006	0.008	0.009	0.011	0.013
汽油 93 号	kg	10.05	0.163	0.224	0.306	0.816	1.224	2.040
煤油	kg	4.20	0.872	1.260	1.470	2.100	3.150	4.200
汽轮机油（各种规格）	kg	8.80	0.455	0.657	0.758	1.010	1.515	2.020

定 额 编 号			3-8-63	3-8-64	3-8-65	3-8-66	3-8-67	3-8-68
项 目			设备重量(t)					
			0.2 以内	0.5 以内	1.0 以内	2.0 以内	3.0 以内	5.0 以内
材	黄干油 钙基酯	kg	9.78	0.303	0.404	0.505	0.808	1.212	1.515
	氧气	m³	3.60	0.122	0.184	0.245	1.020	2.040	3.060
	乙炔气	m³	25.20	0.041	0.061	0.082	0.340	0.680	1.020
	铅油	kg	8.50	0.170	0.220	0.250	0.400	0.600	0.800
	黑铅粉	kg	1.10	0.250	0.350	0.400	0.400	0.500	0.800
	石棉橡胶板 中压 0.8~1.0	kg	17.00	0.900	1.200	1.200	1.500	2.000	3.000
	油浸石棉盘根 编制 φ6~10 250℃	kg	17.84	0.180	0.250	0.300	0.400	0.500	0.800
	普通硅酸盐水泥 42.5	kg	0.36	37.700	43.500	43.500	66.700	97.150	127.600
	河砂	m³	42.00	0.063	0.074	0.074	0.116	0.162	0.223
	碎石 20mm	m³	55.00	0.070	0.081	0.081	0.127	0.182	0.236
	棉纱头	kg	6.34	0.286	0.385	0.440	0.660	0.880	1.100
料	破布	kg	4.50	0.158	0.263	0.315	0.525	0.630	0.840
	其他材料费	元	–	3.160	4.400	5.310	6.740	10.570	13.840
机	叉式起重机 5t	台班	542.43	–	0.090	0.180	0.270	0.360	–
	汽车式起重机 12t	台班	888.68	–	–	–	–	–	0.450
	电动卷扬机(单筒慢速) 50kN	台班	145.07	–	–	–	–	0.900	0.900
械	交流弧焊机 21kV·A	台班	64.00	0.090	0.090	0.180	0.450	0.450	0.450

十、电动往复泵

定 额 编 号				3-8-69	3-8-70	3-8-71	3-8-72	3-8-73	3-8-74
项 目				设备重量(t)					
				0.5 以内	0.7 以内	1.0 以内	3.0 以内	5.0 以内	7.0 以内
基 价 (元)				**1058.14**	**1319.00**	**1658.08**	**3581.76**	**4610.06**	**7089.56**
其中	人 工 费 (元)			819.44	1005.76	1296.80	2782.56	3591.12	5613.44
	材 料 费 (元)			184.12	209.84	257.88	336.22	466.61	572.91
	机 械 费 (元)			54.58	103.40	103.40	462.98	552.33	903.21
名 称		单位	单价(元)	数			量		
人工	综合工日	工日	80.00	10.243	12.572	16.210	34.782	44.889	70.168
材料	平垫铁 0~3 号钢 1 号	kg	5.22	3.048	3.048	3.048	4.064	4.064	5.080
	平垫铁 0~3 号钢 2 号	kg	5.22	—	—	—	—	7.744	9.680
	钩头成对斜垫铁 0~3 号钢 1 号	kg	14.50	3.060	3.060	3.060	4.080	4.080	5.100
	钩头成对斜垫铁 0~3 号钢 2 号	kg	13.20	—	—	—	—	3.616	4.520
	热轧薄钢板 1.6~2.0	kg	4.67	0.300	0.300	0.400	0.400	0.500	0.500
	镀锌铁丝 8~12 号	kg	5.36	—	0.800	1.000	1.500	1.500	1.700
	电焊条 结 422 φ2.5	kg	5.04	0.189	0.210	0.210	0.525	1.050	1.050
	加固木板	m³	1980.00	0.005	0.006	0.008	0.010	0.010	0.014
	汽油 93 号	kg	10.05	0.153	0.204	0.306	0.510	0.816	1.530
	煤油	kg	4.20	2.940	3.308	3.675	4.200	5.250	6.300
	液压油	kg	12.15	0.220	0.300	0.500	0.800	1.000	1.500

定　额　编　号			3-8-69	3-8-70	3-8-71	3-8-72	3-8-73	3-8-74
项　　　　　　目			设备重量(t)					
			0.5 以内	0.7 以内	1.0 以内	3.0 以内	5.0 以内	7.0 以内
材 料	汽轮机油（各种规格）	kg	8.80	1.010	1.162	1.333	1.515	1.515	2.020
	黄干油 钙基酯	kg	9.78	0.465	0.525	0.889	1.010	1.010	1.515
	氧气	m³	3.60	0.184	0.214	0.275	0.357	0.408	0.459
	乙炔气	m³	25.20	0.061	0.071	0.092	0.119	0.136	0.153
	铅油	kg	8.50	0.350	0.420	0.500	0.600	1.000	1.400
	石棉橡胶板 中压 0.8~1.0	kg	17.00	2.400	2.700	3.000	4.000	4.500	4.500
	油浸石棉盘根 编制 φ6~10 250℃	kg	17.84	0.300	0.350	0.400	0.500	1.000	1.000
	普通硅酸盐水泥 42.5	kg	0.36	38.179	46.400	89.900	111.650	118.900	158.050
	河砂	m³	42.00	0.066	0.080	0.155	0.194	0.207	0.275
	碎石 20mm	m³	55.00	0.073	0.088	0.170	0.212	0.227	0.301
	棉纱头	kg	6.34	0.242	0.550	0.550	1.100	1.100	1.100
	破布	kg	4.50	0.630	0.714	0.788	1.050	1.050	1.050
	其他材料费	元	–	5.360	6.110	7.510	9.790	13.590	16.690
机 械	载货汽车 8t	台班	619.25	–	–	–	–	–	0.450
	叉式起重机 5t	台班	542.43	0.090	0.180	0.180	0.450	–	–
	汽车式起重机 8t	台班	728.19	–	–	–	–	0.450	–
	汽车式起重机 12t	台班	888.68	–	–	–	–	–	0.450
	电动卷扬机（单筒慢速）50kN	台班	145.07	–	–	–	1.350	1.350	1.350
	交流弧焊机 21kV·A	台班	64.00	0.090	0.090	0.090	0.360	0.450	0.450

十一、高压柱塞泵(3~4柱塞)

单位:台

定 额 编 号			3-8-75	3-8-76	3-8-77	3-8-78
项 目			设备重量(t)			
			1.0以内	2.5以内	5.0以内	8.0以内
基 价 (元)			**1839.31**	**3156.65**	**4107.45**	**7587.50**
其中	人 工 费 (元)		1244.40	2341.28	2979.12	5565.12
	材 料 费 (元)		337.91	444.27	576.00	1090.37
	机 械 费 (元)		257.00	371.10	552.33	932.01
名 称	单位	单价(元)	数		量	
人工 综合工日	工日	80.00	15.555	29.266	37.239	69.564
材料 钩头成对斜垫铁0~3号钢1号	kg	14.50	6.288	7.860	9.432	–
钩头成对斜垫铁0~3号钢2号	kg	13.20	–	–	–	31.776
平垫铁0~3号钢1号	kg	5.22	4.064	5.080	6.096	–
平垫铁0~3号钢2号	kg	5.22	–	–	–	23.232
热轧薄钢板1.6~2.0	kg	4.67	0.200	0.200	0.350	0.350
热轧中厚钢板δ=26~32	kg	3.70	3.000	5.000	10.000	10.500
镀锌铁丝8~12号	kg	5.36	–	–	0.500	0.500
电焊条 结422 φ2.5	kg	5.04	1.050	1.575	1.890	3.150
紫铜皮 各种规格	kg	72.90	0.150	0.250	0.500	0.500
加固木板	m³	1980.00	0.003	0.006	0.010	0.013
汽油93号	kg	10.05	2.040	2.040	2.040	2.550
煤油	kg	4.20	8.400	11.550	12.600	13.650
料 液压油	kg	12.15	1.000	1.200	1.300	1.500
汽轮机油(各种规格)	kg	8.80	1.010	1.414	1.616	1.818
黄干油 钙基酯	kg	9.78	1.010	1.515	2.020	2.222

定 额 编 号			3-8-75	3-8-76	3-8-77	3-8-78
项 目			设备重量(t)			
			1.0 以内	2.5 以内	5.0 以内	8.0 以内
材 料	氧气	m³	3.60	1.020	1.020	1.224	1.530
	乙炔气	m³	25.20	0.340	0.340	0.408	0.510
	铅油	kg	8.50	0.200	0.250	0.300	0.400
	红丹粉	kg	12.00	0.100	0.100	0.100	0.200
	羊毛毡	m²	60.00	0.010	0.010	0.010	0.010
	石棉橡胶板 中压 0.8～1.0	kg	17.00	0.400	0.500	0.600	0.600
	油浸石棉铜丝盘根 编制 φ6	kg	30.89	0.100	0.200	0.200	0.300
	橡胶板 各种规格	kg	9.68	0.500	0.800	1.000	1.400
	普通硅酸盐水泥 42.5	kg	0.36	76.850	100.050	156.600	292.900
	河砂	m³	42.00	0.135	0.176	0.257	0.513
	碎石 20mm	m³	55.00	0.149	0.189	0.284	0.567
	棉纱头	kg	6.34	0.550	1.100	1.320	1.650
	白布 0.9m	m²	8.54	0.510	0.612	0.612	0.816
	破布	kg	4.50	1.575	1.890	2.100	2.625
	凡尔砂	kg	15.70	0.500	0.600	0.600	0.800
	其他材料费	元	–	9.840	12.940	16.780	31.760
机 械	载货汽车 8t	台班	619.25	–	–	–	0.450
	叉式起重机 5t	台班	542.43	0.180	0.270	–	–
	汽车式起重机 8t	台班	728.19	–	–	0.450	–
	汽车式起重机 12t	台班	888.68	–	–	–	0.450
	电动卷扬机(单筒慢速) 50kN	台班	145.07	0.900	1.350	1.350	1.350
	交流弧焊机 21kV·A	台班	64.00	0.450	0.450	0.450	0.900

定 额 编 号			3-8-79	3-8-80	3-8-81	3-8-82
项 目			设备重量(t)			
			10.0 以内	16.0 以内	25.5 以内	35.0 以内
基 价 (元)			**8317.30**	**11619.04**	**17949.11**	**24039.49**
其中	人 工 费 (元)		6023.44	8860.40	12268.56	15306.80
	材 料 费 (元)		1279.57	1590.15	3858.98	4453.10
	机 械 费 (元)		1014.29	1168.49	1821.57	4279.59
名 称	单位	单价(元)	数			量
人工 综合工日	工日	80.00	75.293	110.755	153.357	191.335
材 料	钩头成对斜垫铁 0~3 号钢 2 号	kg	13.20	31.776	37.072	–	–
	钩头成对斜垫铁 0~3 号钢 4 号	kg	13.60	–	–	107.800	123.200
	平垫铁 0~3 号钢 2 号	kg	5.22	23.232	27.104	–	–
	平垫铁 0~3 号钢 4 号	kg	5.22	–	–	221.536	253.184
	热轧薄钢板 1.6~2.0	kg	4.67	0.400	0.500	0.800	0.800
	热轧中厚钢板 $\delta = 26 \sim 32$	kg	3.70	14.000	16.000	22.000	25.000
	镀锌铁丝 8~12 号	kg	5.36	1.000	1.500	2.000	2.000
	电焊条 结 422 $\phi 2.5$	kg	5.04	3.675	4.200	4.725	5.250
	紫铜皮 各种规格	kg	72.90	0.600	0.900	1.300	1.500
	加固木板	m³	1980.00	0.013	0.019	0.025	0.025
	道木	m³	1600.00	0.083	0.110	0.110	0.165
	汽油 93 号	kg	10.05	3.060	4.080	5.100	6.120
	煤油	kg	4.20	14.700	16.800	21.000	25.200
	液压油	kg	12.15	2.000	2.500	3.000	4.000
	汽轮机油（各种规格）	kg	8.80	2.020	3.030	5.050	6.060
	黄干油 钙基酯	kg	9.78	2.222	2.525	3.030	3.535

单位:台

定 额 编 号			3-8-79	3-8-80	3-8-81	3-8-82
项 目			设备重量(t)			
			10.0 以内	16.0 以内	25.5 以内	35.0 以内
材 料	氧气	m³	3.60	1.530	2.040	2.040	2.550
	乙炔气	m³	25.20	0.510	0.680	0.680	0.850
	铅油	kg	8.50	0.500	0.600	0.800	1.000
	红丹粉	kg	12.00	0.200	0.200	0.200	0.200
	羊毛毡	m²	60.00	0.010	0.020	0.020	0.020
	石棉橡胶板 中压 0.8~1.0	kg	17.00	0.600	0.700	0.800	0.800
	油浸石棉铜丝盘根 编制 φ6	kg	30.89	0.360	0.360	0.400	0.450
	橡胶板 各种规格	kg	9.68	1.600	2.000	2.500	3.000
	普通硅酸盐水泥 42.5	kg	0.36	292.900	410.350	543.750	551.000
	河砂	m³	42.00	0.513	0.716	0.945	0.959
	碎石 20mm	m³	55.00	0.567	0.797	1.026	1.053
	棉纱头	kg	6.34	1.760	2.200	2.200	2.750
	白布 0.9m	m²	8.54	0.816	1.020	1.020	1.224
	破布	kg	4.50	3.150	3.150	4.200	5.250
	凡尔砂	kg	15.70	0.800	1.000	1.000	1.200
	其他材料费	元	–	37.270	46.320	112.400	129.700
机 械	载货汽车 8t	台班	619.25	0.450	0.450	0.450	0.900
	汽车式起重机 16t	台班	1071.52	0.450	–	–	–
	汽车式起重机 25t	台班	1269.11	–	0.450	–	–
	电动卷扬机(单筒慢速) 50kN	台班	145.07	1.350	1.800	1.800	2.250
	交流弧焊机 21kV·A	台班	64.00	0.900	0.900	0.900	0.900
	汽车式起重机 32t	台班	1360.20	–	–	0.900	–
	汽车式起重机 50t	台班	3709.18	–	–	–	0.900

十二、高压高速柱塞泵(6~24柱塞)

定　额　编　号			3-8-83	3-8-84	3-8-85	3-8-86
项　　　　目			设备重量(t)			
			5.0 以内	10 以内	15 以内	18 以内
基　　价　　(元)			**5854.15**	**7134.50**	**10927.45**	**12558.62**
其中	人　工　费　(元)		4305.76	5106.80	7832.24	8998.48
	材　料　费　(元)		746.94	1143.97	1522.67	1922.32
	机　械　费　(元)		801.45	883.73	1572.54	1637.82
名　　　　称	单位	单价(元)	数		量	
人工 综合工日	工日	80.00	53.822	63.835	97.903	112.481
材料 钩头成对斜垫铁0~3号钢1号	kg	14.50	6.288	2.040	3.060	3.060
钩头成对斜垫铁0~3号钢2号	kg	13.20	–	18.536	23.832	–
钩头成对斜垫铁0~3号钢3号	kg	12.70	–	–	–	39.140
平垫铁0~3号钢1号	kg	5.22	8.128	6.096	4.572	6.096
平垫铁0~3号钢2号	kg	5.22	–	13.552	17.424	–
平垫铁0~3号钢3号	kg	5.22	–	–	–	40.040
热轧薄钢板1.6~2.0	kg	4.67	0.500	0.800	1.000	1.000
镀锌铁丝8~12号	kg	5.36	0.650	1.000	1.350	1.350
电焊条 结422 φ2.5	kg	5.04	3.255	3.465	4.200	4.725
加固木板	m³	1980.00	0.035	0.053	0.075	0.085
道木	m³	1600.00	0.058	0.085	0.087	0.087
汽油93号	kg	10.05	2.040	2.550	3.570	4.080
料 煤油	kg	4.20	10.500	12.600	18.900	21.000
汽轮机油(各种规格)	kg	8.80	1.515	1.818	2.525	3.030
黄干油 钙基酯	kg	9.78	0.505	0.505	0.606	0.606

续前

定 额 编 号			3-8-83	3-8-84	3-8-85	3-8-86
项 目			设备重量(t)			
			5.0 以内	10 以内	15 以内	18 以内
材 料	盐酸 31% 合成	kg	1.09	1.000	1.500	2.000	2.500
	碳酸氢钠	kg	2.31	1.000	1.500	2.000	2.500
	氧气	m³	3.60	2.040	2.550	3.570	4.080
	乙炔气	m³	25.20	0.680	0.850	1.190	1.360
	铅油	kg	8.50	0.300	0.300	0.400	0.500
	红丹粉	kg	12.00	0.100	0.100	0.150	0.150
	石棉橡胶板 中压 0.8~1.0	kg	17.00	1.000	1.200	1.500	2.000
	油浸石棉铜丝盘根 编制 φ6	kg	30.89	0.200	0.200	0.300	0.300
	普通硅酸盐水泥 42.5	kg	0.36	439.350	493.000	735.150	767.050
	河砂	m³	42.00	0.770	0.864	1.283	1.350
	碎石 20mm	m³	55.00	0.837	0.945	1.404	1.472
	棉纱头	kg	6.34	1.100	1.100	1.650	1.650
	白布 0.9m	m²	8.54	0.510	0.510	0.816	0.816
	破布	kg	4.50	2.100	2.310	3.150	3.675
	青壳纸 0.15~0.5mm	kg	22.00	0.200	0.250	0.350	0.400
	凡尔砂	kg	15.70	0.500	0.500	1.000	1.000
	其他材料费	元	—	21.760	33.320	44.350	55.990
机 械	载货汽车 8t	台班	619.25	0.450	0.450	0.450	0.450
	汽车式起重机 12t	台班	888.68	0.450	—	—	—
	汽车式起重机 16t	台班	1071.52	—	0.450	—	—
	汽车式起重机 25t	台班	1269.11	—	—	0.900	0.900
	电动卷扬机(单筒慢速) 50kN	台班	145.07	0.450	0.450	0.450	0.900
	交流弧焊机 21kV·A	台班	64.00	0.900	0.900	1.350	1.350

十三、蒸汽往复泵

定 额 编 号			3-8-87	3-8-88	3-8-89	3-8-90	3-8-91	3-8-92
项 目			设备重量(t)					
			0.5以内	1.0以内	1.5以内	3.0以内	5.0以内	7.0以内
基 价 (元)			**1182.25**	**1563.39**	**1839.55**	**2439.59**	**3234.72**	**5179.27**
其中	人 工 费 (元)		779.28	1081.20	1263.44	1653.76	1936.64	3523.76
	材 料 费 (元)		348.39	378.79	418.13	567.52	597.65	817.58
	机 械 费 (元)		54.58	103.40	157.98	218.31	700.43	837.93
名 称	单位	单价(元)	数			量		
人工 综合工日	工日	80.00	9.741	13.515	15.793	20.672	24.208	44.047
材料 钩头成对斜垫铁0~3号钢2号	kg	13.20	10.592	10.592	10.592	15.888	15.888	21.184
平垫铁0~3号钢2号	kg	5.22	7.744	7.744	7.744	11.616	11.616	15.488
热轧薄钢板1.6~2.0	kg	4.67	0.400	0.400	0.400	0.400	0.400	0.600
镀锌铁丝8~12号	kg	5.36	–	0.800	0.800	1.200	1.200	3.000
电焊条 结422 φ2.5	kg	5.04	0.179	0.179	0.179	0.179	0.315	0.420
加固木板	m³	1980.00	0.005	0.005	0.008	0.010	0.010	0.023
道木	m³	1600.00	–	–	–	–	–	0.003
汽油93号	kg	10.05	0.204	0.255	0.306	0.408	0.459	2.040
煤油	kg	4.20	3.045	3.308	3.570	4.043	4.358	6.300
液压油	kg	12.15	0.300	0.400	0.500	0.700	0.800	1.500
汽轮机油（各种规格）	kg	8.80	1.061	1.192	1.364	1.717	1.919	2.222
黄干油 钙基酯	kg	9.78	0.505	0.596	0.657	0.758	0.808	1.212

单位:台

定 额 编 号			3-8-87	3-8-88	3-8-89	3-8-90	3-8-91	3-8-92
项 目			设备重量(t)					
			0.5 以内	1.0 以内	1.5 以内	3.0 以内	5.0 以内	7.0 以内
材料	氧气	m³	3.60	0.510	0.816	1.020	1.224	1.530	2.040
	乙炔气	m³	25.20	0.170	0.272	0.340	0.408	0.510	0.680
	铅油	kg	8.50	0.400	0.500	0.600	0.800	0.900	1.000
	红丹粉	kg	12.00	0.100	0.100	0.100	0.150	0.200	0.200
	石棉橡胶板 中压 0.8~1.0	kg	17.00	3.600	3.900	4.200	5.400	6.000	6.500
	油浸石棉盘根 编制 φ6~10 250℃	kg	17.84	0.400	0.450	0.500	0.600	0.700	1.000
	普通硅酸盐水泥 42.5	kg	0.36	45.298	62.597	93.641	110.954	118.581	153.700
	河砂	m³	42.00	0.078	0.109	0.163	0.194	0.207	0.267
	碎石 20mm	m³	55.00	0.086	0.120	0.178	0.212	0.227	0.292
	棉纱头	kg	6.34	0.143	0.176	0.220	0.297	0.330	0.660
	白布 0.9m	m²	8.54	0.612	0.612	0.714	0.918	1.020	1.020
	破布	kg	4.50	0.683	0.735	0.788	0.945	1.155	1.365
	其他材料费	元	–	10.150	11.030	12.180	16.530	17.410	23.810
机械	载货汽车 8t	台班	619.25	–	–	–	–	0.450	0.450
	叉式起重机 5t	台班	542.43	0.090	0.180	0.270	0.360	–	–
	汽车式起重机 8t	台班	728.19	–	–	–	–	0.450	–
	汽车式起重机 12t	台班	888.68	–	–	–	–	–	0.450
	电动卷扬机(单筒慢速) 50kN	台班	145.07	–	–	–	–	0.450	0.900
	交流弧焊机 21kV·A	台班	64.00	0.090	0.090	0.180	0.360	0.450	0.450

定　额　编　号			3-8-93	3-8-94	3-8-95	3-8-96	3-8-97
项　　　　目			设备重量(t)				
			10 以内	15 以内	20 以内	25 以内	30 以内
基　　价　（元）			**6942.62**	**9709.47**	**13276.86**	**15733.20**	**21500.59**
其中	人　工　费　（元）*		5086.40	7510.64	10134.72	12225.76	15053.20
	材　料　费　（元）		936.01	1059.14	1349.37	1620.59	2008.43
	机　械　费　（元）		920.21	1139.69	1792.77	1886.85	4438.96
名　　　　称	单位	单价（元）	数			量	
人工 综合工日	工日	80.00	63.580	93.883	126.684	152.822	188.165
材料 钩头成对斜垫铁 0~3 号钢 2 号	kg	13.20	21.184	21.184	26.480	26.480	31.776
平垫铁 0~3 号钢 2 号	kg	5.22	15.488	15.488	19.360	19.360	23.232
热轧薄钢板 1.6~2.0	kg	4.67	0.800	1.200	1.500	1.500	2.200
镀锌铁丝 8~12 号	kg	5.36	4.000	5.000	6.000	6.000	7.000
电焊条 结 422 φ2.5	kg	5.04	0.420	0.420	1.260	1.785	2.667
加固木板	m³	1980.00	0.025	0.031	0.044	0.069	0.081
道木	m³	1600.00	0.004	0.004	0.007	0.011	0.014
汽油 93 号	kg	10.05	4.080	6.120	8.160	10.200	14.280
煤油	kg	4.20	8.400	10.500	15.750	21.000	26.250
液压油	kg	12.15	2.000	3.000	5.000	8.000	10.000
汽轮机油（各种规格）	kg	8.80	3.030	3.535	4.040	5.050	10.100
料 黄干油 钙基酯	kg	9.78	1.515	2.020	2.020	3.030	4.040
氧气	m³	3.60	2.244	2.652	3.060	3.468	3.672

定额编号			3-8-93	3-8-94	3-8-95	3-8-96	3-8-97
项目			设备重量(t)				
			10 以内	15 以内	20 以内	25 以内	30 以内
材料	乙炔气	m³	25.20	0.748	0.884	1.020	1.156	1.224
	铅油	kg	8.50	1.200	1.200	1.500	1.800	2.000
	红丹粉	kg	12.00	0.500	0.500	0.500	0.600	1.000
	石棉橡胶板 中压 0.8~1.0	kg	17.00	6.800	7.200	7.500	8.000	8.500
	油浸石棉盘根 编制 φ6~10 250℃	kg	17.84	1.500	1.800	1.800	2.000	2.500
	普通硅酸盐水泥 42.5	kg	0.36	204.450	255.200	356.700	508.950	611.900
	河砂	m³	42.00	0.356	0.446	0.635	0.891	1.040
	碎石 20mm	m³	55.00	0.389	0.486	0.689	0.972	1.161
	棉纱头	kg	6.34	1.210	1.650	2.750	2.750	5.500
	白布 0.9m	m²	8.54	1.224	1.224	1.377	1.428	1.530
	破布	kg	4.50	2.100	2.625	3.150	4.200	5.250
	其他材料费	元	–	27.260	30.850	39.300	47.200	58.500
机械	载货汽车 8t	台班	619.25	0.450	0.450	0.450	0.450	0.900
	汽车式起重机 16t	台班	1071.52	0.450	–	–	–	–
	汽车式起重机 25t	台班	1269.11	–	0.450	–	–	–
	汽车式起重机 32t	台班	1360.20	–	–	0.900	0.900	–
	汽车式起重机 50t	台班	3709.18	–	–	–	–	0.900
	电动卷扬机(单筒慢速) 50kN	台班	145.07	0.900	1.800	1.800	2.250	3.150
	交流弧焊机 21kV·A	台班	64.00	0.450	0.450	0.450	0.900	1.350

十四、计量泵

定　额　编　号			3-8-98	3-8-99	3-8-100	3-8-101	3-8-102	3-8-103
项　　　　目			设备重量(t)					
			0.2 以内	0.3 以内	0.4 以内	0.5 以内	0.7 以内	1.0 以内
基　　价　（元）			**640.08**	**738.00**	**894.94**	**1120.22**	**1363.23**	**1624.85**
其中	人　工　费　（元）		488.24	586.16	732.40	907.84	1115.20	1288.64
	材　料　费　（元）		136.69	136.69	147.39	148.41	184.06	223.42
	机　械　费　（元）		15.15	15.15	15.15	63.97	63.97	112.79
名　　　　称	单位	单价(元)	数			量		
人工 综合工日	工日	80.00	6.103	7.327	9.155	11.348	13.940	16.108
材料 平垫铁 0～3 号钢 1 号	kg	5.22	1.524	1.524	1.524	1.524	1.524	2.032
平垫铁 0～3 号钢 2 号	kg	5.22	5.808	5.808	5.808	5.808	5.808	7.744
热轧薄钢板 1.6～2.0	kg	4.67	0.500	0.500	0.500	0.500	0.500	0.600
镀锌铁丝 8～12 号	kg	5.36	–	–	–	–	1.000	1.000
电焊条 结 422 ϕ2.5	kg	5.04	0.210	0.210	0.210	0.210	0.315	0.420
加固木板	m³	1980.00	0.006	0.006	0.008	0.008	0.008	0.008
汽油 93 号	kg	10.05	0.510	0.510	0.510	0.510	0.816	1.020
煤油	kg	4.20	1.050	1.050	1.050	1.050	1.575	2.100

定 额 编 号			3-8-98	3-8-99	3-8-100	3-8-101	3-8-102	3-8-103
项 目			设备重量(t)					
			0.2 以内	0.3 以内	0.4 以内	0.5 以内	0.7 以内	1.0 以内
材 料	汽轮机油（各种规格）	kg	8.80	0.202	0.202	0.202	0.202	0.303	0.404
	黄干油 钙基酯	kg	9.78	0.101	0.101	0.101	0.202	0.303	0.505
	氧气	m³	3.60	2.040	2.040	2.040	2.040	2.040	3.060
	乙炔气	m³	25.20	0.680	0.680	0.680	0.680	0.680	1.020
	铅油	kg	8.50	0.200	0.200	0.200	0.200	0.300	0.300
	石棉橡胶板 中压 0.8~1.0	kg	17.00	0.200	0.200	0.300	0.300	0.700	1.000
	油浸石棉盘根 编制 φ6~10 250℃	kg	17.84	0.200	0.200	0.300	0.300	0.500	0.500
	普通硅酸盐水泥 42.5	kg	0.36	52.200	52.200	58.000	58.000	65.250	65.250
	河砂	m³	42.00	0.089	0.089	0.095	0.095	0.115	0.115
	碎石 20mm	m³	55.00	0.097	0.097	0.108	0.108	0.127	0.127
	棉纱头	kg	6.34	0.550	0.550	0.550	0.550	1.100	1.100
	破布	kg	4.50	0.525	0.525	0.525	0.525	1.050	1.050
	其他材料费	元	–	3.980	3.980	4.290	4.320	5.360	6.510
机 械	叉式起重机 5t	台班	542.43	–	–	–	0.090	0.090	0.180
	直流弧焊机 20kW	台班	84.19	0.180	0.180	0.180	0.180	0.180	0.180

十五、螺杆泵及齿轮油泵

定 额 编 号			3-8-104	3-8-105	3-8-106	3-8-107
项 目			螺杆泵			
			设备重量(t)			
			0.5 以内	1.0 以内	3.0 以内	5.0 以内
基 价 (元)			**1111.57**	**1558.03**	**2965.81**	**4495.46**
其中	人 工 费 (元)		891.52	1244.40	2480.00	3530.56
	材 料 费 (元)		153.95	198.71	261.74	412.57
	机 械 费 (元)		66.10	114.92	224.07	552.33
名 称	单位	单价(元)	数		量	
人工 综合工日	工日	80.00	11.144	15.555	31.000	44.132
材料 平垫铁0~3号钢1号	kg	5.22	3.048	3.084	4.064	–
平垫铁0~3号钢2号	kg	5.22	–	–	–	11.616
钩头成对斜垫铁0~3号钢1号	kg	14.50	3.060	3.060	4.080	–
钩头成对斜垫铁0~3号钢2号	kg	13.20	–	–	–	10.848
热轧薄钢板1.6~2.0	kg	4.67	0.300	0.300	0.300	0.400
镀锌铁丝8~12号	kg	5.36	0.800	0.800	1.000	1.500
电焊条 结422 φ2.5	kg	5.04	0.210	0.210	0.315	0.525
加固木板	m³	1980.00	0.005	0.009	0.014	0.015
汽油93号	kg	10.05	–	0.306	0.408	0.408
料 煤油	kg	4.20	1.050	1.050	1.575	2.100

单位：台

定 额 编 号				3-8-104	3-8-105	3-8-106	3-8-107
项　　　　目				螺杆泵			
				设备重量(t)			
				0.5 以内	1.0 以内	3.0 以内	5.0 以内
材 料	汽轮机油（各种规格）	kg	8.80	1.010	1.010	1.515	1.515
	黄干油 钙基酯	kg	9.78	0.202	0.303	0.303	0.404
	氧气	m³	3.60	2.040	3.060	3.060	3.060
	乙炔气	m³	25.20	0.680	1.020	1.020	1.020
	铅油	kg	8.50	0.300	0.300	0.400	0.400
	油浸石棉盘根 编制 φ6~10 250℃	kg	17.84	0.200	0.300	0.400	0.500
	普通硅酸盐水泥 42.5	kg	0.36	39.150	66.700	95.700	112.375
	河砂	m³	42.00	0.068	0.103	0.166	0.196
	碎石 20mm	m³	55.00	0.073	0.127	0.182	0.212
	棉纱头	kg	6.34	0.330	0.440	0.550	0.660
	破布	kg	4.50	0.315	0.315	0.420	0.420
	青壳纸 0.15~0.5mm	kg	22.00	0.100	0.200	0.300	0.400
	其他材料费	元	–	4.480	5.790	7.620	12.020
机 械	叉式起重机 5t	台班	542.43	0.090	0.180	0.360	–
	汽车式起重机 8t	台班	728.19	–	–	–	0.450
	电动卷扬机（单筒慢速）50kN	台班	145.07	–	–	–	1.350
	交流弧焊机 21kV·A	台班	64.00	0.270	0.270	0.450	0.450

定　额　编　号			3-8-108	3-8-109	3-8-110
项　　　　　目			螺杆泵		齿轮油泵
			设备重量(t)		
			7.0 以内	10 以内	1.0 以内
基　　价　（元）			**6806.46**	**8580.36**	**817.22**
其中	人　工　费　（元）		5450.88	6953.68	477.36
	材　料　费　（元）		452.37	575.91	230.70
	机　械　费　（元）		903.21	1050.77	109.16
名　　　　　称	单位	单价(元)	数		量
人工 综合工日	工日	80.00	68.136	86.921	5.967
材料 平垫铁 0~3 号钢 1 号	kg	5.22	–	–	3.048
平垫铁 0~3 号钢 2 号	kg	5.22	11.616	15.488	–
钩头成对斜垫铁 0~3 号钢 1 号	kg	14.50	–	–	3.060
钩头成对斜垫铁 0~3 号钢 2 号	kg	13.20	10.848	14.464	–
热轧薄钢板 1.6~2.0	kg	4.67	0.500	0.700	0.200
镀锌铁丝 8~12 号	kg	5.36	2.000	3.000	–
电焊条 结 422 φ2.5	kg	5.04	0.525	0.840	0.147
铜焊条 铜 107 φ3.2	kg	63.00	–	–	0.100
铜焊粉 气剂 301 瓶装	kg	32.40	–	–	0.050
加固木板	m³	1980.00	0.018	0.019	0.050
汽油 93 号	kg	10.05	0.510	0.612	0.204
煤油	kg	4.20	3.150	5.250	0.788

单位:台

定 额 编 号			3-8-108	3-8-109	3-8-110
项 目			螺杆泵		齿轮油泵
			设备重量(t)		
			7.0 以内	10 以内	1.0 以内
材 料	汽轮机油（各种规格）	kg	8.80	2.020	2.020	0.606
	黄干油 钙基酯	kg	9.78	0.404	0.505	0.202
	氧气	m³	3.60	4.080	4.080	1.020
	乙炔气	m³	25.20	1.360	1.360	0.340
	铅油	kg	8.50	0.500	0.600	0.150
	油浸石棉盘根 编制 φ6~10 250℃	kg	17.84	0.600	1.000	–
	普通硅酸盐水泥 42.5	kg	0.36	118.900	159.500	50.533
	河砂	m³	42.00	0.207	0.277	0.088
	碎石 20mm	m³	55.00	0.227	0.302	0.096
	棉纱头	kg	6.34	0.770	0.880	0.165
	破布	kg	4.50	0.525	0.735	0.158
	青壳纸 0.15~0.5mm	kg	22.00	0.400	0.400	–
	其他材料费	元	–	13.180	16.770	6.720
机 械	载货汽车 8t	台班	619.25	0.450	0.450	
	叉式起重机 5t	台班	542.43	–	–	0.180
	汽车式起重机 12t	台班	888.68	0.450	–	
	汽车式起重机 16t	台班	1071.52	–	0.450	
	电动卷扬机（单筒慢速）50kN	台班	145.07	1.350	1.800	–
	交流弧焊机 21kV·A	台班	64.00	0.450	0.450	0.180

十六、真空泵

定 额 编 号			3-8-111	3-8-112	3-8-113	3-8-114	3-8-115	3-8-116
项 目			设备重量(t)					
			0.5 以内	1.0 以内	2.0 以内	3.5 以内	5.0 以内	7.0 以内
基 价 （元）			**659.60**	**1033.55**	**1600.62**	**3054.61**	**4324.24**	**5624.85**
其中	人 工 费 （元）		507.28	775.92	1241.68	2361.68	3075.68	4065.76
	材 料 费 （元）		97.74	154.23	200.96	344.05	417.57	579.08
	机 械 费 （元）		54.58	103.40	157.98	348.88	830.99	980.01
名 称	单位	单价(元)	数			量		
人工 综合工日	工日	80.00	6.341	9.699	15.521	29.521	38.446	50.822
材料	平垫铁 0~3 号钢 1 号	kg	5.22	2.032	3.048	3.048	–	–	–
	平垫铁 0~3 号钢 2 号	kg	5.22	–	–	–	7.744	7.744	11.616
	钩头成对斜垫铁 0~3 号钢 1 号	kg	14.50	2.040	3.060	3.060	–	–	–
	钩头成对斜垫铁 0~3 号钢 2 号	kg	13.20	–	–	–	7.232	7.232	10.848
	热轧薄钢板 1.6~2.0	kg	4.67		0.200	0.300	0.300	0.500
	镀锌铁丝 8~12 号	kg	5.36	–	0.800	1.200	2.000	3.000	4.000
	电焊条 结 422 ϕ2.5	kg	5.04	0.126	0.189	0.242	0.315	0.420	0.525
	加固木板	m³	1980.00	0.005	0.009	0.014	0.019	0.020	0.025
	汽油 93 号	kg	10.05	0.306	0.510	1.020	1.530	2.040	3.060
	煤油	kg	4.20	0.840	1.050	1.365	3.150	5.250	7.350
	汽轮机油（各种规格）	kg	8.80	0.606	0.707	0.909	1.515	2.020	3.030

定 额 编 号			3-8-111	3-8-112	3-8-113	3-8-114	3-8-115	3-8-116
项 目			设备重量(t)					
			0.5 以内	1.0 以内	2.0 以内	3.5 以内	5.0 以内	7.0 以内
材料	黄干油 钙基酯	kg	9.78	0.152	0.202	0.303	0.808	1.212	1.818
	氧气	m³	3.60	0.122	0.184	0.214	0.510	0.714	0.918
	乙炔气	m³	25.20	0.041	0.061	0.071	0.170	0.238	0.306
	铅油	kg	8.50	0.230	0.250	0.320	0.500	0.900	1.200
	油浸石棉盘根 编制 φ6~10 250℃	kg	17.84	0.300	0.370	0.600	0.700	0.700	1.000
	普通硅酸盐水泥 42.5	kg	0.36	38.135	66.164	95.178	110.200	159.500	203.000
	河砂	m³	42.00	0.068	0.103	0.166	0.182	0.277	0.338
	碎石 20mm	m³	55.00	0.068	0.127	0.182	0.196	0.304	0.378
	棉纱头	kg	6.34	0.110	0.165	0.275	0.550	1.320	1.980
	白布 0.9m	m²	8.54	–	–	–	0.510	0.612	0.612
	破布	kg	4.50	0.210	0.347	0.578	0.840	1.260	1.575
	青壳纸 0.15~0.5mm	kg	22.00	–	–	–	0.200	0.200	0.200
	其他材料费	元	–	2.850	4.490	5.850	10.020	12.160	16.870
机械	载货汽车 8t	台班	619.25	–	–	–	–	0.450	0.450
	叉式起重机 5t	台班	542.43	0.090	0.180	0.270	0.360	–	–
	汽车式起重机 8t	台班	728.19	–	–	–	–	0.450	–
	汽车式起重机 12t	台班	888.68	–	–	–	–	–	0.450
	电动卷扬机(单筒慢速) 50kN	台班	145.07	–	–	–	0.900	1.350	1.800
	交流弧焊机 21kV·A	台班	64.00	0.090	0.090	0.180	0.360	0.450	0.630

十七、屏蔽泵

单位:台

定 额 编 号			3-8-117	3-8-118	3-8-119	3-8-120
项 目			设备重量(t)			
			0.3 以内	0.5 以内	0.7 以内	1.0 以内
基 价 (元)			**677.48**	**940.95**	**1223.85**	**1421.83**
其中	人 工 费 (元)		519.52	714.72	913.28	1057.44
	材 料 费 (元)		140.68	148.61	184.13	237.95
	机 械 费 (元)		17.28	77.62	126.44	126.44
名 称	单位	单价(元)	数		量	
人工 综合工日	工日	80.00	6.494	8.934	11.416	13.218
材料 平垫铁 0~3 号钢 1 号	kg	5.22	3.048	3.048	3.048	4.064
钩头成对斜垫铁 0~3 号钢 1 号	kg	14.50	3.060	3.060	3.060	4.080
热轧薄钢板 1.6~2.0	kg	4.67	0.500	0.500	0.500	0.600
镀锌铁丝 8~12 号	kg	5.36	–	–	1.000	1.000
电焊条 结 422 ϕ2.5	kg	5.04	0.210	0.210	0.210	0.315
加固木板	m³	1980.00	0.006	0.006	0.008	0.008
汽油 93 号	kg	10.05	0.204	0.306	0.306	0.510
料 煤油	kg	4.20	0.525	1.050	1.050	2.100

定 额 编 号			3-8-117	3-8-118	3-8-119	3-8-120
项 目			设备重量(t)			
			0.3 以内	0.5 以内	0.7 以内	1.0 以内
材 料	汽轮机油（各种规格）	kg	8.80	0.202	0.202	0.303	0.707
	黄干油 钙基酯	kg	9.78	0.101	0.202	0.202	0.505
	氧气	m³	3.60	1.020	1.020	1.020	2.040
	乙炔气	m³	25.20	0.340	0.340	0.340	0.680
	铅油	kg	8.50	0.200	0.200	0.200	0.300
	石棉橡胶板 中压 0.8～1.0	kg	17.00	0.200	0.300	0.700	1.000
	油浸石棉盘根 编制 φ6～10 250℃	kg	17.84	0.200	0.300	0.500	0.500
	普通硅酸盐水泥 42.5	kg	0.36	50.750	50.750	65.250	65.250
	河砂	m³	42.00	0.088	0.088	0.115	0.115
	碎石 20mm	m³	55.00	0.096	0.096	0.127	0.127
	棉纱头	kg	6.34	0.550	0.550	1.100	1.100
	破布	kg	4.50	0.525	0.525	1.050	1.050
	其他材料费	元	–	4.100	4.330	5.360	6.930
机 械	叉式起重机 5t	台班	542.43	–	0.090	0.180	0.180
	交流弧焊机 21kV·A	台班	64.00	0.270	0.450	0.450	0.450

十八、单级离心泵及离心式耐腐蚀泵拆装检查

定 额 编 号			3-8-121	3-8-122	3-8-123	3-8-124	3-8-125
项 目			设备重量(t)				
			0.5 以内	1.0 以内	1.5 以内	3.0 以内	5.0 以内
基 价 （元）			**384.20**	**763.99**	**1136.91**	**1507.74**	**2062.69**
其中	人 工 费 （元）		353.60	707.20	1047.20	1373.60	1870.00
	材 料 费 （元）		30.60	56.79	89.71	134.14	192.69
	机 械 费 （元）		—	—	—	—	—
名 称	单位	单价(元)	数		量		
人工 综合工日	工日	80.00	4.420	8.840	13.090	17.170	23.375
材料 紫铜皮 各种规格	kg	72.90	—	0.050	0.150	0.200	0.250
汽油 93 号	kg	10.05	0.300	0.400	0.600	1.200	2.000
煤油	kg	4.20	1.200	1.500	2.000	3.000	5.000
汽轮机油（各种规格）	kg	8.80	0.200	0.400	0.600	1.200	2.000
黄干油 钙基酯	kg	9.78	0.200	0.500	0.800	1.000	1.600
铅油	kg	8.50	0.200	0.300	0.400	0.500	0.800
红丹粉	kg	12.00	0.200	0.300	0.400	0.600	1.000
石棉橡胶板 中压 0.8~1.0	kg	17.00	0.500	1.000	1.500	2.000	2.500
棉纱头	kg	6.34	0.200	0.300	0.500	1.000	1.500
白布 0.9m	m²	8.54	0.200	0.400	0.500	0.800	1.000
破布	kg	4.50	0.300	0.500	1.000	1.800	2.500
铁砂布 0~2 号	张	1.68	1.000	2.000	3.000	4.000	5.000
研磨膏	盒	1.12	0.200	0.300	0.500	1.000	1.000

定　额　编　号			3-8-126	3-8-127	3-8-128	3-8-129	3-8-130
项　　　　　目			设备重量(t)				
			8.0 以内	12 以内	17 以内	23 以内	30 以内
基　　　价　（元）			**3691.41**	**4618.03**	**6161.23**	**8073.49**	**9913.56**
其中	人　工　费　（元）		3053.20	3821.60	4991.20	6602.80	8092.00
	材　料　费　（元）		272.63	352.52	491.10	608.97	773.14
	机　械　费　（元）		365.58	443.91	678.93	861.72	1048.42
名　　　称	单位	单价（元）	数		量		
人工	综合工日	工日	80.00	38.165	47.770	62.390	82.535	101.150
材料	紫铜皮 各种规格	kg	72.90	0.400	0.600	0.950	1.100	1.500
	汽油 93 号	kg	10.05	3.200	5.000	8.000	12.000	15.000
	煤油	kg	4.20	8.000	12.000	18.000	25.000	36.000
	汽轮机油（各种规格）	kg	8.80	3.200	4.000	5.000	6.000	8.000
	黄干油 钙基酯	kg	9.78	2.400	3.200	4.000	4.500	5.000
	铅油	kg	8.50	1.000	1.000	1.200	1.500	2.000
	红丹粉	kg	12.00	1.200	1.600	2.000	2.200	2.500
	石棉橡胶板 中压 0.8～1.0	kg	17.00	3.000	3.000	3.500	4.000	4.500
	棉纱头	kg	6.34	2.000	2.000	3.000	3.000	4.000
	白布 0.9m	m²	8.54	1.600	2.400	3.200	4.000	4.000
	破布	kg	4.50	3.500	4.000	6.000	6.000	8.000
	铁砂布 0～2 号	张	1.68	5.000	6.000	8.000	10.000	12.000
	研磨膏	盒	1.12	1.500	1.500	2.000	2.000	3.000
机械	电动卷扬机（单筒慢速）50kN	台班	145.07	2.520	3.060	4.680	5.940	7.227

十九、多级离心泵拆装检查

定 额 编 号			3-8-131	3-8-132	3-8-133	3-8-134	3-8-135	3-8-136
项 目			设备重量(t)					
			0.5 以内	1.0 以内	2.0 以内	3.0 以内	4.0 以内	6.0 以内
基 价 (元)			**466.80**	**923.41**	**1743.00**	**2134.45**	**2514.19**	**2844.61**
其中	人 工 费 (元)		435.20	856.80	1638.80	1992.40	2346.00	2624.80
	材 料 费 (元)		31.60	66.61	104.20	142.05	168.19	219.81
	机 械 费 (元)		–	–	–	–	–	–
名 称	单位	单价(元)	数			量		
人工 综合工日	工日	80.00	5.440	10.710	20.485	24.905	29.325	32.810
材料 紫铜皮 各种规格	kg	72.90	–	0.050	0.100	0.150	0.200	0.300
汽油 93 号	kg	10.05	0.500	1.000	1.500	2.000	2.500	3.000
煤油	kg	4.20	1.000	2.000	3.000	4.000	5.000	6.000
汽轮机油（各种规格）	kg	8.80	0.200	0.400	0.800	1.200	1.600	2.400
黄干油 钙基酯	kg	9.78	0.200	0.400	0.800	1.000	1.200	1.500
铅油	kg	8.50	0.200	0.300	0.500	0.600	0.600	0.800
红丹粉	kg	12.00	0.200	0.300	0.400	0.500	0.600	0.800
石棉橡胶板 中压 0.8～1.0	kg	17.00	0.500	1.000	1.500	2.000	2.000	2.500
棉纱头	kg	6.34	0.300	0.500	0.600	0.900	1.200	1.500
白布 0.9m	m²	8.54	–	0.300	0.600	0.900	1.200	1.800
料 破布	kg	4.50	0.500	1.000	1.200	1.800	2.200	3.000
铁砂布 0～2 号	张	1.68	1.000	2.000	3.000	4.000	4.000	5.000
研磨膏	盒	1.12	0.200	0.300	0.400	0.500	0.800	1.000

单位:台

定 额 编 号			3-8-137	3-8-138	3-8-139	3-8-140	3-8-141
项 目			设备重量(t)				
			8.0 以内	10 以内	15 以内	20 以内	25 以内
基 价 (元)			**4191.87**	**5166.02**	**6615.21**	**8531.35**	**11709.76**
其中	人 工 费 (元)		3481.60	4324.80	5474.00	7126.40	9887.20
	材 料 费 (元)		279.41	328.11	464.89	577.18	745.42
	机 械 费 (元)		430.86	513.11	676.32	827.77	1077.14
名 称	单位	单价(元)	数			量	
人工 综合工日	工日	80.00	43.520	54.060	68.425	89.080	123.590
材料 紫铜皮 各种规格	kg	72.90	0.400	0.500	0.750	1.000	1.200
汽油 93 号	kg	10.05	4.000	5.000	8.000	10.000	15.000
煤油	kg	4.20	8.000	10.000	16.000	20.000	30.000
汽轮机油（各种规格）	kg	8.80	3.200	4.000	6.000	8.000	12.000
黄干油 钙基酯	kg	9.78	1.800	2.000	2.500	3.000	4.000
铅油	kg	8.50	1.000	1.000	1.500	2.000	2.000
红丹粉	kg	12.00	1.000	1.500	1.800	2.000	2.500
石棉橡胶板 中压 0.8～1.0	kg	17.00	3.000	3.000	4.000	5.000	5.000
棉纱头	kg	6.34	2.000	2.000	2.500	3.000	3.000
白布 0.9m	m²	8.54	2.000	2.500	3.000	3.000	3.500
破布	kg	4.50	4.000	4.000	5.000	6.000	6.000
铁砂布 0～2 号	张	1.68	6.000	8.000	10.000	12.000	15.000
研磨膏	盒	1.12	1.200	1.500	2.000	2.000	3.000
机械 电动卷扬机(单筒慢速) 50kN	台班	145.07	2.970	3.537	4.662	5.706	7.425

二十、锅炉给水泵、冷凝水泵、热循环水泵拆装检查

单位：台

定 额 编 号			3-8-142	3-8-143	3-8-144	3-8-145	3-8-146
项 目			设备重量(t)				
			0.5 以内	1.0 以内	2.0 以内	3.5 以内	5.0 以内
基 价 （元）			**667.76**	**1283.07**	**2071.06**	**2976.34**	**3920.89**
其中	人 工 费 （元）		612.00	1190.00	1931.20	2788.00	3672.00
	材 料 费 （元）		55.76	93.07	139.86	188.34	248.89
	机 械 费 （元）		—	—	—	—	—
名 称	单位	单价(元)	数		量		
人工 综合工日	工日	80.00	7.650	14.875	24.140	34.850	45.900
材料 紫铜皮 各种规格	kg	72.90	—	0.050	0.100	0.200	0.250
汽油 93 号	kg	10.05	0.500	1.000	1.500	2.000	3.000
煤油	kg	4.20	1.000	2.000	3.000	4.000	6.000
汽轮机油（各种规格）	kg	8.80	0.200	0.400	0.800	1.600	2.000
黄干油 钙基酯	kg	9.78	0.200	0.400	0.800	1.200	1.600
铅油	kg	8.50	0.200	0.400	0.800	1.000	1.200
红丹粉	kg	12.00	0.200	0.300	0.600	0.700	0.800
石棉橡胶板 中压 0.8～1.0	kg	17.00	0.500	1.000	1.200	1.500	2.000
油浸石棉盘根 编制 φ6～10 250℃	kg	17.84	0.500	0.600	0.800	1.000	1.500
棉纱头	kg	6.34	0.300	0.500	0.800	1.000	1.200
白布 0.9m	m²	8.54	0.500	0.500	1.000	1.200	1.500
破布	kg	4.50	0.500	1.000	1.500	2.000	2.500
铁砂布 0～2 号	张	1.68	2.000	2.000	3.000	4.000	4.000
青壳纸 0.15～0.5mm	kg	22.00	0.500	0.600	0.700	0.800	1.000
研磨膏	盒	1.12	0.200	0.300	0.500	0.800	1.000

定　额　编　号			3-8-147	3-8-148	3-8-149
项　　　　　目			设备重量(t)		
			7.0 以内	10 以内	15 以内
基　　　价　　（元）			**5538.21**	**6776.22**	**7947.35**
其中	人　工　费　（元）		4671.60	5678.00	6630.00
	材　料　费　（元）		318.25	419.29	531.36
	机　械　费　（元）		548.36	678.93	785.99
名　　　　　　称	单位	单价(元)	数		量
人工 综合工日	工日	80.00	58.395	70.975	82.875
材料 紫铜皮 各种规格	kg	72.90	0.350	0.500	0.700
汽油 93 号	kg	10.05	4.000	6.000	8.000
煤油	kg	4.20	8.000	12.000	16.000
汽轮机油（各种规格）	kg	8.80	3.000	4.000	6.000
黄干油 钙基酯	kg	9.78	2.000	2.500	3.000
铅油	kg	8.50	1.500	1.500	1.800
红丹粉	kg	12.00	0.800	1.000	1.200
石棉橡胶板 中压 0.8～1.0	kg	17.00	2.500	3.000	3.500
油浸石棉盘根 编制 $\phi 6～10$ 250℃	kg	17.84	1.800	2.000	2.400
棉纱头	kg	6.34	1.500	2.000	2.000
白布 0.9m	m²	8.54	2.000	3.000	3.500
破布	kg	4.50	3.000	4.000	4.000
铁砂布 0～2 号	张	1.68	5.000	6.000	7.000
青壳纸 0.15～0.5mm	kg	22.00	1.200	1.500	2.000
研磨膏	盒	1.12	1.000	1.500	2.000
机械 电动卷扬机（单筒慢速）50kN	台班	145.07	3.780	4.680	5.418

二十一、离心式油泵拆装检查

定额编号			3-8-150	3-8-151	3-8-152	3-8-153	3-8-154
项目			设备重量(t)				
			0.5 以内	1.0 以内	3.0 以内	5.0 以内	7.0 以内
基价(元)			**585.19**	**1166.12**	**2283.70**	**3759.81**	**4857.83**
其中	人工费(元)		550.80	1101.60	2169.20	3576.80	4610.40
	材料费(元)		34.39	64.52	114.50	183.01	247.43
	机械费(元)		−	−	−	−	−
名称	单位	单价(元)	数		量		
人工 综合工日	工日	80.00	6.885	13.770	27.115	44.710	57.630
材料 紫铜皮 各种规格	kg	72.90	−	0.050	0.150	0.250	0.350
汽油 93 号	kg	10.05	0.500	0.800	1.500	2.500	4.000
煤油	kg	4.20	1.000	1.500	3.000	5.000	8.000
汽轮机油(各种规格)	kg	8.80	0.350	0.500	1.000	2.000	3.000
黄干油 钙基酯	kg	9.78	0.200	0.400	0.800	1.500	1.800
铅油	kg	8.50	0.300	0.400	0.500	0.800	1.000
红丹粉	kg	12.00	0.200	0.500	0.500	0.800	1.000
石棉橡胶板 中压 0.8~1.0	kg	17.00	0.500	1.000	1.500	2.000	2.000
棉纱头	kg	6.34	0.200	0.300	0.500	1.000	1.500
白布 0.9m	m²	8.54	0.200	0.400	1.200	1.500	2.000
破布	kg	4.50	0.400	0.600	1.000	2.000	3.000
铁砂布 0~2 号	张	1.68	1.000	2.000	3.000	4.000	5.000
研磨膏	盒	1.12	0.200	0.400	0.500	1.000	1.000

二十二、离心式杂质泵拆装检查

单位:台

定 额 编 号			3-8-155	3-8-156	3-8-157	3-8-158	3-8-159	3-8-160	3-8-161
项 目			设备重量(t)						
			0.5以内	1.0以内	2.0以内	5.0以内	10以内	15以内	20以内
基 价 (元)			**669.26**	**1324.19**	**2123.86**	**4325.97**	**6328.94**	**7417.44**	**9952.62**
其中	人 工 费 (元)		639.20	1264.80	2040.00	4161.60	5623.60	6514.40	8751.60
	材 料 费 (元)		30.06	59.39	83.86	164.37	287.54	380.79	506.42
	机 械 费 (元)		—	—	—	—	417.80	522.25	694.60
名 称	单位	单价(元)	数			量			
人工	综合工日	工日	80.00	7.990	15.810	25.500	52.020	70.295	81.430	109.395
材料	紫铜皮 各种规格	kg	72.90	—	0.050	0.100	0.250	0.500	0.750	1.000
	汽油93号	kg	10.05	0.500	0.700	1.000	2.000	5.000	6.000	8.000
	煤油	kg	4.20	1.000	1.500	2.000	5.000	10.000	15.000	20.000
	汽轮机油（各种规格）	kg	8.80	0.200	0.400	0.800	2.000	4.000	6.000	8.000
	黄干油 钙基酯	kg	9.78	0.200	0.400	0.400	1.000	2.400	2.500	3.000
	铅油	kg	8.50	0.200	0.500	0.600	0.800	1.000	1.200	1.600
	红丹粉	kg	12.00	0.200	0.400	0.500	1.000	1.200	1.500	1.800
	石棉橡胶板 中压0.8~1.0	kg	17.00	0.500	1.000	1.200	2.000	2.500	3.000	4.000
	棉纱头	kg	6.34	0.200	0.600	1.000	1.500	1.500	2.000	3.000
	破布	kg	4.50	0.300	0.600	1.200	2.000	3.000	4.000	6.000
	铁砂布 0~2号	张	1.68	1.000	2.000	3.000	5.000	6.000	8.000	10.000
	研磨膏	盒	1.12	0.200	0.300	0.400	1.000	1.500	2.000	3.000
机械	电动卷扬机(单筒慢速)50kN	台班	145.07	—	—	—	—	2.880	3.600	4.788

二十三、离心式深水泵拆装检查

单位:台

定　额　编　号			3-8-162	3-8-163	3-8-164	3-8-165	3-8-166
项　　　　　目			设备重量(t)				
			1.0以内	2.0以内	3.5以内	5.5以内	8.0以内
基　　价　（元）			**1014.55**	**1192.59**	**1759.89**	**2225.98**	**3567.42**
其中	人　工　费（元）		965.60	1115.20	1645.60	2060.40	2952.56
	材　料　费（元）		48.95	77.39	114.29	165.58	197.06
	机　械　费（元）		－	－	－	－	417.80
名　　　　称	单位	单价(元)	数			量	
人工	综合工日	工日	80.00	12.070	13.940	20.570	25.755	36.907
材料	汽油93号	kg	10.05	1.000	1.500	2.500	4.000	5.000
	煤油	kg	4.20	2.000	3.000	5.000	8.000	10.000
	汽轮机油（各种规格）	kg	8.80	0.800	1.200	2.000	3.000	4.000
	黄干油 钙基酯	kg	9.78	0.400	0.800	1.000	1.200	1.200
	铅油	kg	8.50	0.200	0.300	0.400	0.500	0.800
	石棉橡胶板 中压0.8~1.0	kg	17.00	0.500	0.800	1.000	1.500	1.500
	棉纱头	kg	6.34	0.500	0.800	1.000	1.200	1.200
	破布	kg	4.50	1.000	1.500	2.000	2.500	2.500
	铁砂布0~2号	张	1.68	1.000	2.000	3.000	3.000	4.000
机械	电动卷扬机(单筒慢速)50kN	台班	145.07	－	－	－	－	2.880

二十四、DB型高硅铁离心泵拆装检查

定 额 编 号			3-8-167	3-8-168	3-8-169	3-8-170	3-8-171	3-8-172
项 目			设备型号					
			DB25G-41	DB50G-40	DB65-40	DBG80-60	DBG100-35	DB150-35
基 价 (元)			**218.95**	**289.84**	**371.19**	**446.84**	**548.91**	**701.63**
其中	人 工 费 (元)		170.00	244.80	306.00	367.20	448.80	584.80
	材 料 费 (元)		48.95	45.04	65.19	79.64	100.11	116.83
	机 械 费 (元)		-	-	-	-	-	-
名 称	单位	单价(元)	数			量		
人工 综合工日	工日	80.00	2.125	3.060	3.825	4.590	5.610	7.310
材料 汽油93号	kg	10.05	1.000	1.000	1.500	2.000	2.500	3.000
煤油	kg	4.20	2.000	2.000	3.000	4.000	5.000	6.000
汽轮机油(各种规格)	kg	8.80	0.800	0.800	1.000	1.200	1.500	2.000
黄干油 钙基酯	kg	9.78	0.400	-	-	-	-	-
铅油	kg	8.50	0.200	0.200	0.300	0.400	0.400	0.500
石棉橡胶板 中压0.8~1.0	kg	17.00	0.500	0.500	0.800	0.800	1.000	1.000
棉纱头	kg	6.34	0.500	0.500	0.600	0.800	1.000	1.000
破布	kg	4.50	1.000	1.000	1.200	1.500	2.000	2.500
铁砂布 0~2号	张	1.68	1.000	1.000	2.000	2.000	3.000	3.000

二十五、蒸汽离心泵拆装检查

单位:台

定额编号				3-8-173	3-8-174	3-8-175	3-8-176	3-8-177	3-8-178	3-8-179
项目				设备重量(t)						
				0.5以内	0.7以内	1.0以内	3.0以内	5.0以内	7.0以内	10以内
基价（元）				**719.33**	**856.39**	**1372.46**	**2838.46**	**4123.57**	**5319.78**	**6607.02**
其中	人工费（元）			666.40	782.00	1258.00	2638.40	3862.40	4977.60	5807.20
	材料费（元）			52.93	74.39	114.46	200.06	261.17	342.18	404.21
	机械费（元）			－	－	－	－	－	－	395.61
名称		单位	单价(元)	数			量			
人工	综合工日	工日	80.00	8.330	9.775	15.725	32.980	48.280	62.220	72.590
材料	汽油93号	kg	10.05	0.500	0.700	1.500	2.500	3.500	5.000	5.000
	煤油	kg	4.20	1.000	1.500	3.000	5.000	7.000	10.000	10.000
	汽轮机油（各种规格）	kg	8.80	0.200	0.300	0.400	1.200	2.000	3.000	3.000
	二硫化钼粉	kg	66.74	0.200	0.300	0.400	1.000	1.200	1.500	1.800
	铅油	kg	8.50	0.200	0.300	0.400	0.500	0.600	0.700	1.000
	红丹粉	kg	12.00	0.200	0.200	0.400	0.500	0.600	0.600	0.700
	石棉橡胶板 中压0.8~1.0	kg	17.00	0.400	0.600	0.800	1.000	1.200	1.500	2.000
	棉纱头	kg	6.34	0.300	0.400	0.500	1.000	1.500	1.800	2.000
	白布0.9m	m²	8.54	－	0.300	0.400	0.600	0.800	1.200	1.500
	破布	kg	4.50	0.500	0.800	1.000	2.000	3.000	3.500	4.000
	铁砂布0~2号	张	1.68	0.500	0.800	1.000	1.500	2.000	2.000	3.000
	青壳纸0.15~0.5mm	kg	22.00	0.500	0.600	1.000	1.200	1.500	2.000	3.000
机械	电动卷扬机(单筒慢速)50kN	台班	145.07	－	－	－	－	－	－	2.727

二十六、旋涡泵拆装检查

定　额　编　号			3-8-180	3-8-181	3-8-182	3-8-183	3-8-184	3-8-185
项　　　　目			设备重量(t)					
			0.2 以内	0.5 以内	1.0 以内	2.0 以内	3.0 以内	5.0 以内
基　　价（元）			**225.99**	**501.60**	**959.05**	**1744.87**	**2398.06**	**3566.57**
其中	人　工　费（元）		204.00	476.00	911.20	1672.80	2298.40	3427.20
	材　料　费（元）		21.99	25.60	47.85	72.07	99.66	139.37
	机　械　费（元）		—	—	—	—	—	—
名　　　称	单位	单价(元)	数		量			
人工 综合工日	工日	80.00	2.550	5.950	11.390	20.910	28.730	42.840
材料 汽油93号	kg	10.05	0.500	0.500	0.800	1.000	1.200	2.000
煤油	kg	4.20	0.500	1.000	1.500	2.000	3.000	5.000
汽轮机油（各种规格）	kg	8.80	0.200	0.300	0.400	0.800	1.200	2.000
黄干油 钙基酯	kg	9.78	0.200	0.200	0.400	0.800	1.200	1.500
铅油	kg	8.50	0.100	0.100	0.200	0.300	0.400	0.500
红丹粉	kg	12.00	—	—	0.300	0.500	0.600	0.800
石棉橡胶板 中压 0.8~1.0	kg	17.00	0.300	0.300	0.400	0.800	1.000	1.200
棉纱头	kg	6.34	0.200	0.300	0.400	0.500	0.800	1.000
白布 0.9m	m²	8.54	—	—	0.300	0.600	0.900	1.200
破布	kg	4.50	0.500	0.500	0.800	1.000	1.500	2.000
铁砂布 0~2 号	张	1.68	1.000	1.000	2.000	2.000	3.000	3.000
研磨膏	盒	1.12	—	—	0.200	0.400	0.500	1.000

二十七、电动往复泵拆装检查

单位:台

定 额 编 号			3-8-186	3-8-187	3-8-188	3-8-189	3-8-190	3-8-191
项 目			设备重量(t)					
			0.5 以内	0.7 以内	1.0 以内	3.0 以内	5.0 以内	7.0 以内
基 价 (元)			**902.75**	**1219.73**	**1594.18**	**3415.67**	**4463.78**	**6745.59**
其中	人 工 费 (元)		856.80	1149.20	1489.20	3209.60	4168.40	6358.00
	材 料 费 (元)		45.95	70.53	104.98	206.07	295.38	387.59
	机 械 费 (元)		－	－	－	－	－	－
名 称	单位	单价(元)	数			量		
人工 综合工日	工日	80.00	10.710	14.365	18.615	40.120	52.105	79.475
材料 紫铜皮 各种规格	kg	72.90	0.050	0.070	0.100	0.300	0.500	0.700
汽油 93 号	kg	10.05	0.500	0.800	1.000	2.500	4.000	5.000
煤油	kg	4.20	1.000	1.500	2.000	5.000	8.000	10.000
汽轮机油（各种规格）	kg	8.80	0.300	0.500	0.600	1.500	2.500	3.500
黄干油 钙基酯	kg	9.78	0.200	0.300	0.500	0.800	1.200	1.500
铅油	kg	8.50	0.200	0.300	0.300	0.500	0.800	1.000
红丹粉	kg	12.00	0.200	0.300	0.500	0.600	0.800	1.000
黑铅粉	kg	1.10	0.400	0.500	0.600	1.200	1.500	1.800
石棉橡胶板 中压 0.8~1.0	kg	17.00	0.200	0.300	0.400	1.200	1.500	2.000
油浸石棉铜丝盘根 编制 φ6	kg	30.89	0.200	0.300	0.800	1.200	1.500	2.000
棉纱头	kg	6.34	0.300	0.500	0.600	0.800	1.000	1.500
白布 0.9m	m²	8.54	0.200	0.400	0.600	0.800	1.200	1.500
破布	kg	4.50	0.500	0.800	1.000	1.500	2.000	3.000
铁砂布 0~2 号	张	1.68	1.000	2.000	2.000	3.000	5.000	6.000
青壳纸 0.15~0.5mm	kg	22.00	0.200	0.400	0.500	1.000	1.200	1.500
研磨膏	盒	1.12	0.200	0.300	0.500	1.000	1.000	1.500

二十八、高压柱塞泵(3～4柱塞)拆装检查

定 额 编 号			3-8-192	3-8-193	3-8-194	3-8-195
项 目			设备重量(t)			
			1.0 以内	2.5 以内	5.0 以内	8.0 以内
基 价 （元）			**1719.82**	**3250.03**	**4671.26**	**7800.89**
其 中	人 工 费 （元）		1632.00	3066.80	4399.60	6759.20
	材 料 费 （元）		87.82	183.23	271.66	362.76
	机 械 费 （元）		－	－	－	678.93
名 称	单位	单价(元)	数			量
人工 综合工日	工日	80.00	20.400	38.335	54.995	84.490
材 料	紫铜皮 各种规格	kg	72.90	0.050	0.200	0.300	0.400
	汽油 93 号	kg	10.05	1.000	2.000	3.000	4.000
	煤油	kg	4.20	2.000	4.000	6.000	8.000
	汽轮机油（各种规格）	kg	8.80	0.400	1.000	2.000	3.200
	黄干油 钙基酯	kg	9.78	0.300	0.800	1.200	1.500

定 额 编 号				3-8-192	3-8-193	3-8-194	3-8-195
项 目				设备重量(t)			
				1.0 以内	2.5 以内	5.0 以内	8.0 以内
材料	铅油	kg	8.50	0.300	0.400	0.600	0.800
	红丹粉	kg	12.00	0.200	0.500	0.600	0.800
	黑铅粉	kg	1.10	0.200	0.600	0.800	1.000
	油浸石棉铜丝盘根 编制 $\phi6$	kg	30.89	0.400	0.800	1.200	1.500
	石棉橡胶板 高压 0.5	kg	36.10	0.500	1.000	1.500	2.000
	棉纱头	kg	6.34	0.400	1.000	1.000	1.500
	白布 0.9m	m²	8.54	0.400	0.800	1.500	2.000
	破布	kg	4.50	1.000	2.000	2.000	3.000
	铁砂布 0~2 号	张	1.68	1.000	2.000	3.000	4.000
	青壳纸 0.15~0.5mm	kg	22.00	0.500	0.800	1.200	1.500
	研磨膏	盒	1.12	0.500	1.000	1.000	1.000
机械	电动卷扬机(单筒慢速) 50kN	台班	145.07	–	–	–	4.680

定 额 编 号			3-8-196	3-8-197	3-8-198	3-8-199
项 目			设备重量(t)			
			10.0 以内	16.0 以内	25.5 以内	35.0 以内
基 价 （元）			**8941.09**	**12209.37**	**14680.68**	**17287.07**
其中	人 工 费 （元）		7724.80	10682.80	12784.00	15055.20
	材 料 费 （元）		459.02	615.24	852.18	1095.97
	机 械 费 （元）		757.27	911.33	1044.50	1135.90
名 称	单位	单价(元)	数		量	
人工 综合工日	工日	80.00	96.560	133.535	159.800	188.190
材料 紫铜皮 各种规格	kg	72.90	0.500	0.800	1.200	1.500
汽油 93 号	kg	10.05	5.000	8.000	12.000	17.000
煤油	kg	4.20	10.000	16.000	25.000	35.000
汽轮机油（各种规格）	kg	8.80	4.000	6.000	10.000	12.000
黄干油 钙基酯	kg	9.78	2.000	2.500	3.000	3.500
铅油	kg	8.50	1.000	1.200	2.000	2.000
红丹粉	kg	12.00	1.000	1.200	1.500	2.000
黑铅粉	kg	1.10	1.200	1.500	1.800	2.000
油浸石棉铜丝盘根 编制 $\phi 6$	kg	30.89	2.000	2.500	3.000	4.000
石棉橡胶板 高压 0.5	kg	36.10	2.500	3.000	4.000	5.000
棉纱头	kg	6.34	2.000	2.500	3.000	4.000
白布 0.9m	m²	8.54	2.500	3.000	3.500	4.000
破布	kg	4.50	4.000	5.000	6.000	8.000
铁砂布 0~2 号	张	1.68	5.000	6.000	8.000	10.000
青壳纸 0.15~0.5mm	kg	22.00	1.800	2.000	2.500	3.000
研磨膏	盒	1.12	1.500	2.000	3.000	3.000
机械 电动卷扬机(单筒慢速) 50kN	台班	145.07	5.220	6.282	7.200	7.830

二十九、高压高速柱塞泵(6~24柱塞)拆装检查

单位:台

定 额 编 号				3-8-200	3-8-201	3-8-202	3-8-203
项 目				设备重量(t)			
				5.0 以内	10 以内	15 以内	18 以内
基 价 (元)				**5163.76**	**9101.92**	**12247.56**	**14668.45**
其中	人 工 费 (元)			4930.00	8058.00	10852.80	13056.00
	材 料 费 (元)			233.76	359.77	461.23	567.95
	机 械 费 (元)			—	684.15	933.53	1044.50
名 称		单位	单价(元)	数		量	
人工	综合工日	工日	80.00	61.625	100.725	135.660	163.200
材料	紫铜皮 各种规格	kg	72.90	0.400	0.500	0.750	0.900
	汽油93号	kg	10.05	2.500	5.000	7.500	10.000
	煤油	kg	4.20	5.000	10.000	15.000	20.000
	汽轮机油（各种规格）	kg	8.80	2.000	4.000	6.000	8.000
	黄干油 钙基酯	kg	9.78	1.000	1.500	1.800	1.800

定 额 编 号			3-8-200	3-8-201	3-8-202	3-8-203
项 目			设备重量(t)			
			5.0 以内	10 以内	15 以内	18 以内
材	铅油	kg	8.50	0.800	1.000	1.000	1.000
	红丹粉	kg	12.00	0.600	0.800	1.000	1.200
	黑铅粉	kg	1.10	0.800	0.800	0.800	1.000
	石棉橡胶板 中压 0.8~1.0	kg	17.00	1.500	1.800	1.800	2.000
	油浸石棉铜丝盘根 编制 φ6	kg	30.89	1.000	1.200	1.200	1.500
	棉纱头	kg	6.34	1.000	2.000	2.500	3.000
	白布 0.9m	m²	8.54	1.200	2.500	3.000	4.000
	破布	kg	4.50	2.000	4.000	5.000	6.000
	铁砂布 0~2 号	张	1.68	4.000	5.000	6.000	6.000
料	青壳纸 0.15~0.5mm	kg	22.00	1.200	1.500	1.500	1.500
	研磨膏	盒	1.12	1.000	1.000	1.500	2.000
机械	电动卷扬机(单筒慢速) 50kN	台班	145.07	—	4.716	6.435	7.200

三十、蒸汽往复泵拆装检查

单位:台

定　额　编　号				3-8-204	3-8-205	3-8-206	3-8-207	3-8-208	3-8-209
项　　　　　目				设备重量(t)					
				0.5 以内	1.0 以内	1.5 以内	3.0 以内	5.0 以内	7.0 以内
基　　价　(元)				**812.86**	**1410.10**	**1855.01**	**3270.05**	**4220.56**	**5941.06**
其中	人　工　费　(元)			748.00	1305.60	1700.00	3039.60	3910.00	5528.40
	材　料　费　(元)			64.86	104.50	155.01	230.45	310.56	412.66
	机　械　费　(元)			—	—	—	—	—	—
名　　　　称	单位	单价(元)		数			量		
人工	综合工日	工日	80.00	9.350	16.320	21.250	37.995	48.875	69.105
材料	紫铜皮 各种规格	kg	72.90	0.050	0.050	0.100	0.200	0.300	0.400
	汽油 93 号	kg	10.05	0.500	1.000	1.500	2.000	2.500	4.000
	煤油	kg	4.20	1.000	2.000	3.000	4.000	5.000	8.000
	汽轮机油(各种规格)	kg	8.80	0.300	0.400	0.800	1.200	2.000	2.800
	二硫化钼粉	kg	66.74	0.200	0.400	0.600	1.000	1.500	2.000
	铅油	kg	8.50	0.200	0.400	0.400	0.500	0.600	0.700
	红丹粉	kg	12.00	0.200	0.300	0.400	0.500	0.600	0.700
	黑铅粉	kg	1.10	0.200	0.400	0.800	1.000	1.200	1.300
	石棉橡胶板 中压 0.8~1.0	kg	17.00	0.500	0.600	0.800	1.000	1.200	1.400
	油浸石棉盘根 编制 $\phi6 \sim 10$ 250℃	kg	17.84	0.200	0.400	0.600	1.200	1.500	1.800
	棉纱头	kg	6.34	0.300	0.400	0.600	0.800	1.000	1.500
	白布 0.9m	m²	8.54	0.300	0.500	0.800	1.200	1.500	2.000
	破布	kg	4.50	0.500	0.800	1.200	1.500	2.000	3.000
	铁砂布 0~2 号	张	1.68	1.000	2.000	3.000	4.000	5.000	6.000
	青壳纸 0.15~0.5mm	kg	22.00	0.500	0.600	0.800	1.000	1.200	1.300
	研磨膏	盒	1.12	0.200	0.400	0.800	1.000	1.000	1.000

定 额 编 号			3-8-210	3-8-211	3-8-212	3-8-213	3-8-214
项 目			设备重量(t)				
			10 以内	15 以内	20 以内	25 以内	30 以内
基 价 （元）			**8799.18**	**12105.97**	**14619.22**	**16251.53**	**18286.91**
其中	人 工 费 （元）		7711.20	10574.00	12784.00	14171.20	15844.00
	材 料 费 （元）		474.33	637.61	790.72	892.21	1104.64
	机 械 费 （元）		613.65	894.36	1044.50	1188.12	1338.27
名 称	单位	单价(元)	数		量		
人工 综合工日	工日	80.00	96.390	132.175	159.800	177.140	198.050
材料 紫铜皮 各种规格	kg	72.90	0.500	0.800	1.000	1.200	1.500
汽油 93 号	kg	10.05	5.000	7.500	10.000	12.000	15.000
煤油	kg	4.20	10.000	15.000	20.000	25.000	30.000
汽轮机油（各种规格）	kg	8.80	4.000	6.000	8.000	10.000	12.000
二硫化钼粉	kg	66.74	2.000	2.500	3.000	3.000	4.000
铅油	kg	8.50	0.800	1.000	1.000	1.200	1.500
红丹粉	kg	12.00	1.000	1.200	1.500	1.800	2.000
黑铅粉	kg	1.10	1.500	1.800	2.000	2.200	2.500
石棉橡胶板 中压 0.8～1.0	kg	17.00	1.500	2.000	2.200	2.500	3.000
油浸石棉盘根 编制 $\phi 6\sim 10\ 250℃$	kg	17.84	2.000	2.500	3.000	3.500	4.000
棉纱头	kg	6.34	2.000	2.500	3.000	3.000	4.000
白布 0.9m	m²	8.54	2.000	2.500	3.000	3.500	4.000
破布	kg	4.50	4.000	5.000	6.000	6.000	8.000
铁砂布 0～2 号	张	1.68	8.000	10.000	15.000	15.000	18.000
青壳纸 0.15～0.5mm	kg	22.00	1.500	1.800	2.000	2.200	2.500
研磨膏	盒	1.12	1.000	1.500	2.000	2.000	3.000
机械 电动卷扬机(单筒慢速) 50kN	台班	145.07	4.230	6.165	7.200	8.190	9.225

三十一、计量泵拆装检查

定 额 编 号			3-8-215	3-8-216	3-8-217	3-8-218	3-8-219	3-8-220
项 目			设备重量(t)					
			0.2 以内	0.3 以内	0.4 以内	0.5 以内	0.7 以内	1.0 以内
基 价 (元)			**178.10**	**259.70**	**349.24**	**377.43**	**473.05**	**536.85**
其中	人 工 费 (元)		163.20	244.80	326.40	353.60	435.20	489.60
	材 料 费 (元)		14.90	14.90	22.84	23.83	37.85	47.25
	机 械 费 (元)		-	-	-	-	-	-
名 称	单位	单价(元)	数			量		
人工 综合工日	工日	80.00	2.040	3.060	4.080	4.420	5.440	6.120
材料 汽油 93 号	kg	10.05	-	-	0.500	0.500	0.800	1.000
煤油	kg	4.20	1.000	1.000	1.000	1.000	1.500	2.000
汽轮机油（各种规格）	kg	8.80	0.200	0.200	0.200	0.300	0.500	0.600
黄干油 钙基酯	kg	9.78	0.200	0.200	0.300	0.300	0.500	0.500
红丹粉	kg	12.00	0.100	0.100	0.100	0.100	0.200	0.300
棉纱头	kg	6.34	0.200	0.200	0.300	0.300	0.500	0.500
白布 0.9m	m²	8.54	0.200	0.200	0.300	0.300	0.500	0.600
破布	kg	4.50				0.300	0.500	1.000
料 铁砂布 0～2 号	张	1.68	1.000	1.000	1.000	1.000	1.000	1.000
研磨膏	盒	1.12	0.200	0.200	0.200	0.300	0.400	0.500

三十二、螺杆泵及齿轮油泵拆装检查

单位:台

定　额　编　号			3-8-221	3-8-222	3-8-223	3-8-224
项　　　　目			螺杆泵			
			设备重量(t)			
			0.5以内	1.0以内	3.0以内	5.0以内
基　　　价　(元)			**280.03**	**392.19**	**935.54**	**1810.04**
其中	人　　工　　费　(元)		244.80	326.40	816.00	1632.00
	材　　料　　费　(元)		35.23	65.79	119.54	178.04
	机　　械　　费　(元)		－	－	－	－
名　　　　称	单位	单价(元)	数		量	
人工 综合工日	工日	80.00	3.060	4.080	10.200	20.400
材料 紫铜皮 各种规格	kg	72.90	－	0.050	0.150	0.250
汽油 93 号	kg	10.05	0.500	1.000	1.500	2.500
煤油	kg	4.20	1.000	2.000	3.000	5.000
汽轮机油（各种规格）	kg	8.80	0.300	0.400	1.200	2.000
黄干油 钙基酯	kg	9.78	0.200	0.400	1.200	1.500
红丹粉	kg	12.00	0.200	0.400	0.600	0.800
黑铅粉	kg	1.10	0.200	0.200	0.300	0.400
油浸石棉盘根 编制 φ6~10 250℃	kg	17.84	0.200	0.300	0.500	0.800
棉纱头	kg	6.34	0.300	0.500	0.700	1.000
白布 0.9m	m²	8.54	0.300	0.400	0.900	1.200
破布	kg	4.50	0.500	1.000	1.500	2.000
铁砂布 0~2 号	张	1.68	1.000	2.000	3.000	5.000
青壳纸 0.15~0.5mm	kg	22.00	0.300	0.500	0.800	1.000
研磨膏	盒	1.12	0.200	0.400	0.600	1.000

定　额　编　号			3-8-225	3-8-226	3-8-227
项　　目			螺杆泵		齿轮油泵
			设备重量(t)		
			7.0 以内	10 以内	1.0 以内
基　　价　（元）			**2148.77**	**3028.36**	**198.36**
其中	人　工　费　（元）		1904.00	2720.00	170.00
	材　料　费　（元）		244.77	308.36	28.36
	机　械　费　（元）		－	－	－
名　　称	单位	单价(元)	数		量
人工 综合工日	工日	80.00	23.800	34.000	2.125
材料 紫铜皮 各种规格	kg	72.90	0.350	0.500	－
汽油 93 号	kg	10.05	4.000	5.000	0.500
煤油	kg	4.20	8.000	10.000	1.000
汽轮机油（各种规格）	kg	8.80	3.200	4.000	0.200
黄干油 钙基酯	kg	9.78	2.000	2.500	0.200
红丹粉	kg	12.00	1.000	1.200	0.200
黑铅粉	kg	1.10	0.500	0.500	－
油浸石棉盘根 编制 $\phi 6 \sim 10$ 250℃	kg	17.84	1.000	1.200	－
棉纱头	kg	6.34	1.500	2.000	0.300
白布 0.9m	m²	8.54	1.500	1.800	0.300
破布	kg	4.50	3.000	4.000	0.500
铁砂布 0～2 号	张	1.68	5.000	6.000	1.000
青壳纸 0.15～0.5mm	kg	22.00	1.000	1.200	0.200
研磨膏	盒	1.12	1.000	1.000	0.200

三十三、真空泵拆装检查

单位:台

定额编号			3-8-228	3-8-229	3-8-230	3-8-231	3-8-232	3-8-233
项目			设备重量(t)					
			0.5以内	1.0以内	2.0以内	3.5以内	5.0以内	7.0以内
基价(元)			609.38	932.46	1498.83	2837.48	3693.90	4882.65
其中	人工费(元)		571.20	870.40	1407.60	2706.40	3529.20	4664.80
	材料费(元)		38.18	62.06	91.23	131.08	164.70	217.85
	机械费(元)		-	-	-	-	-	-
名称	单位	单价(元)	数		量			
人工 综合工日	工日	80.00	7.140	10.880	17.595	33.830	44.115	58.310
材料	紫铜皮 各种规格	kg	72.90	-	0.050	0.100	0.200	0.300	0.400
	汽油93号	kg	10.05	0.500	1.000	1.500	2.000	2.500	3.500
	煤油	kg	4.20	1.000	2.000	3.000	4.000	5.000	7.000
	汽轮机油(各种规格)	kg	8.80	0.300	0.400	0.600	1.000	1.500	2.000
	黄干油 钙基酯	kg	9.78	0.200	0.400	0.800	1.000	1.200	1.500
	密封胶	kg	23.40	0.100	0.200	0.300	0.400	0.400	0.500
	红丹粉	kg	12.00	0.200	0.300	0.400	0.500	0.600	0.700
	棉纱头	kg	6.34	0.300	0.400	0.600	0.900	1.000	1.500
	白布 0.9m	m²	8.54	0.300	0.400	0.600	1.000	1.200	1.500
	破布	kg	4.50	0.500	0.800	1.200	1.800	2.000	3.000
	铁砂布 0~2号	张	1.68	1.000	2.000	2.000	3.000	4.000	5.000
	青壳纸 0.15~0.5mm	kg	22.00	0.200	0.500	0.600	0.800	1.000	1.200
	研磨膏	盒	1.12	0.200	0.300	0.400	0.600	0.800	1.000

三十四、屏蔽泵拆装检查

定　额　编　号			3-8-234	3-8-235	3-8-236	3-8-237
项　　　　目			设备重量(t)			
			0.3 以内	0.5 以内	0.7 以内	1.0 以内
基　　　价　（元）			**125.89**	**178.48**	**214.64**	**251.15**
其中	人　工　费　（元）		108.80	156.40	183.60	217.60
	材　料　费　（元）		17.09	22.08	31.04	33.55
	机　械　费　（元）		－	－	－	－
名　　　称	单位	单价(元)	数			量
人工 综合工日	工日	80.00	1.360	1.955	2.295	2.720
材料 汽油 93 号	kg	10.05	0.500	0.700	1.000	1.000
煤油	kg	4.20	1.000	1.500	2.000	2.000
汽轮机油（各种规格）	kg	8.80	0.200	0.300	0.400	0.400
黄干油 钙基酯	kg	9.78	0.200	0.200	0.300	0.400
棉纱头	kg	6.34	0.300	0.300	0.400	0.500
破布	kg	4.50	0.500	0.500	0.800	1.000

第九章　压缩机安装

说　明

一、本定额适用范围如下：

活塞式 L 型及 Z 型 2 列、3 列压缩机，活塞式 V、W、S 型压缩机，活塞式 V、W、S 型制冷压缩机，回转式螺杆压缩机，离心式压缩机，活塞式 2M(2D)、4M(4D)型电动机驱动对称平衡压缩机安装，离心式压缩机电动机驱动无垫铁安装。活塞式 H 型中间直联同步压缩机及中间同轴同步压缩机安装。

二、本定额包括下列工作内容：

1. 除活塞式 V、W、S 型压缩机、制冷压缩机、回转式螺杆压缩机、离心式压缩机、活塞式 Z 型 3 列压缩机为整体安装以外，其他各类型压缩机均为解体安装。

2. 与主机本体联体的冷却系统、润滑系统以及支架、防护罩等零件、附件的整体安装。

3. 与主机在同一底座上的电动机整体安装。

4. 解体安装的压缩机在无负荷试运转后的检查及调整。

三、本定额不包括下列内容：

1. 除与主机在同一底座上的电动机已包括安装外，其他类型的压缩机，均不包括电动机、汽轮机及其他动力机械的安装。

2. 与主机本体联体的各级出入口第一个阀门外的各种管道、空气干燥设备及净化设备、油水分离设备、废油回收设备、自控系统及仪表系统安装，以及支架、沟槽、防护罩等制作、加工。

3. 介质的充灌。

4. 主机本体循环油(按设备带有考虑)。

5.电动机拆装检查及配线、接线等电气工程。

6.离心式压缩机的拆装检查。

四、活塞式 V、W、S 型及扇型压缩机的安装是按单级压缩机考虑的,安装同类型双级压缩机时,则按相应定额的人工乘以系数1.40。

五、活塞式 V、W、S 型及扇型压缩机及压缩机组的设备重量,按同一底座上的主机、电动机、仪表盘及附件底座等的总重量计算。立式及 L 型压缩机、螺杆式压缩机、离心式压缩机则不包括电动机等动力机械的重量。

六、离心式压缩机是按单轴考虑的,如安装双轴(H)离心式压缩机时,则相应定额的人工乘以系数1.40。

一、活塞式 L 型及 Z 型 2 列压缩机组安装

单位:台

定　额　编　号			3-9-1	3-9-2	3-9-3	3-9-4	3-9-5	3-9-6
项　　　　　目			机组重量(t)					
			1 以内	3 以内	5 以内	8 以内	10 以内	15 以内
基　　价　(元)			**2182.57**	**3254.14**	**4329.95**	**6441.62**	**7945.03**	**11449.16**
其中	人　工　费　(元)		1778.88	2596.48	3385.04	4895.36	5863.60	8915.92
	材　料　费　(元)		294.53	510.87	587.63	833.95	1067.14	1323.76
	机　械　费　(元)		109.16	146.79	357.28	712.31	1014.29	1209.48
名　　　　称	单位	单价(元)	数			量		
人工 综合工日	工日	80.00	22.236	32.456	42.313	61.192	73.295	111.449
材料 钩头成对斜垫铁 0~3 号钢 1 号	kg	14.50	7.860	9.432	9.432	3.144	3.144	3.144
钩头成对斜垫铁 0~3 号钢 2 号	kg	13.20	–	–	–	15.888	–	–
钩头成对斜垫铁 0~3 号钢 3 号	kg	12.70	–	–	–	–	23.484	31.312
平垫铁 0~3 号钢 1 号	kg	5.22	6.604	7.620	7.620	3.556	3.556	3.556
平垫铁 0~3 号钢 2 号	kg	5.22	–	–	–	11.616	–	–
平垫铁 0~3 号钢 3 号	kg	5.22	–	–	–	–	24.024	32.032
镀锌铁丝 8~12 号	kg	5.36	0.500	2.000	2.500	3.200	4.000	5.000
电焊条 结 422 φ2.5	kg	5.04	0.546	0.630	0.798	0.819	1.134	1.134
铜焊条 铜 107 φ3.2	kg	63.00	–	–	–	–	–	0.100
碳钢气焊条	kg	5.85	0.300	0.300	0.600	0.600	0.600	0.700
铜焊粉 气剂 301 瓶装	kg	32.40	–	–	–	–	–	0.050
紫铜皮 各种规格	kg	72.90	–	0.050	0.100	0.150	0.200	0.200
加固木板	m³	1980.00	0.013	0.018	0.018	0.038	0.038	0.038
道木	m³	1600.00	–	–	0.015	0.018	0.025	0.028
汽油 93 号	kg	10.05	0.510	1.734	2.040	2.550	2.550	3.060

单位:台

定 额 编 号			3-9-1	3-9-2	3-9-3	3-9-4	3-9-5	3-9-6
项 目			机组重量(t)					
			1 以内	3 以内	5 以内	8 以内	10 以内	15 以内
材 料	煤油	kg	4.20	4.200	7.350	8.400	10.500	12.600	14.700
	压缩机油	kg	8.50	0.200	0.600	0.800	1.000	3.000	5.000
	汽轮机油（各种规格）	kg	8.80	0.505	1.212	1.414	1.616	2.020	2.222
	黄干油 钙基酯	kg	9.78	0.202	0.303	0.404	0.505	0.505	0.808
	四氯化碳 95% 铁桶装	kg	17.96	0.500	1.600	1.800	2.000	2.500	3.000
	氧气	m³	3.60	1.020	1.020	2.040	2.040	2.040	3.060
	乙炔气	m³	25.20	0.340	0.340	0.680	0.680	0.680	1.020
	石棉橡胶板 低压 0.8~1.0	kg	13.20	0.200	1.500	2.100	3.000	3.000	3.200
	普通硅酸盐水泥 42.5	kg	0.36	50.750	174.000	174.000	174.000	174.000	217.500
	河砂	m³	42.00	0.095	0.324	0.324	0.324	0.324	0.405
	碎石 20mm	m³	55.00	0.095	0.365	0.365	0.365	0.365	0.446
	棉纱头	kg	6.34	1.100	1.760	1.980	2.200	2.420	2.750
	白布 0.9m	m²	8.54	0.510	0.714	0.816	1.020	1.224	1.428
	破布	kg	4.50	1.575	3.045	3.675	1.780	4.200	4.200
	凡尔砂	kg	15.70	0.200	0.500	0.500	0.500	0.500	0.600
	铜丝布	m	79.00	0.010	0.020	0.030	0.040	0.040	0.050
	其他材料费	元	–	8.580	14.880	17.120	24.290	31.080	38.560
机 械	载货汽车 8t	台班	619.25	–	–	–	0.270	0.450	0.450
	叉式起重机 5t	台班	542.43	0.180	0.180	–	–	–	–
	汽车式起重机 16t	台班	1071.52	–	–	0.270	0.360	0.450	–
	汽车式起重机 32t	台班	1360.20	–	–	–	–	–	0.450
	电动卷扬机（单筒慢速）50kN	台班	145.07	–	0.180	0.270	0.900	1.350	1.800
	交流弧焊机 21kV·A	台班	64.00	0.180	0.360	0.450	0.450	0.900	0.900

定　额　编　号				3-9-7	3-9-8	3-9-9	3-9-10
项　　　目				机组重量(t)			
				双重整机15以内	20以内	25以内	30以内
基　　　价　（元）				**17776.67**	**15714.70**	**19422.08**	**24024.00**
其中	人　工　费　（元）			14264.00	11588.08	14751.76	17042.64
	材　料　费　（元）			2180.31	1781.52	2259.94	2456.90
	机　械　费　（元）			1332.36	2345.10	2410.38	4524.46
名　　　　称		单位	单价（元）	数		量	
人工	综合工日	工日	80.00	178.300	144.851	184.397	213.033
材料	钩头成对斜垫铁0~3号钢1号	kg	14.50	4.716	6.288	9.432	2.040
	钩头成对斜垫铁0~3号钢2号	kg	13.20	–	–	21.184	21.184
	钩头成对斜垫铁0~3号钢3号	kg	12.70	39.140	39.140	39.140	46.968
	平垫铁0~3号钢1号	kg	5.22	6.096	5.588	7.620	3.048
	平垫铁0~3号钢2号	kg	5.22	–	–	15.488	15.488
	平垫铁0~3号钢3号	kg	5.22	40.040	40.040	40.040	48.048
	镀锌铁丝8~12号	kg	5.36	10.000	6.000	6.000	6.000
	电焊条 结422 φ2.5	kg	5.04	1.300	2.268	3.318	3.318
	铜焊条 铜107 φ3.2	kg	63.00	0.200	0.100	0.100	0.150
	碳钢气焊条	kg	5.85	1.400	0.700	0.700	0.700
	铜焊粉 气剂301 瓶装	kg	32.40	0.100	0.050	0.050	0.070
	紫铜皮 各种规格	kg	72.90	0.400	0.200	0.300	0.300
	加固木板	m³	1980.00	0.050	0.100	0.100	0.125
	道木	m³	1600.00	0.040	0.041	0.041	0.041
	汽油93号	kg	10.05	6.000	3.570	3.570	3.570
	煤油	kg	4.20	30.000	16.800	17.850	18.900

定　额　编　号				3-9-7	3-9-8	3-9-9	3-9-10
项　　　　目				机组重量(t)			
				双重整机15以内	20以内	25以内	30以内
材料	压缩机油	kg	8.50	10.000	7.000	8.000	9.000
	汽轮机油(各种规格)	kg	8.80	4.000	2.828	3.232	3.434
	黄干油 钙基酯	kg	9.78	1.500	1.010	1.212	1.212
	四氯化碳95%铁桶装	kg	17.96	6.000	3.500	3.500	4.000
	氧气	m³	3.60	6.120	3.060	4.080	4.080
	乙炔气	m³	25.20	2.040	1.020	1.360	1.360
	石棉橡胶板 低压0.8~1.0	kg	13.20	6.400	4.000	4.000	4.200
	普通硅酸盐水泥42.5	kg	0.36	587.250	261.000	261.000	459.650
	河砂	m³	42.00	1.094	0.446	0.446	0.675
	碎石 20mm	m³	55.00	1.204	0.486	0.486	0.743
	棉纱头	kg	6.34	5.500	3.300	3.520	3.850
	白布 0.9m	m²	8.54	2.850	2.040	2.244	2.244
	破布	kg	4.50	8.400	4.725	5.040	5.250
	凡尔砂	kg	15.70	1.200	0.800	0.800	0.900
	铜丝布	m	79.00	0.100	0.060	0.060	0.080
	其他材料费	元	–	63.500	51.890	65.820	71.560
机械	载货汽车 8t	台班	619.25	0.450	0.450	0.450	0.450
	汽车式起重机 8t	台班	728.19	–	0.450	0.450	0.450
	汽车式起重机 32t	台班	1360.20	0.450	0.900	0.900	–
	汽车式起重机 50t	台班	3709.18	–	–	–	0.900
	电动卷扬机(单筒慢速) 50kN	台班	145.07	2.250	3.150	3.600	3.600
	交流弧焊机 21kV·A	台班	64.00	1.800	0.900	0.900	0.900

单位:台

定 额 编 号			3-9-11	3-9-12	3-9-13	3-9-14
项 目			机组重量(t)			
			35 以内	40 以内	45 以内	50 以内
基 价 (元)			**27659.07**	**32178.15**	**34814.86**	**36595.86**
其中	人 工 费 (元)		20130.80	22780.72	25112.16	26548.16
	材 料 费 (元)		2696.35	3040.93	3186.84	3531.84
	机 械 费 (元)		4831.92	6356.50	6515.86	6515.86
名 称	单位	单价(元)	数		量	
人工 综合工日	工日	80.00	251.635	284.759	313.902	331.852
材料 钩头成对斜垫铁0~3号钢2号	kg	13.20	21.184	26.480	26.480	31.776
钩头成对斜垫铁0~3号钢3号	kg	12.70	46.968	54.796	54.796	62.624
平垫铁0~3号钢1号	kg	5.22	3.048	4.572	4.572	6.096
平垫铁0~3号钢2号	kg	5.22	15.488	19.360	19.360	23.232
平垫铁0~3号钢3号	kg	5.22	48.048	56.056	56.056	64.064
钩头成对斜垫铁0~3号钢1号	kg	14.50	2.040	3.060	3.060	4.080
镀锌铁丝8~12号	kg	5.36	6.000	6.000	6.000	6.000
电焊条 结422 φ2.5	kg	5.04	3.318	3.318	3.318	3.318
铜焊条 铜107 φ3.2	kg	63.00	0.150	0.150	0.150	0.150
碳钢气焊条	kg	5.85	0.700	0.700	0.700	0.700
铜焊粉 气剂301 瓶装	kg	32.40	0.070	0.070	0.080	0.080
紫铜皮 各种规格	kg	72.90	0.400	0.400	0.500	0.500
加固木板	m³	1980.00	0.125	0.150	0.175	0.200
料 道木	m³	1600.00	0.041	0.041	0.041	0.041
汽油93号	kg	10.05	4.080	4.080	4.080	4.284
煤油	kg	4.20	19.950	21.000	22.050	23.100

续前

定　额　编　号			3-9-11	3-9-12	3-9-13	3-9-14
项　　　　目			机组重量(t)			
			35 以内	40 以内	45 以内	50 以内
材料	压缩机油	kg	8.50	10.000	11.000	12.000	13.000
	汽轮机油(各种规格)	kg	8.80	3.636	3.838	4.242	4.242
	黄干油 钙基酯	kg	9.78	1.414	1.414	1.414	1.414
	四氯化碳 95% 铁桶装	kg	17.96	4.000	4.500	4.500	5.000
	氧气	m³	3.60	4.080	4.080	4.080	4.080
	乙炔气	m³	25.20	1.360	1.360	1.360	1.360
	石棉橡胶板 低压 0.8~1.0	kg	13.20	4.700	4.800	6.000	6.200
	普通硅酸盐水泥 42.5	kg	0.36	839.550	839.550	935.250	935.250
	河砂	m³	42.00	1.229	1.229	1.377	1.377
	碎石 20mm	m³	55.00	1.350	1.350	1.499	1.499
	棉纱头	kg	6.34	3.960	4.180	4.290	4.400
	白布 0.9m	m²	8.54	2.448	2.448	2.652	2.652
	破布	kg	4.50	5.460	5.775	5.985	6.195
	凡尔砂	kg	15.70	0.900	1.000	1.000	1.200
	铜丝布	m	79.00	0.080	0.100	0.100	0.100
	其他材料费	元	–	78.530	88.570	92.820	102.870
机械	载货汽车 8t	台班	619.25	0.900	0.900	0.900	0.900
	汽车式起重机 8t	台班	728.19	0.450	0.450	0.450	0.450
	汽车式起重机 50t	台班	3709.18	0.900	–	–	–
	汽车式起重机 75t	台班	5403.15	–	0.900	0.900	0.900
	电动卷扬机(单筒慢速) 50kN	台班	145.07	3.600	3.600	4.500	4.500
	交流弧焊机 21kV·A	台班	64.00	1.350	1.350	1.800	1.800

二、活塞式 Z 型 3 列压缩机整体安装

单位:台

定　额　编　号			3-9-15	3-9-16	3-9-17	3-9-18	3-9-19	3-9-20
项　　　　　目			机组重量(t)					
			1 以内	3 以内	5 以内	8 以内	10 以内	15 以内
基　　价　（元）			**4640.58**	**6736.18**	**8670.41**	**11343.41**	**13223.83**	**16516.09**
其中	人　工　费　（元）		3093.52	4952.96	6141.20	7608.00	8839.44	11688.80
	材　料　费　（元）		1143.31	1345.78	1754.94	2665.79	2818.96	3286.94
	机　械　费　（元）		403.75	437.44	774.27	1069.62	1565.43	1540.35
名　　称	单位	单价（元）	数			量		
人工	综合工日	工日	80.00	38.669	61.912	76.765	95.100	110.493	146.110
材料	机加工垫铁	kg	6.17	8.892	10.409	10.409	20.224	27.826	27.826
	碳钢平垫铁	kg	4.75	5.181	5.690	5.690	9.458	15.665	15.665
	镀锌铁丝网 20×20×1.6	m²	12.92	1.500	1.500	3.000	3.000	3.000	3.000
	镀锌铁丝 8~12 号	kg	5.36	0.750	1.500	2.000	2.500	3.000	3.000
	电焊条 结 422 φ2.5	kg	5.04	1.151	0.173	0.173	0.250	0.277	0.277
	铜焊条 铜 107 φ3.2	kg	63.00	2.250	2.500	3.000	3.000	3.000	3.000
	铜焊粉 气剂 301 瓶装	kg	32.40	1.130	1.130	1.500	1.500	1.500	1.500
	紫铜皮 各种规格	kg	72.90	0.010	0.020	0.030	0.045	0.075	0.100
	灰铅条	kg	24.00	22.000	22.000	30.000	30.000	30.000	30.000
	加固木板	m³	1980.00	0.006	0.008	0.011	0.012	0.012	0.015
	道木	m³	1600.00	0.019	0.019	0.019	0.444	0.444	0.610
	煤油	kg	4.20	9.000	12.000	15.000	19.500	24.000	31.500
	压缩机油	kg	8.50	1.500	3.000	4.500	5.250	6.000	9.000
	黄干油 钙基酯	kg	9.78	0.300	0.450	0.600	0.750	0.750	1.200
	氧气	m³	3.60	3.672	5.202	5.202	7.038	7.038	8.874

	定　额　编　号			3-9-15	3-9-16	3-9-17	3-9-18	3-9-19	3-9-20
	项　　　　目			机组重量(t)					
				1 以内	3 以内	5 以内	8 以内	10 以内	15 以内
材料	乙炔气	m³	25.20	1.224	1.734	1.734	2.346	2.346	2.958
	全损耗系统用油(机械油) 32 号	kg	7.18	1.500	3.000	4.500	5.250	6.000	9.000
	石棉橡胶板 高压 1.5	kg	21.40	0.900	2.250	3.200	4.500	4.500	4.800
	普通硅酸盐水泥 42.5	kg	0.36	68.328	102.054	126.582	128.772	142.350	159.432
	河砂	m³	42.00	0.108	0.161	0.199	0.406	0.224	0.251
	碎石 20mm	m³	55.00	0.119	0.177	0.220	0.224	0.247	0.277
	棉纱头	kg	6.34	1.000	1.500	1.750	2.000	2.500	3.750
	白布 0.9m	m²	8.54	0.750	1.500	3.000	3.000	4.500	4.500
	破布	kg	4.50	3.000	5.000	5.500	6.000	7.000	9.500
	铁砂布 0~2 号	张	1.68	10.000	15.000	15.000	18.000	18.000	21.000
	塑料布	kg	18.80	1.980	3.690	5.910	6.810	7.410	8.910
	青壳纸	张	2.25	0.750	0.750	1.500	1.500	3.000	3.000
	包装布	kg	6.00	1.000	1.500	1.750	2.000	2.500	3.750
	铜丝布 20 目/英寸	kg	75.00	0.010	0.020	0.030	0.040	0.040	0.050
	其他材料费	元	–	33.300	39.200	51.110	77.640	82.110	95.740
机械	载货汽车 8t	台班	619.25	–	–	0.180	0.270	0.450	0.450
	叉式起重机 5t	台班	542.43	0.180	0.180	–	–	–	–
	汽车式起重机 16t	台班	1071.52	–	–	0.270	0.450	0.630	–
	汽车式起重机 32t	台班	1360.20	–	–	–	–	–	0.450
	电动卷扬机(单筒慢速) 50kN	台班	145.07	–	0.180	0.360	0.630	0.900	0.900
	直流弧焊机 20kW	台班	84.19	0.180	0.270	0.360	0.450	0.450	0.450
	电动空气压缩机 6m³/min	台班	338.45	0.450	0.450	0.450	0.450	0.900	0.900
	试压泵 60MPa	台班	154.06	0.900	0.900	0.900	0.900	0.900	0.900

三、活塞式 V、W、S 型压缩机组安装

单位:台

定　额　编　号			3-9-21	3-9-22	3-9-23	3-9-24	3-9-25	3-9-26
机　组　形　式			V 型					
汽　缸　数　量　（个）			2			4		
缸径(mm)/机组重量(t)			70/0.5	100/0.8	125/1	70/0.8	100/1	125/1.5
基　　价　　（元）			**885.24**	**1052.84**	**1248.89**	**988.08**	**1162.09**	**1433.55**
其中	人　工　费　（元）		573.84	697.12	821.20	662.72	785.44	977.52
	材　料　费　（元）		202.24	246.56	318.53	216.20	267.49	346.87
	机　械　费　（元）		109.16	109.16	109.16	109.16	109.16	109.16
名　　　称	单位	单价(元)	数			量		
人工	综合工日	工日	80.00	7.173	8.714	10.265	8.284	9.818	12.219
材料	钩头成对斜垫铁0~3号钢5号	kg	12.80	8.164	8.164	8.164	8.164	8.164	8.164
	平垫铁0~3号钢2号	kg	5.22	3.872	3.872	3.872	3.872	3.872	3.872
	镀锌铁丝8~12号	kg	5.36	1.200	1.200	1.200	1.200	1.200	1.200
	电焊条 结422 φ2.5	kg	5.04	0.210	0.210	0.210	0.210	0.210	0.210
	加固木板	m³	1980.00	0.003	0.004	0.021	0.003	0.004	0.021

定　额　编　号			3-9-21	3-9-22	3-9-23	3-9-24	3-9-25	3-9-26
机　组　形　式			V 型					
汽　缸　数　量　(个)			2			4		
缸径(mm)/机组重量(t)			70/0.5	100/0.8	125/1	70/0.8	100/1	125/1.5
材 料	汽油 93 号	kg	10.05	2.040	3.060	4.080	2.550	3.570	5.100
	汽轮机油（各种规格）	kg	8.80	0.152	0.202	0.303	0.202	0.303	0.404
	黄干油 钙基酯	kg	9.78	0.455	0.505	0.606	0.455	0.636	0.758
	石棉橡胶板 低压 0.8～1.0	kg	13.20	1.000	1.200	1.500	1.200	1.500	1.800
	橡胶盘根 低压	kg	18.60	0.100	0.200	0.300	0.200	0.500	0.700
	普通硅酸盐水泥 42.5	kg	0.36	26.100	72.500	104.400	26.100	72.500	104.400
	河砂	m³	42.00	0.041	0.108	0.149	0.041	0.108	0.149
	碎石 20mm	m³	55.00	0.041	0.122	0.176	0.041	0.122	0.176
	棉纱头	kg	6.34	0.550	0.770	1.100	1.100	1.320	1.650
	其他材料费	元	－	5.890	7.180	9.280	6.300	7.790	10.100
机 械	叉式起重机 5t	台班	542.43	0.180	0.180	0.180	0.180	0.180	0.180
	交流弧焊机 21kV·A	台班	64.00	0.180	0.180	0.180	0.180	0.180	0.180

定　额　编　号				3-9-27	3-9-28	3-9-29	3-9-30	3-9-31	3-9-32
机　组　形　式				W 型			S 型		
汽　缸　数　量　（个）				6			8		
缸径(mm)/机组重量(t)				70/1.2	100/1.5	125/2	70/1.5	100/2	125/2.5
基　　　　价　（元）				**1173.66**	**1555.79**	**1755.32**	**1456.83**	**1710.28**	**2048.59**
其中	人　工　费　（元）			779.04	1078.64	1231.84	1036.80	1194.80	1488.48
	材　料　费　（元）			285.46	367.99	408.56	310.87	400.56	439.43
	机　械　费　（元）			109.16	109.16	114.92	109.16	114.92	120.68
名　　　　　称		单位	单价(元)	数		量			
人工	综合工日	工日	80.00	9.738	13.483	15.398	12.960	14.935	18.606
材料	钩头成对斜垫铁 0~3 号钢 5 号	kg	12.80	8.164	8.164	8.164	8.164	8.164	8.164
	平垫铁 0~3 号钢 2 号	kg	5.22	3.872	3.872	3.872	3.872	3.872	3.872
	镀锌铁丝 8~12 号	kg	5.36	1.200	1.200	1.200	1.200	1.200	1.200
	电焊条 结 422 φ2.5	kg	5.04	0.210	0.210	0.210	0.210	0.210	0.210
	加固木板	m³	1980.00	0.010	0.020	0.025	0.011	0.023	0.025

定　额　编　号			3-9-27	3-9-28	3-9-29	3-9-30	3-9-31	3-9-32
机　组　形　式			W 型			S 型		
汽　缸　数　量　（个）			6			8		
缸径(mm)/机组重量(t)			70/1.2	100/1.5	125/2	70/1.5	100/2	125/2.5
材	汽油 93 号	kg	10.05	3.774	5.100	6.630	5.100	5.814	7.140
	汽轮机油（各种规格）	kg	8.80	0.404	0.657	0.758	0.505	0.808	1.010
	黄干油 钙基酯	kg	9.78	0.556	0.758	0.909	0.606	0.808	1.010
	石棉橡胶板 低压 0.8~1.0	kg	13.20	1.600	1.800	2.100	1.800	2.800	3.000
	橡胶盘根 低压	kg	18.60	0.500	1.000	1.200	0.600	1.000	1.500
	普通硅酸盐水泥 42.5	kg	0.36	72.500	130.500	136.300	72.500	130.500	136.300
	河砂	m³	42.00	0.108	0.189	0.203	0.108	0.189	0.203
	碎石 20mm	m³	55.00	0.122	0.216	0.216	0.122	0.216	0.216
料	棉纱头	kg	6.34	1.650	1.870	2.090	2.200	2.420	2.750
	其他材料费	元	－	8.310	10.720	11.900	9.050	11.670	12.800
机	叉式起重机 5t	台班	542.43	0.180	0.180	0.180	0.180	0.180	0.180
械	交流弧焊机 21kV·A	台班	64.00	0.180	0.180	0.270	0.180	0.270	0.360

四、活塞式 V、W、S 型制冷压缩机组安装

单位:台

定 额 编 号			3-9-33	3-9-34	3-9-35	3-9-36	3-9-37	3-9-38
机 组 形 式			V 型					
汽 缸 数 量 （个）			2				4	
缸径(mm)/机组重量(t)			100/0.5	125/1.5	170/3.0	200/5.0	100/0.75	125/2.0
基 价 （元）			1860.85	2504.39	3496.56	5780.67	2221.06	3176.15
其中	人 工 费 （元）		1458.64	1943.52	2709.92	4302.80	1728.72	2511.12
	材 料 费 （元）		293.05	451.71	645.61	996.07	383.18	555.87
	机 械 费 （元）		109.16	109.16	141.03	481.80	109.16	109.16
名 称	单位	单价(元)	数			量		
人工 综合工日	工日	80.00	18.233	24.294	33.874	53.785	21.609	31.389
材料 钩头成对斜垫铁0~3号钢5号	kg	12.80	8.164	12.246	12.246	–	8.164	12.246
钩头成对斜垫铁0~3号钢6号	kg	12.20	–	–	–	29.832	–	–
平垫铁0~3号钢2号	kg	5.22	3.872	5.808	5.808	–	3.872	5.808
平垫铁0~3号钢3号	kg	5.22	–	–	–	16.016	–	–
镀锌铁丝8~12号	kg	5.36	1.200	1.200	1.200	1.200	1.200	1.200
电焊条 结422 φ2.5	kg	5.04	0.210	0.210	0.420	0.630	0.210	0.210
紫铜皮 各种规格	kg	72.90	0.020	0.020	0.030	0.040	0.020	0.030
加固木板	m³	1980.00	0.008	0.013	0.036	0.044	0.010	0.018
料 汽油93号	kg	10.05	6.630	8.160	9.180	11.220	11.220	12.750
冷冻机油	kg	8.30	1.200	2.200	7.000	8.000	1.500	3.600

定 额 编 号			3-9-33	3-9-34	3-9-35	3-9-36	3-9-37	3-9-38
机 组 形 式			V 型					
汽 缸 数 量 （个）			2				4	
缸径(mm)/机组重量(t)			100/0.5	125/1.5	170/3.0	200/5.0	100/0.75	125/2.0
材 料	汽轮机油（各种规格）	kg	8.80	0.202	0.303	0.606	0.808	0.303	0.657
	黄干油 钙基酯	kg	9.78	0.505	0.505	0.727	0.808	0.606	0.859
	石棉橡胶板 低压 0.8～1.0	kg	13.20	0.900	3.600	4.920	5.500	1.800	4.300
	橡胶盘根 低压	kg	18.60	0.300	0.350	0.500	0.800	0.500	0.500
	普通硅酸盐水泥 42.5	kg	0.36	47.850	65.250	171.100	181.250	60.900	71.050
	河砂	m³	42.00	0.068	0.095	0.257	0.270	0.095	0.108
	碎石 20mm	m³	55.00	0.081	0.108	0.270	0.297	0.095	0.122
	棉纱头	kg	6.34	0.165	0.165	0.198	0.550	0.220	0.253
	白布 0.9m	m²	8.54	0.204	0.918	1.632	2.040	0.918	1.632
	破布	kg	4.50	0.840	2.100	2.310	2.625	1.470	2.310
	凡尔砂	kg	15.70	0.200	0.200	0.500	0.800	0.300	0.400
	其他材料费	元	–	8.540	13.160	18.800	29.010	11.160	16.190
机 械	载货汽车 8t	台班	619.25	–	–	–	0.180	–	–
	叉式起重机 5t	台班	542.43	0.180	0.180	0.180	–	0.180	0.180
	汽车式起重机 16t	台班	1071.52	–	–	–	0.270	–	–
	电动卷扬机（单筒慢速） 50kN	台班	145.07	–	–	0.180	0.360	–	–
	交流弧焊机 21kV·A	台班	64.00	0.180	0.180	0.270	0.450	0.180	0.180

定 额 编 号			3-9-39	3-9-40	3-9-41	3-9-42	3-9-43	3-9-44
机 组 形 式			V 型		W 型			
汽 缸 数 量 （个）			4		6			
缸径(mm)/机组重量(t)			170/4.0	200/6.0	100/1.0	125/2.5	170/5.0	200/8.0
基 价 （元）			**4592.55**	**6947.43**	**2690.08**	**3630.75**	**5313.73**	**8271.41**
其中	人 工 费 （元）		3522.00	5280.24	2137.04	2898.88	4096.48	6270.64
	材 料 费 （元）		750.42	1075.90	443.88	616.95	831.89	1424.07
	机 械 费 （元）		320.13	591.29	109.16	114.92	385.36	576.70
名 称	单位	单价(元)	数			量		
人工 综合工日	工日	80.00	44.025	66.003	26.713	36.236	51.206	78.383
材料 钩头成对斜垫铁0~3号钢5号	kg	12.80	12.246	–	8.164	12.246	12.246	–
钩头成对斜垫铁0~3号钢6号	kg	12.20	–	29.832	–	–	–	44.748
平垫铁0~3号钢2号	kg	5.22	5.808	–	3.872	5.808	5.808	–
平垫铁0~3号钢3号	kg	5.22	–	16.016	–	–	–	24.024
镀锌铁丝8~12号	kg	5.36	1.200	1.200	1.200	1.200	1.200	2.000
电焊条 结422 φ2.5	kg	5.04	0.420	0.630	0.210	0.420	0.420	0.630
紫铜皮 各种规格	kg	72.90	0.030	0.040	0.020	0.030	0.030	0.060
加固木板	m³	1980.00	0.039	0.050	0.013	0.020	0.045	0.063
汽油93号	kg	10.05	13.260	13.260	13.260	14.280	14.790	15.300
冷冻机油	kg	8.30	8.000	10.000	2.000	4.200	9.000	12.000

定　额　编　号			3-9-39	3-9-40	3-9-41	3-9-42	3-9-43	3-9-44
机　组　形　式			V 型		W 型			
汽　缸　数　量　（个）			4		6			
缸径(mm)/机组重量(t)			170/4.0	200/6.0	100/1.0	125/2.5	170/5.0	200/8.0
材	汽轮机油（各种规格）	kg	8.80	1.313	0.909	0.657	1.212	1.616	1.010
	黄干油 钙基酯	kg	9.78	1.030	0.808	0.707	0.859	1.222	0.808
	石棉橡胶板 低压 0.8~1.0	kg	13.20	5.880	6.000	2.200	5.100	6.900	6.500
	橡胶盘根 低压	kg	18.60	0.800	1.000	0.600	1.000	1.000	1.500
	普通硅酸盐水泥 42.5	kg	0.36	184.150	192.850	71.050	84.100	205.900	217.500
	河砂	m³	42.00	0.270	0.284	0.108	0.122	0.297	0.324
	碎石 20mm	m³	55.00	0.297	0.311	0.122	0.135	0.338	0.351
	棉纱头	kg	6.34	0.253	1.100	0.264	0.220	0.330	1.650
	白布 0.9m	m²	8.54	2.448	2.550	1.632	1.734	3.264	3.570
料	破布	kg	4.50	2.730	3.150	1.890	2.520	2.730	3.675
	凡尔砂	kg	15.70	0.700	0.900	0.500	0.500	0.900	1.000
	其他材料费	元	–	21.860	31.340	12.930	17.970	24.230	41.480
机	载货汽车 8t	台班	619.25	0.180	0.180	–	–	0.180	0.270
	叉式起重机 5t	台班	542.43	0.270	–	0.180	0.180	–	–
	汽车式起重机 16t	台班	1071.52	–	0.360	–	–	0.180	0.270
械	电动卷扬机(单筒慢速) 50kN	台班	145.07	0.270	0.450	–	–	0.360	0.630
	交流弧焊机 21kV·A	台班	64.00	0.360	0.450	0.180	0.270	0.450	0.450

定　额　编　号				3-9-45	3-9-46	3-9-47	3-9-48
机　组　形　式				S 型			
汽　缸　数　量　（个）				8			
缸径（mm）/机组重量(t)				100/1.5	125/3.0	170/6.0	200/10.0
基　　　　价　（元）				**3021.19**	**4367.98**	**6273.92**	**9632.43**
其中	人　工　费　（元）			2385.20	3491.60	4605.68	7081.12
	材　料　费　（元）			526.83	729.59	1117.65	1631.10
	机　械　费　（元）			109.16	146.79	550.59	920.21
名　　　　称	单位	单价（元）		数		量	
人工 综合工日	工日	80.00		29.815	43.645	57.571	88.514
材 钩头成对斜垫铁 0~3 号钢 5 号	kg	12.80		8.164	12.246	—	—
钩头成对斜垫铁 0~3 号钢 6 号	kg	12.20		—	—	22.374	44.748
平垫铁 0~3 号钢 2 号	kg	5.22		3.872	5.808	—	—
平垫铁 0~3 号钢 3 号	kg	5.22		—	—	12.012	24.024
镀锌铁丝 8~12 号	kg	5.36		1.200	1.200	1.600	2.000
电焊条 结 422 φ2.5	kg	5.04		0.210	0.420	0.420	0.630
紫铜皮 各种规格	kg	72.90		0.030	0.030	0.030	0.080
加固木板	m³	1980.00		0.013	0.021	0.048	0.088
料 汽油 93 号	kg	10.05		17.850	19.890	20.910	22.440
冷冻机油	kg	8.30		2.500	5.000	10.000	15.000

续前

单位:台

定 额 编 号			3-9-45	3-9-46	3-9-47	3-9-48
机 组 形 式			S 型			
汽 缸 数 量（个）			8			
缸径(mm)/机组重量(t)			100/1.5	125/3.0	170/6.0	200/10.0
材料	汽轮机油（各种规格）	kg	8.80	0.808	1.515	1.818	1.212
	黄干油 钙基酯	kg	9.78	0.960	1.222	1.263	0.909
	石棉橡胶板 低压 0.8～1.0	kg	13.20	2.800	6.000	7.920	7.500
	橡胶盘根 低压	kg	18.60	0.800	2.000	2.300	2.000
	普通硅酸盐水泥 42.5	kg	0.36	82.650	84.100	205.900	230.550
	河砂	m³	42.00	0.122	0.122	0.297	0.338
	碎石 20mm	m³	55.00	0.135	0.135	0.338	0.365
	棉纱头	kg	6.34	0.330	0.330	0.440	2.200
	白布 0.9m	m²	8.54	2.040	2.550	4.080	5.100
	破布	kg	4.50	1.890	2.520	3.150	4.200
	凡尔砂	kg	15.70	0.800	0.500	1.000	1.200
	其他材料费	元	－	15.340	21.250	32.550	47.510
机械	载货汽车 8t	台班	619.25	－	－	0.270	0.450
	叉式起重机 5t	台班	542.43	0.180	0.180	－	－
	汽车式起重机 16t	台班	1071.52	－	－	0.270	0.450
	电动卷扬机(单筒慢速) 50kN	台班	145.07	－	0.180	0.450	0.900
	交流弧焊机 21kV·A	台班	64.00	0.180	0.360	0.450	0.450

五、回转式螺杆压缩机整体安装

单位:台

定　额　编　号			3-9-49	3-9-50	3-9-51	3-9-52
项　　　目			机组重量(t)			
			1 以内	2 以内	3 以内	5 以内
基　　价　　(元)			**1970.17**	**2179.06**	**2955.24**	**3999.85**
其中	人　工　费　(元)		1611.12	1797.44	2464.80	3076.08
	材　料　费　(元)		249.89	266.70	343.65	441.97
	机　械　费　(元)		109.16	114.92	146.79	481.80
名　　　　称	单位	单价(元)	数			量
人工 综合工日	工日	80.00	20.139	22.468	30.810	38.451
材 钩头成对斜垫铁 0～3 号钢 1 号	kg	14.50	6.288	6.288	7.860	9.432
平垫铁 0～3 号钢 1 号	kg	5.22	4.064	4.064	5.080	6.096
镀锌铁丝 8～12 号	kg	5.36	0.500	0.600	0.600	1.000
电焊条 结 422 φ2.5	kg	5.04	0.420	0.483	0.504	0.630
碳钢气焊条	kg	5.85	0.300	0.300	0.300	0.300
加固木板	m³	1980.00	0.008	0.008	0.008	0.013
汽油 93 号	kg	10.05	0.510	0.612	1.530	2.040
煤油	kg	4.20	3.150	4.725	6.300	8.925
料 汽轮机油（各种规格）	kg	8.80	0.404	0.505	1.010	1.010
锭子油	kg	6.70	0.800	0.800	0.800	1.500

续前

定 额 编 号				3-9-49	3-9-50	3-9-51	3-9-52
项 目				机组重量(t)			
				1 以内	2 以内	3 以内	5 以内
材料	黄干油 钙基酯	kg	9.78	0.202	0.303	0.404	0.505
	氧气	m³	3.60	1.020	1.020	1.020	1.020
	乙炔气	m³	25.20	0.340	0.340	0.340	0.340
	石棉橡胶板 低压 0.8~1.0	kg	13.20	0.500	0.500	0.600	0.600
	普通硅酸盐水泥 42.5	kg	0.36	79.750	85.550	100.050	163.850
	河砂	m³	42.00	0.122	0.122	0.149	0.243
	碎石 20mm	m³	55.00	0.122	0.135	0.162	0.270
	棉纱头	kg	6.34	1.100	1.100	1.650	1.650
	白布 0.9m	m²	8.54	0.510	0.510	0.510	0.510
	破布	kg	4.50	1.050	1.575	3.150	3.150
	凡尔砂	kg	15.70	0.150	0.200	0.500	0.500
	铜丝布	m	79.00	0.010	0.010	0.020	0.020
	其他材料费	元	–	7.280	7.770	10.010	12.870
机械	载货汽车 8t	台班	619.25	–	–	–	0.180
	叉式起重机 5t	台班	542.43	0.180	0.180	0.180	–
	汽车式起重机 16t	台班	1071.52	–	–	–	0.270
	电动卷扬机(单筒慢速) 50kN	台班	145.07	–	–	0.180	0.360
	交流弧焊机 21kV·A	台班	64.00	0.180	0.270	0.360	0.450

定 额 编 号			3-9-53	3-9-54	3-9-55	3-9-56
项 目			机组重量(t)			
			8 以内	10 以内	15 以内	20 以内
基 价 (元)			**6010.18**	**8067.02**	**10049.37**	**14086.83**
其中	人 工 费 (元)		4720.16	5958.80	7621.36	10928.72
	材 料 费 (元)		520.44	966.34	1349.09	1401.82
	机 械 费 (元)		769.58	1141.88	1078.92	1756.29
名 称	单位	单价(元)	数		量	
人工	综合工日	工日	80.00	59.002	74.485	95.267	136.609
材料	钩头成对斜垫铁0~3号钢1号	kg	14.50	9.432	4.080	8.160	8.160
	钩头成对斜垫铁0~3号钢2号	kg	13.20	–	21.184	29.128	29.128
	平垫铁0~3号钢1号	kg	5.22	6.096	6.096	12.192	12.192
	平垫铁0~3号钢2号	kg	5.22	–	15.488	21.296	21.296
	镀锌铁丝8~12号	kg	5.36	2.000	3.000	3.000	3.000
	电焊条 结422 φ2.5	kg	5.04	0.840	1.281	1.365	1.575
	碳钢气焊条	kg	5.85	0.450	0.600	1.000	1.200
	加固木板	m³	1980.00	0.019	0.021	0.039	0.038
	道木	m³	1600.00	–	0.008	0.008	0.008
	汽油93号	kg	10.05	2.040	2.040	2.550	3.060
	煤油	kg	4.20	10.500	12.600	14.700	16.800
	汽轮机油（各种规格）	kg	8.80	1.212	1.515	1.515	1.515
	锭子油	kg	6.70	1.500	1.500	1.800	2.000

续前

定 额 编 号			3-9-53	3-9-54	3-9-55	3-9-56
项 目			机组重量(t)			
			8 以内	10 以内	15 以内	20 以内
材	黄干油 钙基酯	kg	9.78	0.808	0.808	0.909	1.010
	氧气	m³	3.60	1.530	2.040	2.550	3.060
	乙炔气	m³	25.20	0.510	0.680	0.850	1.020
	石棉橡胶板 低压 0.8~1.0	kg	13.20	0.800	1.200	–	1.500
	石棉橡胶板 高压 1.5	kg	21.40	–	–	1.400	–
	普通硅酸盐水泥 42.5	kg	0.36	229.100	410.350	540.850	601.750
	河砂	m³	42.00	0.338	0.608	0.797	0.891
	碎石 20mm	m³	55.00	0.365	0.662	0.864	0.972
	棉纱头	kg	6.34	1.650	2.200	2.420	2.750
	白布 0.9m	m²	8.54	0.612	0.816	0.918	1.020
	破布	kg	4.50	3.360	4.200	4.200	4.725
料	凡尔砂	kg	15.70	0.600	0.600	0.700	0.800
	铜丝布	m	79.00	0.030	0.030	0.030	0.030
	其他材料费	元	–	15.160	28.150	39.290	40.830
机	载货汽车 8t	台班	619.25	0.270	0.450	0.450	0.450
	汽车式起重机 16t	台班	1071.52	0.450	0.630	–	–
	电动卷扬机(单筒慢速) 50kN	台班	145.07	0.630	0.900	0.900	1.350
	交流弧焊机 21kV·A	台班	64.00	0.450	0.900	0.900	0.900
械	汽车式起重机 32t	台班	1360.20	–	–	0.450	0.900

六、离心式压缩机(电动机驱动)整体安装

单位:台

定 额 编 号			3-9-57	3-9-58	3-9-59	3-9-60	3-9-61
项 目			电动机驱动				
			机组重量(t)				
			5 以内	10 以内	20 以内	30 以内	40 以内
基 价 (元)			5459.02	10083.77	18717.18	29073.97	39111.05
其中	人 工 费 (元)		4218.56	7734.32	14431.84	21319.28	27774.24
	材 料 费 (元)		764.42	1301.65	2397.72	3491.35	5176.16
	机 械 费 (元)		476.04	1047.80	1887.62	4263.34	6160.65
名 称	单位	单价(元)	数		量		
人工 综合工日	工日	80.00	52.732	96.679	180.398	266.491	347.178
材料 钩头成对斜垫铁0~3号钢1号	kg	14.50	6.288	–	–	–	–
钩头成对斜垫铁0~3号钢2号	kg	13.20	–	10.592	15.888	21.184	–
钩头成对斜垫铁0~3号钢3号	kg	12.70	–	–	–	–	46.968
平垫铁0~3号钢1号	kg	5.22	13.208	–	–	–	–
平垫铁0~3号钢2号	kg	5.22	–	25.168	37.752	52.272	–
平垫铁0~3号钢3号	kg	5.22	–	–	–	–	156.156
热轧中厚钢板 $\delta = 4.5 \sim 10$	kg	3.90	1.250	2.500	5.000	7.500	10.000
镀锌铁丝8~12号	kg	5.36	3.000	4.000	6.000	9.000	12.000
电焊条 结422 $\phi2.5$	kg	5.04	0.210	0.630	0.630	0.945	1.260
碳钢气焊条	kg	5.85	0.050	0.150	0.150	0.220	0.250

定 额 编 号			3-9-57	3-9-58	3-9-59	3-9-60	3-9-61
项 目			电动机驱动				
			机组重量(t)				
			5 以内	10 以内	20 以内	30 以内	40 以内
材	紫铜皮 各种规格	kg 72.90	0.030	0.050	0.100	0.150	0.200
	加固木板	m³ 1980.00	0.058	0.100	0.180	0.263	0.335
	道木	m³ 1600.00	–	–	0.021	0.021	0.021
	煤油	kg 4.20	10.500	18.900	31.500	47.250	63.000
	透平油	kg 7.50	1.000	2.000	4.000	6.000	8.000
	汽轮机油（各种规格）	kg 8.80	2.020	4.040	8.080	12.120	16.160
	黄干油 钙基酯	kg 9.78	0.202	0.404	0.808	1.010	1.212
	二硫化钼粉	kg 66.74	0.750	1.500	3.000	4.500	6.000
	氧气	m³ 3.60	0.510	1.020	1.530	2.040	2.040
	工业酒精 99.5%	kg 8.20	0.500	1.000	2.000	3.000	4.000
	乙炔气	m³ 25.20	0.170	0.340	0.510	0.680	0.680
	漆片（各种规格）	kg 39.96	0.250	0.500	1.000	1.500	–
	石棉橡胶板 中压 0.8~1.0	kg 17.00	2.500	5.000	10.000	15.000	20.000
	石棉编绳 φ11~25 烧失量24%	kg 13.21	3.000	5.000	7.000	9.000	11.000
料	塑料布	kg 18.80	0.750	1.500	3.000	4.500	6.000
	耐油橡胶板	kg 16.00	1.250	2.000	4.000	7.500	10.000
	普通硅酸盐水泥 42.5	kg 0.36	197.200	201.550	459.650	665.550	839.550

定 额 编 号				3-9-57	3-9-58	3-9-59	3-9-60	3-9-61
项 目				电动机驱动				
				机组重量(t)				
				5 以内	10 以内	20 以内	30 以内	40 以内
材	河砂	m³	42.00	0.297	0.297	0.675	0.972	1.229
	碎石 20mm	m³	55.00	0.324	0.324	0.743	1.067	1.350
	棉纱头	kg	6.34	1.100	2.200	4.400	6.600	8.800
	白布 0.9m	m²	8.54	2.040	4.080	8.160	12.240	16.320
	破布	kg	4.50	2.100	4.200	8.400	12.600	16.800
	真丝绸布 宽 0.9m	m	19.00	1.500	3.000	6.000	9.000	12.000
	青壳纸 0.15~0.5mm	kg	22.00	0.250	0.500	1.000	1.500	2.000
料	凡尔砂	kg	15.70	0.750	1.500	3.000	4.500	6.000
	铜丝布	m	79.00	0.050	0.100	0.200	0.300	0.400
	其他材料费	元	–	22.260	37.910	69.840	101.690	150.760
机	载货汽车 8t	台班	619.25	0.180	0.450	0.450	0.450	0.900
	汽车式起重机 8t	台班	728.19	–	–	0.270	0.450	0.450
	汽车式起重机 16t	台班	1071.52	0.270	0.630	–	–	–
	汽车式起重机 32t	台班	1360.20	–	–	0.900	–	–
	汽车式起重机 50t	台班	3709.18	–	–	–	0.900	–
	汽车式起重机 75t	台班	5403.15	–	–	–	–	0.900
械	电动卷扬机(单筒慢速) 50kN	台班	145.07	0.360	0.450	0.900	1.800	2.250
	交流弧焊机 21kV·A	台班	64.00	0.360	0.450	0.900	0.900	1.350

定　额　编　号				3-9-62	3-9-63	3-9-64
项　　　　　目				电动机驱动		
				机组重量(t)		
				50 以内	70 以内	100 以内
基　　　价　　（元）				**46486.97**	**60830.04**	**81308.08**
其中	人　工　费　（元）			34093.12	45841.76	62484.96
	材　料　费　（元）			6233.20	7702.43	10800.36
	机　械　费　（元）			6160.65	7285.85	8022.76
名　　　　　称		单位	单价(元)	数		量
人工	综合工日	工日	80.00	426.164	573.022	781.062
材料	钩头成对斜垫铁 0~3 号钢 2 号	kg	13.20	15.888	21.184	26.480
	钩头成对斜垫铁 0~3 号钢 3 号	kg	12.70	46.968	46.968	58.710
	平垫铁 0~3 号钢 2 号	kg	5.22	63.888	67.760	84.700
	平垫铁 0~3 号钢 3 号	kg	5.22	84.084	84.084	105.105
	垫板(钢板 $\delta=10$)	kg	4.56	－	－	115.800
	热轧中厚钢板 $\delta=4.5~10$	kg	3.90	12.500	17.500	25.000
	钢轨 38kg/m	kg	5.30		0.056	0.080
	镀锌铁丝 8~12 号	kg	5.36	15.000	17.500	25.000
	电焊条 结 422 ϕ2.5	kg	5.04	1.260	1.260	1.575
	碳钢气焊条	kg	5.85	0.250	0.250	0.300

定 额 编 号			3-9-62	3-9-63	3-9-64
项 目			电动机驱动		
			机组重量(t)		
			50 以内	70 以内	100 以内
材 料	紫铜皮 各种规格	kg	72.90	0.250	0.350	0.500
	加固木板	m³	1980.00	0.386	0.440	0.541
	道木	m³	1600.00	0.024	0.041	0.048
	煤油	kg	4.20	78.750	110.250	157.500
	透平油	kg	7.50	10.000	13.000	20.000
	汽轮机油（各种规格）	kg	8.80	20.200	28.280	40.400
	黄干油 钙基酯	kg	9.78	1.414	2.424	2.828
	二硫化钼粉	kg	66.74	7.500	10.500	15.000
	氧气	m³	3.60	3.060	4.080	5.100
	工业酒精 99.5%	kg	8.20	5.000	7.000	10.000
	乙炔气	m³	25.20	1.020	1.360	1.700
	漆片（各种规格）	kg	39.96	2.250	3.000	4.000
	石棉橡胶板 中压 0.8~1.0	kg	17.00	25.000	35.000	50.000
	石棉编绳 φ11~25 烧失量 24%	kg	13.21	13.000	15.000	17.000
	塑料布	kg	18.80	7.500	10.500	15.000
	耐油橡胶板	kg	16.00	12.500	17.500	25.000

定 额 编 号			3-9-62	3-9-63	3-9-64
项 目			电动机驱动		
			机组重量(t)		
			50 以内	70 以内	100 以内
材料	普通硅酸盐水泥 42.5	kg	0.36	935.250	935.250	1020.800
	河砂	m³	42.00	1.377	1.377	1.485
	碎石 20mm	m³	55.00	1.485	1.485	1.620
	棉纱头	kg	6.34	11.000	15.400	22.000
	白布 0.9m	m²	8.54	20.400	28.560	40.800
	破布	kg	4.50	21.000	29.400	42.000
	真丝绸布 宽 0.9m	m	19.00	15.000	21.000	30.000
	青壳纸 0.15~0.5mm	kg	22.00	2.500	3.500	5.000
	凡尔砂	kg	15.70	7.500	10.500	15.000
	铜丝布	m	79.00	0.500	0.700	1.000
	其他材料费	元	–	181.550	224.340	314.570
机械	载货汽车 8t	台班	619.25	0.900	0.900	1.350
	汽车式起重机 8t	台班	728.19	0.450	0.450	0.900
	汽车式起重机 75t	台班	5403.15	0.900	–	–
	汽车式起重机 100t	台班	6580.83	–	0.900	0.900
	电动卷扬机(单筒慢速) 50kN	台班	145.07	2.250	2.700	3.600
	交流弧焊机 21kV·A	台班	64.00	1.350	1.350	1.350

七、离心式压缩机拆装检查

单位:台

定 额 编 号			3-9-65	3-9-66	3-9-67	3-9-68	3-9-69	3-9-70
项 目			设备重量(t)					
			10 以内	15 以内	20 以内	30 以内	40 以内	50 以内
基 价 (元)			**11341.40**	**15008.29**	**18349.85**	**24039.74**	**27902.57**	**30062.85**
其中	人 工 费 (元)		10096.32	13290.16	16119.76	20990.96	24009.68	25494.56
	材 料 费 (元)		853.39	1156.71	1459.77	2134.84	2913.67	3523.79
	机 械 费 (元)		391.69	561.42	770.32	913.94	979.22	1044.50
名 称	单位	单价(元)	数			量		
人工	综合工日	工日	80.00	126.204	166.127	201.497	262.387	300.121	318.682
材料	垫板(钢板 $\delta=10$)	kg	4.56	115.800	148.400	181.100	260.700	364.900	432.100
	紫铜皮 各种规格	kg	72.90	0.050	0.080	0.100	0.300	0.400	0.500
	汽油 93 号	kg	10.05	6.000	9.000	12.000	18.000	24.000	30.000
	煤油	kg	4.20	12.000	18.000	24.000	36.000	48.000	60.000
	汽轮机油（各种规格）	kg	8.80	2.400	3.600	4.800	7.200	9.600	12.000
	黄干油 钙基酯	kg	9.78	2.000	3.000	4.000	5.000	6.000	7.000
	红丹粉	kg	12.00	1.500	1.600	1.700	2.000	2.300	2.600
	石棉橡胶板 中压 0.8~1.0	kg	17.00	5.000	7.500	10.000	15.000	20.000	25.000
	棉纱头	kg	6.34	1.500	2.250	3.000	4.500	6.000	7.500
	白布 0.9m	m²	8.54	1.300	1.950	2.600	3.900	5.200	6.500
	破布	kg	4.50	3.000	4.500	6.000	9.000	12.000	15.000
	铁砂布 0~2 号	张	1.68	6.000	9.000	12.000	18.000	24.000	30.000
	青壳纸 0.15~0.5mm	kg	22.00	1.000	1.500	2.000	3.000	4.000	5.000
	研磨膏	盒	1.12	1.000	1.000	1.000	2.000	2.000	2.000
机械	电动卷扬机(单筒慢速) 50kN	台班	145.07	2.700	3.870	5.310	6.300	6.750	7.200

定 额 编 号				3-9-71	3-9-72	3-9-73	3-9-74	3-9-75
项 目				设备重量(t)				
				65 以内	80 以内	100 以内	120 以内	165 以内
基 价 (元)				**32931.05**	**36867.57**	**41033.07**	**43516.74**	**51035.77**
其中	人 工 费 (元)			27389.20	30740.56	33794.32	35279.12	40889.36
	材 料 费 (元)			4432.06	4951.94	5998.40	6931.99	8710.22
	机 械 费 (元)			1109.79	1175.07	1240.35	1305.63	1436.19
名 称		单位	单价(元)	数		量		
人工	综合工日	工日	80.00	342.365	384.257	422.429	440.989	511.117
材料	垫板(钢板 δ=10)	kg	4.56	508.880	547.400	646.100	722.800	835.900
	紫铜皮 各种规格	kg	72.90	0.650	0.800	1.000	1.200	1.400
	汽油 93 号	kg	10.05	39.000	48.000	60.000	72.000	99.000
	煤油	kg	4.20	78.000	96.000	120.000	144.000	198.000
	汽轮机油（各种规格）	kg	8.80	15.600	19.200	24.000	28.800	39.600
	黄干油 钙基酯	kg	9.78	8.000	9.000	10.000	11.000	12.000
	红丹粉	kg	12.00	3.000	3.500	4.000	4.500	5.000
	石棉橡胶板 中压 0.8~1.0	kg	17.00	37.500	40.000	50.000	60.000	82.500
	棉纱头	kg	6.34	9.750	12.000	15.000	18.000	24.750
	白布 0.9m	m²	8.54	8.450	10.400	13.000	14.000	15.000
	破布	kg	4.50	19.500	24.000	30.000	36.000	49.500
	铁砂布 0~2 号	张	1.68	39.000	48.000	60.000	72.000	99.000
	青壳纸 0.15~0.5mm	kg	22.00	7.500	8.000	10.000	12.000	16.500
	研磨膏	盒	1.12	3.000	3.000	3.000	4.000	4.000
机械	电动卷扬机(单筒慢速) 50kN	台班	145.07	7.650	8.100	8.550	9.000	9.900

八、离心式压缩机(电动机驱动)无垫铁解体安装

单位:台

定　额　编　号			3-9-76	3-9-77	3-9-78	3-9-79	3-9-80	3-9-81
项　　　　目			机组重量(t)					
			3 以内	5 以内	10 以内	20 以内	30 以内	40 以内
基　　价　(元)			**8133.88**	**10137.82**	**14938.93**	**22632.86**	**40277.75**	**51172.60**
其中	人　工　费　(元)		6795.28	8454.48	11881.68	18364.80	33300.32	41735.04
	材　料　费　(元)		785.66	849.96	1303.28	2283.21	3263.91	3989.63
	机　械　费　(元)		552.94	833.38	1753.97	1984.85	3713.52	5447.93
名　　称	单位	单价(元)	数			量		
人工 综合工日	工日	80.00	84.941	105.681	148.521	229.560	416.254	521.688
材料 热轧中厚钢板 $\delta = 10 \sim 16$	kg	3.70	45.000	45.000	55.000	75.000	85.000	115.000
电焊条 结 422 $\phi2.5$	kg	5.04	0.200	0.200	0.400	0.600	0.900	1.200
紫铜皮 各种规格	kg	72.90	0.200	0.200	0.200	0.200	0.400	0.400
加固木板	m³	1980.00	0.050	0.050	0.100	0.100	0.200	0.200
道木	m³	1600.00	-	-	-	0.160	0.160	0.160
煤油	kg	4.20	8.000	10.000	18.000	30.000	45.000	60.000
汽轮机油（各种规格）	kg	8.80	2.000	2.000	4.000	8.000	12.000	16.000
黄干油 钙基酯	kg	9.78	1.000	1.200	1.600	2.400	4.000	5.200
氧气	m³	3.60	9.180	9.180	9.180	9.180	12.240	12.240
乙炔气	m³	25.20	3.060	3.060	3.060	3.060	4.080	4.080
耐油石棉橡胶板 $\delta = 1$	kg	43.67	2.500	2.500	5.000	10.000	15.000	20.000

单位:台

定 额 编 号			3-9-76	3-9-77	3-9-78	3-9-79	3-9-80	3-9-81
项 目			机组重量(t)					
			3 以内	5 以内	10 以内	20 以内	30 以内	40 以内
材 料	耐酸石棉橡胶板 综合	kg	45.88	1.250	1.250	2.000	4.000	7.500	10.000
	塑料布	kg	18.80	3.000	5.000	7.500	11.700	15.000	18.000
	无收缩水泥	kg	0.45	60.000	80.000	100.000	150.000	200.000	250.000
	河砂	m³	42.00	0.150	0.200	0.300	0.500	0.600	0.700
	破布	kg	4.50	2.000	2.000	4.000	10.000	12.000	14.000
	真丝绸布 宽 0.9m	m	19.00	1.500	1.500	3.000	6.000	9.000	12.000
	铁砂布 0~2 号	张	1.68	6.000	8.000	12.000	23.000	33.000	33.000
	青壳纸	张	2.25	3.000	3.000	3.000	5.000	5.000	5.000
	其他材料费	元	–	22.880	24.760	37.960	66.500	95.070	116.200
机 械	载货汽车 8t	台班	619.25	–	0.180	0.450	0.450	0.900	0.900
	叉式起重机 5t	台班	542.43	0.270	–	–	–	–	–
	汽车式起重机 8t	台班	728.19	–	–	–	0.450	0.900	0.900
	汽车式起重机 16t	台班	1071.52	–	0.270	0.900	–	–	–
	汽车式起重机 32t	台班	1360.20	–	–	–	0.450	–	–
	汽车式起重机 50t	台班	3709.18	–	–	–	–	0.450	0.900
	电动卷扬机(单筒慢速) 50kN	台班	145.07	0.180	0.360	0.900	1.350	1.800	2.250
	直流弧焊机 20kW	台班	84.19	0.900	0.900	0.900	1.350	1.350	1.350
	电动空气压缩机 6m³/min	台班	338.45	0.900	0.900	0.900	1.350	1.350	1.350

定 额 编 号			3-9-82	3-9-83	3-9-84	3-9-85	3-9-86
项 目			机组重量(t)				
			50 以内	70 以内	90 以内	120 以内	165 以内
基 价 (元)			**61908.09**	**75575.10**	**90680.19**	**106922.97**	**124995.81**
其中	人 工 费 (元)		49325.20	60295.60	73124.48	84422.00	97104.00
	材 料 费 (元)		5464.50	6739.02	7958.28	9486.02	11383.57
	机 械 费 (元)		7118.39	8540.48	9597.43	13014.95	16508.24
名 称	单位	单价(元)	数		量		
人工 综合工日	工日	80.00	616.565	753.695	914.056	1055.275	1213.800
材料 热轧中厚钢板 δ=10~16	kg	3.70	145.000	175.000	205.000	260.000	305.000
电焊条 结 422 φ2.5	kg	5.04	8.000	10.000	14.000	18.000	24.000
紫铜皮 各种规格	kg	72.90	0.400	0.600	0.800	0.800	0.800
加固木板	m³	1980.00	0.300	0.400	0.500	0.650	0.800
道木	m³	1600.00	0.375	0.400	0.525	0.650	0.875
煤油	kg	4.20	100.000	140.000	180.000	220.000	280.000
汽轮机油（各种规格）	kg	8.80	20.000	28.000	36.000	48.000	60.000
黄干油 钙基酯	kg	9.78	10.000	14.000	18.000	22.000	28.000
氧气	m³	3.60	12.240	18.360	24.480	36.720	48.960
乙炔气	m³	25.20	4.080	6.120	8.160	12.240	16.320
耐油石棉橡胶板 δ=1	kg	43.67	24.000	28.000	30.000	32.000	36.000

单位:台

定　额　编　号			3-9-82	3-9-83	3-9-84	3-9-85	3-9-86
项　　　　目			机组重量(t)				
			50 以内	70 以内	90 以内	120 以内	165 以内
材	耐酸石棉橡胶板 综合	kg	45.88	22.000	25.000	27.000	29.000	30.000
	塑料布	kg	18.80	11.130	15.540	15.540	15.540	15.540
	无收缩水泥	kg	0.45	300.000	350.000	400.000	450.000	600.000
	河砂	m³	42.00	0.800	1.000	1.200	1.500	1.800
	破布	kg	4.50	25.000	35.000	45.000	60.000	80.000
	真丝绸布 宽0.9m	m	19.00	1.400	1.800	1.800	2.000	2.000
	铁砂布 0~2 号	张	1.68	50.000	70.000	90.000	100.000	120.000
料	青壳纸	张	2.25	2.800	3.000	3.200	3.500	4.000
	其他材料费	元	–	159.160	196.280	231.790	276.290	331.560
机	载货汽车 8t	台班	619.25	0.900	0.900	1.350	1.350	1.350
	汽车式起重机 8t	台班	728.19	0.900	0.900	1.350	1.350	1.350
	汽车式起重机 75t	台班	5403.15	0.900	–	–	–	–
	汽车式起重机 100t	台班	6580.83	–	0.900	0.900	1.350	1.800
	电动卷扬机(单筒慢速) 50kN	台班	145.07	0.900	–	–	–	–
	电动卷扬机(单筒慢速) 80kN	台班	196.05	–	1.350	–	–	–
	电动卷扬机(单筒慢速) 100kN	台班	228.57	–	–	1.800	1.800	1.800
械	直流弧焊机 20kW	台班	84.19	3.600	4.500	6.300	8.100	10.800
	电动空气压缩机 6m³/min	台班	338.45	1.800	2.250	2.700	3.600	4.500

九、活塞式2M(2D)型(电动机驱动)对称平衡压缩机解体安装

单位：台

定 额 编 号			3-9-87	3-9-88	3-9-89	3-9-90	3-9-91
项 目			机组重量(t)				
			5 以内	8 以内	15 以内	20 以内	30 以内
基 价 (元)			**9415.53**	**11764.19**	**18638.19**	**23781.44**	**31291.31**
其中	人 工 费 (元)		7150.88	8938.64	14708.40	18364.80	21680.64
	材 料 费 (元)		1545.69	1780.93	2566.74	3027.31	4700.25
	机 械 费 (元)		718.96	1044.62	1363.05	2389.33	4910.42
名 称	单位	单价(元)	数		量		
人工 综合工日	工日	80.00	89.386	111.733	183.855	229.560	271.008
材料 热轧中厚钢板 $\delta = 10 \sim 16$	kg	3.70	180.000	206.600	300.000	370.800	600.000
镀锌铁丝网 $10 \times 10 \times 0.9$	m²	7.65	2.000	2.000	2.000	2.500	3.000
镀锌铁丝 8～12 号	kg	5.36	1.250	2.000	2.000	2.500	3.000
电焊条 结422 ϕ2.5	kg	5.04	3.000	4.000	5.000	5.000	10.000
铜焊条 铜107 ϕ3.2	kg	63.00	2.500	2.500	2.500	2.500	3.000
紫铜皮 各种规格	kg	72.90	0.030	0.040	0.080	0.100	0.150
加固木板	m³	1980.00	0.040	0.050	0.090	0.100	0.160
道木	m³	1600.00	0.125	0.125	0.125	0.125	0.206
煤油	kg	4.20	16.000	19.120	35.850	47.800	71.700
料 压缩机油	kg	8.50	3.200	3.200	6.000	8.000	12.000
黄干油 钙基酯	kg	9.78	1.600	2.400	3.000	4.000	6.000
氧气	m³	3.60	4.590	4.590	7.038	7.038	10.710

单位:台

定 额 编 号			3-9-87	3-9-88	3-9-89	3-9-90	3-9-91
项 目			机组重量(t)				
			5 以内	8 以内	15 以内	20 以内	30 以内
材 料	乙炔气	m³	25.20	1.530	1.530	2.346	2.346	3.570
	全损耗系统用油(机械油) 32 号	kg	7.18	3.200	3.200	6.000	8.000	12.000
	石棉橡胶板 低压 0.8~1.0	kg	13.20	4.000	6.000	7.500	10.000	15.000
	普通硅酸盐水泥 42.5	kg	0.36	139.000	201.000	459.000	459.000	666.000
	河砂	m³	42.00	0.220	0.300	0.675	0.675	0.972
	碎石 20mm	m³	55.00	0.240	0.324	0.740	0.740	1.070
	棉纱头	kg	6.34	2.000	3.000	3.500	5.000	7.500
	破布	kg	4.50	4.000	6.000	7.500	10.000	15.000
	铁砂布 0~2 号	张	1.68	5.000	8.000	15.000	20.000	30.000
	青壳纸	张	2.25	1.000	1.000	2.000	2.000	2.000
	铜丝布 16 目	m	79.00	0.050	0.080	0.150	0.200	0.300
	其他材料费	元	–	45.020	51.870	74.760	88.170	136.900
机 械	载货汽车 8t	台班	619.25	0.180	0.270	0.450	0.450	0.450
	汽车式起重机 8t	台班	728.19	–	–	–	0.270	0.270
	汽车式起重机 16t	台班	1071.52	0.270	0.450	–	–	–
	汽车式起重机 32t	台班	1360.20	–	–	0.450	0.900	–
	汽车式起重机 50t	台班	3709.18	–	–	–	–	0.900
	电动卷扬机(单筒慢速) 50kN	台班	145.07	0.360	0.630	0.900	1.350	1.800
	直流弧焊机 20kW	台班	84.19	1.350	1.800	2.250	2.250	4.500
	电动空气压缩机 6m³/min	台班	338.45	0.450	0.450	0.450	0.900	1.350

十、活塞式4M(4D)型(电动机驱动)对称平衡压缩机解体安装

单位:台

定 额 编 号			3-9-92	3-9-93	3-9-94	3-9-95	3-9-96	3-9-97
项 目			机组重量(t)					
			20 以内	25 以内	30 以内	35 以内	40 以内	45 以内
基 价 (元)			34365.70	38716.70	43587.37	45717.77	47188.97	56198.14
其中	人 工 费 (元)		28586.56	30153.92	33658.48	35134.64	35616.16	42051.60
	材 料 费 (元)		3251.16	3855.18	4901.04	5333.65	5827.84	6604.99
	机 械 费 (元)		2527.98	4707.60	5027.85	5249.48	5744.97	7541.55
名 称	单位	单价(元)	数			量		
人工 综合工日	工日	80.00	357.332	376.924	420.731	439.183	445.202	525.645
材料 热轧中厚钢板 δ=10~16	kg	3.70	370.800	411.900	600.400	628.900	655.000	682.400
镀锌铁丝网 20×20×1.6	m²	12.92	2.500	2.500	3.000	3.000	3.500	3.500
镀锌铁丝 8~12 号	kg	5.36	10.000	12.500	15.000	17.500	20.000	20.500
电焊条 结 422 φ2.5	kg	5.04	5.000	5.000	10.000	10.000	15.000	15.000
铜焊条 铜 107 φ3.2	kg	63.00	2.500	2.500	3.000	3.000	3.500	5.000
紫铜皮 各种规格	kg	72.90	0.200	0.250	0.300	0.350	0.400	0.450
加固木板	m³	1980.00	0.100	0.130	0.150	0.180	0.210	0.225
道木	m³	1600.00	0.138	0.206	0.206	0.206	0.206	0.375
煤油	kg	4.20	47.000	57.000	67.000	77.000	87.000	90.000
压缩机油	kg	8.50	10.000	12.500	12.500	15.000	15.000	18.000
黄干油 钙基酯	kg	9.78	4.000	5.000	6.000	7.000	8.000	8.000
氧气	m³	3.60	12.240	12.240	18.360	18.360	18.360	24.480
乙炔气	m³	25.20	4.080	4.080	6.120	6.120	6.120	8.160

单位:台

定　额　编　号			3-9-92	3-9-93	3-9-94	3-9-95	3-9-96	3-9-97
项　　　　目			机组重量(t)					
			20 以内	25 以内	30 以内	35 以内	40 以内	45 以内
材料	全损耗系统用油(机械油) 32 号	kg	7.18	10.000	12.500	12.500	15.000	15.000	18.000
	石棉橡胶板 低压 0.8~1.0	kg	13.20	12.500	15.000	17.500	20.000	22.500	25.000
	普通硅酸盐水泥 42.5	kg	0.36	459.000	666.000	666.000	839.000	1216.000	1264.000
	河砂	m³	42.00	0.740	0.970	0.970	1.230	1.230	1.590
	碎石 20mm	m³	55.00	0.743	1.067	1.067	1.350	1.350	1.620
	棉纱头	kg	6.34	5.000	6.250	7.500	8.750	10.000	11.250
	破布	kg	4.50	10.000	12.500	15.000	17.500	20.000	25.500
	铁砂布 0~2 号	张	1.68	23.000	23.000	33.000	33.000	33.000	33.000
	青壳纸	张	2.25	4.000	4.000	4.000	5.000	5.000	6.000
	铜丝布	m	79.00	0.200	0.250	0.300	0.350	0.400	0.450
	其他材料费	元	–	94.690	112.290	142.750	155.350	169.740	192.380
机械	载货汽车 8t	台班	619.25	0.450	0.450	0.450	0.450	0.900	0.900
	汽车式起重机 8t	台班	728.19	0.270	0.360	0.450	0.450	0.450	0.900
	汽车式起重机 32t	台班	1360.20	0.900	–	–	–	–	–
	汽车式起重机 50t	台班	3709.18	–	0.900	0.900	0.900	0.900	–
	汽车式起重机 75t	台班	5403.15	–	–	–	–	–	0.900
	电动卷扬机(单筒慢速) 50kN	台班	145.07	1.350	1.350	1.800	1.800	2.250	2.250
	直流弧焊机 20kW	台班	84.19	2.250	2.250	4.500	4.500	6.300	6.300
	电动空气压缩机 6m³/min	台班	338.45	0.900	0.900	0.900	1.350	1.350	1.800
	试压泵 60MPa	台班	154.06	0.900	0.900	0.900	1.350	1.350	–

定　额　编　号			3-9-98	3-9-99	3-9-100	3-9-101	3-9-102
项　　　　目			机组重量（t）				
			50 以内	60 以内	70 以内	80 以内	90 以内
基　　价　（元）			59783.17	66980.07	72240.12	85991.91	89104.26
其中	人　工　费（元）		45379.12	50372.72	55471.36	64816.48	67274.48
	材　料　费（元）		6862.50	7525.60	7687.01	8599.19	8947.73
	机　械　费（元）		7541.55	9081.75	9081.75	12576.24	12882.05
名　　　称	单位	单价(元)	数	量			
人工 综合工日	工日	80.00	567.239	629.659	693.392	810.206	840.931
材料 热轧中厚钢板 δ = 10 ~ 16	kg	3.70	714.200	811.000	811.000	969.000	1001.300
镀锌铁丝网 20×20×1.6	m²	12.92	4.000	4.000	4.500	4.500	5.000
镀锌铁丝 8 ~ 12 号	kg	5.36	25.000	27.500	30.000	32.500	35.000
电焊条 结422 φ2.5	kg	5.04	15.000	20.000	20.000	25.000	25.000
铜焊条 铜107 φ3.2	kg	63.00	5.000	5.000	5.000	5.000	5.000
紫铜皮 各种规格	kg	72.90	0.500	0.600	0.700	0.800	0.900
加固木板	m³	1980.00	0.225	0.240	0.240	0.260	0.260
道木	m³	1600.00	0.375	0.375	0.375	0.375	0.375
煤油	kg	4.20	100.000	110.000	120.000	130.000	140.000
压缩机油	kg	8.50	18.000	22.000	22.000	26.000	30.000
黄干油 钙基酯	kg	9.78	8.000	9.000	9.000	10.000	10.000
乙炔气	m³	25.20	8.160	8.160	8.160	8.160	8.160
氧气	m³	3.60	24.480	24.480	24.480	24.480	24.480

	定 额 编 号			3-9-98	3-9-99	3-9-100	3-9-101	3-9-102
	项 目			机组重量(t)				
				50 以内	60 以内	70 以内	80 以内	90 以内
材 料	全损耗系统用油(机械油) 32 号	kg	7.18	18.000	22.000	22.000	26.000	30.000
	石棉橡胶板 低压 0.8~1.0	kg	13.20	27.500	30.000	32.500	35.000	37.500
	普通硅酸盐水泥 42.5	kg	0.36	1264.000	1264.000	1264.000	1264.000	1264.000
	河砂	m³	42.00	1.590	1.590	1.670	1.750	1.830
	碎石 20mm	m³	55.00	1.620	1.620	1.710	1.790	1.870
	棉纱头	kg	6.34	12.500	15.000	17.500	20.000	22.500
	破布	kg	4.50	28.000	35.000	40.000	45.000	50.000
	铁砂布 0~2 号	张	1.68	33.000	36.000	36.000	43.000	43.000
	青壳纸	张	2.25	6.000	7.000	7.000	8.000	8.000
	铜丝布	m	79.00	0.500	0.600	0.700	0.800	0.900
	其他材料费	元	—	199.880	219.190	223.890	250.460	260.610
机 械	载货汽车 8t	台班	619.25	0.900	0.900	0.900	0.900	0.900
	汽车式起重机 8t	台班	728.19	0.900	0.900	0.900	0.900	0.900
	汽车式起重机 75t	台班	5403.15	0.900	—	—	—	—
	汽车式起重机 100t	台班	6580.83	—	0.900	0.900	1.350	1.350
	电动卷扬机(单筒慢速) 50kN	台班	145.07	2.250	2.250	2.250	2.700	3.150
	电动卷扬机(单筒慢速) 80kN	台班	196.05	—	0.900	0.900	1.350	1.800
	直流弧焊机 20kW	台班	84.19	6.300	8.100	8.100	10.800	10.800
	电动空气压缩机 6m³/min	台班	338.45	1.800	2.250	2.250	2.700	3.150

十一、活塞式 H 型中间直联同步(电动机驱动)压缩机解体安装

单位:台

定 额 编 号				3-9-103	3-9-104	3-9-105
项　　　　目				机组重量(t)		
				20 以内	35 以内	40 以内
基　　价　(元)				**25402.35**	**46344.65**	**51685.26**
其中	人　工　费　(元)			19955.28	34538.80	38396.24
	材　料　费　(元)			2648.00	4633.43	5965.06
	机　械　费　(元)			2799.07	7172.42	7323.96
名　　　　称		单位	单价(元)	数		量
人工	综合工日	工日	80.00	249.441	431.735	479.953
材料	热轧中厚钢板 $\delta = 10 \sim 16$	kg	3.70	226.000	462.000	655.000
	镀锌铁丝网 $20 \times 20 \times 1.6$	m²	12.92	2.500	3.000	3.500
	镀锌铁丝 8~12 号	kg	5.36	3.000	5.000	6.000
	电焊条 结 422 φ2.5	kg	5.04	5.000	10.000	15.000
	铜焊条 铜 107 φ3.2	kg	63.00	2.000	2.000	2.500
	紫铜皮 各种规格	kg	72.90	0.200	0.360	0.400
	加固木板	m³	1980.00	0.100	0.180	0.210
	道木	m³	1600.00	0.138	0.206	0.206
	煤油	kg	4.20	45.000	72.000	83.000
	压缩机油	kg	8.50	10.000	15.000	15.000
	黄干油 钙基酯	kg	9.78	2.000	3.000	3.000
	氧气	m³	3.60	8.160	8.160	12.240

定 额 编 号			3-9-103	3-9-104	3-9-105
项 目			机组重量(t)		
			20 以内	35 以内	40 以内
材料	乙炔气	m³	25.20	2.723	2.723	4.080
	全损耗系统用油(机械油) 32 号	kg	7.18	10.000	15.000	15.000
	石棉橡胶板 低压 0.8~1.0	kg	13.20	2.000	6.000	18.000
	塑料布	kg	18.80	11.790	21.930	23.130
	普通硅酸盐水泥 42.5	kg	0.36	459.000	839.000	1216.000
	河砂	m³	42.00	0.740	1.230	1.230
	碎石 20mm	m³	55.00	0.743	1.350	1.350
	棉纱头	kg	6.34	5.000	9.000	10.000
	破布	kg	4.50	10.000	17.500	20.000
	铁砂布 0~2 号	张	1.68	24.000	30.000	35.000
	青壳纸	张	2.25	2.000	4.000	5.000
	铜丝布	m	79.00	0.400	0.700	0.800
	其他材料费	元	–	77.130	134.950	173.740
机械	载货汽车 8t	台班	619.25	0.900	0.900	0.900
	汽车式起重机 8t	台班	728.19	0.450	0.900	0.900
	汽车式起重机 32t	台班	1360.20	0.900	–	–
	汽车式起重机 75t	台班	5403.15	–	0.900	0.900
	电动卷扬机(单筒慢速) 50kN	台班	145.07	1.350	1.800	1.800
	直流弧焊机 20kW	台班	84.19	2.250	4.500	6.300
	电动空气压缩机 6m³/min	台班	338.45	0.900	1.350	1.350

十二、活塞式 H 型中间同轴同步(电动机驱动)压缩机解体安装

单位:台

定　额　编　号				3-9-106	3-9-107	3-9-108	3-9-109
项　　　　目				机组重量(t)			
				55 以内	80 以内	120 以内	160 以内
基　　价　(元)				**63101.18**	**87598.01**	**112010.97**	**128661.40**
其中	人　工　费　(元)			47340.24	66030.72	84347.92	96403.60
	材　料　费　(元)			6980.70	9446.06	11449.14	15499.53
	机　械　费　(元)			8780.24	12121.23	16213.91	16758.27
名　　　　称		单位	单价(元)	数		量	
人工	综合工日	工日	80.00	591.753	825.384	1054.349	1205.045
材料	热轧中厚钢板 δ=10~16	kg	3.70	714.200	969.000	1085.000	1550.000
	镀锌铁丝网 20×20×1.6	m²	12.92	3.500	4.000	4.500	6.000
	镀锌铁丝 8~12 号	kg	5.36	7.000	12.000	16.000	24.000
	电焊条 结422 φ2.5	kg	5.04	15.000	20.000	20.000	25.000
	铜焊条 铜107 φ3.2	kg	63.00	4.000	5.000	5.000	6.000
	紫铜皮 各种规格	kg	72.90	0.550	0.600	1.200	1.600
	加固木板	m³	1980.00	0.225	0.240	0.300	0.360
	道木	m³	1600.00	0.400	0.400	0.600	0.850
	煤油	kg	4.20	110.000	170.000	220.000	260.000
	压缩机油	kg	8.50	22.000	26.000	30.000	30.000
	黄干油 钙基酯	kg	9.78	22.000	24.000	24.000	24.000
	氧气	m³	3.60	12.240	26.520	30.600	53.040

单位:台

定　额　编　号			3-9-106	3-9-107	3-9-108	3-9-109
项　　　　目			机组重量(t)			
			55 以内	80 以内	120 以内	160 以内
材 料	乙炔气	m³	25.20	4.080	9.180	10.200	14.280
	全损耗系统用油(机械油) 32 号	kg	7.18	22.000	24.000	30.000	30.000
	石棉橡胶板 低压 0.8~1.0	kg	13.20	27.000	45.000	60.000	80.000
	塑料布	kg	18.80	16.500	27.000	36.000	72.000
	普通硅酸盐水泥 42.5	kg	0.36	704.000	1024.000	1264.000	1264.000
	河砂	m³	42.00	1.100	1.600	1.992	1.992
	碎石 20mm	m³	55.00	1.200	1.763	2.195	2.195
	棉纱头	kg	6.34	13.750	20.000	30.000	40.000
	破布	kg	4.50	32.500	50.000	65.000	85.000
	铁砂布 0~2 号	张	1.68	38.000	38.000	48.000	48.000
	青壳纸	张	2.25	6.000	8.000	10.000	12.000
	铜丝布	m	79.00	1.100	2.000	2.400	3.200
	其他材料费	元	–	203.320	275.130	333.470	451.440
机 械	载货汽车 8t	台班	619.25	0.900	0.900	1.350	1.350
	汽车式起重机 8t	台班	728.19	0.900	0.900	1.350	1.350
	汽车式起重机 100t	台班	6580.83	0.900	1.350	1.800	1.800
	电动卷扬机(单筒慢速) 80kN	台班	196.05	1.800	1.800	1.350	1.800
	电动卷扬机(单筒慢速) 100kN	台班	228.57	–	–	1.350	1.350
	直流弧焊机 20kW	台班	84.19	6.300	9.000	9.000	10.800
	电动空气压缩机 6m³/min	台班	338.45	2.250	2.700	3.600	4.500

第十章　工业炉设备安装

说　　明

一、本章定额适用范围如下：

1. 无芯工频感应电炉：包括熔铁、熔铜、熔锌等熔炼电炉。

2. 电阻炉、真空炉、高频及中频感应炉。

3. 冲天炉：包括长腰三节炉、移动式直线曲线炉胆热风冲天炉、燃重油冲天炉、一般冲天炉及冲天炉加料机构等。

4. 热处理炉包括：

（1）按形式分：室式、台车式、推杆式、反射式、链式、贯通式、环形式、传送式、箱式、槽式、开隙式、井式（整体组合）、坩埚式等。

（2）按燃料分：电、天然气、煤气、重油、煤粉、煤块等。

5. 解体结构井式热处理炉：包括电阻炉、天然气炉、煤气炉、重油炉、煤粉炉等。

二、本章定额包括下列内容：

1. 无芯工频感应电炉的水冷管道、油压系统、油箱、油压操纵台等安装以及油压系统的配管、刷漆、内衬砌筑。

2. 电阻炉、真空炉以及高频、中频感应炉的水冷系统、润滑系统、传动装置、真空机组、安全防护装置等安装。

3. 冲天炉本体和前炉安装。

4. 冲天炉加料机构的轨道、加料车、卷扬装置等安装。

5. 热处理炉的炉门升降机构、轨道、炉箅、喷嘴、台车、液压装置、拉杆或推杆装置、传动装置、装料、卸料装置等。

6. 炉体管道的试压、试漏。

三、本章定额不包括下列内容：

1. 除无芯工频感应电炉包括内衬砌筑外，均不包括炉体内衬砌筑。

2. 电阻炉电阻丝的安装。

3. 热工仪表系统的安装、调试。

4. 风机系统的安装、试运转。

5. 液压泵房站的安装。

6. 阀门的研磨、试压。

7. 台车的组立、装配。

8. 冲天炉出渣轨道的安装。

9. 解体结构井式热处理炉的平台安装。

10. 烘炉。

四、无芯工频感应电炉安装是按每一炉组为两台炉子考虑，如每一炉组为一台炉子时，则相应定额乘以系数0.6。

五、冲天炉的加料机构，按各类形式综合考虑，已包括在冲天炉安装内，冲天炉出渣轨道安装，套用本册定额第五章内"地坪面上安装轨道"的相应定额。

六、热处理炉，如为整体结构（炉体已组装并有内衬砌体），则定额人工乘以系数0.7。计算设备重量时应包括内衬砌体的重量。如为解体结构（炉体是金属构件，需现场组合安装，无内衬砌体），则定额不变。计算设备重量时不包括内衬砌体的重量。

一、无芯工频感应电炉安装

单位:台

定　额　编　号			3-10-1	3-10-2	3-10-3	3-10-4	3-10-5	3-10-6
项　　　　　目			设备重量(t)					
			0.75	1.5	3.0	5.0	10.0	20.0
基　　　价　　（元）			**10980.44**	**15339.44**	**24167.45**	**35208.19**	**56639.64**	**82110.97**
其中	人　工　费　（元）		4338.16	6571.36	11043.04	15205.44	23301.92	35127.36
	材　料　费　（元）		5003.29	6835.47	10478.21	16497.05	26656.80	38521.38
	机　械　费　（元）		1638.99	1932.61	2646.20	3505.70	6680.92	8462.23
名　　称	单位	单价（元）	数		量			
人工 综合工日	工日	80.00	54.227	82.142	138.038	190.068	291.274	439.092
材料 钩头成对斜垫铁 0~3 号钢 1 号	kg	14.50	6.288	6.120	4.080	4.080	4.080	4.590
钩头成对斜垫铁 0~3 号钢 2 号	kg	13.20	–	15.888	3.616	–	–	–
钩头成对斜垫铁 0~3 号钢 3 号	kg	12.70	–	–	23.484	8.304	11.072	13.840
钩头成对斜垫铁 0~3 号钢 4 号	kg	13.60	–	–	–	61.600	123.200	138.600
平垫铁 0~3 号钢 1 号	kg	5.22	8.128	9.144	6.096	6.096	6.096	6.858
平垫铁 0~3 号钢 2 号	kg	5.22	–	5.808	5.808	–	–	–
平垫铁 0~3 号钢 3 号	kg	5.22	–	–	12.012	18.018	24.024	30.030
平垫铁 0~3 号钢 4 号	kg	5.22	–	–	–	63.296	126.592	142.416
热轧中厚钢板 $\delta=4.5\sim10$	kg	3.90	6.000	10.000	14.000	6.000	12.000	22.000
热轧中厚钢板 $\delta=10\sim16$	kg	3.70	–	–	–	16.000	24.000	40.000
钢丝绳 股丝 $6\times7\times19\ \phi=15.5$	m	4.06	–	–	–	–	–	1.920
镀锌铁丝 8~12 号	kg	5.36	3.000	3.000	6.000	7.000	8.000	10.000
电焊条 结 422 $\phi2.5$	kg	5.04	5.250	5.817	4.725	4.200	4.200	5.250
铜焊条 铜 107 $\phi3.2$	kg	63.00	–	–	–	0.600	0.900	1.000
碳钢气焊条	kg	5.85	1.000	1.000	1.500	1.500	2.000	3.000

続前

单位:台

定 额 编 号			3-10-1	3-10-2	3-10-3	3-10-4	3-10-5	3-10-6
项 目			设备重量(t)					
			0.75	1.5	3.0	5.0	10.0	20.0
材 料	铜焊粉 气剂301 瓶装	kg	32.40	–	–	–	0.300	0.500	0.800
	二等方木 综合	m³	1800.00	–	–	–	–	–	0.080
	加固木板	m³	1980.00	0.010	0.015	0.025	0.030	0.040	0.063
	道木	m³	1600.00	0.052	0.055	0.080	0.141	0.187	0.454
	汽油 93号	kg	10.05	0.200	0.220	0.240	0.280	0.350	1.000
	煤油	kg	4.20	2.100	5.250	6.300	10.500	10.500	14.700
	汽轮机油（各种规格）	kg	8.80	0.510	1.020	1.530	2.040	2.040	4.080
	黄干油 钙基酯	kg	9.78	0.500	0.500	1.000	1.500	1.500	2.000
	硼酸	kg	90.00	27.000	36.000	58.000	90.000	134.000	202.000
	水玻璃	kg	1.10	21.000	28.000	46.000	70.000	104.000	168.000
	氧气	m³	3.60	3.570	4.080	8.160	9.180	16.320	20.400
	乙炔气	m³	25.20	1.190	1.360	2.720	3.060	5.440	6.800
	酚醛调和漆（各种颜色）	kg	18.00	1.800	2.000	2.200	2.500	3.000	4.000
	醇酸防锈漆 C53-1 铁红	kg	16.72	2.000	2.400	2.640	3.000	3.600	5.000
	松香水	kg	12.00	0.650	0.720	0.800	0.900	1.050	2.000
	玻璃布	m²	2.20	7.000	9.200	13.000	16.400	56.000	92.000
	石棉板衬垫	kg	3.80	72.000	96.000	120.000	190.000	336.000	420.000
	水泥石棉板 δ=20	m²	25.49	–	–	2.000	3.400	–	–
	水泥石棉板 δ=25	m²	26.49	–	–	–	–	7.600	12.000
	石棉橡胶板 低压 0.8~1.0	kg	13.20	1.000	1.000	1.500	1.500	2.500	4.000
	石棉布 各种规格 烧失量3	kg	41.30	14.000	18.400	26.000	32.800	56.000	72.000
	四氟乙烯塑料薄膜	kg	73.70	0.250	0.500	0.500	0.750	0.750	1.000

定 额 编 号			3-10-1	3-10-2	3-10-3	3-10-4	3-10-5	3-10-6
项 目			设备重量(t)					
			0.75	1.5	3.0	5.0	10.0	20.0
材料	普通硅酸盐水泥 42.5	kg	0.36	66.700	107.300	273.818	391.500	748.200	1094.750
	石英粉	kg	0.50	810.000	1080.000	1800.000	2760.000	4280.000	5870.000
	河砂	m³	42.00	0.116	0.189	0.479	0.684	1.310	1.917
	石英砂	kg	0.40	0.540	0.720	1.200	1.840	2.752	3.600
	碎石 20mm	m³	55.00	0.127	0.203	0.527	0.757	1.445	2.120
	轻质黏土砖 QN-1.3a 标型	t	879.00	0.148	0.198	0.258	0.316	0.328	0.510
	轻质黏土砖 QN-1-32 普型	t	879.00	0.290	0.386	0.540	0.674	0.748	1.250
	黏土砖 不分型	t	900.00	0.054	0.070	0.100	0.474	1.344	2.100
	黏土质火泥 NF-40 细粒	t	666.67	0.080	0.100	0.120	0.190	0.300	0.460
	云母板 δ=0.5	kg	22.00	5.880	7.730	10.920	13.780	47.040	68.000
	棉纱头	kg	6.34	0.500	0.500	1.000	1.500	1.500	2.000
	其他材料费	元	-	145.730	199.090	305.190	480.500	776.410	1121.980
机械	载货汽车 8t	台班	619.25	0.900	0.900	1.350	1.350	2.250	2.700
	叉式起重机 5t	台班	542.43	0.180	0.180	0.180	0.450	1.800	2.070
	汽车式起重机 8t	台班	728.19	-	-	-	-	0.180	0.270
	汽车式起重机 12t	台班	888.68	0.270	0.270	0.270	0.270	-	-
	汽车式起重机 16t	台班	1071.52	-	-	-	-	0.360	-
	汽车式起重机 20t	台班	1205.93	-	-	-	-	-	0.360
	电动卷扬机(单筒慢速) 50kN	台班	145.07	1.080	1.800	2.700	5.400	13.500	17.100
	滚筒式混凝土搅拌机(电动) 250L	台班	164.37	1.350	1.800	2.250	2.700	3.600	5.400
	交流弧焊机 21kV·A	台班	64.00	3.150	4.950	8.550	11.700	15.750	20.700
	鼓风机 8m³/min 以内	台班	85.41	0.360	0.360	0.360	0.450	0.540	0.900
	磨砖机 4kW	台班	213.88	0.270	0.270	0.270	0.360	0.360	0.630
	切砖机 5.5kW	台班	209.48	0.360	0.360	0.360	0.450	0.540	0.630

二、电阻炉、真空炉、高频及中频感应炉安装

单位:台

定　额　编　号				3-10-7	3-10-8	3-10-9	3-10-10
项　　　　　目				设备重量(t)			
				1.0	2.0	4.0	7.0
基　　价　（元）				**1586.29**	**2096.26**	**2868.18**	**5159.05**
其中	人　工　费　（元）			1050.00	1501.20	2082.96	3365.68
	材　料　费　（元）			267.82	326.59	375.23	601.83
	机　械　费　（元）			268.47	268.47	409.99	1191.54
名　　　　称		单位	单价(元)	数			量
人工	综合工日	工日	80.00	13.125	18.765	26.037	42.071
材料	钩头成对斜垫铁0～3号钢2号	kg	13.20	–	–	–	5.296
	平垫铁0～3号钢1号	kg	5.22	3.048	3.810	3.810	4.572
	平垫铁0～3号钢2号	kg	5.22	–	–	–	1.936
	钩头成对斜垫铁0～3号钢1号	kg	14.50	2.040	2.550	2.550	3.060
	热轧中厚钢板δ=4.5～10	kg	3.90	3.200	3.600	3.600	4.200
	镀锌铁丝8～12号	kg	5.36	2.000	2.200	4.000	6.000
	电焊条 结422 φ2.5	kg	5.04	0.630	0.945	0.945	1.260
	碳钢气焊条	kg	5.85	0.700	1.000	1.200	1.600
	加固木板	m³	1980.00	0.005	0.006	0.007	0.009
	道木	m³	1600.00	0.065	0.080	0.093	0.140
	煤油	kg	4.20	2.100	2.625	3.150	3.885
	汽轮机油（各种规格）	kg	8.80	0.510	0.714	0.765	0.918
	黄干油 钙基酯	kg	9.78	0.210	0.220	0.300	0.500

续前

定 额 编 号			3-10-7	3-10-8	3-10-9	3-10-10
项 目			设备重量(t)			
			1.0	2.0	4.0	7.0
材 料	真空泵油	kg	7.60	0.500	0.650	0.700	0.800
	氧化铅	kg	4.63	0.160	0.160	0.200	0.240
	氧气	m³	3.60	1.224	1.530	1.836	2.448
	丙酮 95%	kg	10.80	0.200	0.200	0.200	0.300
	乙炔气	m³	25.20	0.408	0.510	0.612	0.816
	聚酯乙烯泡沫塑料	kg	28.40	0.200	0.200	0.250	0.300
	石棉橡胶板 低压 0.8~1.0	kg	13.20	0.600	0.800	0.950	1.800
	四氟乙烯塑料薄膜	kg	73.70	0.020	0.030	0.030	0.050
	普通硅酸盐水泥 42.5	kg	0.36	29.000	30.450	34.800	37.700
	河砂	m³	42.00	0.051	0.054	0.061	0.065
	碎石 20mm	m³	55.00	0.047	0.050	0.051	0.053
	棉纱头	kg	6.34	0.500	0.600	0.700	0.900
	其他材料费	元	–	7.800	9.510	10.930	17.530
机 械	载货汽车 8t	台班	619.25	–	–	–	0.360
	叉式起重机 5t	台班	542.43	0.090	0.090	0.180	0.180
	汽车式起重机 8t	台班	728.19	0.270	0.270	–	–
	汽车式起重机 12t	台班	888.68	–	–	–	0.360
	汽车式起重机 16t	台班	1071.52	–	–	0.270	–
	电动卷扬机(单筒慢速)50kN	台班	145.07	–	–	–	3.600
	交流弧焊机 21kV·A	台班	64.00	0.360	0.360	0.360	0.450

单位:台

定 额 编 号			3-10-11	3-10-12	3-10-13
项 目			设备重量(t)		
			10.0	15.0	20.0
基 价 (元)			**5961.05**	**7469.99**	**8880.08**
其中	人 工 费 (元)		3983.20	4935.76	5903.52
	材 料 费 (元)		721.02	904.40	1155.71
	机 械 费 (元)		1256.83	1629.83	1820.85
名 称	单位	单价(元)	数		量
人工 综合工日	工日	80.00	49.790	61.697	73.794
材料 钩头成对斜垫铁 0~3 号钢 2 号	kg	13.20	7.944	—	—
钩头成对斜垫铁 0~3 号钢 3 号	kg	12.70	—	11.742	15.656
平垫铁 0~3 号钢 1 号	kg	5.22	5.334	6.858	7.620
平垫铁 0~3 号钢 2 号	kg	5.22	2.904		
平垫铁 0~3 号钢 3 号	kg	5.22	—	6.006	8.008
钩头成对斜垫铁 0~3 号钢 1 号	kg	14.50	3.570	4.590	5.100
热轧中厚钢板 $\delta=4.5\sim10$	kg	3.90	4.200	5.600	5.600
钢丝绳 股丝 $6\times7\times19$ $\phi=15.5$	m	4.06	—	1.250	—
钢丝绳 股丝 $6\times7\times19$ $\phi=18.5$	m	5.84	—	—	1.920
镀锌铁丝 8~12 号	kg	5.36	6.600	6.600	6.600
电焊条 结 422 $\phi2.5$	kg	5.04	1.575	2.205	2.520
碳钢气焊条	kg	5.85	1.800	2.000	2.400
料 二等方木 综合	m³	1800.00	—	—	0.060
加固木板	m³	1980.00	0.009	0.011	0.011
道木	m³	1600.00	0.162	0.190	0.207

· 412 ·

	定 额 编 号			3-10-11	3-10-12	3-10-13
	项 目			设备重量(t)		
				10.0	15.0	20.0
材 料	煤油	kg	4.20	4.725	5.250	5.775
	汽轮机油（各种规格）	kg	8.80	1.224	1.530	1.734
	黄干油 钙基酯	kg	9.78	0.600	0.600	0.660
	真空泵油	kg	7.60	1.000	1.300	1.500
	氧化铅	kg	4.63	0.240	0.280	0.280
	氧气	m³	3.60	2.754	3.060	3.672
	丙酮 95%	kg	10.80	0.350	0.350	0.400
	乙炔气	m³	25.20	0.918	1.020	1.224
	聚酯乙烯泡沫塑料	kg	28.40	0.300	0.350	0.350
	石棉橡胶板 低压 0.8~1.0	kg	13.20	2.200	3.000	4.000
	四氟乙烯塑料薄膜	kg	73.70	0.100	0.100	0.100
	普通硅酸盐水泥 42.5	kg	0.36	37.700	49.880	49.880
	河砂	m³	42.00	0.065	0.088	0.088
	碎石 20mm	m³	55.00	0.053	0.070	0.070
	棉纱头	kg	6.34	1.100	1.400	1.400
	其他材料费	元	–	21.000	26.340	33.660
机 械	载货汽车 8t	台班	619.25	0.360	0.450	0.450
	叉式起重机 5t	台班	542.43	0.180	0.270	0.270
	汽车式起重机 12t	台班	888.68	0.360	–	–
	汽车式起重机 25t	台班	1269.11	–	0.450	0.540
	电动卷扬机(单筒慢速) 50kN	台班	145.07	4.050	4.050	4.500
	交流弧焊机 21kV·A	台班	64.00	0.450	0.720	0.900

三、冲天炉安装

单位:台

定 额 编 号			3-10-14	3-10-15	3-10-16	3-10-17	3-10-18
项 目			熔化率(t/h)				
			1.5 以内	3.0 以内	5.0 以内	10.0 以内	15.0 以内
基 价 （元）			**9165.05**	**11395.73**	**16402.97**	**23504.29**	**29264.62**
其中	人 工 费 （元）		6859.36	8502.56	12043.52	15533.28	19433.28
	材 料 费 （元）		862.89	1168.52	1798.60	3121.15	3514.44
	机 械 费 （元）		1442.80	1724.65	2560.85	4849.86	6316.90
名 称	单位	单价(元)	数		量		
人工 综合工日	工日	80.00	85.742	106.282	150.544	194.166	242.916
材料 平垫铁 0～3号钢2号	kg	5.22	5.808	5.808	11.616	17.424	17.424
钩头成对斜垫铁0～3号钢2号	kg	13.20	3.616	3.616	7.232	10.848	10.848
等边角钢 边宽60mm 以下	kg	4.00	8.000	12.000	15.000	15.000	20.000
热轧中厚钢板 δ=4.5～10	kg	3.90	10.000	10.000	15.000	15.000	20.000
热轧中厚钢板 δ=10～16	kg	3.70	20.000	25.000	50.000	60.000	80.000
钢丝绳 股丝6～7×19 φ=15.5	m	4.06	—	—	1.250	1.920	—
钢丝绳 股丝6～7×19 φ=20	m	6.86	—	—	—	—	2.330
镀锌铁丝 8～12 号	kg	5.36	10.000	10.000	12.000	12.000	12.000
电焊条 结422 φ2.5	kg	5.04	16.800	23.100	31.500	44.100	68.250
碳钢气焊条	kg	5.85	0.500	0.500	1.000	1.000	1.500
二等方木 综合	m³	1800.00	—	—	0.060	0.080	0.090
加固木板	m³	1980.00	0.009	0.010	0.014	0.150	0.023
道木	m³	1600.00	0.077	0.080	0.116	0.177	0.227
煤油	kg	4.20	2.100	4.200	5.250	8.400	8.400

定 额 编 号			3-10-14	3-10-15	3-10-16	3-10-17	3-10-18
项 目			熔化率(t/h)				
			1.5 以内	3.0 以内	5.0 以内	10.0 以内	15.0 以内
材 料	汽轮机油（各种规格）	kg	8.80	0.510	1.020	1.020	2.040	2.040
	黄干油 钙基酯	kg	9.78	0.500	0.500	1.000	1.000	1.000
	氧化铅	kg	4.63	0.120	0.200	0.280	0.320	0.400
	氧气	m³	3.60	8.160	12.240	20.400	30.600	35.700
	乙炔气	m³	25.20	2.720	4.080	6.800	10.200	11.900
	石棉板衬垫	kg	3.80	20.000	35.000	35.000	45.000	60.000
	石棉橡胶板 低压 0.8~1.0	kg	13.20	5.000	10.000	10.000	15.000	20.000
	四氟乙烯塑料薄膜	kg	73.70	0.150	0.200	0.300	0.300	0.500
	普通硅酸盐水泥 42.5	kg	0.36	111.752	170.230	282.040	340.460	447.006
	河砂	m³	42.00	0.190	0.289	0.486	0.578	0.757
	碎石 20mm	m³	55.00	0.207	0.316	0.527	8.276	9.072
	棉纱头	kg	6.34	0.500	1.000	1.000	1.000	1.000
	其他材料费	元	–	25.130	34.030	52.390	90.910	102.360
机 械	载货汽车 8t	台班	619.25	0.270	0.360	0.450	0.900	1.080
	汽车式起重机 8t	台班	728.19	0.270	–	0.450	0.900	0.900
	汽车式起重机 12t	台班	888.68	0.270	–	–	–	–
	汽车式起重机 16t	台班	1071.52	–	0.450	–	–	–
	汽车式起重机 25t	台班	1269.11	–	–	0.360	–	–
	汽车式起重机 50t	台班	3709.18	–	–	–	0.450	–
	汽车式起重机 75t	台班	5403.15	–	–	–	–	0.450
	电动卷扬机(单筒慢速) 50kN	台班	145.07	3.600	4.050	6.750	9.000	11.700
	交流弧焊机 21kV·A	台班	64.00	4.950	6.750	8.100	10.350	13.500

四、热处理炉安装

单位:台

定 额 编 号			3-10-19	3-10-20	3-10-21	3-10-22	3-10-23	3-10-24
项 目			设备重量(t)					
			1.0 以内	3.0 以内	5.0 以内	7.0 以内	9.0 以内	12.0 以内
基 价 (元)			**1867.26**	**3714.75**	**5269.10**	**7158.21**	**8530.37**	**10883.08**
其中	人 工 费 (元)		1125.44	2239.20	3360.80	4582.32	5643.28	7361.12
	材 料 费 (元)		581.86	779.90	944.50	1139.73	1291.57	1468.39
	机 械 费 (元)		159.96	695.65	963.80	1436.16	1595.52	2053.57
名 称	单位	单价(元)	数		量			
人工 综合工日	工日	80.00	14.068	27.990	42.010	57.279	70.541	92.014
材料 平垫铁 0~3 号钢 2 号	kg	5.22	14.520	18.876	20.328	21.780	23.232	24.684
钩头成对斜垫铁 0~3 号钢 2 号	kg	13.20	9.040	11.752	12.656	13.560	14.464	15.368
等边角钢 边宽 60mm 以下	kg	4.00	8.000	10.000	11.000	12.000	13.000	15.000
热轧中厚钢板 $\delta=4.5\sim10$	kg	3.90	3.000	4.200	4.700	5.100	5.700	6.250
热轧中厚钢板 $\delta=10\sim16$	kg	3.70	18.000	22.000	25.000	28.000	31.000	34.000
镀锌铁丝 8~12 号	kg	5.36	1.000	2.000	4.000	6.000	6.000	6.000
电焊条 结 422 ϕ2.5	kg	5.04	10.500	15.750	19.950	24.150	28.350	33.600
碳钢气焊条	kg	5.85	—	0.600	0.700	0.800	0.900	1.000
加固木板	m³	1980.00	0.007	0.011	0.015	0.021	0.027	0.034
道木	m³	1600.00	0.046	0.055	0.072	0.100	0.106	0.117
煤油	kg	4.20	1.050	2.100	2.415	2.940	3.465	4.200

续前
单位:台

	定 额 编 号			3-10-19	3-10-20	3-10-21	3-10-22	3-10-23	3-10-24
	项 目			设备重量(t)					
				1.0 以内	3.0 以内	5.0 以内	7.0 以内	9.0 以内	12.0 以内
材	汽轮机油(各种规格)	kg	8.80	0.510	0.612	0.816	1.020	1.224	1.428
	黄干油 钙基酯	kg	9.78	0.200	0.200	0.400	0.600	0.600	0.600
	氧化铅	kg	4.63	0.080	0.080	0.120	0.160	0.200	0.260
	氧气	m³	3.60	3.060	5.100	7.140	9.180	11.220	14.280
	乙炔气	m³	25.20	1.020	1.700	2.380	3.060	3.740	4.760
	石棉板衬垫	kg	3.80	2.000	2.400	2.900	3.400	3.900	4.400
	石棉橡胶板 低压 0.8~1.0	kg	13.20	0.800	0.940	1.320	1.680	2.430	2.800
	四氟乙烯塑料薄膜	kg	73.70	0.100	0.200	0.250	0.300	0.350	0.350
	普通硅酸盐水泥 42.5	kg	0.36	66.700	83.375	110.635	152.250	194.300	234.900
	河砂	m³	42.00	0.135	0.149	0.194	0.270	0.338	0.419
料	碎石 20mm	m³	55.00	0.135	0.162	0.216	0.297	0.378	0.459
	棉纱头	kg	6.34	0.500	0.500	0.600	0.700	0.800	1.000
	其他材料费	元	–	16.950	22.720	27.510	33.200	37.620	42.770
机	载货汽车 8t	台班	619.25	–	–	–	0.270	0.270	0.360
	汽车式起重机 12t	台班	888.68	0.180	0.180	0.270	–	–	–
	汽车式起重机 16t	台班	1071.52	–	–	–	0.360	0.360	–
	汽车式起重机 25t	台班	1269.11	–	–	–	–	–	0.450
械	电动卷扬机(单筒慢速) 50kN	台班	145.07	–	2.700	3.600	4.500	5.400	6.300
	交流弧焊机 21kV·A	台班	64.00	–	2.250	3.150	3.600	4.050	5.400

单位:台

定 额 编 号			3-10-25	3-10-26	3-10-27	3-10-28	3-10-29	3-10-30
项 目			设备重量(t)					
			15.0 以内	20.0 以内	25.0 以内	30.0 以内	40.0 以内	50.0 以内
基 价 (元)			**13056.19**	**16862.24**	**22361.08**	**25770.35**	**34531.78**	**40058.12**
其中	人 工 费 (元)		9127.76	12095.44	14744.08	17493.20	24146.08	27690.08
	材 料 费 (元)		1686.70	2174.63	2832.28	3154.45	3469.15	4115.77
	机 械 费 (元)		2241.73	2592.17	4784.72	5122.70	6916.55	8252.27
名 称	单位	单价(元)	数			量		
人工 综合工日	工日	80.00	114.097	151.193	184.301	218.665	301.826	346.126
材 料 平垫铁 0~3 号钢 2 号	kg	5.22	26.136	29.040	–	–	–	–
平垫铁 0~3 号钢 3 号	kg	5.22	–	–	66.066	72.072	81.081	90.090
钩头成对斜垫铁 0~3 号钢 2 号	kg	13.20	16.272	18.080	–	–	–	–
钩头成对斜垫铁 0~3 号钢 3 号	kg	12.70	–	–	30.448	33.216	37.368	41.520
等边角钢 边宽 60mm 以下	kg	4.00	17.000	19.000	22.000	25.000	28.000	31.000
热轧中厚钢板 $\delta=4.5~10$	kg	3.90	9.600	11.100	12.600	15.000	16.500	21.000
热轧中厚钢板 $\delta=10~16$	kg	3.70	38.000	41.000	44.000	47.000	49.000	51.000
钢丝绳 股丝 $6~7×19$ $\phi=15.5$	m	4.06	–	1.920	–	–	–	–
钢丝绳 股丝 $6~7×19$ $\phi=18.5$	m	5.84	–	–	2.080	2.080	–	–
钢丝绳 股丝 $6~7×19$ $\phi=20$	m	6.86	–	–	–	–	2.330	–
钢丝绳 股丝 $6~7×19$ $\phi=21.5$	m	7.96	–	–	–	–	–	2.750
镀锌铁丝 8~12 号	kg	5.36	6.000	6.000	6.000	6.000	6.000	7.500
电焊条 结 422 $\phi2.5$	kg	5.04	38.850	46.290	53.550	60.900	70.350	79.800
碳钢气焊条	kg	5.85	1.100	1.300	1.500	1.700	2.000	2.300
二等方木 综合	m³	1800.00	–	0.080	0.080	0.080	0.090	0.100
加固木板	m³	1980.00	0.040	0.048	0.057	0.067	0.080	0.093

续前

定 额 编 号				3-10-25	3-10-26	3-10-27	3-10-28	3-10-29	3-10-30
项 目				设备重量(t)					
				15.0 以内	20.0 以内	25.0 以内	30.0 以内	40.0 以内	50.0 以内
材料	道木	m³	1600.00	0.140	0.192	0.249	0.274	0.234	0.370
	煤油	kg	4.20	4.935	6.825	8.400	9.975	12.600	15.225
	汽轮机油（各种规格）	kg	8.80	1.632	2.040	2.448	2.856	3.468	4.080
	黄干油 钙基酯	kg	9.78	0.600	0.600	0.700	0.700	0.700	0.800
	氧化铅	kg	4.63	0.280	0.320	0.360	0.400	0.440	0.480
	氧气	m³	3.60	17.340	22.440	27.540	32.640	39.780	46.920
	乙炔气	m³	25.20	5.780	7.480	9.180	10.880	13.260	15.640
	石棉板衬垫	kg	3.80	4.900	5.400	5.900	6.400	6.900	7.400
	石棉橡胶板 低压 0.8~1.0	kg	13.20	3.550	4.560	5.520	6.480	7.440	9.100
	四氟乙烯塑料薄膜	kg	73.70	0.400	0.450	0.450	0.450	0.500	0.500
	普通硅酸盐水泥 42.5	kg	0.36	276.950	326.250	374.100	423.400	464.000	533.600
	河砂	m³	42.00	0.486	0.581	0.675	0.743	0.837	0.945
	碎石 20mm	m³	55.00	0.540	0.635	0.729	0.824	0.932	1.040
	棉纱头	kg	6.34	1.200	1.500	2.000	2.600	3.000	3.600
	其他材料费	元	—	49.130	63.340	82.490	91.880	101.040	119.880
机械	载货汽车 8t	台班	619.25	0.360	0.450	0.270	0.360	0.540	0.720
	汽车式起重机 25t	台班	1269.11	0.450	0.540	—	—	—	—
	汽车式起重机 50t	台班	3709.18	—	—	0.720	0.720	—	—
	汽车式起重机 75t	台班	5403.15	—	—	—	—	0.720	—
	汽车式起重机 100t	台班	6580.83	—	—	—	—	—	0.720
	电动卷扬机（单筒慢速）50kN	台班	145.07	7.200	7.650	9.450	10.800	12.600	14.400
	交流弧焊机 21kV·A	台班	64.00	6.300	8.100	9.000	10.350	13.500	15.300

单位:台

定　额　编　号				3-10-31	3-10-32	3-10-33	3-10-34
项　　　　　目				设备重量(t)			
				65.0 以内	80.0 以内	100.0 以内	150.0 以内
基　　价　（元）				**50041.13**	**59809.89**	**72640.24**	**95465.75**
其中	人　工　费　（元）			35194.56	41616.72	49715.04	65629.52
	材　料　费　（元）			4712.68	5245.07	5908.55	6929.97
	机　械　费　（元）			10133.89	12948.10	17016.65	22906.26
名　　　称		单位	单价(元)	数		量	
人工	综合工日	工日	80.00	439.932	520.209	621.438	820.369
材料	平垫铁 0~3 号钢 3 号	kg	5.22	100.100	111.111	121.121	135.135
	钩头成对斜垫铁 0~3 号钢 3 号	kg	12.70	46.364	51.208	56.052	62.280
	等边角钢 边宽 60mm 以下	kg	4.00	35.000	39.000	44.000	55.000
	热轧中厚钢板 δ=4.5~10	kg	3.90	25.000	29.000	35.000	45.000
	热轧中厚钢板 δ=10~16	kg	3.70	52.000	54.000	56.000	60.000
	钢丝绳 股丝 6~7×19 φ=24.5	m	10.39	4.670	-	-	-
	钢丝绳 股丝 6~7×19 φ=26	m	11.73	-	5.000	-	-
	钢丝绳 股丝 6~7×19 φ=28	m	13.15	-	-	5.500	6.000
	镀锌铁丝 8~12 号	kg	5.36	7.500	7.500	7.500	7.500
	电焊条 结 422 φ2.5	kg	5.04	90.300	100.800	111.300	132.300
	碳钢气焊条	kg	5.85	2.700	3.100	3.600	4.500
	二等方木 综合	m³	1800.00	0.140	0.140	0.160	0.180
	加固木板	m³	1980.00	0.106	0.119	0.132	0.169

·420·

定额编号			3-10-31	3-10-32	3-10-33	3-10-34
项目			设备重量(t)			
			65.0 以内	80.0 以内	100.0 以内	150.0 以内
材料	道木	m³	1600.00	0.420	0.473	0.568	0.633
	煤油	kg	4.20	18.375	21.525	24.675	28.875
	汽轮机油(各种规格)	kg	8.80	4.896	5.712	6.120	7.344
	黄干油 钙基酯	kg	9.78	0.800	0.800	0.800	0.800
	氧化铅	kg	4.63	0.520	0.560	0.600	0.720
	氧气	m³	3.60	56.100	65.280	75.480	95.880
	乙炔气	m³	25.20	18.700	21 760	25.160	31.960
	石棉板衬垫	kg	3.80	7.900	8.300	8.700	9.500
	石棉橡胶板 低压 0.8~1.0	kg	13.20	9.360	10.320	10.800	12.240
	四氟乙烯塑料薄膜	kg	73.70	0.500	0.550	0.550	0.600
	普通硅酸盐水泥 42.5	kg	0.36	594.500	656.850	726.450	930.900
	河砂	m³	42.00	0.986	1.148	1.296	1.580
	碎石 20mm	m³	55.00	1.161	1.161	1.404	1.755
	棉纱头	kg	6.34	4.300	5.100	5.800	6.800
	其他材料费	元	–	137.260	152.770	172.090	201.840
机械	载货汽车 8t	台班	619.25	0.900	1.080	1.260	1.350
	汽车式起重机 100t	台班	6580.83	0.900	–	–	–
	电动卷扬机(单筒慢速) 50kN	台班	145.07	16.650	18.900	22.500	27.000
	交流弧焊机 21kV·A	台班	64.00	19.350	21.600	24.300	28.800
	汽车式起重机 120t	台班	9061.21	–	0.900	1.260	1.800

五、解体结构井式热处理炉安装

定　额　编　号			3-10-35	3-10-36	3-10-37	3-10-38	3-10-39
项　　　　　目			设备重量(t)				
			10.0 以内	15.0 以内	25.0 以内	35.0 以内	50.0 以内
基　　　　价　（元）			**10357.85**	**14061.93**	**25703.12**	**33132.80**	**44672.32**
其中	人　工　费　（元）		7264.96	10526.88	18873.12	23191.68	30966.40
	材　料　费　（元）		1682.92	1724.81	2616.17	3202.52	3976.14
	机　械　费　（元）		1409.97	1810.24	4213.83	6738.60	9729.78
名　　　　　称	单位	单价(元)	数		量		
人工 综合工日	工日	80.00	90.812	131.586	235.914	289.896	387.080
材 料 平垫铁 0~3 号钢 2 号	kg	5.22	5.808	11.616	11.616	17.424	17.424
钩头成对斜垫铁 0~3 号钢 2 号	kg	13.20	3.616	7.232	7.232	10.848	10.848
等边角钢 边宽 60mm 以下	kg	4.00	10.000	15.000	25.000	30.000	40.000
热轧中厚钢板 δ=4.5~10	kg	3.90	15.000	20.000	20.000	25.000	25.000
热轧中厚钢板 δ=10~16	kg	3.70	20.000	30.000	40.000	50.000	50.000
钢丝绳 股丝 6~7×19 φ=15.5	m	4.06	—	1.250	—	—	—
钢丝绳 股丝 6~7×19 φ=18.5	m	5.84	—	17.500	—	—	—
钢丝绳 股丝 6~7×19 φ=20	m	6.86	—	—	—	2.330	—
钢丝绳 股丝 6~7×19 φ=21.5	m	7.96	—	—	—	—	2.750
镀锌铁丝 8~12 号	kg	5.36	8.000	8.000	8.000	10.000	16.000
电焊条 结 422 φ2.5	kg	5.04	17.850	25.200	39.900	52.500	63.000
碳钢气焊条	kg	5.85	0.500	1.000	3.000	5.000	7.000
二等方木 综合	m³	1800.00	—	0.060	0.080	0.080	0.100
加固木板	m³	1980.00	0.008	0.012	0.012	0.012	0.014
道木	m³	1600.00	0.112	0.161	0.249	0.264	0.382

定 额 编 号			3-10-35	3-10-36	3-10-37	3-10-38	3-10-39
项 目			设备重量(t)				
			10.0 以内	15.0 以内	25.0 以内	35.0 以内	50.0 以内
材 料	煤油	kg	4.20	5.250	8.400	10.500	13.650	15.750
	汽轮机油（各种规格）	kg	8.80	1.530	2.040	2.550	3.060	3.570
	黄干油 钙基酯	kg	9.78	1.000	1.500	1.500	2.000	3.000
	氧化铅	kg	4.63	0.400	0.480	0.520	0.560	0.600
	氧气	m³	3.60	14.280	20.400	51.000	67.320	83.640
	乙炔气	m³	25.20	4.760	6.800	17.000	22.440	27.880
	石棉板衬垫	kg	3.80	20.000	35.000	35.000	50.000	60.000
	石棉橡胶板 低压 0.8~1.0	kg	13.20	50.000	8.900	10.000	15.000	20.000
	四氟乙烯塑料薄膜	kg	73.70	0.500	0.750	1.000	1.500	2.000
	普通硅酸盐水泥 42.5	kg	0.36	93.090	139.635	139.635	162.400	186.180
	河砂	m³	42.00	0.189	0.284	0.284	0.331	0.378
	碎石 20mm	m³	55.00	0.186	0.284	0.284	0.327	0.378
	棉纱头	kg	6.34	1.500	2.000	2.500	2.500	3.500
	其他材料费	元	—	49.020	50.240	76.200	93.280	115.810
机 械	载货汽车 8t	台班	619.25	0.450	0.450	0.720	0.720	0.900
	汽车式起重机 8t	台班	728.19	0.090	0.090	0.180	0.180	0.360
	汽车式起重机 16t	台班	1071.52	0.270	—	—	—	—
	汽车式起重机 25t	台班	1269.11	—	0.360	—	—	—
	汽车式起重机 50t	台班	3709.18	—	—	0.540	—	—
	汽车式起重机 75t	台班	5403.15	—	—	—	0.720	—
	汽车式起重机 100t	台班	6580.83	—	—	—	—	0.900
	电动卷扬机(单筒慢速) 50kN	台班	145.07	2.970	3.780	6.300	9.900	13.050
	交流弧焊机 21kV·A	台班	64.00	5.400	7.200	11.250	13.050	17.100

第十一章　煤气发生设备安装

说　　明

一、本章定额适用于以煤或焦炭作燃料的冷热煤气发生炉及其各种附属设备、容器、构件的安装;气密试验;分节容器外壳组对焊接。

二、本章定额包括下列内容:

1.煤气发生炉本体及其底部风箱、落灰箱安装,灰盘、炉箅及传动机构安装,水套、炉壳及支柱、框架、支耳安装,炉盖加料筒及传动装置安装,上部加煤机安装,本体其他附件及本体管道安装。

2.无支柱悬吊式(如 W　 C 型)煤气发生炉的料仓、料管安装。

3.炉膛内径 1m 及 1.5m 的煤气发生炉包括随设备带有的给煤提升装置及轨道平台安装。

4.电气滤清器安装包括沉电极、电晕极检查、下料、安装,顶部绝缘子箱外壳安装。

5.竖管及人孔清理、安装,顶部装喷嘴和本体管道安装。

6.洗涤塔外壳组装及内部零件、附件以及必须在现场装配的部件安装。

7.除尘器安装包括下部水封安装。

8.盘阀、钟罩阀安装包括操纵装置安装及穿钢丝绳。

9.水压试验、密封试验及非密闭容器的灌水试验。

三、本章定额不包括下列内容:

1.煤气发生炉炉顶平台安装。

2.煤气发生炉支柱、支耳、框架因接触不良而需要的加热和修整工作。

3.洗涤塔木格层制作及散片组成整块、刷防腐漆。

4. 附属设备内部及底部砌筑、填充砂浆及填瓷环。

5. 洗涤塔、电气滤清器等的平台、梯子、栏杆安装。

6. 安全阀防爆薄膜试验。

7. 煤气排送机、鼓风机、泵安装。

四、除洗涤塔外,其他各种附属设备外壳均按整体安装考虑,如为解体安装需要在现场焊接时,除执行相应整体安装定额外,尚需执行"煤气发生设备分节容器外壳组焊"的相应定额。且该定额是按外圈焊接考虑。如外圈和内圈均需焊接时,则按相应定额乘以系数1.95。

五、煤气发生设备分节容器外壳组焊时,如所焊设备外径大于3m,则以3m外径及组成节数(3/2、3/3)的定额为基础,按下表乘以调整系数。

调整系数

设备外径 φ(m)/组成节数	4 以内/2	4 以内/3	5 以内/2	5 以内/3	6 以内/2	6 以内/3
调整系数	1.34	1.34	1.67	1.67	2	2

六、如实际安装的煤气发生炉,其炉膛内径与定额内径相似,其重量超过10%时,先按公式求其重量差系数。然后,按下表乘以相应系数调整安装费。

$$设备重量差系数 = \frac{设备实际重量}{定额设备重量}$$

安装费调整系数

设备重量差系数	1.1	1.2	1.4	1.6	1.8
安装费调整系数	1	1.1	1.2	1.3	1.4

一、煤气发生炉安装

单位:台

定 额 编 号				3-11-1	3-11-2	3-11-3
项 目				炉膛内径(m)		
				1	1.5	2
				设备重量(t)		
				5	6	30
基 价 (元)				**10817.72**	**12677.14**	**29318.47**
其中	人 工 费 (元)			7348.80	8521.44	17838.00
	材 料 费 (元)			1737.90	2100.27	5209.19
	机 械 费 (元)			1731.02	2055.43	6271.28
名 称		单位	单价(元)	数		量
人工	综合工日	工日	80.00	91.860	106.518	222.975
材 料	钩头成对斜垫铁 0~3 号钢 1 号	kg	14.50	9.432	9.432	12.576
	钩头成对斜垫铁 0~3 号钢 2 号	kg	13.20	15.888	21.184	–
	钩头成对斜垫铁 0~3 号钢 4 号	kg	13.60	–	–	61.600
	平垫铁 0~3 号钢 1 号	kg	5.22	6.096	6.096	8.128
	平垫铁 0~3 号钢 2 号	kg	5.22	11.616	15.488	–
	平垫铁 0~3 号钢 4 号	kg	5.22	–	–	126.592
	等边角钢 边宽60mm 以下	kg	4.00	20.000	20.000	25.000
	热轧薄钢板 1.6~2.0	kg	4.67	8.000	10.000	16.000
	热轧中厚钢板 $\delta = 10 \sim 16$	kg	3.70	18.000	20.000	60.000
	钢丝绳 股丝 $6 \sim 7 \times 19$ $\phi = 18.5$	m	5.84	–	–	2.100

续前

定 额 编 号			3-11-1	3-11-2	3-11-3
项 目			炉膛内径(m)		
			1	1.5	2
			设备重量(t)		
			5	6	30
材料	镀锌铁丝 8~12 号	kg	5.36	2.000	2.000	4.000
	电焊条 结 422 φ2.5	kg	5.04	5.250	7.350	40.110
	碳钢气焊条	kg	5.85	1.000	1.000	2.000
	二等方木 综合	m³	1800.00	–	–	0.080
	加固木板	m³	1980.00	0.020	0.020	0.090
	道木	m³	1600.00	0.141	0.187	0.374
	煤油	kg	4.20	10.500	10.500	18.900
	汽轮机油 (各种规格)	kg	8.80	3.060	4.080	6.120
	黄干油 钙基酯	kg	9.78	3.000	4.000	8.000
	水玻璃	kg	1.10	2.000	2.000	4.000
	氧气	m³	3.60	8.160	9.180	22.950
	甘油	kg	11.50	1.000	1.000	2.000
	乙炔气	m³	25.20	2.720	3.060	7.650
	铅油	kg	8.50	2.000	3.000	4.000
	黑铅粉	kg	1.10	2.000	2.000	4.000
	羊毛毡	m²	60.00	0.040	0.050	0.100
	石棉橡胶板 低压 0.8~1.0	kg	13.20	4.000	6.000	9.000

续前 单位:台

定 额 编 号			3-11-1	3-11-2	3-11-3
项 目			炉膛内径(m)		
			1	1.5	2
			设备重量(t)		
			5	6	30
材	石棉布 各种规格 烧失量 3	kg	41.30	8.000	10.000	18.000
	石棉编绳 φ6~10 烧失量 20%	kg	10.14	1.000	1.500	2.000
	石棉编绳 φ11~25 烧失量 24%	kg	13.21	1.500	2.000	5.000
	橡胶板 各种规格	kg	9.68	2.000	2.000	4.000
	普通硅酸盐水泥 42.5	kg	0.36	145.000	145.000	362.500
	河砂	m³	42.00	0.203	0.203	0.621
	碎石 20mm	m³	55.00	0.230	0.230	0.689
	棉纱头	kg	6.34	0.500	0.500	1.000
料	破布	kg	4.50	3.000	3.000	5.000
	其他材料费	元	–	50.620	61.170	151.720
机	载货汽车 8t	台班	619.25	0.270	0.360	0.540
	汽车式起重机 8t	台班	728.19	0.180	0.180	0.180
	汽车式起重机 12t	台班	888.68	0.270	–	–
	汽车式起重机 16t	台班	1071.52	–	0.360	–
	汽车式起重机 50t	台班	3709.18	–	–	0.720
	电动卷扬机(单筒慢速) 50kN	台班	145.07	4.500	4.950	14.400
械	交流弧焊机 21kV·A	台班	64.00	2.250	3.150	5.400
	电动空气压缩机 6m³/min	台班	338.45	1.170	1.170	2.070

·431·

定 额 编 号				3-11-4	3-11-5	3-11-6
项 目				炉膛内径(m)		
				3		3.6
				设备重量(t)		
				28(无支柱)	38(有支柱)	47
基 价 （元）				**28111.34**	**37102.51**	**46282.24**
其中	人 工 费 （元）			17433.76	21352.88	24974.40
	材 料 费 （元）			4340.76	6379.31	9001.33
	机 械 费 （元）			6336.82	9370.32	12306.51
名 称		单位	单价(元)	数		量
人工	综合工日	工日	80.00	217.922	266.911	312.180
材料	钩头成对斜垫铁 0~3 号钢 1 号	kg	14.50	12.576	12.576	12.576
	钩头成对斜垫铁 0~3 号钢 4 号	kg	13.60	–	61.600	123.200
	平垫铁 0~3 号钢 1 号	kg	5.22	8.128	9.144	9.144
	平垫铁 0~3 号钢 4 号	kg	5.22	–	142.416	292.744
	等边角钢 边宽 60mm 以下	kg	4.00	90.000	96.000	110.000
	热轧薄钢板 1.6~2.0	kg	4.67	18.000	20.000	28.000
	热轧中厚钢板 $\delta = 10 \sim 16$	kg	3.70	88.000	90.000	100.000
	钢丝绳 股丝 6~7×19 ϕ=18.5	m	5.84	2.100	–	–
	钢丝绳 股丝 6~7×19 ϕ=20	m	6.86	–	2.330	–
	钢丝绳 股丝 6~7×19 ϕ=21.5	m	7.96	–	–	2.750
	镀锌铁丝 8~12 号	kg	5.36	4.000	4.000	6.000

定　额　编　号			3-11-4	3-11-5	3-11-6
项　　　　目			炉膛内径(m)		
			3		3.6
			设备重量(t)		
			28(无支柱)	38(有支柱)	47
材料	电焊条 结 422 φ2.5	kg	5.04	46.200	58.800	75.600
	碳钢气焊条	kg	5.85	2.000	2.000	3.000
	二等方木 综合	m³	1800.00	0.080	0.090	0.100
	加固木板	m³	1980.00	0.090	0.110	0.120
	道木	m³	1600.00	0.437	0.472	0.620
	煤油	kg	4.20	18.900	21.000	29.400
	汽轮机油（各种规格）	kg	8.80	6.120	7.140	8.160
	黄干油 钙基酯	kg	9.78	8.000	10.000	10.000
	水玻璃	kg	1.10	5.000	5.000	6.000
	氧气	m³	3.60	24.480	27.540	32.130
	甘油	kg	11.50	2.000	2.000	3.000
	乙炔气	m³	25.20	8.160	9.180	10.710
	铅油	kg	8.50	5.000	5.000	6.000
	黑铅粉	kg	1.10	5.000	5.000	6.000
	羊毛毡	m²	60.00	0.100	0.100	0.120
	石棉橡胶板 低压 0.8～1.0	kg	13.20	11.000	11.000	12.000

续前

单位:台

定 额 编 号				3-11-4	3-11-5	3-11-6
项 目				炉膛内径(m)		
				3		3.6
				设备重量(t)		
				28(无支柱)	38(有支柱)	47
材料	石棉布 各种规格 烧失量 3	kg	41.30	22.000	22.000	26.000
	石棉编绳 φ6~10 烧失量 20%	kg	10.14	2.000	2.000	2.200
	石棉编绳 φ11~25 烧失量 24%	kg	13.21	6.000	6.000	8.000
	橡胶板 各种规格	kg	9.68	5.000	5.000	6.000
	普通硅酸盐水泥 42.5	kg	0.36	182.700	362.500	493.000
	河砂	m³	42.00	0.311	0.621	0.837
	碎石 20mm	m³	55.00	0.338	0.689	0.918
	棉纱头	kg	6.34	1.000	1.000	1.500
	破布	kg	4.50	6.000	6.000	6.000
	其他材料费	元	–	126.430	185.810	262.170
机械	载货汽车 8t	台班	619.25	0.540	0.900	1.350
	汽车式起重机 8t	台班	728.19	0.270	0.270	0.360
	汽车式起重机 50t	台班	3709.18	0.720	–	–
	汽车式起重机 75t	台班	5403.15	–	0.900	–
	汽车式起重机 100t	台班	6580.83	–	–	1.080
	电动卷扬机(单筒慢速) 50kN	台班	145.07	14.400	16.200	18.000
	交流弧焊机 21kV·A	台班	64.00	5.400	7.650	9.000
	电动空气压缩机 6m³/min	台班	338.45	2.070	2.700	2.700

二、洗涤塔安装

定 额 编 号			3-11-7	3-11-8	3-11-9	3-11-10
项 目			设备规格(直径 φmm/高度 Hmm)			
			φ1220/H9000	φ1620/H9200	φ2520/H12700	φ3520/H14600
基 价 (元)			**4060.42**	**4851.23**	**10682.21**	**15074.46**
其中	人 工 费 (元)		1863.92	2273.28	6183.76	7951.28
	材 料 费 (元)		797.04	950.84	1792.45	3715.45
	机 械 费 (元)		1399.46	1627.11	2706.00	3407.73
名 称	单位	单价(元)	数		量	
人工 综合工日	工日	80.00	23.299	28.416	77.297	99.391
材料 钩头成对斜垫铁0~3号钢1号	kg	14.50	4.716	6.288	—	—
钩头成对斜垫铁0~3号钢2号	kg	13.20	—	—	15.888	—
钩头成对斜垫铁0~3号钢3号	kg	12.70	—	—	—	35.226
平垫铁0~3号钢1号	kg	5.22	4.572	6.096	—	—
平垫铁0~3号钢2号	kg	5.22	—	—	17.424	—
平垫铁0~3号钢3号	kg	5.22	—	—	—	54.054
热轧薄钢板1.6~2.0	kg	4.67	4.000	4.000	6.000	12.000
热轧中厚钢板 δ=10~16	kg	3.70	18.000	20.000	42.000	75.000
钢丝绳 股丝6~7×19 φ=15.5	m	4.06	—	—	1.250	1.250
镀锌铁丝8~12号	kg	5.36	3.000	3.000	3.000	3.000
电焊条 结422 φ2.5	kg	5.04	4.200	5.250	29.400	50.400
二等方木 综合	m³	1800.00	—	—	0.060	0.060
料 加固木板	m³	1980.00	0.010	0.010	0.020	0.020
道木	m³	1600.00	0.166	0.212	0.274	0.904
煤油	kg	4.20	3.150	3.150	3.675	5.250

续前

定 额 编 号				3-11-7	3-11-8	3-11-9	3-11-10
项 目				设备规格(直径 φmm/高度 Hmm)			
				φ1220/H9000	φ1620/H9200	φ2520/H12700	φ3520/H14600
材	汽轮机油(各种规格)	kg	8.80	2.550	2.550	3.570	4.590
	黄干油 钙基酯	kg	9.78	2.200	2.200	3.000	3.800
	氧气	m³	3.60	6.120	6.120	9.180	11.016
	乙炔气	m³	25.20	2.040	2.040	3.060	3.672
	铅油	kg	8.50	2.000	2.500	3.000	4.000
	黑铅粉	kg	1.10	1.000	1.200	1.400	2.100
	石棉橡胶板 低压 0.8~1.0	kg	13.20	1.500	1.800	2.000	3.000
	石棉编绳 φ11~25 烧失量24%	kg	13.21	3.000	3.500	4.000	5.200
	普通硅酸盐水泥 42.5	kg	0.36	104.400	137.750	362.500	522.000
	河砂	m³	42.00	0.189	0.243	0.635	0.918
料	碎石 20mm	m³	55.00	0.203	0.257	0.689	1.013
	黑玛钢丝堵(堵头) DN32	个	1.03	2.000	2.000	4.000	5.000
	破布	kg	4.50	1.500	1.500	2.000	2.500
	其他材料费	元	–	23.210	27.690	52.210	108.220
机	载货汽车 8t	台班	619.25	0.450	0.540	0.720	0.900
	汽车式起重机 8t	台班	728.19	0.270	0.270	0.270	0.270
	汽车式起重机 12t	台班	888.68	0.270	–	–	–
	汽车式起重机 16t	台班	1071.52	–	0.360	–	–
	汽车式起重机 32t	台班	1360.20	–	–	–	0.540
	汽车式起重机 25t	台班	1269.11	–	–	0.450	–
	电动卷扬机(单筒慢速) 50kN	台班	145.07	1.170	1.350	4.500	5.400
械	交流弧焊机 21kV·A	台班	64.00	0.900	0.900	3.600	5.850
	电动空气压缩机 6m³/min	台班	338.45	1.350	1.350	1.800	2.250

定 额 编 号				3-11-11	3-11-12	3-11-13
项 目				设备规格(直径 ϕmm/高度 Hmm)		
				ϕ2650/$H$18800	ϕ3520/$H$24050	ϕ4020/$H$24460
基 价 (元)				**18601.10**	**28876.70**	**33535.35**
其中	人 工 费 (元)			9582.32	14018.64	15673.76
	材 料 费 (元)			3791.55	6132.10	7415.39
	机 械 费 (元)			5227.23	8725.96	10446.20
名 称		单位	单价(元)	数		量
人工	综合工日	工日	80.00	119.779	175.233	195.922
材料	钩头成对斜垫铁0~3号钢3号	kg	12.70	46.968	–	–
	钩头成对斜垫铁0~3号钢4号	kg	13.60	–	69.300	77.000
	平垫铁0~3号钢3号	kg	5.22	52.052	–	–
	平垫铁0~3号钢4号	kg	5.22	–	213.624	237.360
	热轧薄钢板1.6~2.0	kg	4.67	20.000	20.000	24.000
	热轧中厚钢板 $\delta=10\sim16$	kg	3.70	80.000	90.000	128.000
	钢丝绳 股丝6~7×19 ϕ=18.5	m	5.84	2.080	–	–
	钢丝绳 股丝6~7×19 ϕ=21.5	m	7.96	–	2.750	–
	钢丝绳 股丝6~7×19 ϕ=26	m	11.73	–	–	5.000
	镀锌铁丝8~12号	kg	5.36	3.000	3.500	3.500
	电焊条 结422 ϕ2.5	kg	5.04	71.400	89.250	105.000
	二等方木 综合	m³	1800.00	0.080	0.100	0.140
	加固木板	m³	1980.00	0.020	0.020	0.020
	道木	m³	1600.00	0.754	1.182	1.524
	煤油	kg	4.20	5.775	7.350	8.400

单位:台

定　额　编　号				3-11-11	3-11-12	3-11-13
项　　　　　目				设备规格(直径 ϕ mm/高度 H mm)		
				$\phi2650/H18800$	$\phi3520/H24050$	$\phi4020/H24460$
材 料	汽轮机油(各种规格)	kg	8.80	5.100	7.140	8.160
	黄干油 钙基酯	kg	9.78	4.000	6.500	7.500
	氧气	m³	3.60	11.016	13.770	18.360
	乙炔气	m³	25.20	3.672	4.590	6.120
	铅油	kg	8.50	4.500	5.000	6.000
	黑铅粉	kg	1.10	2.200	3.000	3.500
	石棉橡胶板 低压 0.8～1.0	kg	13.20	3.500	5.000	6.000
	石棉编绳 ϕ11～25 烧失量 24%	kg	13.21	6.000	6.000	6.500
	普通硅酸盐水泥 42.5	kg	0.36	413.250	597.400	623.500
	河砂	m³	42.00	0.729	1.053	1.094
	碎石 20mm	m³	55.00	0.783	1.148	1.188
	黑玛钢丝堵(堵头) DN32	个	1.03	5.000	16.000	16.000
	破布	kg	4.50	2.500	3.500	4.000
	其他材料费	元	-	110.430	178.600	215.980
机 械	载货汽车 8t	台班	619.25	0.900	1.080	1.080
	汽车式起重机 8t	台班	728.19	0.360	0.450	0.450
	汽车式起重机 50t	台班	3709.18	0.630	-	-
	汽车式起重机 100t	台班	6580.83	-	0.720	0.900
	电动卷扬机(单筒慢速) 50kN	台班	145.07	5.850	10.350	13.050
	交流弧焊机 21kV·A	台班	64.00	7.200	9.000	11.250
	电动空气压缩机 6m³/min	台班	338.45	2.250	2.700	2.700

三、电气滤清器安装

定　额　编　号				3-11-14	3-11-15	3-11-16	3-11-17
项　　　　目				设备型号			
				C－39	C－72	C－97	C－140
基　　价　（元）				**14469.77**	**18315.01**	**22526.23**	**26325.09**
其中	人　工　费　（元）			8988.32	10454.80	12495.04	14894.08
	材　料　费　（元）			2375.62	2687.71	4547.03	5470.22
	机　械　费　（元）			3105.83	5172.50	5484.16	5960.79
名　　　称	单位	单价(元)		数		量	
人工 综合工日	工日	80.00		112.354	130.685	156.188	186.176
材料 钩头成对斜垫铁0~3号钢3号	kg	12.70		23.484	23.484	－	－
钩头成对斜垫铁0~3号钢4号	kg	13.60		－	－	53.900	61.600
平垫铁0~3号钢3号	kg	5.22		36.036	36.036	－	－
平垫铁0~3号钢4号	kg	5.22		－	－	166.152	189.888
热轧薄钢板1.6~2.0	kg	4.67		26.000	32.000	34.000	34.000
热轧中厚钢板 $\delta=4.5~10$	kg	3.90		28.000	60.000	72.000	90.000
钢丝绳 股丝6~7×19 $\phi=15.5$	m	4.06		1.920	－	－	－
钢丝绳 股丝6~7×19 $\phi=18.5$	m	5.84		－	2.200	2.200	－
钢丝绳 股丝6~7×19 $\phi=20$	m	6.86		－	－	－	2.330
镀锌铁丝8~12号	kg	5.36		1.000	1.000	1.500	1.500
电焊条 结422 $\phi2.5$	kg	5.04		12.600	12.600	14.700	15.750
二等方木 综合	m³	1800.00		0.080	0.128	0.136	0.159
加固木板	m³	1980.00		0.010	0.010	0.020	0.020

续前

定　额　编　号			3-11-14	3-11-15	3-11-16	3-11-17
项　　　　目			设备型号			
			C－39	C－72	C－97	C－140
材料	道木	m³	1600.00	0.604	0.628	0.886	1.159
	煤油	kg	4.20	2.625	2.625	3.150	4.200
	汽轮机油（各种规格）	kg	8.80	3.060	3.570	4.080	5.100
	黄干油 钙基酯	kg	9.78	1.500	1.500	2.000	2.500
	氧气	m³	3.60	5.100	5.100	6.120	8.160
	乙炔气	m³	25.20	1.700	1.700	2.040	2.720
	黑铅粉	kg	1.10	1.500	1.500	2.000	2.200
	石棉橡胶板 低压 0.8~1.0	kg	13.20	8.000	9.000	10.000	14.000
	石棉编绳 φ11~25 烧失量24%	kg	13.21	2.000	2.200	2.800	3.600
	普通硅酸盐水泥 42.5	kg	0.36	234.900	234.900	442.250	442.250
	河砂	m³	42.00	0.405	0.405	0.891	0.891
	碎石 20mm	m³	55.00	0.446	0.446	0.986	0.986
	破布	kg	4.50	2.000	2.000	3.000	4.000
	其他材料费	元	－	69.190	78.280	132.440	159.330
机械	载货汽车 8t	台班	619.25	0.540	0.540	0.540	0.900
	汽车式起重机 8t	台班	728.19	0.180	0.180	0.180	0.270
	汽车式起重机 32t	台班	1360.20	0.540	－	－	－
	汽车式起重机 50t	台班	3709.18	－	0.720	0.720	0.720
	电动卷扬机(单筒慢速) 50kN	台班	145.07	6.300	7.200	8.100	9.000
	交流弧焊机 21kV·A	台班	64.00	3.600	3.600	4.050	4.950
	电动空气压缩机 6m³/min	台班	338.45	2.250	2.250	2.700	2.700

四、竖管安装

定 额 编 号		3-11-18	3-11-19	3-11-20	3-11-21
项 目		单竖管	双竖管		
		设备规格（直径 φmm/高度 Hmm）			
		φ1620/H9100 φ1420/H6200	φ400	φ820	φ1620
基 价 （元）		**3126.29**	**2484.27**	**3366.51**	**3962.27**
其中	人 工 费 （元）	1736.16	1148.80	1951.60	2330.16
	材 料 费 （元）	296.30	253.16	326.84	407.73
	机 械 费 （元）	1093.83	1082.31	1088.07	1224.38
名 称	单位	单价（元）	数		量
人工 综合工日	工日	80.00	21.702	14.360	24.395	29.127
材料 平垫铁 0～3 号钢 1 号	kg	5.22	5.080	3.810	5.080	7.620
钩头成对斜垫铁 0～3 号钢 1 号	kg	14.50	2.040	1.530	2.040	3.060
热轧薄钢板 1.6～2.0	kg	4.67	8.000	8.000	10.000	12.000
镀锌铁丝 8～12 号	kg	5.36	1.200	1.200	1.400	1.400
电焊条 结 422 φ2.5	kg	5.04	2.100	1.050	1.575	2.100
加固木板	m³	1980.00	0.010	0.010	0.010	0.010
道木	m³	1600.00	0.030	0.027	0.030	0.030
煤油	kg	4.20	0.315	0.315	0.420	0.525
料 汽轮机油（各种规格）	kg	8.80	0.204	0.204	0.306	0.510
氧气	m³	3.60	0.510	0.510	0.918	0.918

续前

单位:台

定 额 编 号			3-11-18	3-11-19	3-11-20	3-11-21
			单竖管	双竖管		
项 目			设备规格(直径 ϕmm/高度 Hmm)			
			ϕ1620/$H$9100 ϕ1420/$H$6200	ϕ400	ϕ820	ϕ1620
材 料	乙炔气	m³	25.20	0.170	0.170	0.306	0.306
	铅油	kg	8.50	0.200	0.200	0.300	0.400
	黑铅粉	kg	1.10	0.400	0.400	0.600	0.800
	石棉橡胶板 低压 0.8~1.0	kg	13.20	2.000	2.000	2.400	3.000
	石棉编绳 ϕ11~25 烧失量24%	kg	13.21	1.200	1.200	2.000	3.000
	橡胶板 各种规格	kg	9.68	1.000	1.000	1.200	1.500
	普通硅酸盐水泥 42.5	kg	0.36	87.000	52.200	76.850	95.700
	河砂	m³	42.00	0.135	0.081	0.135	0.176
	碎石 20mm	m³	55.00	0.149	0.095	0.149	0.189
	破布	kg	4.50	0.200	0.200	0.300	0.400
	其他材料费	元	–	8.630	7.370	9.520	11.880
机 械	载货汽车 8t	台班	619.25	0.270	0.270	0.270	0.270
	汽车式起重机 8t	台班	728.19	0.270	0.270	0.270	0.270
	汽车式起重机 12t	台班	888.68	0.270	0.270	0.270	0.270
	电动卷扬机(单筒慢速) 50kN	台班	145.07	1.080	1.080	1.080	1.350
	交流弧焊机 21kV·A	台班	64.00	0.450	0.270	0.360	0.450
	电动空气压缩机 6m³/min	台班	338.45	0.900	0.900	0.900	1.170

五、附属设备安装

单位:台

定 额 编 号			3-11-22	3-11-23	3-11-24
项 目			废热锅炉	废热锅炉竖管	除滴器
			设备规格(直径 φmm/高度 Hmm)		
			φ1200/H7500	φ1400/H8400	φ2500/H5000
基 价 (元)			**4880.24**	**6050.13**	**3836.25**
其中	人 工 费 (元)		3145.92	4128.32	2034.80
	材 料 费 (元)		395.51	517.72	647.78
	机 械 费 (元)		1338.81	1404.09	1153.67
名 称	单位	单价(元)	数		量
人工 综合工日	工日	80.00	39.324	51.604	25.435
材料 平垫铁 0~3 号钢 1 号	kg	5.22	–	–	6.350
平垫铁 0~3 号钢 2 号	kg	5.22	9.680	14.520	–
钩头成对斜垫铁 0~3 号钢 1 号	kg	14.50	–	–	2.550
钩头成对斜垫铁 0~3 号钢 2 号	kg	13.20	3.616	5.424	–
热轧薄钢板 1.6~2.0	kg	4.67	–	–	10.000
热轧中厚钢板 δ = 10~16	kg	3.70	4.000	6.000	52.000
镀锌铁丝 8~12 号	kg	5.36	1.200	1.500	2.000
电焊条 结 422 φ2.5	kg	5.04	0.525	0.525	1.680
加固木板	m³	1980.00	0.010	0.010	0.010
道木	m³	1600.00	0.052	0.052	0.095

定 额 编 号				3-11-22	3-11-23	3-11-24
项 目				废热锅炉	废热锅炉竖管	除滴器
				设备规格(直径 φmm/高度 Hmm)		
				φ1200/H7500	φ1400/H8400	φ2500/H5000
材料	煤油	kg	4.20	0.315	0.525	1.050
	汽轮机油(各种规格)	kg	8.80	0.102	0.204	1.020
	黄干油 钙基酯	kg	9.78	–	–	0.250
	铅油	kg	8.50	0.100	0.100	0.200
	黑铅粉	kg	1.10	0.300	0.600	–
	石棉橡胶板 低压 0.8~1.0	kg	13.20	4.000	6.000	–
	石棉编绳 φ11~25 烧失量24%	kg	13.21	1.000	1.800	–
	普通硅酸盐水泥 42.5	kg	0.36	165.300	203.000	200.100
	河砂	m³	42.00	0.284	0.365	0.351
	碎石 20mm	m³	55.00	0.311	0.392	0.378
	破布	kg	4.50	0.200	0.200	0.800
	其他材料费	元	–	11.520	15.080	18.870
机械	载货汽车 8t	台班	619.25	0.270	0.270	0.180
	汽车式起重机 8t	台班	728.19	0.180	0.180	0.180
	汽车式起重机 12t	台班	888.68	0.270	0.270	0.270
	电动卷扬机(单筒慢速) 50kN	台班	145.07	2.250	2.700	1.080
	交流弧焊机 21kV·A	台班	64.00	0.270	0.270	0.900
	电动空气压缩机 6m³/min	台班	338.45	1.350	1.350	1.350

定　额　编　号			3-11-25	3-11-26	3-11-27
项　　　　目			旋涡除尘器		焦油分离机
			设备规格(直径 ϕmm/高度 Hmm)		
			ϕ2060	ϕ2400/$H$6745	3400m^3/h
基　　　价　（元）			**3947.10**	**4412.13**	**9663.11**
其中	人　工　费　（元）		2198.40	2499.84	7162.64
	材　料　费　（元）		623.83	692.52	1328.81
	机　械　费　（元）		1124.87	1219.77	1171.66
名　　　　　　称	单位	单价(元)	数		量
人工 综合工日	工日	80.00	27.480	31.248	89.533
材料 平垫铁0~3号钢1号	kg	5.22	5.080	5.080	–
平垫铁0~3号钢3号	kg	5.22	–	–	32.032
钩头成对斜垫铁0~3号钢1号	kg	14.50	2.040	2.040	–
钩头成对斜垫铁0~3号钢3号	kg	12.70	–	–	31.312
热轧薄钢板1.6~2.0	kg	4.67	8.000	10.000	3.000
热轧中厚钢板 $\delta = 10~16$	kg	3.70	40.000	46.000	5.000
镀锌铁丝8~12号	kg	5.36	2.000	2.000	2.500
电焊条 结422 ϕ2.5	kg	5.04	1.575	2.100	6.300
加固木板	m^3	1980.00	0.010	0.010	0.020
道木	m^3	1600.00	0.092	0.092	0.193
煤油	kg	4.20	0.840	1.050	8.400

续前

定 额 编 号			3-11-25	3-11-26	3-11-27
项 目			旋涡除尘器		焦油分离机
			设备规格(直径 φmm/高度 Hmm)		
			φ2060	φ2400/H6745	3400m³/h
材 料	汽轮机油(各种规格)	kg	8.80	0.510	1.020	1.530
	黄干油 钙基酯	kg	9.78	0.500	0.500	1.000
	铅油	kg	8.50	0.200	0.200	0.500
	黑铅粉	kg	1.10	0.600	0.800	1.000
	石棉橡胶板 低压 0.8~1.0	kg	13.20	2.000	2.500	–
	石棉编绳 φ11~25 烧失量24%	kg	13.21	2.500	3.000	–
	普通硅酸盐水泥 42.5	kg	0.36	194.300	214.600	411.800
	河砂	m³	42.00	0.311	0.365	0.729
	碎石 20mm	m³	55.00	0.338	0.405	0.797
	破布	kg	4.50	0.500	0.600	2.800
	其他材料费	元	–	18.170	20.170	38.700
机 械	载货汽车 8t	台班	619.25	0.180	0.270	0.180
	汽车式起重机 8t	台班	728.19	0.180	0.180	0.180
	汽车式起重机 12t	台班	888.68	0.270	0.270	–
	汽车式起重机 16t	台班	1071.52	–	–	0.360
	电动卷扬机(单筒慢速) 50kN	台班	145.07	1.080	1.350	3.150
	交流弧焊机 21kV·A	台班	64.00	0.450	0.450	1.350
	电动空气压缩机 6m³/min	台班	338.45	1.350	1.350	–

六、煤气发生设备附属其他容器构件

单位:台

定 额 编 号				3-11-28	3-11-29	3-11-30	3-11-31
项 目				除灰水封	隔离水封		总管沉灰箱
				设备规格(直径 ϕmm/高度 Hmm)			
				ϕ1020/$H$8800	ϕ720/$H$2400	ϕ1220/$H$3800 ϕ1620/$H$5200	ϕ720
基 价 (元)				**1964.99**	**956.07**	**1850.27**	**964.50**
其中	人 工 费 (元)			1429.12	548.96	1299.20	549.04
	材 料 费 (元)			199.55	172.87	212.38	175.46
	机 械 费 (元)			336.32	234.24	338.69	240.00
名 称		单位	单价(元)	数		量	
人工	综合工日	工日	80.00	17.864	6.862	16.240	6.863
材料	平垫铁 0~3 号钢 1 号	kg	5.22	3.810	2.540	3.810	3.810
	钩头成对斜垫铁 0~3 号钢 1 号	kg	14.50	1.530	1.020	1.530	1.530
	镀锌铁丝 8~12 号	kg	5.36	1.200	1.200	1.300	1.200
	电焊条 结 422 ϕ2.5	kg	5.04	0.525	0.525	0.525	0.525
	加固木板	m³	1980.00	0.010	0.010	0.010	0.010
	道木	m³	1600.00	0.027	0.027	0.027	0.027

单位:台

定 额 编 号				3-11-28	3-11-29	3-11-30	3-11-31
项 目				除灰水封	隔离水封		总管沉灰箱
				设备规格（直径 φmm／高度 Hmm）			
				φ1020／H8800	φ720／H2400	φ1220／H3800 φ1620／H5200	φ720
材 料	煤油	kg	4.20	–	0.420	0.525	–
	汽轮机油（各种规格）	kg	8.80	–	0.408	0.510	–
	黄干油 钙基酯	kg	9.78	–	0.100	0.100	0.100
	石棉橡胶板 低压 0.8~1.0	kg	13.20	1.500	1.500	2.000	1.000
	石棉编绳 φ11~25 烧失量24%	kg	13.21	0.500	0.500	0.600	0.500
	普通硅酸盐水泥 42.5	kg	0.36	95.700	60.900	87.000	60.900
	河砂	m³	42.00	0.162	0.108	0.149	0.108
	碎石 20mm	m³	55.00	0.176	0.122	0.176	0.122
	破布	kg	4.50	0.500	0.400	0.500	0.500
	其他材料费	元	–	5.810	5.040	6.190	5.110
机 械	汽车式起重机 8t	台班	728.19	0.180	0.270	0.270	0.270
	电动卷扬机（单筒慢速）50kN	台班	145.07	–	0.180	0.900	0.180
	电动卷扬机（单筒慢速）80kN	台班	196.05	0.900	–	–	–
	交流弧焊机 21kV·A	台班	64.00	0.450	0.180	0.180	0.270

定　额　编　号				3-11-32	3-11-33	3-11-34	3-11-35	3-11-36
项　　　　　目				总管清理水封	钟罩阀	盘阀	设备重量(t)	
				设备规格(直径 ϕmm/高度 Hmm)			0.5(以内)	0.5(大于)
				$\phi630$	$\phi200$ $\phi300$	$\phi1000/H1000$ $\phi950/H1150$		
基　　　价　(元)				**1406.62**	**303.36**	**652.07**	**3052.83**	**2603.84**
其中	人　工　费　(元)			953.84	260.64	642.72	1569.84	1294.08
	材　料　费　(元)			114.09	25.44	9.35	444.45	346.77
	机　械　费　(元)			338.69	17.28	–	1038.54	962.99
名　　　称		单位	单价(元)	数			量	
人工	综合工日	工日	80.00	11.923	3.258	8.034	19.623	16.176
材料	平垫铁 0~3 号钢 1 号	kg	5.22	2.540	–	–	–	–
	钩头成对斜垫铁 0~3 号钢 1 号	kg	14.50	1.020	–	–	–	–
	镀锌铁丝 8~12 号	kg	5.36	1.200	–	–	2.020	2.000
	电焊条 结 422 $\phi2.5$	kg	5.04	0.525	0.525	–	3.150	2.100
	加固木板	m³	1980.00	0.010	–	–	0.010	0.009
	道木	m³	1600.00	–	–	–	0.052	0.040
	煤油	kg	4.20	–	–	–	1.260	1.050
	汽轮机油(各种规格)	kg	8.80	–	–	–	0.612	0.510
	黄干油 钙基酯	kg	9.78	0.100	–	–	0.600	0.500
	黑铅粉	kg	1.10	–	–	0.200	1.000	0.800
	石棉橡胶板 低压 0.8~1.0	kg	13.20	1.000	1.000	–	1.500	1.200

定 额 编 号			3-11-32	3-11-33	3-11-34	3-11-35	3-11-36
			总管清理水封	钟罩阀	盘阀	设备重量(t)	
项 目			设备规格(直径 φmm/高度 Hmm)			0.5(以内)	0.5(大于)
			φ630	φ200 φ300	φ1000/H1000 φ950/H1150		
材	石棉编绳 φ11~25 烧失量 24%	kg	13.21	0.500	0.500	0.500	1.200	1.000
	普通硅酸盐水泥 42.5	kg	0.36	58.000	–	–	174.000	145.000
	河砂	m³	42.00	0.095	–	–	0.297	0.243
	碎石 20mm	m³	55.00	0.108	–	–	0.324	0.270
	破布	kg	4.50	0.500	0.500	0.500	1.000	0.800
	其他材料费	元	–	3.320	0.740	0.270	12.950	10.100
	平垫铁 0~3 号钢 3 号	kg	5.22	–	–	–	8.480	6.360
	钩头成对斜垫铁 0~3 号钢 2 号	kg	13.20	–	–	–	2.880	–
	钩头成对斜垫铁 0~3 号钢 4 号	kg	13.60	–	–	–	–	2.160
	垫板(钢板 δ=10)	kg	4.56	–	–	–	10.000	6.000
料	氧气	m³	3.60	–	–	–	1.224	1.020
	乙炔气	m³	25.20	–	–	–	0.408	0.340
	铅油	kg	8.50	–	–	–	1.000	0.800
机	汽车式起重机 8t	台班	728.19	0.270	–	–	–	–
	电动卷扬机(单筒慢速) 50kN	台班	145.07	0.900	–	–	0.720	0.720
	交流弧焊机 21kV·A	台班	64.00	0.180	0.270	–	1.350	0.900
械	汽车式起重机 12t	台班	888.68	–	–	–	0.270	0.270
	电动空气压缩机 10m³/min	台班	519.44	–	–	–	1.170	1.080

七、煤气发生设备分节容器外壳组焊

单位:台

定 额 编 号			3-11-37	3-11-38	3-11-39	3-11-40	3-11-41	3-11-42
项 目			设备外径(m)/组成节数					
			1 以内/2	1 以内/3	2 以内/2	2 以内/3	3 以内/2	3 以内/3
基 价 (元)			**764.89**	**1289.62**	**1530.05**	**2740.02**	**2165.22**	**3838.74**
其中	人 工 费 (元)		507.52	907.28	1020.72	1824.56	1536.56	2746.64
	材 料 费 (元)		68.70	99.33	131.98	160.76	128.17	222.20
	机 械 费 (元)		188.67	283.01	377.35	754.70	500.49	869.90
名 称	单位	单价(元)	数		量			
人工 综合工日	工日	80.00	6.344	11.341	12.759	22.807	19.207	34.333
材料 电焊条 结422 φ2.5	kg	5.04	5.933	11.834	18.123	23.667	17.388	35.501
道木	m³	1600.00	0.023	0.023	0.023	0.023	0.023	0.023
其他材料费	元	—	2.000	2.890	3.840	4.680	3.730	6.470
机械 汽车式起重机 8t	台班	728.19	0.180	0.270	0.360	0.720	0.450	0.720
交流弧焊机 21kV·A	台班	64.00	0.900	1.350	1.800	3.600	2.700	5.400

第十二章　其他机械安装及灌浆

说　　明

一、本章定额适用范围如下：

1.制冷机械：溴化锂吸收式制冷机、快速制冰设备、盐水制冰设备、冷风机及空气幕、润滑油处理设备、搅拌器。

2.其他机械：包括膨胀机、柴油机、柴油发电机组、电动机及电动发电机组。

3.设备灌浆：包括地脚螺栓孔灌浆、设备底座与基础间灌浆。

二、本章定额包括下列内容：

1.设备整体、解体安装。

2.电动机及电动发电机组装联轴器或皮带轮。

3.设备带有的电动机安装。

三、本章定额不包括下列内容：

1.与设备本体非同一底座的各种设备、起动装置与仪表盘、柜等的安装、调试。

2.电动机及其他动力机械的拆装检查、配管、配线、调试。

3.刮研工作。

4.非设备带有的支架、沟槽、防护罩等的安装。

5.设备保温及油漆。

四、冷风机定额的设备重量按冷风机、电动机、底座的总重量计算。

五、柴油发电机组定额的设备重量，按机组的总重量计算。通信工程柴油发电机组按容量（kW）划分，应执行本章相应定额时,可按工程具体情况自行划分档次。

六、各级说明内已规定包括电动机、电动发电机组安装以及灌浆者,不得再执行本章中的有关定额。

七、设备重量计算方法:在同一底座上的机组按整体总重量计算,非同一底座上的机组按主机、辅机及底座的总重量计算。

一、溴化锂吸收式制冷机安装

单位:台

定　额　编　号			3-12-1	3-12-2	3-12-3	3-12-4
项　　　　　目			设备重量(t)			
			5 以内	8 以内	10 以内	15 以内
基　　价　(元)			**3714.79**	**6257.29**	**7563.89**	**8967.02**
其中	人　工　费　(元)		2229.76	4021.52	4859.28	5575.36
	材　料　费　(元)		981.62	1114.36	1223.12	1319.95
	机　械　费　(元)		503.41	1121.41	1481.49	2071.71
名　　　称	单位	单价(元)	数		量	
人工 综合工日	工日	80.00	27.872	50.269	60.741	69.692
材料 钩头成对斜垫铁 0~3 号钢 6 号	kg	12.20	29.832	29.832	29.832	29.832
平垫铁 0~3 号钢 3 号	kg	5.22	20.020	20.020	20.020	20.020
钩头成对斜垫铁 0~3 号钢 1 号	kg	14.50	2.088	2.088	2.088	2.088
钢丝绳 股丝 6~7×19 ϕ=14.1~15	kg	6.57	–	–	–	1.250
镀锌铁丝 8~12 号	kg	5.36	2.200	2.200	2.200	2.200
铁钉	kg	4.86	0.050	0.050	0.050	0.100
电焊条 结 422 ϕ2.5	kg	5.04	0.650	0.650	0.650	0.650
碳钢气焊条	kg	5.85	0.200	0.200	0.200	0.200
加固木板	m³	1980.00	0.013	0.017	0.032	0.044
道木	m³	1600.00	0.041	0.062	0.062	0.077
汽油 93 号	kg	10.05	12.240	15.000	18.360	20.400
煤油	kg	4.20	1.500	2.000	2.000	2.000
汽轮机油（各种规格）	kg	8.80	1.010	1.520	2.020	2.530
黄干油 钙基酯	kg	9.78	0.270	0.270	0.270	0.270

定　额　编　号			3-12-1	3-12-2	3-12-3	3-12-4
项　　　　目			设备重量(t)			
			5 以内	8 以内	10 以内	15 以内
材 料	氧气	m³	3.60	0.520	0.520	1.071	1.071
	乙炔气	m³	25.20	0.173	0.173	0.357	0.357
	醇酸调和漆 综合	kg	15.20	0.100	0.100	0.100	0.100
	石棉橡胶板 低压 0.8~1.0	kg	13.20	4.000	5.000	6.000	6.500
	橡胶盘根 低压	kg	18.60	0.500	0.600	0.700	0.800
	普通硅酸盐水泥 42.5	kg	0.36	55.000	68.150	87.000	87.000
	河砂	m³	42.00	0.081	0.095	0.135	0.135
	碎石 20mm	m³	55.00	0.095	0.108	0.135	0.135
	棉纱头	kg	6.34	0.550	0.660	0.770	1.100
	破布	kg	4.50	1.500	2.000	2.500	3.000
	草袋	条	1.90	1.500	1.500	2.000	2.000
	铁砂布 0~2 号	张	1.68	3.000	4.000	4.000	4.000
	塑料布	kg	18.80	4.410	5.790	5.790	5.790
	水	t	4.00	1.580	1.920	2.470	2.470
	其他材料费	元	–	28.590	32.460	35.620	38.450
机 械	载货汽车 8t	台班	619.25	0.180	0.270	0.270	0.360
	汽车式起重机 16t	台班	1071.52	0.180	0.450	0.630	–
	汽车式起重机 25t	台班	1269.11	–	–	–	0.810
	电动卷扬机(单筒慢速) 50kN	台班	145.07	0.243	1.035	1.098	1.260
	交流弧焊机 21kV·A	台班	64.00	0.180	0.270	0.360	0.450
	电动空气压缩机 6m³/min	台班	338.45	0.450	0.900	1.350	1.800

定　额　编　号			3-12-5	3-12-6	3-12-7
项　　　　目			设备重量(t)		
			20 以内	25 以内	30 以内
基　　价　（元）			**10862.42**	**14552.93**	**17278.48**
其中	人　工　费　（元）		6737.44	9071.92	9484.64
	材　料　费　（元）		1522.87	1889.72	2370.29
	机　械　费　（元）		2602.11	3591.29	5423.55
名　　　　称	单位	单价(元)	数		量
人工 综合工日	工日	80.00	84.218	113.399	118.558
材料 钩头成对斜垫铁 0~3 号钢 6 号	kg	12.20	29.832	44.748	59.664
平垫铁 0~3 号钢 3 号	kg	5.22	20.020	30.030	40.040
钩头成对斜垫铁 0~3 号钢 1 号	kg	14.50	2.088	—	4.176
钢丝绳 股丝 6~7×19 φ=14.1~15	kg	6.57	1.920	—	—
钢丝绳 股丝 6~7×19 φ=16~18.5	kg	6.57	—	2.080	2.080
镀锌铁丝 8~12 号	kg	5.36	2.200	2.200	2.200
铁钉	kg	4.86	0.100	0.150	0.150
电焊条 结 422 φ2.5	kg	5.04	0.650	0.960	1.280
碳钢气焊条	kg	5.85	0.300	0.400	0.500
加固木板	m³	1980.00	0.054	0.060	0.085
道木	m³	1600.00	0.116	0.152	0.173
料 汽油 93 号	kg	10.05	22.440	25.500	28.560
煤油	kg	4.20	3.000	3.000	3.000
汽轮机油（各种规格）	kg	8.80	2.730	2.830	3.030
黄干油 钙基酯	kg	9.78	0.300	0.300	0.300

定 额 编 号			3-12-5	3-12-6	3-12-7
项 目			设备重量(t)		
			20 以内	25 以内	30 以内
材料	氧气	m³	3.60	1.071	1.071	1.612
	乙炔气	m³	25.20	0.357	0.357	0.541
	醇酸调和漆 综合	kg	15.20	0.300	0.300	0.400
	石棉橡胶板 低压 0.8~1.0	kg	13.20	6.500	7.000	7.500
	橡胶盘根 低压	kg	18.60	1.000	1.200	1.400
	普通硅酸盐水泥 42.5	kg	0.36	97.150	120.350	142.100
	河砂	m³	42.00	0.149	0.176	0.216
	碎石 20mm	m³	55.00	0.162	0.203	0.230
	棉纱头	kg	6.34	1.320	1.320	1.540
	破布	kg	4.50	3.500	4.000	4.500
	草袋	条	1.90	2.500	3.000	3.500
	铁砂布 0~2 号	张	1.68	5.000	5.000	5.000
	塑料布	kg	18.80	9.210	10.200	11.130
	水	t	4.00	2.470	3.420	4.040
	其他材料费	元	－	44.360	55.040	69.040
机械	载货汽车 8t	台班	619.25	0.450	0.720	0.900
	汽车式起重机 8t	台班	728.19	0.180	0.180	0.450
	汽车式起重机 32t	台班	1360.20	0.810	1.350	－
	汽车式起重机 50t	台班	3709.18	－	－	0.900
	电动卷扬机(单筒慢速) 50kN	台班	145.07	2.070	2.673	2.826
	交流弧焊机 21kV·A	台班	64.00	0.450	0.450	0.450
	电动空气压缩机 6m³/min	台班	338.45	2.250	2.250	2.250

二、制冰设备安装

单位:台

定 额 编 号				3-12-8	3-12-9	3-12-10	3-12-11	3-12-12	3-12-13
设 备 类 别				快速制冰设备	盐水制冰设备				
设 备 型 号 及 名 称				AJP 15/24	倒冰架		加水器	冰桶	单层制冰池盖
设 备 重 量 (t)				6.5 以内	0.5 以内	1.0 以内		0.05 以内	0.03 以内
基 价 (元)				**11871.69**	**806.24**	**1004.60**	**1143.40**	**37.04**	**189.75**
其中	人 工 费 (元)			9874.96	511.36	643.28	797.68	17.68	30.64
	材 料 费 (元)			1009.47	185.72	252.16	248.08	19.36	159.11
	机 械 费 (元)			987.26	109.16	109.16	97.64	–	–
名 称		单位	单价(元)	数			量		
人工	综合工日	工日	80.00	123.437	6.392	8.041	9.971	0.221	0.383
材料	平垫铁 0~3 号钢 3 号	kg	5.22	18.018	4.004	8.008	8.008	–	–
	钩头成对斜垫铁 0~3 号钢 3 号	kg	12.70	12.859	5.715	5.715	5.715	–	–
	镀锌铁丝 8~12 号	kg	5.36	3.000	1.500	1.500	1.500	–	–
	铁钉	kg	4.86	0.040	–	0.020	0.020	–	–
	铁件	kg	5.30	–	–	–	–	–	0.330
	镀锌自攻螺钉 M4~6×20~35	10 个	0.86	–	–	–	–	–	2.600
	电焊条 结 422 φ2.5	kg	5.04	4.520	0.150	0.150	0.150	–	–
	碳钢气焊条	kg	5.85	1.900	–	–	–	–	–
	加固木板	m³	1980.00	0.029	0.010	0.010	0.010	–	0.068
	道木	m³	1600.00	0.068	–	0.008	0.008	–	–
	汽油 93 号	kg	10.05	6.120	0.510	0.820	0.510	0.102	–
	煤油	kg	4.20	8.000	1.000	1.000	1.000	–	–
	汽轮机油（各种规格）	kg	8.80	0.505	0.101	0.101	0.101	–	–

单位:台

定　额　编　号			3-12-8	3-12-9	3-12-10	3-12-11	3-12-12	3-12-13
设　备　类　别			快速制冰设备	盐水制冰设备				
设　备　型　号　及　名　称			AJP 15/24	倒冰架		加水器	冰桶	单层制冰池盖
设　备　重　量（t）			6.5以内	0.5以内	1.0以内		0.05以内	0.03以内
材料	黄干油 钙基酯	kg	9.78	0.505	–	–	0.101	–	–
	醇酸调和漆 综合	kg	15.20	0.480	0.080	0.080	0.080	0.080	0.080
	石棉橡胶板 低压 0.8~1.0	kg	13.20	1.500	–	–	–	–	–
	油浸石棉绳	kg	9.98	0.500	–	–	–	–	–
	普通硅酸盐水泥 42.5	kg	0.36	213.150	40.600	77.000	77.000	–	–
	河砂	m³	42.00	0.380	0.068	0.135	0.135	–	–
	碎石 20mm	m³	55.00	0.405	0.081	0.149	0.149	–	–
	棉纱头	kg	6.34	3.890	0.330	0.400	0.330	0.260	–
	白布 0.9m	m²	8.54	0.330	–	–	–	–	–
	破布	kg	4.50	2.780	0.320	0.630	0.320	0.060	–
	草袋	条	1.90	5.500	1.000	2.000	2.000	–	–
	铁砂布 0~2 号	张	1.68	18.000	2.000	2.000	2.000	2.000	2.000
	塑料布	kg	18.80	7.920	0.600	0.600	0.600	0.600	0.600
	水	t	4.00	6.300	1.200	2.250	2.250	–	–
	其他材料费	元	–	29.400	5.410	7.340	7.230	0.560	4.630
机械	载货汽车 8t	台班	619.25	0.450	–	–	–	–	–
	叉式起重机 5t	台班	542.43	–	0.180	0.180	0.180	–	–
	汽车式起重机 16t	台班	1071.52	0.450	–	–	–	–	–
	电动卷扬机(单筒慢速) 50kN	台班	145.07	0.711	–	–	–	–	–
	交流弧焊机 21kV·A	台班	64.00	1.926	0.180	0.180	–	–	–

定　额　编　号			3-12-14	3-12-15	3-12-16	3-12-17	3-12-18
设　备　类　别			盐水制冰设备				
设　备　型　号　及　名　称			双层制冰池盖	冰池盖	盐水搅拌器		
设　备　重　量（t）			0.03 以内	包镀锌铁皮	0.1 以内	0.2 以内	0.3 以内
基　　　价　（元）			**199.34**	**200.11**	**332.36**	**400.74**	**524.53**
其中	人　工　费　（元）		38.80	108.16	200.64	258.40	376.72
	材　料　费　（元）		160.54	91.95	120.20	130.82	136.29
	机　械　费　（元）		－	－	11.52	11.52	11.52
名　　　称	单位	单价（元）	数		量		
人工	综合工日	工日	80.00	0.485	1.352	2.508	3.230	4.709
材料	平垫铁 0～3 号钢 2 号	kg	5.22	－	－	3.872	3.872	3.872
	钩头成对斜垫铁 0～3 号钢 2 号	kg	13.20	－	－	3.708	3.708	3.708
	镀锌薄钢板 δ=0.5～0.9	kg	5.25	－	13.000			
	铁件	kg	5.30	0.330	－	－	－	－
	镀锌自攻螺钉 M4～6×20～35	10 个	0.86	4.200	6.000			
	镀锌铁丝 8～12 号	kg	5.36	－	－	－	1.100	1.100
	电焊条 结 422 φ2.5	kg	5.04	－	－	0.210	0.210	0.210
	加固木板	m³	1980.00	0.068		0.001	0.001	0.001
	道木	m³	1600.00			0.002	0.002	0.002
	汽油 93 号	kg	10.05	－	－	0.525	0.525	0.735

续前

定　额　编　号			3-12-14	3-12-15	3-12-16	3-12-17	3-12-18
设　备　类　别			盐水制冰设备				
设　备　型　号　及　名　称			双层制冰池盖	冰池盖	盐水搅拌器		
设　备　重　量（t）			0.03 以内	包镀锌铁皮	0.1 以内	0.2 以内	0.3 以内
材 料	煤油	kg	4.20	－	－	1.000	1.000	1.000
	汽轮机油（各种规格）	kg	8.80	－	－	0.202	0.212	0.313
	黄干油 钙基酯	kg	9.78	－	－	－	0.212	0.313
	醇酸调和漆 综合	kg	15.20	0.080	0.080	0.080	0.080	0.080
	石棉橡胶板 低压 0.8~1.0	kg	13.20	－	－	0.120	0.220	0.240
	普通硅酸盐水泥 42.5	kg	0.36	－	－	10.180	10.180	10.180
	河砂	m³	42.00	－	－	0.014	0.014	0.014
	碎石 20mm	m³	55.00	－	－	0.014	0.014	0.014
	棉纱头	kg	6.34	－	－	0.290	0.300	0.330
	白布 0.9m	m²	8.54	－	－	0.204	0.306	0.408
	破布	kg	4.50	－	－	0.500	0.500	0.500
	草袋	条	1.90	－	－	0.270	0.270	0.270
	铁砂布 0~2 号	张	1.68	2.000	2.000	2.000	2.000	2.000
	塑料布	kg	18.80	0.600	0.600	0.600	0.600	0.600
	水	t	4.00	－	－	0.310	0.310	0.310
	其他材料费	元	－	4.680	2.680	3.500	3.810	3.970
机 械	交流弧焊机 21kV·A	台班	64.00	－	－	0.180	0.180	0.180

三、冷风机安装

定 额 编 号			3-12-19	3-12-20	3-12-21	3-12-22	3-12-23	3-12-24
设 备 名 称			落地式冷风机					
冷却面积(m²)或设备直径 φ(mm)			100	150	200	250	300	350
设 备 重 量 (t)			1.0 以内	1.5 以内	2 以内	2.5 以内	3 以内	3.5 以内
基 价 (元)			**1041.28**	**1247.58**	**1519.68**	**1875.84**	**2121.29**	**2300.32**
其中	人 工 费 (元)		739.20	873.12	1111.84	1370.88	1527.28	1577.60
	材 料 费 (元)		192.92	216.48	249.86	298.17	375.70	379.67
	机 械 费 (元)		109.16	157.98	157.98	206.79	218.31	343.05
名 称	单位	单价(元)	数		量			
人工	综合工日	工日	80.00	9.240	10.914	13.898	17.136	19.091	19.720
材料	平垫铁 0~3 号钢 3 号	kg	5.22	8.008	8.008	8.008	8.008	12.012	12.012
	钩头成对斜垫铁 0~3 号钢 3 号	kg	12.70	5.715	5.715	5.715	5.715	8.573	8.573
	热轧薄钢板 1.6~2.0	kg	4.67	0.800	1.000	1.000	1.400	1.400	1.800
	铁钉	kg	4.86	0.050	0.050	0.050	0.100	0.100	0.100
	电焊条 结 422 φ2.5	kg	5.04	0.210	0.210	0.210	0.210	0.420	0.420
	加固木板	m³	1980.00	0.002	0.005	0.006	0.008	0.009	0.010
	道木	m³	1600.00	0.010	0.020	0.030	0.041	0.041	0.041
	汽油 93 号	kg	10.05	0.410	0.410	0.610	0.610	0.820	0.820
	煤油	kg	4.20	1.000	1.000	1.500	1.500	1.500	1.500
	冷冻机油	kg	8.30	0.300	0.300	0.500	0.500	0.800	0.800

定　额　编　号			3-12-19	3-12-20	3-12-21	3-12-22	3-12-23	3-12-24
设　备　名　称			落地式冷风机					
冷却面积(m²)或设备直径 φ(mm)			100	150	200	250	300	350
设　备　重　量(t)			1.0 以内	1.5 以内	2 以内	2.5 以内	3 以内	3.5 以内
材　料	汽轮机油（各种规格）	kg	8.80	0.100	0.100	0.100	0.100	0.200	0.200
	黄干油 钙基酯	kg	9.78	0.303	0.303	0.404	0.404	0.505	0.505
	醇酸调和漆 综合	kg	15.20	0.080	0.080	0.080	0.100	0.100	0.100
	普通硅酸盐水泥 42.5	kg	0.36	16.000	16.000	16.000	19.000	24.000	24.000
	河砂	m³	42.00	0.030	0.030	0.030	0.040	0.040	0.040
	碎石 20mm	m³	55.00	0.030	0.030	0.030	0.040	0.040	0.040
	棉纱头	kg	6.34	0.500	0.500	1.000	1.000	1.500	1.500
	破布	kg	4.50	1.000	1.000	2.000	2.000	2.500	2.500
	草袋	条	1.90	0.500	0.500	0.500	0.500	1.000	1.000
	铁砂布 0~2 号	张	1.68	2.000	2.000	2.000	3.000	3.000	3.000
	塑料布	kg	18.80	0.500	0.500	0.500	1.500	1.500	1.500
	水	t	4.00	0.500	0.500	0.500	0.600	0.700	0.700
	其他材料费	元	–	5.620	6.310	7.280	8.680	10.940	11.060
机　械	载货汽车 8t	台班	619.25	–	–	–	–	–	0.180
	叉式起重机 5t	台班	542.43	0.180	0.270	0.270	0.360	0.360	–
	汽车式起重机 16t	台班	1071.52	–	–	–	–	–	0.180
	电动卷扬机(单筒慢速) 50kN	台班	145.07	–	–	–	–	–	0.108
	交流弧焊机 21kV·A	台班	64.00	0.180	0.180	0.180	0.180	0.360	0.360

单位:台

定 额 编 号			3-12-25	3-12-26	3-12-27	3-12-28	3-12-29
设 备 名 称			落地式冷风机		吊顶式冷风机		
冷却面积(m²)或设备直径 φ(mm)			400	500	100	150	200
设 备 重 量（t）			4.5 以内	5.5 以内	1 以内	1.5 以内	2 以内
基 价 （元）			**2593.46**	**3255.16**	**1487.10**	**1864.17**	**2033.06**
其中	人 工 费 （元）		1742.16	2133.20	1155.36	1523.20	1679.60
	材 料 费 （元）		429.63	544.21	89.20	91.90	101.78
	机 械 费 （元）		421.67	577.75	242.54	249.07	251.68
名 称	单位	单价(元)	数			量	
人工	综合工日	工日	80.00	21.777	26.665	14.442	19.040	20.995

	名 称	单位	单价(元)					
材料	平垫铁 0~3 号钢 3 号	kg	5.22	12.012	16.010	–	–	–
	钩头成对斜垫铁 0~3 号钢 3 号	kg	12.70	8.573	11.430	–	–	–
	热轧薄钢板 1.6~2.0	kg	4.67	1.800	2.400	–	–	–
	双头带帽螺栓 16×200	个	2.30	–	–	8.000	8.000	8.000
	镀锌铁丝 8~12 号	kg	5.36	–	–	2.000	2.000	2.000
	铁钉	kg	4.86	0.100	0.100	–	–	–
	电焊条 结 422 φ2.5	kg	5.04	0.420	0.420	0.320	0.320	0.380
	加固木板	m³	1980.00	0.012	0.015	0.004	0.004	0.005
	道木	m³	1600.00	0.041	0.062	0.010	0.010	0.010
	汽油 93 号	kg	10.05	1.020	1.220	0.306	0.408	0.612
	煤油	kg	4.20	1.500	1.500	1.000	1.000	1.000

定　额　编　号			3-12-25	3-12-26	3-12-27	3-12-28	3-12-29
设　备　名　称			落地式冷风机		吊顶式冷风机		
冷却面积(m²)或设备直径φ(mm)			400	500	100	150	200
设　备　重　量(t)			4.5 以内	5.5 以内	1 以内	1.5 以内	2 以内
材料	冷冻机油	kg	8.30	1.000	1.200	0.150	0.200	0.300
	汽轮机油(各种规格)	kg	8.80	0.303	0.404	0.101	0.101	0.202
	黄干油 钙基酯	kg	9.78	0.505	0.707	0.505	0.606	0.707
	醇酸调和漆 综合	kg	15.20	0.100	0.100	0.080	0.080	0.080
	普通硅酸盐水泥 42.5	kg	0.36	24.000	30.000	–	–	–
	河砂	m³	42.00	0.410	0.410	–	–	–
	碎石 20mm	m³	55.00	0.410	0.410	–	–	–
	棉纱头	kg	6.34	2.500	2.500	0.450	0.480	0.530
	破布	kg	4.50	2.000	2.500	0.500	0.500	1.000
	草袋	条	1.90	1.000	1.000	–	–	–
	铁砂布 0～2 号	张	1.68	3.000	3.000	–	–	–
	塑料布	kg	18.80	1.500	1.500	0.600	0.600	0.600
	水	t	4.00	0.700	0.900	–	–	–
	其他材料费	元	–	12.510	15.850	2.600	2.680	2.960
机械	载货汽车 8t	台班	619.25	0.180	0.270	0.180	0.180	0.180
	汽车式起重机 8t	台班	728.19	–	–	0.180	0.180	0.180
	汽车式起重机 16t	台班	1071.52	0.270	0.360	–	–	–
	电动卷扬机(单筒慢速) 50kN	台班	145.07	0.144	0.171	–	0.045	0.063

四、润滑油处理设备安装

单位:台

定　额　编　号			3-12-30	3-12-31	3-12-32	3-12-33	3-12-34
设　备　名　称			压力柴油机			润滑油再生机组	油沉淀箱
设　备　型　号			LY－50	LY－100	LY－150	CY－120	
设　备　重　量(t)			0.2 以内	0.23 以内	0.25 以内		
基　　价　(元)			**564.94**	**632.06**	**718.43**	**839.83**	**523.07**
其中	人　工　费　(元)		414.80	480.08	560.32	674.56	371.28
	材　料　费　(元)		144.38	146.22	152.35	159.51	146.03
	机　械　费　(元)		5.76	5.76	5.76	5.76	5.76
名　　称	单位	单价(元)	数		量		
人工 综合工日	工日	80.00	5.185	6.001	7.004	8.432	4.641
材料 平垫铁 0~3 号钢 2 号	kg	5.22	1.936	1.936	1.936	1.936	1.936
钩头成对斜垫铁 0~3 号钢 2 号	kg	13.20	3.708	3.708	3.708	3.708	3.708
热轧薄钢板 1.6~2.0	kg	4.67	0.400	0.400	0.400	0.400	0.400
镀锌铁丝 8~12 号	kg	5.36	1.100	1.100	1.100	1.100	1.100
电焊条 结 422 φ2.5	kg	5.04	0.105	0.105	0.105	0.105	0.105
加固木板	m³	1980.00	0.004	0.004	0.004	0.005	0.004
道木	m³	1600.00	0.008	0.008	0.008	0.008	0.008
汽油 93 号	kg	10.05	0.510	0.610	0.710	0.710	0.510

定 额 编 号			3-12-30	3-12-31	3-12-32	3-12-33	3-12-34
设 备 名 称			压力柴油机			润滑油再生机组	油沉淀箱
设 备 型 号			LY－50	LY－100	LY－150	CY－120	
设 备 重 量（t）			0.2 以内	0.23 以内	0.25 以内		
材料	煤油	kg	4.20	1.000	1.000	1.000	1.000	1.000
	汽轮机油（各种规格）	kg	8.80	0.202	0.202	0.303	0.303	0.303
	黄干油 钙基酯	kg	9.78	0.202	0.202	0.202	0.202	0.202
	醇酸调和漆 综合	kg	15.20	0.080	0.080	0.080	0.080	0.080
	石棉橡胶板 低压 0.8～1.0	kg	13.20	0.200	0.200	0.240	0.240	0.200
	普通硅酸盐水泥 42.5	kg	0.36	23.000	25.000	29.000	36.000	25.000
	河砂	m³	42.00	0.040	0.040	0.050	0.060	0.040
	碎石 20mm	m³	55.00	0.050	0.050	0.060	0.070	0.050
	棉纱头	kg	6.34	0.300	0.310	0.310	0.330	0.300
	破布	kg	4.50	0.500	0.500	0.500	0.500	0.500
	草袋	条	1.90	0.500	0.500	0.500	1.000	0.500
	铁砂布 0～2 号	张	1.68	2.000	2.000	2.000	2.000	2.000
	塑料布	kg	18.80	0.600	0.600	0.600	0.600	0.600
	水	t	4.00	0.680	0.680	0.960	1.060	0.680
	其他材料费	元	－	4.210	4.260	4.440	4.650	4.250
机械	交流弧焊机 21kV·A	台班	64.00	0.090	0.090	0.090	0.090	0.090

五、膨胀机安装

定　额　编　号			3-12-35	3-12-36	3-12-37	3-12-38	3-12-39
项　　　目			设备重量(t)				
			1 以内	1.5 以内	2.5 以内	3.5 以内	4.5 以内
基　　价　　(元)			**4297.59**	**4788.92**	**5604.51**	**7165.42**	**8426.78**
其中	人　工　费　(元)		2643.84	3017.20	3545.52	4885.84	5873.84
	材　料　费　(元)		738.80	856.77	980.86	1133.45	1351.08
	机　械　费　(元)		914.95	914.95	1078.13	1146.13	1201.86
名　　　称	单位	单价(元)	数		量		
人工	综合工日	工日	80.00	33.048	37.715	44.319	61.073	73.423
材料	钩头成对斜垫铁 0~3 号钢 1 号	kg	14.50	6.288	6.288	6.288	6.288	6.288
	平垫铁 0~3 号钢 1 号	kg	5.22	7.620	8.128	9.144	10.414	11.430
	热轧薄钢板 1.6~2.0	kg	4.67	2.000	2.500	3.500	4.500	5.500
	热轧中厚钢板 $\delta = 10 \sim 16$	kg	3.70	4.500	6.000	7.000	8.000	10.000
	铁钉	kg	4.86	0.050	0.050	0.050	0.050	0.050
	电焊条 结 422 $\phi2.5$	kg	5.04	0.840	1.050	1.050	1.575	2.100
	紫铜皮 各种规格	kg	72.90	0.100	0.100	0.110	0.130	0.150
	铅板 各种规格	kg	17.70	0.300	0.300	0.500	0.500	0.800
	加固木板	m³	1980.00	0.010	0.018	0.018	0.022	0.026
	道木	m³	1600.00	0.077	0.080	0.080	0.091	0.149
	汽油 93 号	kg	10.05	5.100	5.100	6.120	7.140	7.140
	煤油	kg	4.20	5.250	8.400	10.500	12.600	14.700
	汽轮机油（各种规格）	kg	8.80	1.515	1.515	1.515	1.717	1.717
	四氯化碳 95% 铁桶装	kg	17.96	6.000	8.000	10.000	12.000	14.000

定 额 编 号			3-12-35	3-12-36	3-12-37	3-12-38	3-12-39
项 目			设备重量(t)				
			1 以内	1.5 以内	2.5 以内	3.5 以内	4.5 以内
材 料	氧气	m³	3.60	1.561	1.765	2.081	2.601	3.121
	甘油	kg	11.50	0.200	0.200	0.350	0.350	0.400
	乙炔气	m³	25.20	0.520	0.589	0.694	0.867	1.040
	密封胶	kg	23.40	2.000	2.000	2.000	2.000	2.000
	醇酸调和漆 综合	kg	15.20	0.080	0.080	0.100	0.100	0.100
	石棉橡胶板 低压 0.8~1.0	kg	13.20	3.060	4.000	5.000	6.000	7.000
	普通硅酸盐水泥 42.5	kg	0.36	51.000	73.000	87.000	116.000	145.000
	河砂	m³	42.00	0.068	0.095	0.122	0.135	0.162
	碎石 20mm	m³	55.00	0.108	0.108	0.135	0.162	0.203
	棉纱头	kg	6.34	0.880	1.320	1.320	1.650	1.650
	白布 0.9m	m²	8.54	0.816	1.224	1.224	1.530	1.530
	破布	kg	4.50	2.500	2.500	2.500	3.000	3.500
	草袋	条	1.90	1.500	2.000	2.000	3.000	3.500
	铁砂布 0~2 号	张	1.68	3.000	3.000	3.000	3.000	3.000
	塑料布	kg	18.80	1.680	1.680	2.790	2.790	2.790
	水	t	4.00	1.500	2.000	2.000	3.500	4.000
	其他材料费	元	–	21.520	24.950	28.570	33.010	39.350
机 械	载货汽车 8t	台班	619.25	–	–	–	0.450	0.540
	叉式起重机 5t	台班	542.43	0.450	0.450	0.630	–	–
	汽车式起重机 8t	台班	728.19	0.180	0.180	0.270	0.450	0.450
	汽车式起重机 16t	台班	1071.52	0.450	0.450	0.450	0.450	0.450
	交流弧焊机 21kV·A	台班	64.00	0.900	0.900	0.900	0.900	0.900

六、柴油机安装

单位:台

定 额 编 号			3-12-40	3-12-41	3-12-42	3-12-43	3-12-44	3-12-45
项 目			设备重量(t)					
			0.5 以内	1 以内	1.5 以内	2 以内	2.5 以内	3 以内
基 价 （元）			**1239.77**	**1541.77**	**1939.43**	**2208.87**	**2543.00**	**2826.35**
其中	人 工 费 （元）		739.20	828.24	922.08	1149.92	1286.56	1444.32
	材 料 费 （元）		397.17	479.06	734.06	775.66	858.79	984.38
	机 械 费 （元）		103.40	234.47	283.29	283.29	397.65	397.65
名 称	单位	单价(元)	数			量		
人工 综合工日	工日	80.00	9.240	10.353	11.526	14.374	16.082	18.054
材料 平垫铁 0~3 号钢 1 号	kg	5.22	3.048	3.048	4.064	4.064	4.064	6.096
钩头成对斜垫铁 0~3 号钢 1 号	kg	14.50	3.132	3.132	4.176	4.176	4.176	6.264
镀锌铁丝 8~12 号	kg	5.36	2.000	2.000	3.000	3.000	3.000	3.000
铁钉	kg	4.86	0.020	0.022	0.027	0.034	0.041	0.047
电焊条 结 422 φ2.5	kg	5.04	0.158	0.158	0.242	0.242	0.242	0.323
加固木板	m³	1980.00	0.008	0.010	0.013	0.015	0.019	0.021
道木	m³	1600.00	0.008	0.008	0.030	0.038	0.040	0.041
煤油	kg	4.20	1.964	2.079	2.310	2.436	2.678	3.000
料 柴油 0 号	kg	8.70	18.260	24.480	42.540	42.540	47.580	51.000
汽轮机油（各种规格）	kg	8.80	0.566	0.586	0.606	0.626	0.646	0.657

续前

定 额 编 号			3-12-40	3-12-41	3-12-42	3-12-43	3-12-44	3-12-45
项 目			设备重量(t)					
			0.5 以内	1 以内	1.5 以内	2 以内	2.5 以内	3 以内
材 料	黄干油 钙基酯	kg	9.78	0.202	0.202	0.202	0.202	0.202	0.202
	铅油	kg	8.50	0.050	0.050	0.050	0.050	0.050	0.050
	醇酸调和漆 综合	kg	15.20	0.080	0.080	0.080	0.080	0.080	0.100
	聚酯乙烯泡沫塑料	kg	28.40	0.121	0.132	0.132	0.132	0.132	0.154
	普通硅酸盐水泥 42.5	kg	0.36	84.000	112.000	140.000	173.000	207.000	241.000
	河砂	m³	42.00	0.143	0.190	0.238	0.294	0.352	0.408
	碎石 20mm	m³	55.00	0.155	0.207	0.259	0.321	0.383	0.446
	棉纱头	kg	6.34	0.500	0.530	0.550	0.560	0.570	0.590
	白布 0.9m	m²	8.54	0.245	0.265	0.306	0.347	0.388	0.418
	破布	kg	4.50	1.000	1.000	1.500	1.500	1.500	1.000
	草袋	条	1.90	2.000	3.000	3.500	4.000	5.000	6.000
	铁砂布 0~2 号	张	1.68	3.000	3.000	3.000	3.000	3.000	3.000
	塑料布	kg	18.80	1.680	1.680	1.680	1.680	1.680	2.790
	水	t	4.00	2.480	3.300	4.120	5.090	6.120	7.110
	其他材料费	元	–	11.570	13.950	21.380	22.590	25.010	28.670
机 械	叉式起重机 5t	台班	542.43	0.180	0.180	0.270	0.270	0.360	0.360
	汽车式起重机 8t	台班	728.19	–	0.180	0.180	0.180	0.270	0.270
	交流弧焊机 21kV·A	台班	64.00	0.090	0.090	0.090	0.090	0.090	0.090

定　额　编　号			3-12-46	3-12-47	3-12-48	3-12-49
项　　　目			设备重量(t)			
			3.5 以内	4 以内	4.5 以内	5 以内
基　　价　　（元）			**3805.66**	**3424.94**	**4115.95**	**4855.40**
其中	人　工　费　（元）		1664.00	1826.48	2242.64	2522.80
	材　料　费　（元）		1756.53	1221.11	1332.27	1408.14
	机　械　费　（元）		385.13	377.35	541.04	924.46
名　　　　　称	单位	单价(元)	数			量
人工 综合工日	工日	80.00	20.800	22.831	28.033	31.535
材料 平垫铁 0~3 号钢 1 号	kg	5.22	6.096	6.096	6.096	6.096
钩头成对斜垫铁 0~3 号钢 1 号	kg	14.50	6.264	6.264	6.264	6.264
镀锌铁丝 8~12 号	kg	5.36	3.000	3.000	4.000	4.000
铁钉	kg	4.86	0.054	0.061	0.067	0.067
电焊条 结 422 φ2.5	kg	5.04	0.323	0.323	0.323	0.323
加固木板	m³	1980.00	0.025	0.028	0.030	0.034
道木	m³	1600.00	0.410	0.041	0.041	0.041
煤油	kg	4.20	3.500	3.500	4.000	4.500
柴油 0 号	kg	8.70	65.400	70.200	75.200	80.200
汽轮机油（各种规格）	kg	8.80	0.667	0.687	0.707	0.737
黄干油 钙基酯	kg	9.78	0.202	0.202	0.202	0.202

定 额 编 号			3-12-46	3-12-47	3-12-48	3-12-49
项 目			设备重量(t)			
			3.5 以内	4 以内	4.5 以内	5 以内
材	铅油	kg	8.50	0.050	0.050	0.050	0.050
	醇酸调和漆 综合	kg	15.20	0.100	0.100	0.100	0.100
	聚酯乙烯泡沫塑料	kg	28.40	0.154	0.165	0.165	0.165
	普通硅酸盐水泥 42.5	kg	0.36	274.000	307.000	341.000	374.000
	河砂	m³	42.00	0.464	0.522	0.664	0.636
	碎石 20mm	m³	55.00	0.508	0.570	0.630	0.694
	棉纱头	kg	6.34	0.600	0.620	0.740	0.750
	白布 0.9m	m²	8.54	0.459	0.500	0.510	0.510
	破布	kg	4.50	1.000	1.500	1.500	1.500
	草袋	条	1.90	7.000	8.000	8.000	9.000
	铁砂布 0~2 号	张	1.68	3.000	3.000	3.000	3.000
料	塑料布	kg	18.80	2.790	2.790	4.410	4.410
	水	t	4.00	8.080	8.080	8.080	9.000
	其他材料费	元	–	51.160	35.570	38.800	41.010
机	载货汽车 8t	台班	619.25	0.180	0.270	0.360	0.450
	汽车式起重机 8t	台班	728.19	0.360	–	–	0.450
械	汽车式起重机 16t	台班	1071.52	–	0.180	0.270	0.270
	交流弧焊机 21kV·A	台班	64.00	0.180	0.270	0.450	0.450

七、柴油发电机组安装

单位:台

定 额 编 号			3-12-50	3-12-51	3-12-52	3-12-53	3-12-54	3-12-55
项 目			设备重量(t)					
			2 以内	2.5 以内	3.5 以内	4.5 以内	5.5 以内	13 以内
基 价 (元)			**2028.72**	**2445.24**	**3220.79**	**3996.11**	**4816.75**	**9681.73**
其中	人 工 费 (元)		1158.72	1292.72	1668.72	2124.32	2522.80	5972.48
	材 料 费 (元)		635.53	803.69	921.69	1097.02	1404.90	2420.72
	机 械 费 (元)		234.47	348.83	630.38	774.77	889.05	1288.53
名 称	单位	单价(元)	数			量		
人工 综合工日	工日	80.00	14.484	16.159	20.859	26.554	31.535	74.656
材料 平垫铁 0~3 号钢 1 号	kg	5.22	4.064	4.064	5.080	6.096	–	5.080
平垫铁 0~3 号钢 2 号	kg	5.22	–	–	–	–	13.552	13.552
钩头成对斜垫铁 0~3 号钢 1 号	kg	14.50	4.176	4.176	5.220	6.264	–	–
钩头成对斜垫铁 0~3 号钢 2 号	kg	13.20	–	–	–	–	12.978	12.978
镀锌铁丝 8~12 号	kg	5.36	2.000	3.000	3.000	4.000	4.000	4.000
铁钉	kg	4.86	0.034	0.040	0.054	0.067	0.080	0.135
电焊条 结 422 ϕ2.5	kg	5.04	0.242	0.242	0.326	0.326	0.410	1.040
加固木板	m³	1980.00	0.015	0.020	0.025	0.030	0.038	0.084
道木	m³	1600.00	0.030	0.040	0.040	0.041	0.062	0.087

定 额 编 号			3-12-50	3-12-51	3-12-52	3-12-53	3-12-54	3-12-55
项 目			设备重量(t)					
			2 以内	2.5 以内	3.5 以内	4.5 以内	5.5 以内	13 以内
材 料	汽油 93 号	kg	10.05	–	–	–	–	–	0.204
	煤油	kg	4.20	3.320	3.450	3.700	3.960	4.220	6.400
	柴油 0 号	kg	8.70	31.080	43.620	45.600	55.800	65.400	98.500
	汽轮机油 (各种规格)	kg	8.80	0.586	0.606	0.646	0.667	0.707	22.018
	黄干油 钙基酯	kg	9.78	0.202	0.202	0.202	0.202	0.303	0.303
	重铬酸钾 98%	kg	18.00	–	–	–	–	–	5.250
	铅油	kg	8.50	0.050	0.050	0.050	0.050	0.050	0.050
	醇酸调和漆 综合	kg	15.20	0.080	0.080	0.100	0.100	0.100	0.100
	聚酯乙烯泡沫塑料	kg	28.40	0.143	0.143	0.154	0.165	0.176	0.220
	铅粉石棉绳 φ6	kg	14.00	–	–	–	–	–	0.250
	塑料布	kg	18.80	1.680	1.680	2.790	2.790	2.790	4.410
	橡胶板 各种规格	kg	9.68	–	–	–	–	–	0.100
	普通硅酸盐水泥 42.5	kg	0.36	173.000	207.000	274.000	341.000	407.000	687.000
	河砂	m³	42.00	0.294	0.352	0.464	0.579	0.694	1.168
	碎石 20mm	m³	55.00	0.321	0.383	0.508	0.630	0.756	1.272

定 额 编 号				3-12-50	3-12-51	3-12-52	3-12-53	3-12-54	3-12-55
项 目				设备重量(t)					
				2 以内	2.5 以内	3.5 以内	4.5 以内	5.5 以内	13 以内
材 料	棉纱头	kg	6.34	0.560	0.570	0.730	0.750	0.770	1.000
	白布 0.9m	m²	8.54	0.270	0.310	0.390	0.460	0.540	1.840
	破布	kg	4.50	0.770	0.830	0.950	1.050	1.130	2.050
	麻丝	kg	7.75	–	–	–	–	–	0.100
	草袋	条	1.90	1.500	2.000	2.500	3.000	4.000	6.500
	木柴	kg	0.95						17.500
	煤	kg	0.85	–	–	–	–	–	0.080
	水	t	4.00	3.060	3.670	4.850	6.040	7.220	12.170
	其他材料费	元	–	18.510	23.410	26.850	31.950	40.920	70.510
机 械	载货汽车 8t	台班	619.25	–	–	0.270	0.450	0.450	0.450
	叉式起重机 5t	台班	542.43	0.180	0.270	0.360	0.360	–	–
	汽车式起重机 8t	台班	728.19	0.180	0.270	0.360	–	–	–
	汽车式起重机 16t	台班	1071.52	–	–	–	0.270	0.360	–
	汽车式起重机 25t	台班	1269.11	–	–	–	–	–	0.450
	电动卷扬机(单筒慢速) 50kN	台班	145.07	–	–	–	–	1.350	2.826
	交流弧焊机 21kV·A	台班	64.00	0.090	0.090	0.090	0.180	0.450	0.450

八、电动机及电动发电机组安装

定 额 编 号			3-12-56	3-12-57	3-12-58	3-12-59	3-12-60	3-12-61
项 目			设备重量(t)					
			0.5 以内	1 以内	3 以内	5 以内	7 以内	10 以内
基 价 (元)			**792.46**	**939.91**	**2198.99**	**2953.75**	**4236.91**	**5397.56**
其中	人 工 费 (元)		314.16	439.28	888.08	1640.88	2286.88	3002.24
	材 料 费 (元)		257.37	279.70	895.16	783.89	847.11	964.56
	机 械 费 (元)		220.93	220.93	415.75	528.98	1102.92	1430.76
名 称	单位	单价(元)	数			量		
人工 综合工日	工日	80.00	3.927	5.491	11.101	20.511	28.586	37.528
材料 钩头成对斜垫铁0~3号钢1号	kg	14.50	4.716	4.716	7.860	–	–	–
钩头成对斜垫铁0~3号钢2号	kg	13.20	–	–	–	18.536	18.536	18.536
平垫铁0~3号钢1号	kg	5.22	3.556	3.556	6.096	–	–	–
平垫铁0~3号钢2号	kg	5.22	–	–	–	16.456	16.456	16.456
镀锌铁丝8~12号	kg	5.36	2.000	2.000	2.500	3.000	3.000	4.000
铁钉	kg	4.86	0.012	0.012	0.015	0.024	0.350	0.075
电焊条 结422 φ2.5	kg	5.04	0.210	0.210	0.370	0.420	0.420	0.630
加固木板	m³	1980.00	0.013	0.013	0.250	0.025	0.025	0.050
道木	m³	1600.00	0.010	0.010	0.041	0.062	0.062	0.062
煤油	kg	4.20	3.000	3.000	3.300	4.000	4.000	4.000

续前

	定　额　编　号			3-12-56	3-12-57	3-12-58	3-12-59	3-12-60	3-12-61
	项　　　　目			设备重量(t)					
				0.5 以内	1 以内	3 以内	5 以内	7 以内	10 以内
材	汽轮机油(各种规格)	kg	8.80	0.606	0.606	0.808	0.960	0.960	1.111
	黄干油 钙基酯	kg	9.78	0.202	0.202	0.404	0.505	0.505	0.657
	醇酸调和漆 综合	kg	15.20	0.080	0.100	0.100	0.240	0.240	0.240
	普通硅酸盐水泥 42.5	kg	0.36	62.000	62.000	77.000	154.000	255.000	357.000
	河砂	m³	42.00	0.108	0.108	0.135	0.270	0.446	0.621
	碎石 20mm	m³	55.00	0.122	0.122	0.149	0.297	0.473	0.648
	棉纱头	kg	6.34	0.550	0.630	0.710	1.370	1.370	1.430
	破布	kg	4.50	1.000	1.000	1.000	1.500	1.500	1.500
	草袋	条	1.90	1.500	1.500	2.000	3.500	5.000	5.500
	铁砂布 0~2 号	张	1.68	3.000	3.000	3.000	9.000	9.000	9.000
	塑料布	kg	18.80	1.680	2.790	2.790	5.040	5.040	5.040
料	水	t	4.00	1.800	1.800	2.260	3.640	4.520	4.920
	其他材料费	元	-	7.500	8.150	26.070	22.830	24.670	28.090
机	载货汽车 8t	台班	619.25	-	-	-	0.180	0.270	0.450
	汽车式起重机 8t	台班	728.19	0.180	0.180	0.360	-	0.450	0.450
	汽车式起重机 16t	台班	1071.52	-	-	-	0.180	0.270	0.450
械	电动卷扬机(单筒慢速) 50kN	台班	145.07	0.540	0.540	0.900	1.350	1.800	1.962
	交流弧焊机 21kV·A	台班	64.00	0.180	0.180	0.360	0.450	0.900	0.900

定 额 编 号				3-12-62	3-12-63	3-12-64
项 目				设备重量(t)		大型电机
				20 以内	30 以内	每吨
基 价 （元）				**9710.39**	**14877.52**	**690.83**
其中	人 工 费 （元）			5639.28	8053.28	272.00
	材 料 费 （元）			1808.19	2028.80	195.80
	机 械 费 （元）			2262.92	4795.44	223.03
名 称		单位	单价(元)	数		量
人工	综合工日	工日	80.00	70.491	100.666	3.400
材料	钩头成对斜垫铁 0~3 号钢 3 号	kg	12.70	39.060	39.060	–
	平垫铁 0~3 号钢 3 号	kg	5.22	50.050	50.050	–
	钢丝绳 股丝 6~7×19 $\phi=14.1~15$	kg	6.57	1.920	–	–
	钢丝绳 股丝 6~7×19 $\phi=19~21.5$	kg	6.57	–	2.080	–
	镀锌铁丝 8~12 号	kg	5.36	5.000	5.000	–
	铁钉	kg	4.86	0.100	0.110	–
	电焊条 结 422 $\phi2.5$	kg	5.04	0.840	0.950	0.050
	加固木板	m³	1980.00	0.075	0.075	–
	道木	m³	1600.00	0.097	0.154	–
	氧气	m³	3.60	–	–	0.120
	乙炔气	m³	25.20	–	–	0.040
	垫板(钢板 $\delta=10$)	kg	4.56	–	–	40.000
	紫铜皮 各种规格	kg	72.90	–	–	0.050

定　额　编　号			3-12-62	3-12-63	3-12-64
项　　　目			设备重量（t）		大型电机
			20 以内	30 以内	每吨
材料	煤油	kg	4.20	6.000	7.000	–
	汽轮机油（各种规格）	kg	8.80	1.313	1.313	0.160
	黄干油 钙基酯	kg	9.78	0.808	0.808	–
	醇酸调和漆 综合	kg	15.20	0.560	0.800	–
	普通硅酸盐水泥 42.5	kg	0.36	509.000	558.000	–
	河砂	m³	42.00	0.891	1.080	–
	碎石 20mm	m³	55.00	0.918	1.121	–
	棉纱头	kg	6.34	3.000	4.000	0.150
	破布	kg	4.50	2.500	2.500	–
	草袋	条	1.90	6.000	7.000	–
	铁砂布 0~2 号	张	1.68	21.000	3.000	–
	塑料布	kg	18.80	11.760	16.800	–
	水	t	4.00	7.000	8.000	–
	其他材料费	元	–	52.670	59.090	5.700
机械	载货汽车 8t	台班	619.25	0.450	0.900	0.090
	汽车式起重机 8t	台班	728.19	0.450	0.450	0.225
	汽车式起重机 32t	台班	1360.20	0.900	–	–
	汽车式起重机 50t	台班	3709.18	–	0.900	–
	电动卷扬机（单筒慢速）50kN	台班	145.07	2.385	3.150	–
	交流弧焊机 21kV·A	台班	64.00	1.350	1.800	0.054

第十三章　附属设备安装

说　　明

一、本章定额适用范围如下：

1.制冷站(库)及制冷空调内与制冷机械配套附属的冷凝器、蒸发器、储液器、分离器、过滤器、冷却器、玻璃钢冷却塔、集油器、油视镜、紧急泄氨器等设备安装以及容器单体试密、排污。

2.低压空气压缩站内空气压缩机配套的储气罐安装。

3.乙炔站内乙炔压缩机配套的乙炔发生器及其附属设备安装。

4.水压机附属的蓄势罐安装。

5.小型制氧站内双高压工艺流程及分子筛流程的空气分离塔和洗涤塔(XT-190型)、干燥器(170×2型)、碱水拌和器(1.6型)、纯化器(HXK-30/59、HXK-1800/15型)、加热炉(15.5型)、加热器(JR-100、JR-13型)、储氧器(50-1型)、充氧台(GC-24型)等附属设备安装。

6.与本册定额各种设备配套的零星小型金属结构件(如支架、框架、防护罩、支柱以及沟、槽、箱等非密闭性容器)制作、安装。

二、本章定额不适用于其他特殊专业制冷工艺工程。

三、本章定额包括下列内容：

1.制冷机械专用附属设备整体安装；随设备带有与设备联体固定的配件(放油阀、放水阀、安全阀、压力表、水位表)等安装。容器单体气密试验(包括装拆空气压缩机本体及连接试验用的管道、装拆盲板、通气、检查、放气等)与排污。

2.储气罐本体及与本体联体的安全阀、压力表等附件安装，气密试验。

3. 乙炔发生器本体及与本体联体的安全阀、压力表、水位表等附件安装；附属的密闭性和非密闭性设备安装、气密试验或试漏。

4. 水压机蓄势罐本体及底座安装；与本体联体的附件安装，酸洗、试压。

5. 空气分离塔本体及本体第一个法兰内的管道、阀门安装；与本体联体的仪表、转换开关安装；清洗、调整、气密试验。

6. 零星小型金属构件制作，包括划线、下料、平直、加工、组对、焊接、刷（喷）漆、试漏；安装包括补漆。

四、本章定额不包括下列内容：

1. 各种设备本体制作以及设备本体第一个法兰以外的管道、附件安装。

2. 平台、梯子、栏杆等金属构件制作、安装。

3. 小型制氧设备及其附属设备的试压、脱脂、阀门研磨；稀有气体及液氧或液氮的制取系统安装。

五、制冷设备各种容器的单体气密试验与排污定额是按试验一次考虑的。如"技术规范"或"设计要求"需要多次连续试验时，则第二次的试验按第一次相应定额乘以调整系数 0.9。第三次及其以上的试验，定额从第三次起每次均按第一次的相应定额乘以系数 0.75。

六、乙炔发生器附属设备是按"密闭性设备"考虑的。如为"非密闭性设备"时，则相应定额的人工和机械台班乘以系数 0.8。

七、制冷站（库）、空气压缩站、乙炔发生器、水压机蓄势站、小型制氧站、煤气站等工程的系统调整费，按各站工艺系统内全部安装工程人工费的 35% 计算（不包括间接费），其中工资占 50%。在计算系统调整费时，必须遵守下列规定方可计算：

1. 上述系统调整费仅限于全部采用《冶金工业建设工程预算定额》中第三册《机械设备安装工程》（上册）、第十册《工艺管道安装工程》、第六册《金属结构件制作与安装工程》、第八册《刷油、防腐、保温工程》等四册内有关定额的站内工艺系统安装工程。因此,采用其他方式承包或非全部采用上述四册定额承包的站内工艺系统安装工程均不得计算上述系统调整费。

2.各站内工艺系统安装工程的人工费,必须全部由上述四册中有关定额的人工费组成,如上述四册有缺项时,则缺项部分的人工费在计算系统调整费时应予扣除,不参加系统工程调整费的计算。

八、本章定额计算工程量时应注意下列事项:

1.设备如以面积(m^2)、容积(m^3)、直径(ϕmm 或 ϕm)等作为项目规格时,则按设计要求(或实物)的规格,选用相应范围内的项目。至于计算一般起重机具摊销费时,各设备的重量可参考附表。附表中的缺项可按设备实际重量计算。

2.设备重量的计算应将设备本体及与设备联体的阀门、管道、支架、平台、梯子、保护罩等的重量计算在内。

3.以"型号"作为项目时,应按设计要求(或实物)的型号执行相同的项目。新旧型号可以互换。相近似的型号,如实物的重量相差在 10% 以内时,可以执行该定额。

一、立式管壳式冷凝器安装

单位:台

定　额　编　号				3-13-1	3-13-2	3-13-3	3-13-4	3-13-5
项　　　　　目				设备冷却面积(m²)				
				50 以内	75 以内	100 以内	125 以内	150 以内
基　　价　(元)				**1907.66**	**2455.45**	**2648.64**	**3288.65**	**3538.93**
其中	人　工　费　(元)			1376.32	1621.84	1689.84	2102.56	2201.20
	材　料　费　(元)			324.55	340.95	356.65	414.26	427.68
	机　械　费　(元)			206.79	492.66	602.15	771.83	910.05
名　　　　称		单位	单价(元)	数		量		
人工	综合工日	工日	80.00	17.204	20.273	21.123	26.282	27.515
材料	平垫铁 0~3 号钢 3 号	kg	5.22	8.008	8.008	8.008	8.008	8.008
	钩头成对斜垫铁 0~3 号钢 3 号	kg	12.70	5.716	5.716	5.716	5.716	5.716
	热轧薄钢板 1.6~2.0	kg	4.67	1.400	1.800	2.300	2.500	3.000
	镀锌铁丝 8~12 号	kg	5.36	1.330	1.500	2.000	2.400	2.670
	铁钉	kg	4.86	0.040	0.040	0.040	0.060	0.060
	电焊条 结 422 φ2.5	kg	5.04	0.210	0.210	0.210	0.310	0.310
	加固木板	m³	1980.00	0.010	0.013	0.015	0.017	0.021
	道木	m³	1600.00	0.041	0.041	0.041	0.062	0.062
	汽油 93 号	kg	10.05	0.510	0.714	0.816	0.918	1.020
	煤油	kg	4.20	1.500	1.500	1.500	1.500	1.500
	汽轮机油（各种规格）	kg	8.80	0.303	0.404	0.505	0.808	0.808

定 额 编 号			3-13-1	3-13-2	3-13-3	3-13-4	3-13-5
项 目			设备冷却面积(m²)				
			50 以内	75 以内	100 以内	125 以内	150 以内
材 料	黄干油 钙基酯	kg	9.78	0.131	0.162	0.202	0.242	0.273
	醇酸调和漆 综合	kg	15.20	0.080	0.080	0.080	0.080	0.080
	石棉橡胶板 低压 0.8~1.0	kg	13.20	1.800	2.100	2.400	2.400	2.400
	普通硅酸盐水泥 42.5	kg	0.36	21.940	21.940	21.940	33.698	33.698
	河砂	m³	42.00	0.040	0.040	0.040	0.054	0.054
	碎石 20mm	m³	55.00	0.040	0.040	0.040	0.068	0.068
	棉纱头	kg	6.34	0.600	0.600	0.600	0.680	0.680
	破布	kg	4.50	0.950	0.950	0.950	1.260	1.260
	草袋	条	1.90	0.500	0.500	0.500	1.000	1.000
	铁砂布 0~2 号	张	1.68	3.000	3.000	3.000	3.000	3.000
	塑料布	kg	18.80	1.680	1.680	1.680	1.680	1.680
	水	t	4.00	0.650	0.650	0.650	1.000	1.000
	其他材料费	元	–	9.450	9.930	10.390	12.070	12.460
机 械	载货汽车 8t	台班	619.25	–	0.180	0.180	0.270	0.270
	叉式起重机 5t	台班	542.43	0.360	–	–	–	–
	汽车式起重机 16t	台班	1071.52	–	0.180	0.270	0.360	0.450
	电动卷扬机(单筒慢速) 50kN	台班	145.07	–	1.179	1.269	1.350	1.638
	交流弧焊机 21kV·A	台班	64.00	0.180	0.270	0.270	0.360	0.360

定 额 编 号			3-13-6	3-13-7	3-13-8	3-13-9
项 目			设备冷却面积(m²)			
			200 以内	250 以内	350 以内	450 以内
基 价 （元）			**4035.86**	**4748.63**	**5351.13**	**6563.96**
其中	人 工 费 （元）		2450.08	3137.52	3442.88	4073.20
	材 料 费 （元）		471.11	519.32	568.44	640.01
	机 械 费 （元）		1114.67	1091.79	1339.81	1850.75
名 称	单位	单价(元)	数		量	
人工 综合工日	工日	80.00	30.626	39.219	43.036	50.915
材料 平垫铁 0~3 号钢 3 号	kg	5.22	8.008	8.008	8.008	9.209
钩头成对斜垫铁 0~3 号钢 3 号	kg	12.70	5.716	5.716	5.716	6.573
热轧薄钢板 1.6~2.0	kg	4.67	3.000	4.000	4.000	4.600
镀锌铁丝 8~12 号	kg	5.36	2.670	4.000	4.000	4.600
铁钉	kg	4.86	—	0.080	0.080	0.100
电焊条 结 422 φ2.5	kg	5.04	0.310	0.420	0.420	0.520
加固木板	m³	1980.00	0.025	0.031	0.036	0.045
道木	m³	1600.00	0.062	0.071	0.071	0.077
汽油 93 号	kg	10.05	1.224	1.326	1.530	1.836
煤油	kg	4.20	1.500	1.500	1.500	1.500
汽轮机油（各种规格）	kg	8.80	0.808	0.808	0.808	1.010
黄干油 钙基酯	kg	9.78	0.273	0.333	0.333	0.404

定 额 编 号			3-13-6	3-13-7	3-13-8	3-13-9
项 目			设备冷却面积(m²)			
			200 以内	250 以内	350 以内	450 以内
材 料	醇酸调和漆 综合	kg	15.20	0.100	0.100	0.100	0.100
	石棉橡胶板 低压 0.8~1.0	kg	13.20	3.200	3.200	3.600	4.000
	普通硅酸盐水泥 42.5	kg	0.36	33.698	40.615	40.615	40.615
	河砂	m³	42.00	0.054	0.068	0.068	0.086
	碎石 20mm	m³	55.00	0.068	0.080	0.080	0.100
	棉纱头	kg	6.34	0.800	0.880	0.880	1.000
	破布	kg	4.50	1.260	1.580	1.580	2.100
	草袋	条	1.90	1.000	1.000	1.000	1.500
	铁砂布 0~2 号	张	1.68	3.000	3.000	3.000	3.000
	塑料布	kg	18.80	2.790	2.790	4.410	4.410
	水	t	4.00	1.000	1.120	1.120	1.510
	其他材料费	元	–	13.720	15.130	16.560	18.640
机 械	载货汽车 8t	台班	619.25	0.270	0.360	0.360	0.450
	汽车式起重机 16t	台班	1071.52	0.630	–	–	–
	汽车式起重机 25t	台班	1269.11	–	0.450	0.630	–
	汽车式起重机 32t	台班	1360.20	–	–	–	0.900
	电动卷扬机(单筒慢速) 50kN	台班	145.07	1.719	1.854	1.989	2.160
	交流弧焊机 21kV·A	台班	64.00	0.360	0.450	0.450	0.540

二、卧式管壳式冷凝器及卧式蒸发器安装

单位:台

定 额 编 号			3-13-10	3-13-11	3-13-12	3-13-13	3-13-14
项 目			设备冷却面积(m²)				
			20 以内	30 以内	60 以内	80 以内	100 以内
基 价 (元)			**1173.79**	**1360.43**	**1702.99**	**2167.54**	**2581.32**
其中	人 工 费 (元)		772.48	890.80	1149.20	1434.80	1714.32
	材 料 费 (元)		292.15	311.65	347.00	387.62	425.44
	机 械 费 (元)		109.16	157.98	206.79	345.12	441.56
名 称	单位	单价(元)	数			量	
人工 综合工日	工日	80.00	9.656	11.135	14.365	17.935	21.429
材料 平垫铁 0~3 号钢 3 号	kg	5.22	8.008	8.008	8.008	8.008	8.008
钩头成对斜垫铁 0~3 号钢 3 号	kg	12.70	5.716	5.716	5.716	5.716	5.716
热轧薄钢板 1.6~2.0	kg	4.67	0.800	1.000	1.400	1.800	2.300
镀锌铁丝 8~12 号	kg	5.36	0.800	1.200	1.200	1.200	1.600
铁钉	kg	4.86	0.030	0.030	0.030	0.030	0.030
电焊条 结 422 φ2.5	kg	5.04	0.210	0.210	0.210	0.420	0.420
加固木板	m³	1980.00	0.001	0.006	0.008	0.011	0.014
道木	m³	1600.00	0.027	0.030	0.041	0.041	0.041
汽油 93 号	kg	10.05	0.510	0.612	0.612	0.714	0.816
煤油	kg	4.20	2.500	2.500	2.500	3.000	3.000
汽轮机油（各种规格）	kg	8.80	0.202	0.202	0.303	0.404	0.505
黄干油 钙基酯	kg	9.78	0.088	0.101	0.101	0.101	0.121

续前

定 额 编 号			3-13-10	3-13-11	3-13-12	3-13-13	3-13-14
项 目			设备冷却面积(m²)				
			20 以内	30 以内	60 以内	80 以内	100 以内
材料	铅油	kg	8.50	0.340	0.340	0.600	0.700	0.800
	醇酸调和漆 综合	kg	15.20	0.160	0.160	0.160	0.160	0.180
	石棉橡胶板 低压 0.8~1.0	kg	13.20	1.200	1.200	1.500	1.800	1.800
	耐酸橡胶板 δ=3	kg	10.20	0.300	0.300	0.600	0.600	0.750
	普通硅酸盐水泥 42.5	kg	0.36	16.040	16.040	16.040	16.040	16.040
	河砂	m³	42.00	0.030	0.030	0.030	0.030	0.030
	碎石 20mm	m³	55.00	0.030	0.030	0.030	0.030	0.030
	棉纱头	kg	6.34	0.850	0.850	0.900	1.050	1.080
	破布	kg	4.50	0.530	0.530	0.630	0.740	0.840
	草袋	条	1.90	0.500	0.500	0.500	0.500	0.500
	铁砂布 0~2 号	张	1.68	6.000	6.000	6.000	6.000	6.000
	塑料布	kg	18.80	2.280	2.280	2.280	3.360	4.470
	水	t	4.00	0.500	0.500	0.500	0.500	0.500
	其他材料费	元	–	8.510	9.080	10.110	11.290	12.390
机械	载货汽车 8t	台班	619.25	–	–	–	0.180	0.180
	叉式起重机 5t	台班	542.43	0.180	0.270	0.360	–	–
	汽车式起重机 16t	台班	1071.52	–	–	–	0.180	0.270
	电动卷扬机(单筒慢速) 50kN	台班	145.07	–	–	–	0.162	0.162
	交流弧焊机 21kV·A	台班	64.00	0.180	0.180	0.180	0.270	0.270

定 额 编 号			3-13-15	3-13-16	3-13-17	3-13-18
项 目			设备冷却面积（m²）			
			120 以内	140 以内	180 以内	200 以内
基 价 （元）			**2966.68**	**3567.33**	**3914.90**	**4615.07**
其中	人 工 费 （元）		1943.44	2271.20	2509.92	3009.68
	材 料 费 （元）		475.57	490.71	497.90	613.50
	机 械 费 （元）		547.67	805.42	907.08	991.89
名 称	单位	单价(元)	数		量	
人工 综合工日	工日	80.00	24.293	28.390	31.374	37.621
材料 平垫铁 0～3 号钢 3 号	kg	5.22	8.008	8.008	8.008	8.008
钩头成对斜垫铁 0～3 号钢 3 号	kg	12.70	5.716	5.716	5.716	5.716
热轧薄钢板 1.6～2.0	kg	4.67	2.300	3.000	3.000	4.000
镀锌铁丝 8～12 号	kg	5.36	1.600	1.600	1.600	1.600
铁钉	kg	4.86	0.030	0.030	0.030	0.060
电焊条 结 422 φ2.5	kg	5.04	0.420	0.420	0.420	0.420
加固木板	m³	1980.00	0.018	0.023	0.023	0.033
道木	m³	1600.00	0.062	0.062	0.062	0.077
汽油 93 号	kg	10.05	0.816	0.816	0.816	1.020
煤油	kg	4.20	3.000	3.000	3.000	3.000
料 汽轮机油（各种规格）	kg	8.80	0.505	0.505	0.505	0.505
黄干油 钙基酯	kg	9.78	0.121	0.121	0.121	0.121

定额编号			3-13-15	3-13-16	3-13-17	3-13-18
项目			设备冷却面积(m²)			
			120 以内	140 以内	180 以内	200 以内
材料	铅油	kg	8.50	0.900	0.900	1.000	1.000
	醇酸调和漆 综合	kg	15.20	0.180	0.180	0.180	0.180
	石棉橡胶板 低压 0.8~1.0	kg	13.20	2.100	2.100	2.400	2.400
	耐酸橡胶板 δ=3	kg	10.20	0.750	0.900	1.050	1.050
	普通硅酸盐水泥 42.5	kg	0.36	18.730	18.730	18.730	32.630
	河砂	m³	42.00	0.030	0.030	0.030	0.050
	碎石 20mm	m³	55.00	0.040	0.040	0.040	0.070
	棉纱头	kg	6.34	1.100	1.100	1.130	1.130
	破布	kg	4.50	0.950	0.950	1.050	1.050
	草袋	条	1.90	0.500	0.500	0.500	1.000
	铁砂布 0~2 号	张	1.68	6.000	6.000	6.000	6.000
	塑料布	kg	18.80	4.470	4.470	4.470	7.200
	水	t	4.00	0.550	0.550	0.550	1.000
	其他材料费	元	—	13.850	14.290	14.500	17.870
机械	载货汽车 8t	台班	619.25	0.180	0.270	0.270	0.360
	汽车式起重机 16t	台班	1071.52	0.360	0.540	0.630	—
	电动卷扬机(单筒慢速) 50kN	台班	145.07	0.189	0.252	0.288	0.378
	交流弧焊机 21kV·A	台班	64.00	0.360	0.360	0.360	0.450
	汽车式起重机 25t	台班	1269.11	—	—	—	0.540

三、淋水式冷凝器安装

定 额 编 号			3-13-19	3-13-20	3-13-21	3-13-22	3-13-23
项 目			设备冷却面积(m²)				
			30 以内	45 以内	60 以内	75 以内	90 以内
基 价 (元)			**1468.97**	**1695.52**	**2092.23**	**2324.98**	**2743.78**
其中	人 工 费 (元)		1008.48	1167.60	1414.40	1620.48	1814.96
	材 料 费 (元)		290.99	358.42	453.76	480.43	595.68
	机 械 费 (元)		169.50	169.50	224.07	224.07	333.14
名 称	单位	单价(元)	数		量		
人工 综合工日	工日	80.00	12.606	14.595	17.680	20.256	22.687
材 料	平垫铁 0~3 号钢 2 号	kg	5.22	5.808	8.712	11.616	11.616	14.520
	钩头成对斜垫铁 0~3 号钢 2 号	kg	13.20	5.562	8.344	11.124	11.124	16.386
	镀锌铁丝 8~12 号	kg	5.36	2.000	2.000	2.000	2.000	2.000
	铁钉	kg	4.86	0.060	0.090	0.130	0.130	0.160
	电焊条 结 422 φ2.5	kg	5.04	0.420	0.420	0.630	0.630	0.630
	加固木板	m³	1980.00	0.004	0.004	0.006	0.006	0.008
	道木	m³	1600.00	0.030	0.030	0.041	0.041	0.041
	汽油93 号	kg	10.05	0.510	0.612	0.714	0.714	0.820
	煤油	kg	4.20	2.500	2.500	2.500	2.500	2.500
	汽轮机油（各种规格）	kg	8.80	0.303	0.303	0.505	0.505	0.505

续前

定 额 编 号				3-13-19	3-13-20	3-13-21	3-13-22	3-13-23
项 目				设备冷却面积(m²)				
				30 以内	45 以内	60 以内	75 以内	90 以内
材 料	黄干油 钙基酯	kg	9.78	0.202	0.202	0.202	0.202	0.202
	醇酸调和漆 综合	kg	15.20	0.160	0.160	0.160	0.180	0.180
	石棉橡胶板 低压 0.8~1.0	kg	13.20	0.300	0.400	0.600	0.900	1.500
	普通硅酸盐水泥 42.5	kg	0.36	33.130	49.170	65.660	65.660	83.750
	河砂	m³	42.00	0.054	0.081	0.120	0.120	0.150
	碎石 20mm	m³	55.00	0.068	0.095	0.120	0.120	0.160
	棉纱头	kg	6.34	0.880	0.880	0.930	1.050	1.100
	破布	kg	4.50	0.530	0.530	0.740	0.740	0.950
	草袋	条	1.90	1.000	1.500	1.500	1.500	2.000
	铁砂布 0~2 号	张	1.68	5.000	5.000	5.000	5.000	5.000
	塑料布	kg	18.80	2.280	2.280	2.280	3.390	3.390
	水	t	4.00	1.000	1.440	2.000	2.000	2.500
	其他材料费	元	–	8.480	10.440	13.220	13.990	17.350
机 械	载货汽车 8t	台班	619.25	–	–	–	–	0.180
	叉式起重机 5t	台班	542.43	0.270	0.270	0.360	0.360	–
	汽车式起重机 16t	台班	1071.52	–	–	–	–	0.180
	交流弧焊机 21kV·A	台班	64.00	0.360	0.360	0.450	0.450	0.450

四、蒸发式冷凝器安装

定 额 编 号			3-13-24	3-13-25	3-13-26	3-13-27
项 目			设备冷却面积(m²)			
			20 以内	40 以内	80 以内	100 以内
基 价 （元）			**1754.98**	**2013.75**	**2623.65**	**2807.22**
其中	人 工 费 （元）		1212.48	1383.84	1797.28	1959.12
	材 料 费 （元）		433.34	466.17	608.06	629.79
	机 械 费 （元）		109.16	163.74	218.31	218.31
名 称	单位	单价(元)	数		量	
人工 综合工日	工日	80.00	15.156	17.298	22.466	24.489
材料 平垫铁 0~3 号钢 3 号	kg	5.22	8.008	8.008	8.008	8.008
钩头成对斜垫铁 0~3 号钢 3 号	kg	12.70	5.716	5.716	5.716	5.716
热轧薄钢板 1.6~2.0	kg	4.67	0.800	1.000	1.400	1.400
镀锌铁丝 8~12 号	kg	5.36	2.000	2.000	2.000	2.000
铁钉	kg	4.86	0.040	0.040	0.060	0.060
电焊条 结 422 φ2.5	kg	5.04	0.210	0.320	0.320	0.420
加固木板	m³	1980.00	0.003	0.006	0.010	0.010
道木	m³	1600.00	0.027	0.030	0.041	0.041
汽油 93 号	kg	10.05	1.020	1.530	2.040	2.550

定 额 编 号			3-13-24	3-13-25	3-13-26	3-13-27
项 目			设备冷却面积(m²)			
			20 以内	40 以内	80 以内	100 以内
材 料	煤油	kg	4.20	10.500	10.500	11.000	11.000
	汽轮机油（各种规格）	kg	8.80	0.306	0.306	0.510	0.510
	黄干油 钙基酯	kg	9.78	0.306	0.306	0.306	0.306
	醇酸调和漆 综合	kg	15.20	0.560	0.560	0.560	0.560
	石棉橡胶板 低压 0.8～1.0	kg	13.20	1.100	2.200	3.400	4.500
	普通硅酸盐水泥 12.5	kg	0.36	20.300	20.300	29.930	29.930
	河砂	m³	42.00	0.040	0.040	0.050	0.050
	碎石 20mm	m³	55.00	0.040	0.040	0.050	0.050
	棉纱头	kg	6.34	2.750	2.750	2.750	2.750
	破布	kg	4.50	0.420	0.420	0.420	0.630
	草袋	条	1.90	0.500	0.500	1.000	1.000
	铁砂布 0～2 号	张	1.68	15.000	15.000	16.000	16.000
	塑料布	kg	18.80	5.280	5.280	9.390	9.390
	水	t	4.00	0.620	0.620	0.890	0.890
	其他材料费	元	－	12.620	13.580	17.710	18.340
机 械	叉式起重机 5t	台班	542.43	0.180	0.270	0.360	0.360
	交流弧焊机 21kV·A	台班	64.00	0.180	0.270	0.360	0.360

定 额 编 号				3-13-28	3-13-29	3-13-30
项 目				设备冷却面积(m²)		
				150 以内	200 以内	250 以内
基 价 (元)				**3186.87**	**3827.02**	**4197.85**
其中	人 工 费 (元)			2155.60	2464.32	2702.32
	材 料 费 (元)			679.85	753.54	784.71
	机 械 费 (元)			351.42	609.16	710.82
名 称		单位	单价(元)	数		量
人工	综合工日	工日	80.00	26.945	30.804	33.779
材料	平垫铁 0~3 号钢 3 号	kg	5.22	8.008	8.008	8.008
	钩头成对斜垫铁 0~3 号钢 3 号	kg	12.70	5.716	5.716	5.716
	热轧薄钢板 1.6~2.0	kg	4.67	1.800	2.300	3.000
	镀锌铁丝 8~12 号	kg	5.36	2.000	3.000	3.000
	铁钉	kg	4.86	0.080	0.080	0.090
	电焊条 结 422 φ2.5	kg	5.04	0.530	0.530	0.530
	加固木板	m³	1980.00	0.013	0.017	0.021
	道木	m³	1600.00	0.041	0.062	0.062
	汽油 93 号	kg	10.05	3.060	3.060	3.570
	煤油	kg	4.20	11.500	11.500	11.500
	汽轮机油（各种规格）	kg	8.80	0.510	0.510	0.510

定 额 编 号			3-13-28	3-13-29	3-13-30
项 目			设备冷却面积(m²)		
			150 以内	200 以内	250 以内
材	黄干油 钙基酯	kg	9.78	0.304	0.306	0.306
	醇酸调和漆 综合	kg	15.20	0.660	0.660	0.660
	石棉橡胶板 低压 0.8~1.0	kg	13.20	4.500	4.500	5.000
	普通硅酸盐水泥 42.5	kg	0.36	38.480	38.480	47.590
	河砂	m³	42.00	0.068	0.068	0.080
	碎石 20mm	m³	55.00	0.068	0.068	0.095
	棉纱头	kg	6.34	2.880	2.880	2.880
	破布	kg	4.50	0.630	0.950	0.950
	草袋	条	1.90	1.000	1.000	1.500
	铁砂布 0~2 号	张	1.68	17.000	17.000	17.000
	塑料布	kg	18.80	10.620	11.730	11.730
料	水	t	4.00	1.130	1.130	1.400
	其他材料费	元	–	19.800	21.950	22.860
机	载货汽车 8t	台班	619.25	0.180	0.270	0.270
	汽车式起重机 16t	台班	1071.52	0.180	0.360	0.450
	电动卷扬机(单筒慢速) 50kN	台班	145.07	0.126	0.189	0.225
械	交流弧焊机 21kV · A	台班	64.00	0.450	0.450	0.450

五、立式蒸发器安装

单位:台

定　额　编　号			3-13-31	3-13-32	3-13-33	3-13-34
项　　　　　目			设备冷却面积(m^2)			
			20 以内	40 以内	60 以内	90 以内
基　　　价　（元）			**1062.13**	**1423.97**	**1759.12**	**2001.77**
其中	人　工　费　（元）		618.80	847.28	1043.84	1201.60
	材　料　费　（元）		285.35	369.90	379.84	449.29
	机　械　费　（元）		157.98	206.79	335.44	350.88
名　　　　　称	单位	单价(元)	数		量	
人工 综合工日	工日	80.00	7.735	10.591	13.048	15.020
材料 平垫铁 0~3 号钢 3 号	kg	5.22	8.008	8.008	8.008	8.008
钩头成对斜垫铁 0~3 号钢 3 号	kg	12.70	5.716	5.716	5.716	5.716
热轧薄钢板 1.6~2.0	kg	4.67	1.000	1.400	1.800	2.300
镀锌铁丝 8~12 号	kg	5.36	1.100	1.100	1.100	1.100
铁钉	kg	4.86	0.020	0.025	0.025	0.030
电焊条 结 422 φ2.5	kg	5.04	0.210	0.210	0.210	0.210
加固木板	m^3	1980.00	0.005	0.008	0.010	0.041
道木	m^3	1600.00	0.030	0.041	0.041	0.041
汽油 93 号	kg	10.05	0.612	0.612	0.816	0.816
料 煤油	kg	4.20	2.500	2.500	2.500	2.500
汽轮机油（各种规格）	kg	8.80	0.505	0.505	0.707	0.707

定 额 编 号			3-13-31	3-13-32	3-13-33	3-13-34
项 目			设备冷却面积(m²)			
			20 以内	40 以内	60 以内	90 以内
材 料	黄干油 钙基酯	kg	9.78	0.110	0.110	0.110	0.110
	醇酸调和漆 综合	kg	15.20	0.160	0.180	0.180	0.180
	石棉橡胶板 低压 0.8~1.0	kg	13.20	0.150	0.250	0.250	0.410
	普通硅酸盐水泥 42.5	kg	0.36	10.180	12.310	12.310	15.530
	河砂	m³	42.00	0.014	0.027	0.027	0.027
	碎石 20mm	m³	55.00	0.014	0.027	0.027	0.027
	棉纱头	kg	6.34	0.880	1.030	1.030	1.030
	破布	kg	4.50	0.530	0.630	0.630	0.630
	草袋	条	1.90	0.500	0.500	0.500	0.500
	铁砂布 0~2 号	张	1.68	5.000	5.000	5.000	5.000
	塑料布	kg	18.80	2.280	5.010	5.010	5.010
	水	t	4.00	0.310	0.380	0.380	0.480
	其他材料费	元	–	8.310	10.770	11.060	13.090
机 械	载货汽车 8t	台班	619.25	–	–	0.180	0.180
	叉式起重机 5t	台班	542.43	0.270	0.360	–	–
	汽车式起重机 16t	台班	1071.52	–	–	0.180	0.180
	电动卷扬机(单筒慢速)50kN	台班	145.07	–	–	0.135	0.162
	交流弧焊机 21kV·A	台班	64.00	0.180	0.180	0.180	0.360

定　额　编　号			3-13-35	3-13-36	3-13-37	3-13-38
项　　目			设备冷却面积(m²)			
			120 以内	160 以内	180 以内	240 以内
基　　价　（元）			**2294.63**	**2786.69**	**3038.90**	**3476.83**
其中	人　工　费　（元）		1394.00	1603.44	1747.60	2078.80
	材　料　费　（元）		445.48	468.51	474.90	520.36
	机　械　费　（元）		455.15	714.74	816.40	877.67
名　　　　称	单位	单价(元)	数			量
人工 综合工日	工日	80.00	17.425	20.043	21.845	25.985
材料 平垫铁 0~3 号钢 3 号	kg	5.22	8.008	8.008	8.008	8.008
钩头成对斜垫铁 0~3 号钢 3 号	kg	12.70	5.716	5.716	5.716	5.716
热轧薄钢板 1.6~2.0	kg	4.67	2.300	3.000	3.000	4.000
镀锌铁丝 8~12 号	kg	5.36	1.650	2.200	2.200	2.200
铁钉	kg	4.86	0.030	0.040	0.040	0.050
电焊条 结 422 φ2.5	kg	5.04	0.210	0.210	0.210	0.210
加固木板	m³	1980.00	0.016	0.021	0.023	0.030
道木	m³	1600.00	0.062	0.062	0.062	0.077
汽油 93 号	kg	10.05	1.224	1.224	1.224	1.224
料 煤油	kg	4.20	2.500	2.500	2.500	2.500
汽轮机油（各种规格）	kg	8.80	1.010	1.010	1.010	1.010

定　额　编　号			3-13-35	3-13-36	3-13-37	3-13-38
项　　　　目			设备冷却面积(m²)			
			120 以内	160 以内	180 以内	240 以内
材料	黄干油 钙基酯	kg	9.78	0.172	0.172	0.172	0.172
	醇酸调和漆 综合	kg	15.20	0.180	0.180	0.180	0.180
	石棉橡胶板 低压 0.8~1.0	kg	13.20	0.410	0.630	0.800	0.800
	普通硅酸盐水泥 42.5	kg	0.36	15.530	19.790	19.790	23.010
	河砂	m³	42.00	0.027	0.041	0.041	0.041
	碎石 20mm	m³	55.00	0.027	0.041	0.041	0.041
	棉纱头	kg	6.34	1.100	1.100	1.100	1.100
	破布	kg	4.50	0.950	0.950	0.950	0.950
	草袋	条	1.90	0.500	0.500	0.500	0.500
	铁砂布 0~2 号	张	1.68	5.000	5.000	5.000	5.000
	塑料布	kg	18.80	5.010	5.010	5.010	5.010
	水	t	4.00	0.480	0.580	0.580	0.680
	其他材料费	元	－	12.980	13.650	13.830	15.160
机械	载货汽车 8t	台班	619.25	0.180	0.270	0.270	0.360
	汽车式起重机 16t	台班	1071.52	0.270	0.450	0.540	－
	电动卷扬机(单筒慢速) 50kN	台班	145.07	0.216	0.252	0.288	0.378
	交流弧焊机 21kV·A	台班	64.00	0.360	0.450	0.450	0.450
	汽车式起重机 25t	台班	1269.11	－	－	－	0.450

六、立式低压循环贮液器和卧式高压贮液器(排液桶)安装

单位:台

定 额 编 号			3-13-39	3-13-40	3-13-41	3-13-42
项 目			立式低压循环贮液器			
			设备容积(m³)			
			1.6 以内	2.5 以内	3.5 以内	5.0 以内
基 价 (元)			**1472.46**	**1669.30**	**1848.28**	**2208.44**
其中	人 工 费 (元)		1073.76	1207.04	1380.40	1645.60
	材 料 费 (元)		289.54	304.28	309.90	356.05
	机 械 费 (元)		109.16	157.98	157.98	206.79
名 称	单位	单价(元)	数		量	
人工 综合工日	工日	80.00	13.422	15.088	17.255	20.570
材料 平垫铁 0~3 号钢 3 号	kg	5.22	8.008	8.008	8.008	8.008
钩头成对斜垫铁 0~3 号钢 3 号	kg	12.70	5.716	5.716	5.716	5.716
热轧薄钢板 1.6~2.0	kg	4.67	0.800	1.000	1.000	1.200
镀锌铁丝 8~12 号	kg	5.36	1.500	1.500	1.500	1.500
铁钉	kg	4.86	0.030	0.030	0.030	0.030
电焊条 结 422 ϕ2.5	kg	5.04	0.210	0.210	0.210	0.210
加固木板	m³	1980.00	0.003	0.006	0.007	0.008
道木	m³	1600.00	0.027	0.030	0.030	0.041
煤油	kg	4.20	2.500	2.500	2.500	2.500

定　额　编　号				3-13-39	3-13-40	3-13-41	3-13-42
项　　　　　目				立式低压循环贮液器			
				设备容积(m³)			
				1.6 以内	2.5 以内	3.5 以内	5.0 以内
材	汽轮机油 (各种规格)	kg	8.80	0.202	0.202	0.303	0.303
	黄干油 钙基酯	kg	9.78	0.253	0.253	0.253	0.302
	醇酸调和漆 综合	kg	15.20	1.160	1.160	1.160	1.180
	石棉橡胶板 低压 0.8～1.0	kg	13.20	0.300	0.500	0.600	0.800
	普通硅酸盐水泥 42.5	kg	0.36	12.830	12.830	12.830	12.830
	河砂	m³	42.00	0.027	0.027	0.027	0.027
	碎石 20mm	m³	55.00	0.027	0.027	0.027	0.027
	棉纱头	kg	6.34	0.850	0.850	0.900	0.900
	破布	kg	4.50	0.420	0.420	0.630	0.630
	草袋	条	1.90	0.500	0.500	0.500	0.500
	铁砂布 0～2 号	张	1.68	5.000	5.000	5.000	5.000
料	塑料布	kg	18.80	2.280	2.280	2.280	3.390
	水	t	4.00	0.380	0.380	0.380	0.380
	其他材料费	元	－	8.430	8.860	9.030	10.370
机	叉式起重机 5t	台班	542.43	0.180	0.270	0.270	0.360
械	交流弧焊机 21kV·A	台班	64.00	0.180	0.180	0.180	0.180

定　额　编　号			3-13-43	3-13-44	3-13-45	3-13-46	3-13-47
项　　　　目			卧式高压贮液器(排液桶)				
			设备容积(m³)				
			1.0 以内	1.5 以内	2.0 以内	3.0 以内	5.0 以内
基　　　价　(元)			**943.67**	**1152.30**	**1261.45**	**1442.81**	**1674.27**
其中	人　工　费　(元)		546.72	750.08	794.24	971.04	1105.04
	材　料　费　(元)		287.79	293.06	309.23	313.79	362.44
	机　械　费　(元)		109.16	109.16	157.98	157.98	206.79
名　　　　称	单位	单价(元)	数		量		
人工 综合工日	工日	80.00	6.834	9.376	9.928	12.138	13.813
材料	平垫铁 0~3 号钢 3 号	kg	5.22	8.008	8.008	8.008	8.008	8.008
	钩头成对斜垫铁 0~3 号钢 3 号	kg	12.70	5.716	5.716	5.716	5.716	5.716
	热轧薄钢板 1.6~2.0	kg	4.67	0.800	0.800	1.000	1.000	1.400
	镀锌铁丝 8~12 号	kg	5.36	1.100	1.100	1.100	1.100	1.100
	铁钉	kg	4.86	0.020	0.020	0.020	0.030	0.030
	电焊条 结422 φ2.5	kg	5.04	0.210	0.210	0.210	0.210	0.210
	加固木板	m³	1980.00	0.001	0.001	0.005	0.006	0.008
	道木	m³	1600.00	0.027	0.027	0.030	0.030	0.041
	汽油 93 号	kg	10.05	0.510	0.510	0.714	0.714	0.918
	煤油	kg	4.20	2.500	2.500	2.500	2.500	2.500

定 额 编 号			3-13-43	3-13-44	3-13-45	3-13-46	3-13-47
项 目			卧式高压贮液器(排液桶)				
			设备容积(m³)				
			1.0 以内	1.5 以内	2.0 以内	3.0 以内	5.0 以内
材	汽轮机油（各种规格）	kg	8.80	0.200	0.200	0.200	0.300	0.300
	黄干油 钙基酯	kg	9.78	0.210	0.210	0.210	0.210	0.210
	醇酸调和漆 综合	kg	15.20	1.160	1.160	1.160	1.160	1.180
	石棉橡胶板 低压 0.8～1.0	kg	13.20	0.300	0.600	0.600	0.600	0.600
	普通硅酸盐水泥 42.5	kg	0.36	10.690	12.310	12.310	14.960	16.590
	河砂	m³	42.00	0.027	0.027	0.027	0.027	0.027
	碎石 20mm	m³	55.00	0.027	0.027	0.027	0.027	0.027
	棉纱头	kg	6.34	0.830	0.900	0.900	0.900	0.900
	破布	kg	4.50	0.630	0.630	0.630	0.630	0.630
	草袋	条	1.90	0.500	0.500	0.500	0.500	0.500
	铁砂布 0～2 号	张	1.68	5.000	5.000	5.000	5.000	5.000
料	塑料布	kg	18.80	2.280	2.280	2.280	2.280	3.390
	水	t	4.00	0.310	0.340	0.340	0.480	0.480
	其他材料费	元	—	8.380	8.540	9.010	9.140	10.560
机	叉式起重机 5t	台班	542.43	0.180	0.180	0.270	0.270	0.360
械	交流弧焊机 21kV·A	台班	64.00	0.180	0.180	0.180	0.180	0.180

七、氨油分离器安装

定 额 编 号			3-13-48	3-13-49	3-13-50	3-13-51	3-13-52	3-13-53
项 目			设备直径(mm)					
			325 以内	500 以内	700 以内	800 以内	1000 以内	1200 以内
基 价 (元)			**363.32**	**508.35**	**827.38**	**1109.79**	**1269.10**	**1427.18**
其中	人 工 费 (元)		216.96	354.32	562.40	756.16	912.56	1069.68
	材 料 费 (元)		134.84	142.51	155.82	195.65	198.56	199.52
	机 械 费 (元)		11.52	11.52	109.16	157.98	157.98	157.98
名 称	单位	单价(元)	数			量		
人工 综合工日	工日	80.00	2.712	4.429	7.030	9.452	11.407	13.371
材料 平垫铁 0~3 号钢 2 号	kg	5.22	2.904	2.904	2.904	2.904	2.904	2.904
钩头成对斜垫铁 0~3 号钢 2 号	kg	13.20	2.782	2.782	2.782	2.782	2.782	2.782
热轧薄钢板 1.6~2.0	kg	4.67	0.400	0.400	0.800	0.800	1.000	1.200
镀锌铁丝 8~12 号	kg	5.36	1.100	1.100	1.650	1.650	1.650	1.650
电焊条 结 422 φ2.5	kg	5.04	0.210	0.210	0.210	0.210	0.210	0.210
加固木板	m³	1980.00	0.001	0.001	0.001	0.004	0.004	0.004
料 道木	m³	1600.00	0.027	0.027	0.027	0.030	0.030	0.030
煤油	kg	4.20	0.500	1.000	1.000	1.500	1.500	1.500

定 额 编 号			3-13-48	3-13-49	3-13-50	3-13-51	3-13-52	3-13-53
项 目			设备直径(mm)					
			325 以内	500 以内	700 以内	800 以内	1000 以内	1200 以内
材	汽轮机油（各种规格）	kg	8.80	0.202	0.202	0.202	0.202	0.202	0.202
	黄干油 钙基酯	kg	9.78	0.202	0.212	0.212	0.212	0.212	0.212
	醇酸调和漆 综合	kg	15.20	0.050	0.050	0.080	0.080	0.080	0.080
	石棉橡胶板 低压 0.8~1.0	kg	13.20	0.300	0.300	0.400	0.400	0.500	0.500
	普通硅酸盐水泥 42.5	kg	0.36	8.050	8.050	11.760	14.960	14.960	14.960
	河砂	m³	42.00	0.014	0.014	0.027	0.027	0.027	0.027
	碎石 20mm	m³	55.00	0.014	0.014	0.027	0.027	0.027	0.027
	棉纱头	kg	6.34	0.300	0.300	0.480	0.480	0.500	0.500
	破布	kg	4.50	0.210	0.210	0.320	0.320	0.420	0.420
	草袋	条	1.90	0.500	0.500	0.500	0.500	0.500	0.500
	铁砂布 0~2 号	张	1.68	1.000	2.000	2.000	3.000	3.000	3.000
料	塑料布	kg	18.80	0.200	0.390	0.480	1.680	1.680	1.680
	水	t	4.00	0.240	0.240	0.340	0.450	0.450	0.450
	其他材料费	元	—	3.930	4.150	4.540	5.700	5.780	5.810
机 械	叉式起重机 5t	台班	542.43	—	—	0.180	0.270	0.270	0.270
	交流弧焊机 21kV·A	台班	64.00	0.180	0.180	0.180	0.180	0.180	0.180

八、氨液分离器和空气分离器安装

定 额 编 号			3-13-54	3-13-55	3-13-56	3-13-57	3-13-58	3-13-59
项 目			氨液分离器(mm)					
			500 以内	600 以内	800 以内	1000 以内	1200 以内	1400 以内
基 价 (元)			**556.08**	**651.28**	**874.52**	**1031.52**	**1159.59**	**1272.48**
其中	人 工 费 (元)		350.24	444.08	567.12	716.08	835.76	897.60
	材 料 费 (元)		200.08	201.44	204.00	206.28	214.67	216.90
	机 械 费 (元)		5.76	5.76	103.40	109.16	109.16	157.98
名 称	单位	单价(元)	数			量		
人工 综合工日	工日	80.00	4.378	5.551	7.089	8.951	10.447	11.220
材料 平垫铁 0~3 号钢 2 号	kg	5.22	3.872	3.872	3.872	3.872	3.872	3.872
钩头成对斜垫铁 0~3 号钢 2 号	kg	13.20	3.708	3.708	3.708	3.708	3.708	3.708
热轧薄钢板 1.6~2.0	kg	4.67	0.400	0.400	0.800	0.800	0.800	0.800
镀锌铁丝 8~12 号	kg	5.36	0.800	0.800	0.800	0.800	1.100	1.100
双头螺栓 M16×150	套	15.86	4.000	4.000	4.000	4.000	4.000	4.000
电焊条 结 422 φ2.5	kg	5.04	0.210	0.210	0.210	0.210	0.210	0.210

定　额　编　号			3-13-54	3-13-55	3-13-56	3-13-57	3-13-58	3-13-59
项　　　目			氨液分离器(mm)					
			500 以内	600 以内	800 以内	1000 以内	1200 以内	1400 以内
材	加固木板	m³	1980.00	-	-	-	-	0.002	0.002
	煤油	kg	4.20	1.500	1.500	1.500	1.500	1.500	1.500
	汽轮机油（各种规格）	kg	8.80	0.101	0.101	0.101	0.202	0.202	0.202
	黄干油 钙基酯	kg	9.78	0.182	0.182	0.182	0.182	0.182	0.202
	醇酸调和漆 综合	kg	15.20	0.080	0.080	0.080	0.080	0.080	0.080
	石棉橡胶板 低压 0.8~1.0	kg	13.20	0.300	0.400	0.400	0.500	0.600	0.700
	棉纱头	kg	6.34	0.430	0.430	0.450	0.450	0.500	0.530
	破布	kg	4.50	0.210	0.210	0.320	0.320	0.530	0.630
	铁砂布 0~2 号	张	1.68	3.000	3.000	3.000	3.000	3.000	3.000
料	塑料布	kg	18.80	1.680	1.680	1.680	1.680	1.680	1.680
	其他材料费	元	-	5.830	5.870	5.940	6.010	6.250	6.320
机	叉式起重机 5t	台班	542.43	-	-	0.180	0.180	0.180	0.270
械	交流弧焊机 21kV·A	台班	64.00	0.090	0.090	0.090	0.180	0.180	0.180

単位:台

定 额 编 号				3-13-60	3-13-61
项 目				空气冷离器冷却面积(m²)	
				0.45 以内	1.82 以内
基 价 （元）				**270.07**	**326.11**
其中	人 工 费 （元）			134.64	189.04
	材 料 费 （元）			129.67	131.31
	机 械 费 （元）			5.76	5.76
名 称		单位	单价(元)	数	量
人工	综合工日	工日	80.00	1.683	2.363
材料	平垫铁 0~3 号钢 2 号	kg	5.22	3.872	3.872
	钩头成对斜垫铁 0~3 号钢 2 号	kg	13.20	3.708	3.708
	热轧薄钢板 1.6~2.0	kg	4.67	0.200	0.400
	电焊条 结 422 φ2.5	kg	5.04	0.105	0.105
	加固木板	m³	1980.00	0.001	0.001
	煤油	kg	4.20	1.500	1.500
	醇酸调和漆 综合	kg	15.20	0.080	0.080
	石棉橡胶板 低压 0.8~1.0	kg	13.20	0.200	0.250
	普通硅酸盐水泥 42.5	kg	0.36	5.900	5.900
	河砂	m³	42.00	0.014	0.014
	碎石 20mm	m³	55.00	0.014	0.014
	棉纱头	kg	6.34	0.400	0.400
	破布	kg	4.50	0.110	0.110
	铁砂布 0~2 号	张	1.68	3.000	3.000
	塑料布	kg	18.80	1.680	1.680
	其他材料费	元	–	3.780	3.820
机械	交流弧焊机 21kV·A	台班	64.00	0.090	0.090

九、氨气过滤器和氨液过滤器安装

单位:台

定　额　编　号				3-13-62	3-13-63	3-13-64	3-13-65	3-13-66	3-13-67
项　　　　　目				氨气过滤器			氨液过滤器		
				设备直径(mm)					
				100 以内	200 以内	300 以内	25 以内	50 以内	100 以内
基　　价　　(元)				**160.57**	**268.22**	**440.93**	**88.90**	**191.87**	**262.78**
其中	人　工　费　(元)			125.84	210.80	348.16	70.08	165.28	187.04
	材　料　费　(元)			34.73	57.42	92.77	18.82	26.59	75.74
	机　械　费　(元)			－	－	－	－	－	－
名　　称	单位	单价(元)		数		量			
人工 综合工日	工日	80.00		1.573	2.635	4.352	0.876	2.066	2.338
材料 镀锌铁丝 8~12 号	kg	5.36		0.800	0.800	0.800	－	－	－
汽油 93 号	kg	10.05		0.501	1.002	2.040	0.204	0.510	1.020
煤油	kg	4.20		1.000	1.000	1.500	0.500	0.500	0.500
冷冻机油	kg	8.30		0.200	0.250	0.250	0.100	0.150	0.200
汽轮机油（各种规格）	kg	8.80		0.101	0.101	0.101	0.101	0.101	0.101
黄干油 钙基酯	kg	9.78		0.101	0.404	0.606	0.051	0.152	0.354
醇酸调和漆 综合	kg	15.20		0.050	0.050	0.080	0.050	0.050	0.050
石棉橡胶板 低压 0.8~1.0	kg	13.20		0.500	1.000	2.000	0.200	0.400	1.200
棉纱头	kg	6.34		0.280	0.400	0.400	0.260	0.260	0.260
白布 0.9m	m²	8.54		0.102	0.306	0.510	0.051	0.102	0.204
破布	kg	4.50		0.105	0.105	0.210	0.053	0.053	0.053
料 铁砂布 0~2 号	张	1.68		2.000	2.000	2.000	2.000	2.000	2.000
塑料布	kg	18.80		0.150	0.390	0.600	0.150	0.150	1.680
其他材料费	元	－		1.010	1.670	2.700	0.550	0.770	2.210

十、中间冷却器安装

定 额 编 号			3-13-68	3-13-69	3-13-70	3-13-71	3-13-72	3-13-73
项 目			设备冷却面积(m²)					
			2 以内	3.5 以内	5 以内	8 以内	10 以内	16 以内
基 价 (元)			**710.86**	**832.24**	**983.76**	**1270.08**	**1493.04**	**2441.12**
其中	人 工 费 (元)		411.44	526.32	666.40	812.64	1030.24	1296.08
	材 料 费 (元)		196.02	202.52	208.20	299.46	304.82	341.03
	机 械 费 (元)		103.40	103.40	109.16	157.98	157.98	804.01
名 称	单位	单价(元)	数			量		
人工 综合工日	工日	80.00	5.143	6.579	8.330	10.158	12.878	16.201
材料 平垫铁0~3号钢3号	kg	5.22	6.006	6.006	6.006	6.006	6.006	6.006
钩头成对斜垫铁0~3号钢3号	kg	12.70	4.286	4.286	4.286	4.286	4.286	4.286
热轧薄钢板1.6~2.0	kg	4.67	0.800	0.800	0.800	1.000	1.000	1.200
镀锌铁丝8~12号	kg	5.36	1.100	1.100	1.100	1.650	1.650	2.000
电焊条 结422 φ2.5	kg	5.04	0.105	0.105	0.210	0.210	0.210	0.420
加固木板	m³	1980.00	0.001	0.001	0.001	0.005	0.006	0.008
道木	m³	1600.00	–	–	–	0.030	0.030	0.041
煤油	kg	4.20	2.500	2.500	2.500	2.500	2.500	2.500
汽轮机油(各种规格)	kg	8.80	0.202	0.303	0.505	0.505	0.505	0.606

定 额 编 号			3-13-68	3-13-69	3-13-70	3-13-71	3-13-72	3-13-73
项 目			设备冷却面积(m²)					
			2 以内	3.5 以内	5 以内	8 以内	10 以内	16 以内
材 料	黄干油 钙基酯	kg	9.78	0.212	0.212	0.212	0.111	0.111	0.111
	醇酸调和漆 综合	kg	15.20	0.160	0.160	0.160	0.180	0.180	0.180
	石棉橡胶板 低压 0.8~1.0	kg	13.20	1.000	1.300	1.500	1.800	2.000	2.500
	普通硅酸盐水泥 42.5	kg	0.36	8.560	9.110	10.690	14.500	16.100	18.850
	河砂	m³	42.00	0.014	0.014	0.014	0.027	0.027	0.027
	碎石 20mm	m³	55.00	0.014	0.014	0.014	0.027	0.027	0.027
	棉纱头	kg	6.34	0.830	0.880	0.880	1.050	1.050	1.100
	破布	kg	4.50	0.320	0.530	0.530	0.740	0.740	0.950
	铁砂布 0~2 号	张	1.68	5.000	5.000	5.000	5.000	5.000	5.000
	塑料布	kg	18.80	2.280	2.280	2.280	3.390	3.390	3.390
	其他材料费	元	–	5.710	5.900	6.060	8.720	8.880	9.930
机 械	载货汽车 8t	台班	619.25	–	–	–	–	–	0.450
	叉式起重机 5t	台班	542.43	0.180	0.180	0.180	0.270	0.270	–
	汽车式起重机 16t	台班	1071.52	–	–	–	–	–	0.450
	电动卷扬机(单筒慢速) 50kN	台班	145.07	–	–	–	–	–	0.099
	交流弧焊机 21kV·A	台班	64.00	0.090	0.090	0.180	0.180	0.180	0.450

十一、玻璃钢冷却塔安装

定　额　编　号			3-13-74	3-13-75	3-13-76	3-13-77	3-13-78
项　　　　目			设备处理水量(m³/h)				
			30 以内	50 以内	70 以内	100 以内	150 以内
基　　　价　（元）			**1417.76**	**1587.82**	**1940.88**	**2340.81**	**2851.28**
其中	人　工　费　（元）		996.88	1081.20	1218.56	1332.16	1551.76
	材　料　费　（元）		303.65	389.39	493.63	558.51	609.43
	机　械　费　（元）		117.23	117.23	228.69	450.14	690.09
名　　　　　称	单位	单价(元)	数			量	
人工 综合工日	工日	80.00	12.461	13.515	15.232	16.652	19.397
材料 平垫铁 0~3 号钢 3 号	kg	5.22	6.006	6.006	8.008	8.008	8.008
钩头成对斜垫铁 0~3 号钢 3 号	kg	12.70	4.286	4.286	5.716	5.716	5.716
热轧薄钢板 1.6~2.0	kg	4.67	0.200	0.400	0.800	0.800	1.000
镀锌铁丝 8~12 号	kg	5.36	3.700	3.700	3.700	4.800	4.800
电焊条 结 422 φ2.5	kg	5.04	0.210	0.210	0.260	0.260	0.320
加固木板	m³	1980.00	0.002	0.002	0.003	0.006	0.006
道木	m³	1600.00	0.027	0.027	0.027	0.027	0.030
汽油 93 号	kg	10.05	0.306	0.408	0.510	0.714	1.224
煤油	kg	4.20	1.500	2.000	2.000	3.000	6.000
汽轮机油（各种规格）	kg	8.80	0.101	0.101	0.101	0.101	0.101

定　额　编　号			3-13-74	3-13-75	3-13-76	3-13-77	3-13-78
项　　　　　　目			设备处理水量(m³/h)				
			30 以内	50 以内	70 以内	100 以内	150 以内
材 料	黄干油 钙基酯	kg	9.78	0.576	0.576	0.576	0.576	0.576
	404 号树脂胶	kg	35.00	1.000	1.500	2.000	2.500	3.000
	醇酸调和漆 综合	kg	15.20	0.100	0.100	0.200	0.300	0.300
	石棉橡胶板 低压 0.8~1.0	kg	13.20	1.200	1.400	1.400	1.600	1.600
	普通硅酸盐水泥 42.5	kg	0.36	13.050	13.050	18.850	18.850	18.850
	河砂	m³	42.00	0.014	0.014	0.027	0.027	0.027
	碎石 20mm	m³	55.00	0.027	0.027	0.027	0.027	0.027
	棉纱头	kg	6.34	0.610	0.650	0.830	0.880	1.850
	破布	kg	4.50	0.263	0.420	0.420	0.630	0.840
	草袋	条	1.90	0.500	0.500	0.500	0.500	0.500
	铁砂布 0~2 号	张	1.68	3.000	4.000	4.000	5.000	5.000
	塑料布	kg	18.80	2.790	5.790	8.130	9.210	9.210
	水	t	4.00	0.380	0.380	0.550	0.550	0.820
	其他材料费	元	–	8.840	11.340	14.380	16.270	17.750
机 械	载货汽车 8t	台班	619.25	0.180	0.180	0.360	0.450	0.450
	汽车式起重机 12t	台班	888.68	–	–	–	0.180	0.450
	交流弧焊机 21kV·A	台班	64.00	0.090	0.090	0.090	0.180	0.180

定 额 编 号			3-13-79	3-13-80	3-13-81	3-13-82
项 目			设备处理水量(m³/h)			
			250 以内	300 以内	500 以内	700 以内
基 价 (元)			**4158.61**	**5683.39**	**6398.27**	**7203.61**
其中	人 工 费 (元)		2232.48	2636.40	2834.96	3463.28
	材 料 费 (元)		949.19	1373.35	1832.53	1970.38
	机 械 费 (元)		976.94	1673.64	1730.78	1769.95
名 称	单位	单价(元)	数		量	
人工 综合工日	工日	80.00	27.906	32.955	35.437	43.291
材料 平垫铁 0~3 号钢 3 号	kg	5.22	12.012	16.016	16.016	16.016
钩头成对斜垫铁 0~3 号钢 3 号	kg	12.70	8.572	11.430	11.430	11.430
热轧薄钢板 1.6~2.0	kg	4.67	1.400	1.800	1.800	4.000
镀锌铁丝 8~12 号	kg	5.36	4.800	4.800	5.550	7.400
电焊条 结 422 φ2.5	kg	5.04	0.320	0.420	0.420	0.630
加固木板	m³	1980.00	0.008	0.017	0.017	0.017
道木	m³	1600.00	0.041	0.041	0.041	0.062
汽油 93 号	kg	10.05	2.040	2.550	3.570	5.100
煤油	kg	4.20	6.000	9.000	12.000	17.000
汽轮机油(各种规格)	kg	8.80	0.202	0.202	0.303	0.303
黄干油 钙基酯	kg	9.78	0.576	0.576	0.576	0.646
404 号树脂胶	kg	35.00	4.000	5.000	6.000	7.000

定 额 编 号			3-13-79	3-13-80	3-13-81	3-13-82
项 目			设备处理水量(m³/h)			
			250 以内	300 以内	500 以内	700 以内
材 料	醇酸调和漆 综合	kg	15.20	0.600	0.900	1.500	1.500
	石棉橡胶板 低压 0.8~1.0	kg	13.20	1.800	2.000	2.500	3.000
	铁钉	kg	4.86	–	0.040	0.040	0.040
	普通硅酸盐水泥 42.5	kg	0.36	39.150	159.500	159.500	159.500
	河砂	m³	42.00	0.054	0.240	0.240	0.240
	碎石 20mm	m³	55.00	0.068	0.260	0.260	0.260
	棉纱头	kg	6.34	1.850	2.800	3.550	3.600
	破布	kg	4.50	1.050	1.260	2.100	2.100
	草袋	条	1.90	1.500	5.000	5.000	5.000
	铁砂布 0~2 号	张	1.68	10.000	15.000	23.000	23.000
	塑料布	kg	18.80	18.420	27.630	46.000	46.000
	水	t	4.00	1.540	5.900	5.900	5.900
	其他材料费	元	–	27.650	40.000	53.370	57.390
机 械	载货汽车 8t	台班	619.25	0.540	0.720	0.900	0.900
	汽车式起重机 12t	台班	888.68	–	–	0.450	0.450
	汽车式起重机 16t	台班	1071.52	0.450	0.450	–	–
	电动卷扬机(单筒慢速) 50kN	台班	145.07	1.026	1.044	1.197	1.467
	交流弧焊机 21kV·A	台班	64.00	0.180	0.360	0.450	0.450
	汽车式起重机 25t	台班	1269.11	–	0.450	0.450	0.450

十二、集油器、油视镜、紧急泄氨器安装

定　额　编　号				3-13-83	3-13-84	3-13-85
项　　　目				集油器		
				设备直径(mm)		
				219 以内	325 以内	500 以内
基　　价　　（元）				**210.33**	**256.30**	**332.79**
其中	人　工　费　（元）			110.16	155.76	231.92
	材　料　费　（元）			94.41	94.78	95.11
	机　械　费　（元）			5.76	5.76	5.76
	名　　　称	单位	单价(元)	数		量
人工	综合工日	工日	80.00	1.377	1.947	2.899
材料	平垫铁 0~3 号钢 2 号	kg	5.22	3.872	3.872	3.872
	钩头成对斜垫铁 0~3 号钢 2 号	kg	13.20	3.708	3.708	3.708
	热轧薄钢板 1.6~2.0	kg	4.67	0.200	0.200	0.200
	电焊条 结 422 φ2.5	kg	5.04	0.105	0.105	0.105

单位:台

定 额 编 号			3-13-83	3-13-84	3-13-85
项 目			集油器		
			设备直径(mm)		
			219 以内	325 以内	500 以内
材	加固木板	m³	1980.00	0.001	0.001	0.001
	煤油	kg	4.20	0.500	0.500	0.500
	汽轮机油（各种规格）	kg	8.80	0.202	0.202	0.202
	石棉橡胶板 低压 0.8~1.0	kg	13.20	0.500	0.500	0.500
	普通硅酸盐水泥 42.5	kg	0.36	8.000	9.000	9.000
	河砂	m³	42.00	0.014	0.014	0.014
	碎石 20mm	m³	55.00	0.014	0.014	0.014
	棉纱头	kg	6.34	0.330	0.330	0.380
料	破布	kg	4.50	0.500	0.500	0.500
	其他材料费	元	-	2.750	2.760	2.770
机械	交流弧焊机 21kV·A	台班	64.00	0.090	0.090	0.090

定 额 编 号				3-13-86	3-13-87	3-13-88
项 目				油视镜（支）		紧急泄氨器（台）
				设备直径（mm）		
				50 以内	100 以内	108 以内
单 位				支		台
基 价 （元）				**128.23**	**177.15**	**146.53**
其中	人 工 费 （元）			108.80	151.68	121.04
	材 料 费 （元）			19.43	25.47	25.49
	机 械 费 （元）			－	－	－
名 称		单位	单价（元）	数		量
人工	综合工日	工日	80.00	1.360	1.896	1.513
材料	铁件	kg	5.30	1.200	1.500	1.750
	双头带帽螺栓 M10×30	套	0.34	8.000	8.000	2.000
	加固木板	m³	1980.00	－	－	0.001
	煤油	kg	4.20	0.500	0.500	0.500
	汽轮机油（各种规格）	kg	8.80	0.101	0.101	0.101
	石棉橡胶板 低压 0.8～1.0	kg	13.20	0.200	0.500	0.200
	普通硅酸盐水泥 42.5	kg	0.36	－	－	5.000
	河砂	m³	42.00	－	－	0.014
	碎石 20mm	m³	55.00	－	－	0.014
	棉纱头	kg	6.34	0.300	0.350	0.280
	破布	kg	4.50	0.500	0.500	0.500
	其他材料费	元	－	0.570	0.740	0.740

十三、储气罐安装

单位:台

定 额 编 号			3-13-89	3-13-90	3-13-91	3-13-92	3-13-93
项 目			设备容量(t)				
			2	5	8	11	15
基 价 (元)			**1594.06**	**2307.73**	**3311.10**	**3977.71**	**4800.15**
其中	人 工 费 (元)		1028.16	1479.04	1746.96	2269.84	2914.48
	材 料 费 (元)		231.40	346.84	399.50	503.63	555.96
	机 械 费 (元)		334.50	481.85	1164.64	1204.24	1329.71
名 称	单位	单价(元)	数		量		
人工 综合工日	工日	80.00	12.852	18.488	21.837	28.373	36.431
材料 平垫铁 0~3 号钢 1 号	kg	5.22	2.032	3.048	3.048	3.556	3.556
钩头成对斜垫铁 0~3 号钢 1 号	kg	14.50	1.044	1.566	1.566	2.088	2.088
热轧中厚钢板 $\delta=4.5\sim10$	kg	3.90	1.000	2.000	3.000	4.000	5.000
精制六角带帽螺栓 M20×80 以下	10 套	40.18	0.600	1.000	1.200	1.400	1.600
镀锌铁丝 8~12 号	kg	5.36	2.200	3.300	4.400	4.950	5.500
电焊条 结 422 ϕ2.5	kg	5.04	0.600	1.170	1.420	1.790	2.210
加固木板	m³	1980.00	0.001	0.001	0.003	0.003	0.004
道木	m³	1600.00	0.042	0.060	0.065	0.079	0.081
煤油	kg	4.20	2.100	2.700	3.000	3.500	4.000
料 氧气	m³	3.60	1.183	1.499	1.765	2.030	2.489
乙炔气	m³	25.20	0.398	0.500	0.592	0.673	0.826

定 额 编 号				3-13-89	3-13-90	3-13-91	3-13-92	3-13-93
项 目				设备容量(t)				
				2	5	8	11	15
材 料	醇酸调和漆 综合	kg	15.20	0.080	0.100	0.100	0.100	0.100
	石棉橡胶板 低压 0.8~1.0	kg	13.20	0.740	1.310	2.110	3.140	4.270
	普通硅酸盐水泥 42.5	kg	0.36	17.000	23.000	26.000	29.000	37.000
	河砂	m³	42.00	0.025	0.050	0.063	0.075	0.088
	碎石 20mm	m³	55.00	0.025	0.063	0.075	0.088	0.100
	棉纱头	kg	6.34	0.380	0.500	0.500	0.500	0.500
	破布	kg	4.50	0.500	0.500	1.000	1.000	1.000
	草袋	条	1.90	0.500	0.500	0.500	0.500	1.270
	铁砂布 0~2 号	张	1.68	3.000	3.000	3.000	3.000	3.000
	塑料布	kg	18.80	1.680	2.790	2.790	4.410	4.410
	水	t	4.00	0.510	0.680	0.790	0.860	1.000
	其他材料费	元	–	6.740	10.100	11.640	14.670	16.190
机 械	载货汽车 8t	台班	619.25	–	–	0.450	0.450	0.450
	汽车式起重机 8t	台班	728.19	0.180	–	–	–	–
	汽车式起重机 12t	台班	888.68	–	0.180	–	–	–
	汽车式起重机 16t	台班	1071.52	–	–	0.450	0.450	–
	汽车式起重机 25t	台班	1269.11	–	–	–	–	0.450
	交流弧焊机 21kV·A	台班	64.00	0.180	0.270	0.360	0.360	0.360
	电动空气压缩机 6m³/min	台班	338.45	0.567	0.900	1.125	1.242	1.350

十四、乙炔发生器安装

单位:台

定 额 编 号			3-13-94	3-13-95	3-13-96	3-13-97	3-13-98
项 目			设备规格(m³/h)				
			5 以内	10 以内	20 以内	40 以内	80 以内
基 价 (元)			**1773.60**	**2335.88**	**3325.64**	**4031.75**	**5237.59**
其中	人 工 费 (元)		1043.84	1323.28	1793.20	2102.56	2918.56
	材 料 费 (元)		149.32	246.04	330.72	466.51	522.04
	机 械 费 (元)		580.44	766.56	1201.72	1462.68	1796.99
名 称	单位	单价(元)	数		量		
人工 综合工日	工日	80.00	13.048	16.541	22.415	26.282	36.482
材料 平垫铁 0~3 号钢 1 号	kg	5.22	2.540	3.048	3.810	5.080	5.842
钩头成对斜垫铁 0~3 号钢 1 号	kg	14.50	1.044	1.566	1.566	2.088	2.610
垫板(钢板 δ=10)	kg	4.56	1.500	1.800	2.000	2.500	2.800
铁钉	kg	4.86	0.011	0.013	0.016	0.017	0.023
电焊条 结 422 φ2.5	kg	5.04	0.320	0.420	0.740	0.840	1.050
加固木板	m³	1980.00	0.001	0.001	0.001	0.003	0.004
道木	m³	1600.00	—	0.008	0.008	0.027	0.030
煤油	kg	4.20	2.500	2.500	3.000	4.000	4.500
汽轮机油（各种规格）	kg	8.80	0.100	0.150	0.180	0.200	0.250
氧气	m³	3.60	1.244	1.663	2.917	3.325	4.162
乙炔气	m³	25.20	0.418	0.551	0.969	1.663	1.387
料 铅油	kg	8.50	0.100	0.150	0.200	0.250	0.300
醇酸调和漆 综合	kg	15.20	0.080	0.080	0.100	0.100	0.100

定　　额　　编　　号			3-13-94	3-13-95	3-13-96	3-13-97	3-13-98
项　　　　　目			设备规格(m³/h)				
			5 以内	10 以内	20 以内	40 以内	80 以内
材料	石棉橡胶板 低压 0.8 ~ 1.0	kg	13.20	0.960	–	–	–	–
	石棉橡胶板 中压 0.8 ~ 1.0	kg	17.00	–	2.640	3.970	4.740	5.350
	石棉编绳 φ6 ~ 10 烧失量 20%	kg	10.14	0.200	0.250	0.300	0.400	0.500
	橡胶板 各种规格	kg	9.68	0.200	0.300	0.400	0.500	0.600
	普通硅酸盐水泥 42.5	kg	0.36	58.000	67.000	78.000	87.000	116.000
	河砂	m³	42.00	0.103	0.108	0.135	0.176	0.203
	碎石 20mm	m³	55.00	0.112	0.124	0.149	0.189	0.223
	棉纱头	kg	6.34	0.480	0.500	0.750	0.880	1.000
	破布	kg	4.50	0.500	1.000	1.500	2.000	2.500
	草袋	条	1.90	1.500	1.500	2.000	2.000	3.000
	铁砂布 0 ~ 2 号	张	1.68	2.000	3.000	3.000	3.000	3.000
	塑料布	kg	18.80	0.600	1.680	2.790	4.410	4.410
	水	t	4.00	1.710	1.990	2.330	2.570	3.420
	其他材料费	元	–	4.350	7.170	9.630	13.590	15.210
机械	载货汽车 8t	台班	619.25	0.180	0.270	0.360	0.450	0.450
	汽车式起重机 8t	台班	728.19	0.180	–	–	–	–
	汽车式起重机 12t	台班	888.68	–	0.180	–	–	–
	汽车式起重机 16t	台班	1071.52	–	–	0.450	0.540	0.720
	电动卷扬机(单筒慢速) 50kN	台班	145.07	0.675	1.125	1.125	1.350	1.800
	交流弧焊机 21kV · A	台班	64.00	0.180	0.270	0.450	0.450	0.450
	电动空气压缩机 6m³/min	台班	338.45	0.675	0.765	0.900	1.125	1.350

十五、乙炔发生器附属设备

单位:台

定　额　编　号			3-13-99	3-13-100	3-13-101	3-13-102	3-13-103
项　　　目			设备(t)				
			0.3 以内	0.5 以内	0.8 以内	1 以内	1.5 以内
基　　价　（元）			**731.58**	**1262.05**	**1726.47**	**2329.38**	**3033.87**
其中	人　工　费　（元）		408.72	610.64	891.52	1207.04	1634.08
	材　料　费　（元）		91.08	148.66	211.96	292.38	325.51
	机　械　费　（元）		231.78	502.75	622.99	829.96	1074.28
名　　　称	单位	单价(元)	数			量	
人工 综合工日	工日	80.00	5.109	7.633	11.144	15.088	20.426
材　　　料 平垫铁 0～3 号钢 1 号	kg	5.22	1.524	1.524	2.286	3.048	3.048
钩头成对斜垫铁 0～3 号钢 1 号	kg	14.50	1.044	1.044	1.566	2.088	2.088
垫板（钢板 δ = 10）	kg	4.56	1.500	3.000	3.500	4.000	5.000
铁钉	kg	4.86	–	0.010	0.013	0.015	0.017
电焊条 结 422 φ2.5	kg	5.04	0.210	0.530	0.840	1.050	1.580
加固木板	m³	1980.00	0.001	0.001	0.001	0.003	0.003
道木	m³	1600.00	–	–	–	0.008	0.008
煤油	kg	4.20	1.200	1.800	1.900	2.100	2.300
汽轮机油（各种规格）	kg	8.80	0.200	0.300	0.400	0.600	0.800
氧气	m³	3.60	0.102	0.204	0.316	0.520	0.836
乙炔气	m³	25.20	0.031	0.071	0.102	0.173	0.275

定 额 编 号			3-13-99	3-13-100	3-13-101	3-13-102	3-13-103
项 目			设备(t)				
			0.3 以内	0.5 以内	0.8 以内	1 以内	1.5 以内
材料	铅油	kg	8.50	0.600	0.800	1.000	1.200	1.500
	醇酸调和漆 综合	kg	15.20	0.080	0.080	0.100	0.100	0.100
	石棉橡胶板 中压 0.8~1.0	kg	17.00	0.200	0.300	0.400	0.500	0.800
	石棉编绳 φ6~10 烧失量 20%	kg	10.14	0.200	0.300	0.400	0.500	0.600
	普通硅酸盐水泥 42.5	kg	0.36	23.000	46.000	67.000	75.000	87.000
	河砂	m³	42.00	0.041	0.080	0.110	0.130	0.154
	碎石 20mm	m³	55.00	0.045	0.090	0.120	0.134	0.169
	棉纱头	kg	6.34	0.430	0.450	0.590	0.600	0.600
	破布	kg	4.50	0.500	0.500	1.000	1.200	1.500
	草袋	条	1.90	0.500	1.000	2.000	2.000	2.000
	铁砂布 0~2 号	张	1.68	2.000	3.000	3.000	3.000	3.000
	水	t	4.00	0.680	1.370	1.990	2.230	2.570
	塑料布	kg	18.80	0.600	1.680	2.790	4.410	4.410
	其他材料费	元	–	2.650	4.330	6.170	8.520	9.480
机械	载货汽车 8t	台班	619.25	0.180	0.180	0.270	0.270	0.450
	汽车式起重机 8t	台班	728.19	–	0.180	0.180	0.270	0.360
	电动卷扬机(单筒慢速) 50kN	台班	145.07	0.225	0.585	0.675	1.125	1.260
	交流弧焊机 21kV·A	台班	64.00	0.180	0.360	0.450	0.450	0.720
	电动空气压缩机 6m³/min	台班	338.45	0.225	0.450	0.585	0.810	0.900

十六、水压机蓄势罐安装

单位:台

定 额 编 号				3-13-104	3-13-105	3-13-106	3-13-107	3-13-108	3-13-109
项 目				设备重量(t)					
				10 以内	15 以内	20 以内	30 以内	40 以内	55 以内
基 价 （元）				**7983.14**	**10222.42**	**13306.34**	**20722.64**	**26641.23**	**32698.81**
其中	人 工 费 （元）			4090.24	5089.12	7351.52	10004.16	12278.80	16940.16
	材 料 费 （元）			2200.22	3147.93	3605.86	5061.21	5521.56	6018.91
	机 械 费 （元）			1692.68	1985.37	2348.96	5657.27	8840.87	9739.74
名 称	单位	单价(元)		数			量		
人工 综合工日	工日	80.00		51.128	63.614	91.894	125.052	153.485	211.752
材料 平垫铁 0~3 号钢 2 号	kg	5.22		7.744	–	–	–	–	–
平垫铁 0~3 号钢 3 号	kg	5.22		–	16.016	16.016	–	–	–
平垫铁 0~3 号钢 4 号	kg	5.22		–	–	–	94.944	94.944	94.944
钩头成对斜垫铁 0~3 号钢 2 号	kg	13.20		7.416	–	–	–	–	–
钩头成对斜垫铁 0~3 号钢 3 号	kg	12.70		–	12.859	12.859	–	–	–
钩头成对斜垫铁 0~3 号钢 4 号	kg	13.60		–	–	–	51.636	51.636	51.636
垫板(钢板 δ = 10)	kg	4.56		50.000	55.000	65.000	80.000	90.000	100.000
镀锌铁丝 8~12 号	kg	5.36		4.000	5.000	6.000	6.500	7.000	7.500
铁钉	kg	4.86		0.015	0.018	0.021	0.024	0.026	0.031
电焊条 结 422 φ2.5	kg	5.04		2.630	3.150	3.360	3.680	3.940	4.460
加固木板	m³	1980.00		0.031	0.036	0.046	0.073	0.111	0.139
道木	m³	1600.00		0.187	0.452	0.485	0.571	0.669	0.776
料 煤油	kg	4.20		3.000	3.300	3.500	4.000	4.500	5.500
盐酸 31% 合成	kg	1.09		18.000	22.000	24.000	26.000	28.000	30.000
氧气	m³	3.60		2.601	3.121	3.386	3.641	3.907	4.162

	定 额 编 号			3-13-104	3-13-105	3-13-106	3-13-107	3-13-108	3-13-109
	项 目			设备重量(t)					
				10 以内	15 以内	20 以内	30 以内	40 以内	55 以内
材料	乙炔气	m³	25.20	0.867	1.040	1.132	1.214	1.306	1.387
	醇酸调和漆 综合	kg	15.20	0.080	0.100	0.100	0.100	0.100	0.100
	普通硅酸盐水泥 42.5	kg	0.36	77.000	94.000	109.000	123.000	133.000	157.000
	生石灰	t	150.00	8.000	10.000	12.000	13.000	14.000	15.000
	河砂	m³	42.00	0.135	0.162	0.203	0.230	0.257	0.284
	碎石 20mm	m³	55.00	0.149	0.176	0.216	0.243	0.270	0.297
	棉纱头	kg	6.34	0.430	0.550	0.580	0.590	0.600	0.800
	破布	kg	4.50	1.700	2.200	2.300	2.350	2.400	2.500
	草袋	条	1.90	2.000	2.000	3.000	3.500	3.500	4.000
	铁砂布 0~2 号	张	1.68	8.000	8.000	8.000	8.000	8.000	10.000
	塑料布	kg	18.80	1.680	2.790	2.790	4.410	4.410	5.790
	水	t	4.00	2.260	2.770	3.220	3.630	3.940	4.620
	其他材料费	元	–	64.080	91.690	105.030	147.410	160.820	175.310
机械	载货汽车 8t	台班	619.25	0.450	0.450	0.450	0.450	0.900	0.900
	汽车式起重机 16t	台班	1071.52	0.720	–	–	–	–	–
	汽车式起重机 25t	台班	1269.11	–	0.810	–	–	–	–
	汽车式起重机 32t	台班	1360.20	–	–	0.810	–	–	–
	汽车式起重机 50t	台班	3709.18	–	–	–	1.080	0.450	–
	汽车式起重机 75t	台班	5403.15	–	–	–	–	0.900	1.350
	电动卷扬机(单筒慢速) 50kN	台班	145.07	1.350	1.710	2.268	4.815	6.138	6.642
	交流弧焊机 21kV·A	台班	64.00	1.350	0.558	0.900	0.900	0.900	1.350
	电动空气压缩机 6m³/min	台班	338.45	0.450	0.450	0.900	0.900	1.350	1.350
	试压泵 60MPa	台班	154.06	1.350	1.575	1.800	2.025	2.250	2.475

十七、小型空气分离塔安装

单位:台

定 额 编 号			3-13-110	3-13-111	3-13-112
项 目			型号规格		
			FL – 50/200	140/660 – 1	FL – 300/300
基 价 （元）			**9409.67**	**12723.88**	**19296.83**
其中	人 工 费 （元）		6404.96	8342.96	12263.84
	材 料 费 （元）		1955.86	2754.36	4522.04
	机 械 费 （元）		1048.85	1626.56	2510.95
名 称	单位	单价(元)	数		量
人工 综合工日	工日	80.00	80.062	104.287	153.298
材 料 平垫铁 0～3 号钢 1 号	kg	5.22	1.524	2.032	2.540
钩头成对斜垫铁 0～3 号钢 1 号	kg	14.50	3.132	4.175	5.220
垫板(钢板 δ = 10)	kg	4.56	15.000	21.000	35.000
型钢综合	kg	4.00	52.000	103.000	170.000
镀锌铁丝 8～12 号	kg	5.36	3.000	5.000	10.000
铁钉	kg	4.86	–	0.018	0.023
电焊条 结 422 φ2.5	kg	5.04	3.150	4.200	5.250
铜焊条 铜 107 φ3.2	kg	63.00	0.350	0.600	1.100
焊锡	kg	48.00	1.100	1.600	2.700

定 额 编 号			3-13-110	3-13-111	3-13-112
项 目			型号规格		
			FL－50/200	140/660－1	FL－300/300
材 料	气焊条	kg	4.20	2.000	2.500	4.000
	锌 99.99%	kg	16.40	0.220	0.320	0.550
	加固木板	m³	1980.00	0.031	0.043	0.063
	道木	m³	1600.00	0.454	0.562	0.707
	煤油	kg	4.20	5.000	6.000	6.500
	黄干油 钙基酯	kg	9.78	0.300	0.400	0.800
	四氯化碳 95% 铁桶装	kg	17.96	15.000	20.000	50.000
	氧气	m³	3.60	12.485	15.606	31.212
	工业酒精 99.5%	kg	8.20	10.000	14.000	30.000
	甘油	kg	11.50	0.500	0.700	1.000
	乙炔气	m³	25.20	4.162	5.202	10.404
	醇酸调和漆 综合	kg	15.20	0.080	0.100	0.100
	低温密封膏	kg	11.60	1.200	1.400	2.600
	普通硅酸盐水泥 42.5	kg	0.36	5.700	94.000	116.000
	河砂	m³	42.00	0.088	0.135	0.189
	碎石 20mm	m³	55.00	0.100	0.149	0.203

定　额　编　号			3-13-110	3-13-111	3-13-112
项　　　　　　目			型号规格		
			FL－50/200	140/660－1	FL－300/300
材	棉纱头	kg	6.34	0.880	1.250	1.750
	白布 0.9m	m²	8.54	2.500	3.500	4.000
	破布	kg	4.50	3.500	5.000	7.000
	草袋	条	1.90	0.500	2.500	3.000
	铁砂布 0~2 号	张	1.68	8.000	10.000	15.000
	锯条（各种规格）	根	1.40	6.000	8.000	15.000
	肥皂	条	3.00	2.500	4.000	6.000
	塑料布	kg	18.80	1.680	2.790	4.410
料	水	t	4.00	0.170	2.770	3.420
	其他材料费	元	－	56.970	80.220	131.710
机	载货汽车 8t	台班	619.25	0.270	0.450	0.630
	汽车式起重机 8t	台班	728.19	0.180	0.180	0.270
	汽车式起重机 16t	台班	1071.52	0.180	0.360	－
	汽车式起重机 25t	台班	1269.11	－	－	0.720
	电动卷扬机(单筒慢速) 50kN	台班	145.07	1.674	2.835	3.348
	交流弧焊机 21kV·A	台班	64.00	1.350	1.800	2.250
械	电动空气压缩机 6m³/min	台班	338.45	0.675	0.900	1.125

十八、零星小型金属结构件制作、安装

单位:100kg

定 额 编 号			3-13-113	3-13-114	3-13-115	3-13-116
项 目			制作		安装	
			金属结构件单体重量(kg)			
			50 以内	大于 50	50 以内	大于 50
基 价 (元)			**1597.80**	**1469.45**	**644.81**	**560.79**
其中	人 工 费 (元)		816.00	693.60	546.08	464.48
	材 料 费 (元)		125.21	119.26	41.13	38.71
	机 械 费 (元)		656.59	656.59	57.60	57.60
名 称	单位	单价(元)	数		量	
人工 综合工日	工日	80.00	10.200	8.670	6.826	5.806
材料 钢材	kg	–	(105.000)	(105.000)	–	–
精制六角带帽螺栓 M20×80 以下	10 套	40.18	0.630	0.600	0.580	0.550
钢丝刷	把	2.00	0.500	0.500	–	–
电焊条 结 422 φ2.5	kg	5.04	1.800	1.710	1.400	1.330
溶剂汽油 120 号	kg	5.01	0.440	0.420	0.100	0.090
料 清油	kg	8.80	0.600	0.570	–	–

续前

定 额 编 号			3-13-113	3-13-114	3-13-115	3-13-116
项 目			制作		安装	
			金属结构件单体重量(kg)			
			50 以内	大于 50	50 以内	大于 50
材料	酚醛调和漆（各种颜色）	kg	18.00	1.400	1.330	0.200	0.180
	醇酸防锈漆 C53－1 铁红	kg	16.72	1.770	1.680	0.300	0.280
	松香水	kg	12.00	0.500	0.480	－	－
	破布	kg	4.50	0.200	0.190	0.100	0.090
	铁砂布 0~2 号	张	1.68	5.000	5.000		
	锯条（各种规格）	根	1.40	1.500	1.000	－	－
	尼龙砂轮片 φ400	片	13.00	0.500	0.500		
	其他材料费	元	－	3.650	3.470	1.200	1.130
机械	刨边机 12000mm	台班	777.63	0.450	0.450	－	－
	卷板机 20mm×2500mm	台班	291.50	0.450	0.450	－	－
	交流弧焊机 21kV·A	台班	64.00	0.900	0.900	0.900	0.900
	砂轮切割机 φ350	台班	9.52	0.450	0.450		
	联合冲剪机 16mm	台班	252.44	0.450	0.450		

十九、制冷容器单体试密与排污

定　额　编　号			3-13-117	3-13-118	3-13-119
项　　　　　目			设备容量(m³)		
			1 以内	3 以内	5 以内
基　　价　　(元)			**450.89**	**701.66**	**961.12**
其中	人　工　费　(元)		274.08	363.84	457.68
	材　料　费　(元)		18.75	27.45	40.77
	机　械　费　(元)		158.06	310.37	462.67
名　　称	单位	单价(元)	数		量
人工	综合工日	工日	80.00	3.426	4.548	5.721
材　料	镀锌铁丝 8~12 号	kg	5.36	0.200	0.200	0.200
	电焊条 结422 φ2.5	kg	5.04	0.050	0.070	0.100
	碳钢气焊条	kg	5.85	0.010	0.010	0.010
	黄干油 钙基酯	kg	9.78	0.250	0.400	0.500
	氧气	m³	3.60	0.306	0.428	0.734
	铅油	kg	8.50	0.100	0.150	0.200
	石棉橡胶板 低压 0.8~1.0	kg	13.20	0.240	0.540	0.960
	乙炔气	m³	25.20	0.102	0.143	0.245
	带母螺栓 M12×50	套	1.02	4.000	4.000	4.000
	无缝钢管 φ22×2	m	6.03	0.200	0.200	0.200
	无缝钢管 φ25×2	m	6.98	0.200	－	－
	无缝钢管 φ38×2.25	m	12.12	－	0.200	－
	无缝钢管 φ57×3	m	22.91	－	－	0.200
	其他材料费	元	－	0.550	0.800	1.190
机　械	交流弧焊机 21kV·A	台班	64.00	0.090	0.090	0.090
	电动空气压缩机 6m³/min	台班	338.45	0.450	0.900	1.350

二十、地脚螺栓孔灌浆

单位:m³

定 额 编 号			3-13-120	3-13-121	3-13-122	3-13-123	3-13-124
项 目			一台设备的灌浆体积(m³)				
			0.03 以内	0.05 以内	0.1 以内	0.3 以内	大于 0.3
基 价 (元)			**973.16**	**851.74**	**706.66**	**597.87**	**474.94**
其中	人 工 费 (元)		714.00	595.68	455.60	357.68	238.00
	材 料 费 (元)		259.16	256.06	251.06	240.19	236.94
	机 械 费 (元)		–	–	–	–	–
名 称	单位	单价(元)	数		量		
人工 综合工日	工日	80.00	8.925	7.446	5.695	4.471	2.975
材料 普通硅酸盐水泥 42.5	kg	0.36	438.000	438.000	438.000	438.000	438.000
河砂	m³	42.00	0.690	0.690	0.690	0.690	0.690
碎石 20mm	m³	55.00	0.760	0.760	0.760	0.760	0.760
草袋	条	1.90	13.000	12.000	10.000	4.700	3.200
水	t	4.00	1.500	1.200	0.900	0.700	0.600

二十一、设备底座与基础间灌浆

定 额 编 号			3-13-125	3-13-126	3-13-127	3-13-128	3-13-129
项 目			一台设备的灌浆体积(m³)				
			0.03 以内	0.05 以内	0.1 以内	0.3 以内	大于 0.3
基 价 (元)			**1394.53**	**1212.41**	**1025.72**	**843.40**	**685.75**
其中	人 工 费 (元)		976.48	817.36	655.52	503.92	349.52
	材 料 费 (元)		418.05	395.05	370.20	339.48	336.23
	机 械 费 (元)		—	—	—	—	—
名 称	单位	单价(元)	数		量		
人工 综合工日	工日	80.00	12.206	10.217	8.194	6.299	4.369
材料 铁钉	kg	4.86	0.100	0.080	0.070	0.060	0.060
加固木板	m³	1980.00	0.080	0.070	0.060	0.050	0.050
普通硅酸盐水泥 42.5	kg	0.36	438.000	438.000	438.000	438.000	438.000
河砂	m³	42.00	0.690	0.690	0.690	0.690	0.690
碎石 20mm	m³	55.00	0.760	0.760	0.760	0.760	0.760
草袋	条	1.90	13.000	12.000	10.000	4.700	3.200
水	t	4.00	1.500	1.200	0.900	0.700	0.600